Andreas Stollenwerk

Wertschöpfungsmanagement im Einkauf

Andreas Stollenwerk

Wertschöpfungsmanagement im Einkauf

Analysen – Strategien – Methoden – Kennzahlen

GABLER

Bibliografische Information der Deutschen Nationalbibliothek
Die Deutsche Nationalbibliothek verzeichnet diese Publikation in der
Deutschen Nationalbibliografie; detaillierte bibliografische Daten sind im Internet über
<http://dnb.d-nb.de> abrufbar.

Andreas Stollenwerk ist Geschäftsführer und Partner des Instituts für Strategie & Supply Management, das sich auf die Entwicklung von Trainingskonzepten und Personalqualifizierungsmaßnahmen sowie die Beratung von Unternehmen im Einkauf spezialisiert hat. Er ist Referent und Top-Trainer für Einkauf und Verhandlungsführung.

1. Auflage 2012

Lektorat: Susanne Kramer

Gabler Verlag ist eine Marke von Springer Fachmedien.
Springer Fachmedien ist Teil der Fachverlagsgruppe Springer Science+Business Media.
www.gabler.de

Umschlaggestaltung: KünkelLopka Medienentwicklung, Heidelberg
Druck und buchbinderische Verarbeitung: Stürtz GmbH, Würzburg
Gedruckt auf säurefreiem und chlorfrei gebleichtem Papier
Printed in Germany

ISBN 978-3-8349-2697-5

Vorwort

Dass der Einkauf im Zuge zunehmender Globalisierung, wachsenden Kostendrucks und eines immens gestiegenen Materialkostenanteils von enormer Bedeutung für den Unternehmensgewinn ist, hat sich mittlerweile in (fast) allen Chefetagen herumgesprochen. Doch allzu oft wird der Einkäufer noch immer als derjenige im Unternehmen wahrgenommen, der sich darum zu kümmern hat, Mengen zu bündeln, Preise zu verhandeln oder darum, dass der Lieferant pünktlich liefert. Nur wenigen scheint bewusst zu sein, welche strategische Bedeutung der Einkauf für ein Unternehmen hat. Dies kann fatale Folgen haben. Denn vor allem vor dem Hintergrund einer zunehmend höheren Abhängigkeit von teilweise komplexen Wertschöpfungsketten ist ein völlig neues, einkaufsrelevantes Denken und Handeln im gesamten Unternehmen erforderlich. Um diesen Anforderungen professionell begegnen zu können, reicht eine umfassende kaufmännisch-technische Ausbildung der Einkäufer allein nicht aus. Ein gut ausgebildeter Einkäufer kann sicherlich vieles bewirken, aber den eigentlichen Durchbruch schafft ein Unternehmen erst dann, wenn es sich auf eine gesamte Optimierung der durch den Einkauf von Waren und Dienstleistungen entstehenden Kosten verständigt. Hierbei muss allen Beteiligten aus der Unternehmensleitung und den Fachbereichen bewusst sein, dass das Einkaufen sämtlicher Beschaffungsobjekte nicht nur den Einkauf, sondern alle Unternehmensfunktionen betrifft. Der Aufgabenbereich des Einkäufers wandelt sich damit zu einem internen Projekt- und Prozessmanager, der – von operativen Aufgaben weitgehend befreit – sämtliche Wertschöpfungsstufen der sogenannten Supply Chain optimiert.

Um dies zu realisieren, sind die anvisierten Einkaufsziele mit den vom Unternehmen verfolgten Zielen abzugleichen, Informationen zusammenzutragen und Daten zu ermitteln, um Einkaufsstrategien fachübergreifend zu entwickeln. Dazu müssen aus unterschiedlichen Handlungsfeldern, kosten-, lieferanten- und prozessspezifische Maßnahmen unter Risikoaspekten aufeinander abgestimmt werden. Durch die Zusammenstellung eines optimalen Maßnahmen-Mixes soll die zukünftige Leistungsfähigkeit des Unternehmens im Rahmen der relevanten Wertschöpfungsketten erhalten oder besser noch gesteigert werden. Dies setzt voraus, dass einkaufsrelevantes Know-how nicht nur im Einkauf, sondern in allen Fachbereichen verstanden und angewendet wird, damit die Umsetzung der Einkaufsstrategien gelingt.

Dieses Buch beschreibt in der Praxis erprobte Verfahren und Methoden, die ich in meiner beruflichen Laufbahn anwenden konnte oder mir im Rahmen meiner Trainings- und Beratungstätigkeit als solche vorgestellt wurden. Daher möchte ich mich bei allen bedanken, die mit ihren Ideen und Erfahrungen dazu beigetragen haben, dass die Seiten dieses Buches viele wertvolle Inhalte bereithalten, die nicht nur den Einkäufer unterstützen, um die komplexe Beschaffungsaufgabe im Unternehmen zu meistern. Frau Susanne Kramer vom Gabler Verlag danke ich für ihre Initiative und Geduld bei der Fertigstellung dieser Arbeit.

Einen ganz besonderen Dank hat sich Frau Heike Steinmetz für ihre vielen wertvollen Hinweise, Tipps und Korrekturen stilistischer Art sowie für die angenehme und zuverlässige Zusammenarbeit verdient.

Der größte Dank aber gilt meiner Frau Angelika Schlicht für ihre Unterstützung und ihr Verständnis, wenn die Zeit für das Schreiben dieses Buches mal wieder alle anderen Pläne und Interessen in den Hintergrund drängte.

So wünsche ich allen Lesern dieses Buches, dass sie durch diese Arbeit viele Anregungen und wertvolle Informationen für ein erfolgreiches Schaffen im Einkauf erhalten oder den Einkäufer besser verstehen, damit eine gute Zusammenarbeit den gemeinsamen Erfolg ermöglicht.

Attendorn, im November 2011 *Andreas Stollenwerk*

Inhaltsverzeichnis

1 Begriff Wertschöpfungsmanagement

Was hat der Einkauf mit Wertschöpfungsmanagement zu tun? Noch vor einigen Jahren hätte diese Frage vermutlich im Unternehmen und auch in vielen Einkaufsorganisationen selbst für unwissendes Schulterzucken gesorgt. Wie sollte der Einkauf einen wesentlichen Beitrag zur Ermittlung und Entwicklung zukünftiger Kundenbedürfnisse leisten?

Kurz gesagt: Unternehmen betreiben Wertschöpfung nur deshalb, um dafür von Kunden Wertschätzung zu erhalten, die sich durch Wettbewerbsvorsprünge verdienen lassen, um im internationalen Konkurrenzkampf zu bestehen. Produzierende Unternehmen in rohstoffarmen Volkswirtschaften sind nur dann für den internationalen Wettbewerb ausreichend gerüstet, wenn sie weltweit alle für sie relevanten Faktorkostenvorteile nutzen und sich dazu der besten Wertschöpfungsketten bedienen

Diese Aufgabe der Ausrichtung und des Managements der unternehmerischen Wertschöpfung war und ist auch heute noch in vielen Unternehmen primär die Aufgabe des Produktmanagements. Dieses arbeitet dabei oft eng mit den technischen Bereichen aus Forschung, Entwicklung und Konstruktion sowie des Vertriebs zusammen. Die Hauptaufgabe des Einkaufs bleibt häufig beschränkt auf die kostengünstige Sicherstellung der Versorgung mit den zur Wertschöpfung benötigten Waren und Dienstleistungen, bekanntermaßen in der erforderlichen Qualität und zum festgelegten Zeitpunkt.

Das allein reicht heute jedoch nicht mehr aus. Denn für die meisten Unternehmen hat sich der Wettbewerbsdruck seit Ende des letzten Jahrhunderts gewaltig erhöht. Die Gründe dafür sind vielfältig: Die zunehmende Globalisierung infolge des technischen Fortschritts spielt dabei ebenso eine wichtige Rolle wie die Tatsache, dass uns Informationen heute dank des Internets innerhalb von Sekunden erreichen. Die zeitliche Dauer von Wettbewerbsvorteilen, die sich Unternehmen aufgrund ihrer technischen Weiterentwicklung erarbeiten konnten, wird tendenziell kürzer und verliert oft schnell an Bedeutung.

Den enormen Lohnkostenvorteilen fernöstlicher Standorte haben in Deutschland produzierende Unternehmen außer ihrem Humankapital nur wenig entgegenzusetzen, um im internationalen Konkurrenzkampf zu bestehen. Viele Unternehmen haben darauf reagiert, indem sie unter anderem ihre Fertigungstiefe kontinuierlich abgebaut haben. Damit sind sie für Versorgungsengpässe auf der Beschaffungsseite zunehmend anfälliger geworden. Nicht selten ist in vielen, insbesondere produzierenden Unternehmen, heute der Anteil der Materialkosten in Relation zu den Gesamtkosten der mit Abstand größte Kostenblock. Diese Entwicklung bleibt für die Einkaufsorganisation nicht ohne Folgen. Denn der größte Kostenblock bietet nicht zuletzt auch das höchste Einsparpotenzial. Dadurch hat sich die Bedeutung des Einkaufens für den Gewinn des Unternehmens in den letzten Jahren enorm erhöht.

Aber auch die Komplexität der mit dem Einkauf verbundenen Aufgaben hat sich nicht nur aufgrund der veränderten, wirtschaftlichen und technischen Rahmenbedingungen beträchtlich verändert. Ressourcenknappheit, Klimaveränderungen, politische Umbrüche und eine erhöhte Terrorgefahr tragen dazu bei, dass sich heute nur die wenigsten Unternehmen auf das Bestehen einer langfristig gesicherten, kontinuierlichen Materialversorgung verlassen können. Damit einher gehen die Entwicklung zu immer komplexer werdenden, internationalen Wertschöpfungsketten, der so komplizierter werdenden Sicherstellung der Versorgung sowie die schwieriger werdende Absicherung der Rückverfolgbarkeit und Transparenz der Herstellungsprozesse.

Glaubt man der Mehrheit der Ökonomen, Berater und Unternehmenslenker werden in den kommenden Jahren Wettbewerbsvorsprünge zunehmend auf der Beschaffungsseite entschieden. Dies gelingt, wenn im Einkauf wettbewerbsfähige Geschäftsbeziehungen zu Lieferanten aufgebaut und unterhalten werden, die sich schnell und flexibel in vorhandene oder aufzubauende Wertschöpfungsketten integrieren lassen. Am besten eignen sich dazu Lieferanten, die in ihren Wertschöpfungsketten beispielsweise von internationalen Lohnkostenvorteilen profitieren, kreative Lösungen und Innovationen entwickeln oder gewachsene Handelbeziehungen und Erfahrungen mit einbringen. Dazu müssen im Einkauf zielgerichtete Strategien entwickelt werden, um zunehmend komplexer werdende Geschäftsbeziehungen zu gestalten. Für den Einkauf bedeutet das, die Zusammenarbeit mit Lieferanten auf allen Ebenen im Unternehmen gleichgewichtig steuern. Dies ist aus meiner Sicht die zentrale Aufgabe eines auf Wertschöpfungsmanagement fokussierten Einkaufs im Unternehmen. Unstrittig ist, dass es Unternehmen, denen es mit Wissen und Intelligenz gelingt, auf allen Ebenen professionell und strategisch mit ihren Lieferanten zusammenzuarbeiten, einen hohen Nutzen davon haben.

Dies wirkt sich beträchtlich auf seine Aufgabenstellung aus: Er ist mehr denn je gefordert, frühzeitig das zur eigenen Wertschöpfung relevante Know-how der Lieferanten zu erkennen bzw. zu ermitteln und es für das Unternehmen im Rahmen der Wertschöpfungskette zu wettbewerbsfähigen Konditionen langfristig zu sichern. Dazu muss er die ökonomischen und technischen Entwicklungen des Marktes systematisch ermitteln, um die daraus resultierenden Chancen und Risiken rechtzeitig wahrzunehmen. Daher wird der Einkauf im Unternehmen zunehmend wichtiger, um langfristig die für das Unternehmen relevanten Wertschöpfungsketten im Hinblick auf die Unternehmenszielsetzung zu steuern und damit für das Unternehmen eine wesentliche Grundlage für nachhaltiges Wachstum zu schaffen. Der bislang vorwiegend operativ handelnde Organisationsbereich wird künftig mehr und mehr gestaltenden Einfluss auf die Wertschöpfung im Unternehmen nehmen müssen, damit die Zusammenarbeit mit den jeweils am besten geeigneten Lieferanten innerhalb der Wertschöpfungskette weiteres Wachstum ermöglicht. Die Rolle des Einkaufs im Unternehmen verändert sich mehr und mehr zu der eines Wertschöpfungsmanagers.

Doch nicht nur die Rolle des Einkaufs hat sich geändert. Infolge dieser Entwicklung hat sich auch die Bedeutung der Lieferanten gewandelt: War der Lieferant früher oft ein „gefürchteter" Rivale, der durch seine Preispolitik den Gewinn des Unternehmens schmälerte oder aufgrund einer Monopolstellung vorhandene Abhängigkeiten nur zu seinem eigenem Vorteil ausnutzte, so ist er heute nicht selten ein wichtiger Partner und wesentlicher Bestandteil einer wettbewerbsfähigen Wertschöpfungskette.

1.1 Neue Herausforderungen der Unternehmen im globalisierten Wettbewerb

Natürlich ist nicht allein nur der Einkauf von diesen gravierenden Änderungen betroffen. Jedes Unternehmen – ganz gleich, welcher Branche – steht im Zuge der Globalisierung neuen Herausforderungen gegenüber. Wie sehen diese konkret aus? Welche Konsequenzen haben die geänderten Rahmenbedingungen für die Unternehmen und ihre jeweiligen Einkaufsorganisationen? Schauen wir genauer hin: Aufgrund der weltweit gestiegenen Anzahl konkurrierender Unternehmen aus den sogenannten Schwellenländern insbesondere Asiens und Lateinamerikas haben es Unternehmen aus den alten Industrienationen zunehmend schwerer, die Lohnkostenvorteile dieser neuen Wettbewerber zu kompensieren. So sind viele Unternehmen infolge dieser Entwicklung gezwungen, vermehrt Produktionsstätten zu verlagern oder in leistungsfähigere Maschinen und Anlagen zu investieren, um die eigene Produktivität zu erhöhen. Jedoch führt diese Entwicklung zu einem unerwünschten Anstieg der Fixkosten und bindet zusätzlich Kapital, welches über einen längeren Zeitraum amortisiert werden muss.

Ebenso hat sich im Zuge dieses globalisierten Wettbewerbs für viele Unternehmen das Tempo rasant verschärft, Produktinnovationen zu generieren und in den jeweiligen Absatzmärkten einzuführen. So lagen beispielsweise die durchschnittlichen Entwicklungs- und Laufzeiten für neue Pkw-Modelle in der Automobilindustrie in den 70er Jahren noch bei durchschnittlich sieben bis zehn Jahren und haben sich heute mehr als halbiert (Hab 2010, S. 3ff.). Für den Einkauf hat dies zur Folge, in immer kürzerer Zeit leistungsfähige Lieferanten zu finden, welche nicht nur kostengünstig produzieren, sondern gleichzeitig über hohes, technologisches Potenzial verfügen. Lieferanten können beispielsweise das Unternehmen dabei unterstützen, die steigenden Kundenanforderungen der Absatzmärkte besser als der Wettbewerb zu erfüllen. So müssen Unternehmen ihren Kunden heute mehr als früher längere Produktgarantien, umfassenderen Service und jederzeitige Ersatzteilverfügbarkeit bieten, die in der Wertschöpfungskette mit Lieferanten abgesichert werden müssen. Aber nicht jeder kostengünstige oder technologisch führende Lieferant kommt für ein Unternehmen überhaupt in Frage. Das neue Wertebewusstsein der Kunden spielt für den Einkauf eine immer größere Rolle. Denn um sich langfristig auf dem Markt zu behaupten, müssen Unternehmen bei ihrem Handeln zunehmend gesellschaftliche Moral- und Wertvorstellungen ihrer aktuellen und potenziellen Kunden berücksichtigen und diesen Erwartungen gerecht werden, um dem Verlust von Image und drohenden Verlusten von Marktanteilen vorzubeugen.

Dies wird dadurch erschwert, dass der Kunde im Medienzeitalter durch das Internet weitaus besser und schneller informiert ist und daher in seiner Meinung zunehmend kritischer wird. Hinsichtlich der Produkte und Dienstleistungen sowie deren Qualität und die vom Unternehmen unterhaltenen Beziehungen zu Lieferanten. Die damit einhergehende Komplexität internationaler Wertschöpfungsketten erschwert mehr und mehr die Schaffung von Transparenz in den Herstellungsprozessen, deren Rückverfolgbarkeit und so die Sicherstellung produkthaftungsrechtlicher Verpflichtungen. Dies hat für den Einkauf zur

Konsequenz, verstärkt Verantwortung dafür zu übernehmen, dass in den für das Unternehmen relevanten Wertschöpfungsketten Waren nach anerkannten Arbeitsstandards unter Einhaltung ökologischer und ethischer Wertvorstellungen produziert werden.

Ein weiterer Punkt ist der weltweit gestiegene Rohstoffbedarf und die durch vermehrte Spekulationsinteressen verursachte höhere Volatilität von Rohstoffpreisen sowie staatlich gelenkte, protektionistische Tendenzen in der Wirtschafts- und Handelspolitik. Beide Entwicklungen erhöhen im Unternehmen das Risiko von Versorgungsengpässen bei Rohstoffen erheblich. Der Einkäufer muss sich zunehmend der Herausforderung stellen, eine permanente Versorgung der oft dringend benötigten und teilweise schwerer zu beschaffenden Rohstoffe sicherzustellen bzw. in langfristiger Zusammenarbeit mit innovativen Lieferanten, den technischen Bereichen des Unternehmens oder sonstigen Wissensträgern wie z.B. Hochschulen, geeignete Alternativen oder Substitute zu entwickeln. Gefragt sind im Einkauf zukünftig vermehrt ein sicherer Umgang mit Kurssicherungsgeschäften im Rahmen des sogenannten Hedgings von Rohstoffen sowie die Auseinandersetzung mit außenwirtschaftlichen Themen oder zoll- und versicherungsrechtlichen Fragen.

Die internationale Ausrichtung von Unternehmen und das Bestreben, Produkte weltweit zu vermarkten, hat zur Konsequenz das unterschiedliche, gesetzliche oder normative Anforderungen bei der Entwicklung und Herstellung von Produkten berücksichtigt werden müssen. Angefangen von der Einhaltung sogenannter „Local-Content–Vorschriften“, der Berücksichtigung länderspezifischer Sicherheitsstandards sowie der Beachtung vielfältiger Zulassungsverfahren, führen diese Tendenzen im Unternehmen zu einer stetigen Zunahme der Variantenvielfalt. Für den Einkauf führt hierbei eine unkontrollierte Entwicklung zu einer Verringerung attraktiver, gleichartiger Bedarfsmengen, die vorteilhafte Bündelungschancen und Kostenvorteile mit sich bringen. Stattdessen müssen vermehrt höhere, durchschnittliche Lagerbestände bevorratet werden, die ein höheres Verschrottungsrisiko nach sich ziehen und monetäre Verluste bedeuten.

Eine weitere Folge der erweiterten, internationalen Ausrichtung eines Unternehmens ist der stetige Anstieg der Lieferantenvielfalt. Der Einkauf von Rohstoffen oder Produkten aus Asien, Afrika oder anderen Regionen wird dabei immer selbstverständlicher. Um diesen Aufgaben gerecht zu werden, muss der Einkäufer seine sprachlichen und interkulturellen Fähigkeiten weiterentwickeln und zudem ein funktionierendes Beziehungsnetzwerk unterhalten. Nur so kann er in diesen Märkten rechtzeitig an die für ihn relevanten Informationen über technologische Entwicklungen, geeignete Lieferanten und vorhandene Kapazitäten gelangen. Im Unterschied zu den „klassischen“ Beschaffungsmärkten in Deutschland, Westeuropa und Nordamerika sind die „neuen“ Beschaffungsmärkte in Osteuropa, Asien und Lateinamerika weit weniger gut organisiert. Der gewohnt sichere Informationszugang mithilfe des Internets, durch Verbände oder andere Organisationen ist in diesen Märkten oft nur unter Inkaufnahme erheblicher Reisetätigkeiten des Einkäufers und intensiver Lieferantenbesuche vor Ort machbar. Ebenso wird der Einkäufer künftig weit mehr gefordert sein, sich von seiner traditionellen Haltung zu verabschieden, Aufträge zu erteilen. Stattdessen muss er sich vermehrt darauf einstellen, vorhandene beziehungsweise zukünftige Materialbedarfe in Verkäufer-Manier zu vermarkten und Lieferanten für eine langfristige Zusammenarbeit zu gewinnen. Dass die benötigten Bedarfsmengen nur selten die Mengenvolumen erreichen, die beispielsweise chinesische, indische oder brasilianische Lieferanten in ihren heimischen Absatzmärkten platzieren können, erschwert diese Aufgabe umso mehr.

Die eigene Bedeutung des Unternehmens gegenüber wichtigen Lieferanten zu erhalten oder zu stärken, ist insbesondere bei gemeinsamen Produktentwicklungen erstrebenswert. Dies gilt vor allem dann, wenn durch eine intensive, partnerschaftliche Zusammenarbeit mit Lieferanten Alleinstellungsmerkmale generiert werden, die aus Kundensicht einen zusätzlichen Mehrwert stiften und durch Exklusivitätsvereinbarungen abgesichert werden müssen. Dieses Bestreben wird im Zuge eines globalisierten Wettbewerbs stark beeinträchtigt, wenn Lieferanten fusionieren und die eigene Bedeutung infolgedessen sinkt. Beispielsweise, weil sich das anteilige Geschäftsvolumen verringert und damit die Möglichkeit der Einflussnahme erschwert. Oder sich die Gefahr vergrößert, dass andere Unternehmen Geschäftsbeziehungen mit dem fusionierten Lieferanten unterhalten und so von gemeinsam entwickeltem Know-how partizipieren. Beide Entwicklungen erschweren es dem Unternehmen, sich auf Exklusivvereinbarungen mit dem Lieferanten langfristig verlassen zu können.

Den „klassischen" Einkäufer, der operativ Bestellungen schreibt, Termine überwacht oder fehlerhafte Lieferungen reklamiert, wird es in dieser Form nicht mehr geben. Vielmehr werden Einkäufer auf der Beschaffungsseite des Unternehmens zu Managern der eigenen Wertschöpfung und der vom Unternehmen beanspruchten Wertschöpfungsketten. Die Rahmenbedingungen hierfür müssen von den Führungskräften geschaffen werden – auch mit Blick auf den Nachwuchs. Denn der Fachkräftemangel wird sich auch auf den Einkauf auswirken.

Mittlerweile ist der Kampf um Wissen und qualifizierten Führungsnachwuchs weltweit voll entbrannt. Daher sollten im Einkauf nur die besten Mitarbeiter eines Unternehmens diese komplexe Aufgabe mit Lieferanten steuern. Dazu muss der Einkäufer über profunde fachliche, technische und methodische Kenntnisse verfügen, um von den Fachbereichen auf gleicher Augenhöhe akzeptiert zu werden, wenn es beispielsweise um das Thema Innovationen geht. Der Einkäufer von Morgen ist nicht nur Kaufmann und Verhandlungsexperte, er muss auch ein Stück weit Ingenieur und Ideengeber sein. Zwangsläufig auftretende Fragenkonflikte ausgleichend sowie klug zu moderieren und Einkaufsstrategien konsequent mit allen betroffenen Bereichen zu vereinbaren, zeichnet heute den professionellen Einkäufer aus. Dies ist nur mit Wissen und Intelligenz über Wertschöpfungsmanagement möglich, das der Einkauf besitzen muss. Hier sind souveräne, moderationsfähige und kommunikationsstarke Einkäufer gefragt, die darüber hinaus exzellent mit Lieferanten verhandeln.

Um hier langfristig wettbewerbsfähig zu sein, bietet sich die Förderung geeigneter Einkaufstalente auch aus nicht-kaufmännischen Bereichen an. Mit dieser Herangehensweise kann es vielen Unternehmen gelingen, gestaltenden Einfluss auf die vorgelagerten Wertschöpfungsstufen auszuüben.

1.2 Voraussetzungen zur Umsetzung eines Wertschöpfungsmanagements

Die Globalisierung betrifft nicht nur den Einkauf. Das gesamte Unternehmen steht vor neuen Herausforderungen. Und oft sind sich alle Bereiche – inklusive der Geschäftsführung – uneins, wie diesen Herausforderungen begegnet werden soll. Nur so ist es zu erklären, dass immer wieder Einkäufer an meinen Trainings zu strategischen Einkaufsthemen teilnehmen, weil sie von ihren Vorgesetzten dazu aufgefordert wurden. Allerdings nicht mit einer bestimmten Zielrichtung oder Idee, sondern mit dem Hinweis, sie sollen „im Einkauf mal etwas strategischer vorgehen."

Das Gute daran: Das Management hat eine – wenn auch nur vage – Vorstellung davon, dass der Einkauf zukünftig eine strategisch wichtige Rolle für das Wertschöpfungsmanagement einnehmen muss. Allerdings mangelt es dem Management oft an ausreichendem Wissen oder an eigener, praktischer Erfahrung im Einkaufsbereich, um sich diese Rolle konkret vorstellen zu können. Dies ist jedoch notwendige Voraussetzung, um geeignete Rahmenbedingungen zu entwickeln, die ein strategisches Vorgehen im Einkauf begünstigen. Nur in seltenen Ausnahmefällen haben Unternehmenslenker im Laufe ihrer beruflichen Karriere profunde Kenntnisse und Erfahrungen im Einkauf erworben.

Frage ich Seminarteilnehmer, wie sie sich inhaltlich dieses „Strategische" im Einkauf vorstellen, sind gleichfalls Informationsdefizite feststellbar. Auch hier mangelt es oft an ausreichendem Wissen, um sich mit strategischen Fragestellungen intensiv auseinander zu setzen. Die Aufgabe der Materialbereitstellung, das sogenannte Tagesgeschäft, lässt vielen Einkäufern im Unternehmen nur selten die notwendigen Freiräume, langfristig ausgerichtete strategische Maßnahmen zu ergreifen. In klein- bis mittelständischen Unternehmen zeichnet sich der Beitrag des Einkaufs zur unternehmerischen Wertschöpfung noch überwiegend dadurch aus, Materialien und Dienstleistungen rechtzeitig bei den jeweiligen Lieferanten zu bestellen sowie Änderungen von Spezifikationen oder Bedarfen zeitnah zu kommunizieren. Strategische Maßnahmen, die dazu dienen, Kosten zu reduzieren, Konditionen neu auszuhandeln, Prozesse zu optimieren oder Risiken abzusichern, treten aus Zeitmangel oft in den Hintergrund. Dennoch sind viele Einkäufer, denen ich begegne, gerade von diesen gestaltenden Aufgaben fasziniert. Neben den Kontakten zu Lieferanten sowie der Vielseitigkeit der kaufmännischen, technischen und logistischen Aufgabenstellungen, sind dies oft Beweggründe, sich für eine Laufbahn im Einkauf zu entscheiden.

Die Bereitschaft der Einkäufer, ihren Teil zum Unternehmenserfolg zu leisten, ist meiner Meinung nach grundsätzlich vorhanden. Nun müssen vom Management die Voraussetzungen geschaffen werden, die ein wertschöpfungsorientiertes Handeln im Einkauf erleichtern. Dazu zählen beispielsweise:

- Entwicklung eines Kostenbewusstseins im Unternehmen
- Berücksichtigung des Entwicklungsstands der Einkaufsorganisation und der mit der Weiterentwicklung einhergehenden, tiefgreifenden Veränderungen von Abläufen

- Trennung strategischer und operativer Einkaufsbereiche
- Entwicklung cross-funktionaler Strukturen

1.2.1 Entwicklung eines Kostenbewusstseins im Unternehmen

„Im Einkauf liegt der Gewinn" – Welcher Einkäufer kennt nicht diese alte hanseatische Kaufmannsweisheit? Dennoch ist die Bedeutung des Einkaufs nicht für jedes Unternehmen gleichermaßen vorhanden. Als weitgehend noch ungesättigte Absatzmärkte ausreichendes Potenzial zur Verbesserung des Unternehmensergebnisses boten, war der einkäuferische Hebel in vielen Unternehmen lange Zeit ungenutzt oder von untergeordneter Bedeutung. Die Bedeutung des Einkaufs hat sich für viele Unternehmen erst im Zuge fortschreitender Globalisierung und dem dadurch resultierenden größeren Anteil zugekaufter Wertschöpfung gewandelt. Dies spiegelt sich an dem in vielen Branchen wachsenden Anteil der Materialkosten an den Gesamtkosten des Unternehmens wider. Wie die nachfolgende Übersicht zeigt (vgl. Abbildung 1.1), ist der Materialkostenanteil in der Fahrzeugbranche vergleichsweise am höchsten (Destatis 2010, S. 377 und 461f).

Abbildung 1.1 Materialaufwand in Relation zum Umsatz in ausgewählten Branchen in Deutschland 2008

Fahrzeugbau	72,1 %	Straßentransporte	54,5 %
Chemische Erzeugnisse	60,0 %	KEP - Dienstleister	49,8 %
Maschinenbau	55,8 %	Banken / Versicherungen	43,9 %
Elektronische Erzeugnisse	53,5 %	Architektur / Ingenieurbüros	39,8 %
Pharmazie	35,3 %	Gebäudereinigung	25,1 %
Verarb. Gewerbe (durchschn.)	**60,8 %**	**Dienstleistungen (durchschn.)**	**41,4 %**

Daher ist es leicht nachvollziehbar, dass gerade in dieser Branche die Entwicklung fortschrittlicher Einkaufsorganisationen fast zwangsläufig erfolgen musste. Schließlich ist hier die Hebelwirkung der Materialkosten auf den Unternehmensgewinn mit Abstand am Größten. Doch auch in anderen produzierenden Branchen ist der Anteil der Materialkosten oft der größte Kostenfaktor und verstärkt daher die Bedeutung des Einkaufs im Unternehmen. In nicht-produzierenden Branchen des Dienstleistungssektors wie beispielsweise im Banken- und Versicherungsgewerbe ist dieser Kostenfaktor nicht ganz so gravierend. Hier wird das Unternehmensergebnis maßgeblich im Zuge der Vergabe von Krediten und durch den Verkauf von Versicherungspolicen erzielt. Dennoch lohnt es sich auch für diese Unternehmen, die Ausgabenseite genauer unter die Lupe zu nehmen, da hier – absolut betrachtet – oftmals große, monetäre Volumina das Kreditorenvolumen ausmachen. In Zeiten, in denen Potenziale zur Verbesserung der eigenen Gewinnsituation auf der Absatzseite eines Unternehmens mehr und mehr ausgereizt scheinen, können bislang ungenutzte Chancen auf der Beschaffungsseite zu entscheidenden Kosteneinsparungen beitragen und das Unternehmensergebnis auf diese Weise steigern.

Welche Hebelwirkung eine Materialkostenreduzierung auf den Unternehmensgewinn ausüben kann, lässt sich mit folgender Formel leicht ermitteln (vgl. Abbildung 1.2).

Abbildung 1.2 Berechnungsformel zur Hebelwirkung des Einkaufs

$$\text{Gewinnsteigerung durch den Einkauf} = \frac{\text{Materialkostenanteil am Umsatz} \times \text{Geplante Kosteneinsparung}}{\text{Umsatzrendite}} = \text{Vergleichbare Umsatzsteigerung}$$

Je größer der Materialkostenanteil als auch die geplante Kosteneinsparung und je kleiner die Umsatzrendite im Unternehmen ist, desto größer fällt die Hebelwirkung auf das Unternehmensergebnis aus. Welche unterschiedliche Hebelwirkung die Kostenersparnis bei einem Materialkostenanteil von 50 % hat, zeigt die folgende Abbildung 1.3.

Abbildung 1.3 Hebelwirkung einer Materialkostenreduzierung

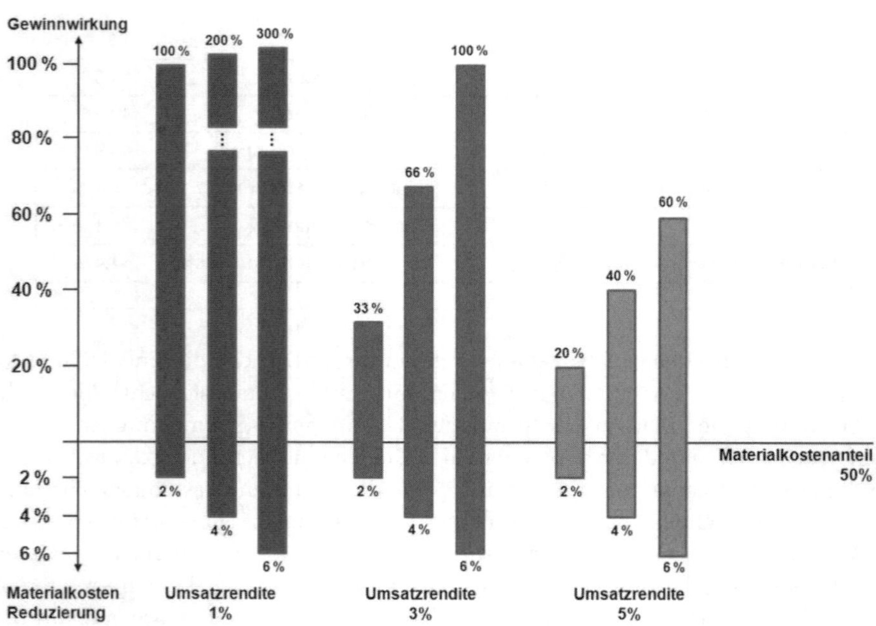

Dabei sind die 50 % nicht willkürlich gewählt – sie entsprechen dem durchschnittlichen Anteil der Materialkosten in produzierenden Unternehmen. Das Ergebnis zeigt, das bereits bei einer 3%-igen Umsatzrendite die Wirkung einer 6%-igen Kosteneinsparung mit einer Verdoppelung des Unternehmensgewinns (100%) gleichzusetzen ist. Anders ausgedrückt: Das Unternehmen müsste demnach den Umsatz verdoppeln, um die gleiche Wirkung zu erzielen – ein vermutlich illusorisches Vorhaben. Allein diese Feststellung und die Kommunikation dieser Hebelwirkung auf den Unternehmensgewinn erwartet vom Management eines Unternehmens eine grundsätzliche Weichenstellung zur Wahrnehmung von Kostenreduzierungs- oder ebenso Wertsteigerungsmöglichkeiten. Die Notwendigkeit zum Aufbau eines wertschöpfungsorientierten Einkaufs lässt sich so besser nachvollziehen.

Da Einsparungen auf der Kostenseite vergleichsweise schwieriger zu realisieren sind als Preisreduzierungen, ist jedoch im Unternehmen beziehungsweise im Einkauf ein Umdenken gefragt. Aufgrund der früher eher geringeren Hebelwirkung, reichte es im Einkauf lange Zeit aus, Preisverhandlungen erfolgreich zu führen oder Rahmenverträge vorteilhaft zu gestalten. Heute hat der zunehmende Kostendruck im Unternehmen für den Einkauf zur Folge, vermehrt eigene Ideen zur Reduzierung von Kosten sowie zur Verbesserung von Produkteigenschaften schon bei deren Entwicklung mit einzubringen oder das Potenzial der Lieferanten dafür zu nutzen. Der Einkäufer muss hierzu neben einem ausgeprägten kaufmännischem Wissen in Zukunft sowohl über fertigungs- und informations- als auch finanztechnische Kompetenz verfügen, um die größere Komplexität der Lieferantenbeziehungen des Unternehmens langfristig zu managen. Dem Management fällt im Rahmen dieses Veränderungsprozesses dabei die Aufgabe zu, einerseits geeignete Rahmenbedingungen zu entwickeln, die den Aufbau des dazu notwendigen Wissensstands im Einkauf erlauben. Andererseits muss die Bereitschaft vorhanden sein, Prozessabläufe im Unternehmen so zu gestalten, dass sich vorhandene Kostenpotenziale oder das Know-how der Lieferanten zur Weiterentwicklung von Produkten stärker nutzen lassen.

Dabei haben sich Unternehmen in traditionell wettbewerbsintensiveren Branchen wie bspw. des Fahrzeugbaus oder der Geräteindustrie bereits Wissensvorsprünge im Einkauf erarbeitet. Doch können heute im Zeitalter der Wissensgesellschaft bislang noch weniger fortschrittliche Einkaufsorganisationen davon vielfältiger partizipieren als früher, und sich so schneller und leichter als Teile von Wertschöpfungsketten begreifen. Die damit verbundenen Aufgaben auf der Beschaffungsseite des Unternehmens optimal zu managen, stehen im Zentrum einer fortschrittlichen – auf Wertschöpfungsmanagement ausgerichteten – Einkaufsorganisation. Dies muss das Management erkennen.

1.2.2 Entwicklungsstand der Einkaufsorganisation

Um die komplexen Herausforderungen der heutigen Einkaufsaufgabe leichter zu verstehen, ist es hilfreich, deren historische Entwicklung im Unternehmen nachzuvollziehen. So lassen sich vorhandene Prozesse im Unternehmen übergreifender organisieren, die die Fähigkeit des Unternehmens steigern, sich in den relevanten Wertschöpfungsketten bestmöglich zu integrieren. In fortschrittlichen Unternehmen hat sich die Einkaufsorganisation oft von der Bestellabwicklungsfunktion hin zu einer strategischen Abteilung emanzipiert, die Mitsprache einfordert und Verantwortung übernimmt. Die dadurch verursachten Auseinandersetzungen werden in vielen Unternehmen noch zu selten als Bereicherung, als vielmehr den Ablauf störend wahrgenommen. Auch die betriebswirtschaftliche Hochschulausbildung hat im Gegensatz zu Themen wie z.B. Produktion, Absatz oder Finanzierung verhältnismäßig lange gebraucht, um sich des Einkauf als wissenschaftlicher Schwerpunkt anzunehmen. Bis weit in die 80er Jahre gab es an den deutschen Hochschulen nur eine Handvoll Lehrstühle mit dem Schwerpunkt Einkauf oder Materialwirtschaft.

Die historische Entwicklung des Einkaufs in Unternehmen verlief in unterschiedlichen zeitlichen Phasen, die sich aus meiner Sicht in circa zehn bis fünfzehn Jahreszyklen einordnen lassen (vgl. Abbildung 1.4). Sie stellen kurz gesagt die Emanzipation des Einkaufs vom Bestellabwickler zum Wertschöpfungsmanager dar und der damit verbundenen Konsequenzen im Unternehmen. Pioniere auf dem Gebiet der Entwicklung der Einkaufsorganisation im Sinne eines Wertschöpfungsmanagements waren aufgrund der dargestellten großen Hebelwirkung vor allem die Unternehmen der Automobilbranche. Viele der später in diesem Buch aufgeführten analytischen Methoden und Verfahren wurden größtenteils in dieser Branche entwickelt. Der hohe Anteil zugekaufter Wertschöpfung war hier schon vor vielen Jahren im Vergleich zu anderen Branchen – relativ und auch absolut betrachtet – recht hoch. Zudem wurden Produktionsstätten früher als in anderen Branchen üblich ins Ausland verlagert und gemeinsam mit Lieferanten bestehende Fahrzeugkomponenten weiterentwickelt. Der damit einhergehende Aufbau internationaler Geschäftsbeziehungen zu Lieferanten führte hier schon vor Jahren zu einer größeren Bedeutung des Einkaufs. In den besten Einkaufsorganisationen werden inzwischen – neben den kaufmännischen, logistischen oder produktionstechnischen Zielen ebenso Ziele verfolgt, die zur Erhöhung der Liquidität, der nachhaltigen Entwicklung von Lieferanten sowie zum Aufbau und Erhalt von Wissen beitragen. Dies schuf hier die Grundlage zur Entwicklung eines einkaufsstrategischen Instrumentariums.

Abbildung 1.4 Entwicklung der Einkaufsorganisation

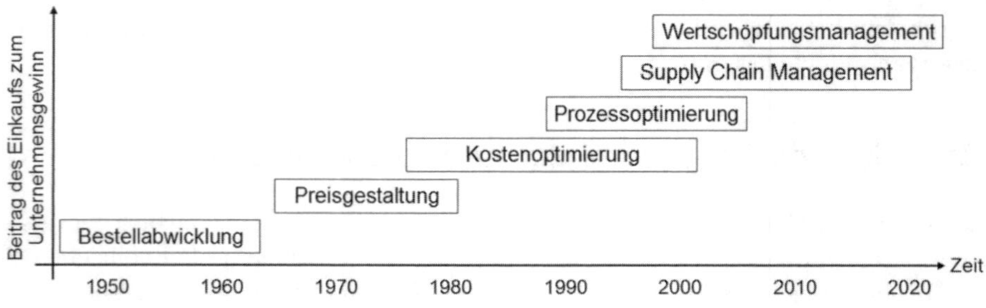

In vielen Unternehmen war die Einkaufsabteilung in den 50er und 60er Jahren zumeist eine Schreibstube. Ihre Aufgabe beschränkte sich darauf, auf der Basis von Bedarfsanforderungen und technischen Spezifikationen der Fachabteilungen, offizielle Bestellschreiben zu verfassen und in mehrfacher Ausfertigung an die jeweiligen Lieferanten und internen Stellen zu verschicken. Die Verantwortung für die Materialbereitstellung im Unternehmen lag in Händen der Technik und Produktion. Preise wurden in aller Regel von den Fachabteilungen und bei großen Investitionen beziehungsweise Rohstoffeinkäufen von der Geschäftsführung oder den Inhabern selbst ausgehandelt. Der Einkäufer war ein Bestellabwickler, von Einkaufen oder gar der Gestaltung der Materialkosten konnte zu diesem Zeitpunkt noch keine Rede sein. Ein befreundeter Einkaufsmitarbeiter der Porsche AG bezeichnet dies in seinen Vorträgen gerne als: das Großraumbestellbüro, für welches der frühere Vorstandsvorsitzende Wiedeking gleich zu Beginn seiner Vorstandstätigkeit als eine seiner ersten Amtshandlungen neue Geschäftsräume für den Einkauf im Flur einrichten ließ, indem auch er sein Büro hatte. In einigen Unternehmen ist der Einkauf auch heute noch nichts anderes als eine abwickelnde, operativ ausgerichtete Bestellabteilung, der allenfalls beim Einkauf von Büroartikeln und Reinigungsdienstleistungen, einkäuferische Fähigkeiten und Freiheiten zugestanden werden. Dass bei einem überschaubaren Teilespektrum in früheren Zeiten die Aufgabe: „Geld ausgeben" vielfach zum Kompetenzbereich der Unternehmensleitung gehörte, ist heutzutage für den Einkäufer nicht selten eine erdrückende Bürde. So gibt es heute immer noch Firmeninhaber, die persönlich jede Zahlung in ihren Unternehmen überwachen und freigeben. Häufig sieht sich die Chefetage dabei gerne als der bessere Verhandlungsexperte und untergräbt so die Stellung des Einkaufs im Unternehmen und die Wahrnehmung gegenüber Lieferanten.

In den 70er Jahren gingen manche Unternehmen allmählich dazu über, das Bestellbüro erstmals als Einkauf zu verwenden und die Wettbewerbssituation von Lieferanten für Preisreduzierungen zu nutzen. Auf der Grundlage von Spezifikationen und technischen Beschreibungen der Fachabteilungen holte der Einkäufer im Unternehmen Vergleichsangebote ein und handelte mit Lieferanten entsprechende Preise aus. Als nunmehr eigenständige Abteilung fing der Einkauf nun an, selbstbewusst eigene Forderungen zu stellen und bei der Auswahl von Lieferanten eine eigene Meinung zu vertreten. So kam es unweigerlich zu ersten atmosphärischen Störungen und Spannungen im Unternehmen, da die Einkaufsabteilung kaufmännisch günstige Lösungen bevorzugte, während die Fachabteilungen primär technisch optimale Lösungen favorisierten. Angesiedelt war der Einkauf überwiegend in den kaufmännischen Organisationsabteilungen, was die Auseinandersetzung mit den technischen Bereichen zusätzlich verschärfte.

In den 80er Jahren erweiterte sich im Zuge des Aufbaus erster internationaler Geschäftsbeziehungen der Schwerpunkt der Einkaufsaufgabe um den Kostenbegriff. Neben der Konzentration auf Preisverhandlungen wurde nun verstärkt Ausschau nach Möglichkeiten zur Reduzierung von Kosten gehalten. Dabei wurde die gesamte Kostenstruktur der Herstellung und Lieferung der bezogenen Güter auf den Prüfstand gestellt. Der Fokus des Einkaufs richtete sich erstmalig auch auf Teile der vorgelagerten, beschaffungsmarktseitigen Wertschöpfungskette. Über Begriffe wie Total Cost of Ownership beziehungsweise Gesamtkostendenken wurde im Unternehmen zunehmend diskutiert. Zusätzlich war nun der

Einkauf verantwortlich für lieferantenseitige Qualitäts-, Reklamations- und Lagerungskosten. In der Zusammenarbeit mit Lieferanten wurden von den weiter fortgeschrittenen Einkaufsorganisationen erste Lieferantenbewertungssysteme eingeführt, die nicht mehr ausschließlich technische Bewertungskriterien beinhalteten. Langjährige Lieferantenbeziehungen, die zum Teil auf guten, persönlichen Beziehungen zwischen den jeweiligen technischen Fachabteilungen basierten, wurden durch den Einkauf in steigendem Maße in Frage gestellt. Dies verschärfte die Spannungen mit den Fachabteilungen weiter und machte den Einkäufer oft zum Sündenbock, wenn Lieferantenbeziehungen nicht funktionierten.

Mitte der 90er Jahre ergaben sich für den Einkauf – bedingt durch die kommerzielle Nutzung des Internets und dem Aufkommen sogenannter e-Business–Lösungen – neue Möglichkeiten zur Optimierung vorhandener Einkaufsprozesse. Prozesskostenreduzierung wurde zum Schlagwort jeder fortschrittlichen Einkaufsorganisation. Auf der Suche nach weiteren Einsparmöglichkeiten betrachtete der Einkauf zudem bestehende technische Anforderungen und Spezifikationen der jeweiligen Fachabteilungen zunehmend kritischer. Gerade hier, so die Überlegung, verhinderten die aus den technischen Anforderungen resultierenden Kosten die Chancen für eine signifikante Reduzierung von Einkaufspreisen erheblich. Nicht zuletzt brachte es in dieser Zeit ein spanischer Einkaufsmanager aus der Automobilbranche, Ignacio Lopez, zu zweifelhafter Popularität, indem er durch ein brachiales Vorgehen und Auftreten, Einkäufer, Techniker und Lieferanten polarisierte und gegeneinander ausspielte. So wurden der Ruf und das Ansehen des Einkaufs in vielen Unternehmen nachhaltig beschädigt. Nicht selten blockierten Fachabteilungen die vom Einkauf initiierten Prozessverbesserungen im Rahmen des Einsatzes elektronischer Bestellmedien mit Argumenten wie bspw. „Müssen wir jetzt auch noch selber bestellen?" oder „Wozu brauchen wir im Unternehmen noch einen Einkauf?"

Diese Ansicht hat sich inzwischen deutlich geändert – auch bedingt durch Aufsehen erregende Firmeninsolvenzen, dem Zusammenbruch großer Investmentbanken, medienträchtiger Skandale um verdorbene Lebensmittel und krebserregende Substanzen in Kinderspielzeugen. Seit der Jahrtausendwende wird der Einkauf vermehrt mit der Aufgabe konfrontiert, Lieferantenrisiken in der Wertschöpfungskette frühzeitig zu erkennen, um zukünftige Versorgungsengpässe und Imageverluste möglichst zu vermeiden. In fortschrittlichen Unternehmen übernimmt heute der Einkauf mittlerweile ein hohes Maß an Verantwortung, um die zukünftige Wettbewerbsfähigkeit des Unternehmens auf der Beschaffungsseite zu stärken. Bei den sogenannten „Best-in-Class"-Unternehmen ist dieser Entwicklungsprozess im Einkauf inzwischen schon recht weit fortgeschritten. Der Einkäufer ist in diesen Unternehmen integraler Bestandteil abteilungsübergreifender Einkaufsteams. Mit hoher Sozial- und Methodenkompetenz ausgestattet, meistert er entstehende Konflikte zwischen Lieferanten und den unterschiedlichen Interessen der Fachabteilungen rücksichtsvoll und zugleich fordernd, um so gemeinsame Lösungen zu initiieren.

Die neuen Herausforderungen eines Wertschöpfungsmanagements stellen der Managementebene somit die Aufgabe, die dabei entstehenden Konflikte als den Entwicklungsprozess fördernde Begleiterscheinungen zu akzeptieren.

1.2.3 Trennung strategischer und operativer Einkaufsbereiche

Was macht Einkauf im Unternehmen so schwierig? Aus der Sicht des Managements stehen im Mittelpunkt der Wahrnehmung primär die im Unternehmen anfallenden, monetären Ausgaben. Sie belasten temporär das Unternehmensergebnis, spiegeln aber selten die damit verbundenen, preistreibenden Kostenfaktoren wider. Damit der Einkäufer seiner neuen Aufgabe eines Wertschöpfungsmanagers gerecht werden kann, ist im Unternehmen das sogenannte Dilemma von Kosten und Ausgaben zu überwinden. Dies schafft für die Einkaufsorganisation im Unternehmen die Voraussetzung, um die sich bietenden Chancen zur Verbesserung der Gewinnsituation frühzeitiger nutzen zu können. Dieses Dilemma lässt sich folgendermaßen beschreiben (vgl. Abbildung 1.5).

Abbildung 1.5 Dilemma von Kosten und Ausgaben im Unternehmen

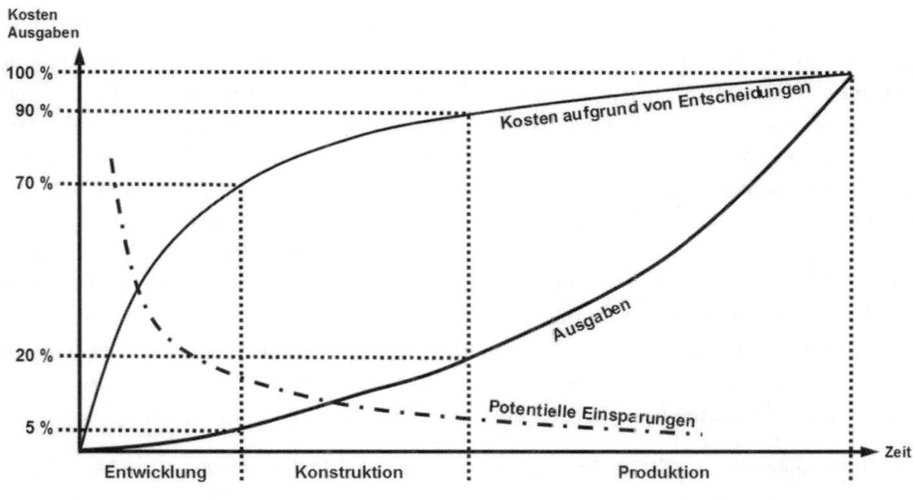

Über die Zeitachse einer Produktentwicklung und -herstellung gesehen, steigen die gesamten im Unternehmen anfallenden sichtbaren (monetären) Ausgaben nur sehr langsam an. In der Phase der Produktentwicklung entstehen im Unternehmen allenfalls Ausgaben für beispielsweise Marktforschungsaktivitäten, Versuchsmaterialien oder Materialprüfungen. Diese fallen in aller Regel weniger stark ins Gewicht, sind gut überschaubar und machen über die gesamte Lebensdauer gesehen selten mehr als circa 5% der gesamten Kosten eines Produkts aus. In der anschließenden Phase der Konstruktion fallen für das Unternehmen weitere Ausgaben für erste Prototypen, Produktionswerkzeuge oder Zulassungen sowie Tests von neuen Produkten an. Nach Abschluss dieser Phase betragen die Ausgaben für eine Produktentwicklung oft etwa 20% der insgesamt anfallenden Ausgaben. Ganz anders schaut es in der dritten Phase, der serienmäßigen Herstellung des Produkts, aus. In ihr steigen die Ausgaben für ein Produkt für das Unternehmen rapide an, wenn Produktionsmaterialien regelmäßig eingekauft oder gelagert werden müssen.

Ganz anders verläuft – diametral entgegengesetzt und zudem weniger wahrnehmbar – für ein Unternehmen die Kostenkurve, die aufgrund der hier getroffenen Entscheidungen die zukünftigen Ausgaben determiniert. Demnach werden in der Entwicklungsphase oft über circa 70% der gesamten Kosten eines Produkts entschieden. Beispielsweise durch die Auswahl und die Dimensionierung der verwendeten Produktionsmaterialien oder die Festlegung des damit verbundenen Herstellungsverfahrens. Im Zuge der Konstruktionsphase erhöhen sich diese Kosten auf ungefähr 90% der später entstehenden Ausgaben. Zu Beginn der Produktionsphase ist dann nur noch ein kleiner Teil der vorhandenen Kosten veränderbar. Wird die Einkaufsabteilung erst zu Beginn der Produktionsphase in die Überlegungen zur Produktentwicklung eingebunden ist die Chance und oft die Zeit für nennenswerte, potenzielle Einsparungen weitgehend verstrichen. Der Einkäufer kann mit den Lieferanten dann allenfalls noch über die Höhe der entstehenden Kosten, beispielsweise für Verpackung und Transport, verhandeln.

Dieses Dilemma kann wirkungsvoll vermieden werden, wenn der Einkauf so früh wie möglich in die Produktentwicklung und den anstehenden Bedarf der Fachabteilungen eingebunden wird. Der Einkäufer in der Rolle eines Wertschöpfungsmanagers ist dabei von operativen Aufgaben weitgehend befreit, um auf die unterschiedlichen Bedürfnisse der Fachabteilungen gezielter einwirken zu können. In diesen frühen Phasen ist das Wissen des Wertschöpfungsmanagers über die Leistungsfähigkeit von Lieferanten, sich abzeichnende Marktpreisentwicklungen, vorhandene Kapazitäten usw. gefragt, um monopolistische Bezugsquellen zu vermeiden und in beratender Funktion die Fachabteilungen bei der Spezifizierung ihres Bedarfs zu unterstützen. Dass dies im Unternehmen nicht immer unkompliziert und reibungslos verläuft, zeigt schon die dargestellte, emanzipatorische Entwicklung des Einkaufs in vielen fortschrittlichen Unternehmen. Eine organisatorische Trennung von strategischer und operativer Einkaufsverantwortung ist die logische Konsequenz, um dieses Dilemma im Unternehmen abzuschwächen oder gar zu aufzulösen.

Damit erhöht sich jedoch die Gefahr, dass diese unterschiedlich ausgerichteten Mitarbeiter einer Einkaufsorganisation sich in ihrem Handeln verselbständigen. Diese Gefahr ist umso größer, wenn Unternehmen an mehreren Standorten tätig sind. Verstärkt wird dies, wenn diese Standorte in Form sogenannter „Profit Center" eigene Ergebnisverantwortung haben und operative und strategische Einkaufsinteressen kollidieren. Vor dem Hintergrund, dass operative Aufgaben im Zweifelsfall immer Vorrang vor strategischen Aufgaben genießen, weil diese die eigentliche Wertschöpfung im Unternehmen, Ware zu produzieren, erst ermöglichen, ist eine strikte Trennung nahezu unumgänglich.

Dieses Auseinanderdriften der strategischen und operativen Einkaufsverantwortung kann durch einen engen, kommunikativen Austausch verringert werden. Anstelle von Mutmaßungen ist es hierzu notwendig, dass sich die erreichten Ergebnisse strategischer Maßnahmen durch ein entsprechendes Einkaufscontrolling anhand von Kennzahlen nachvollziehbar aufzeigen lassen.

1.2.4 Entwicklung cross-funktionaler Strukturen

Tag für Tag muss der Einkäufer mit neuen Herausforderungen kämpfen: Zum einen hat er teilweise begrenzte, technische Fachkenntnisse, die ihm seine Aufgabe erschweren. Gleichzeitig wird von ihm erwartet, dass er zeitnah die gewünschten Waren- und Dienstleistungsbedarfe zur Verfügung stellt, was nicht immer gelingen kann. Eine weitere tägliche Herausforderung ist der Spagat zwischen der Anforderung des Unternehmens, die Ausgaben so gering wie möglich zu halten und den Wünschen der Fachabteilungen zu entsprechen, die bei den einzukaufenden Waren und Dienstleistungen weniger auf Kosten als vielmehr auf Qualität, Bedienkomfort, Servicebereitschaft oder Ähnliches achten. Die Vielfalt der unterschiedlichen Bedarfsanforderungen im Unternehmen wird vermutlich selbst der fachlich versierteste und erfahrenste Einkäufer nicht im vollen Umfang abdecken können. Dies gilt besonders dann, wenn diese Bedarfe im Vorhinein nicht bekannt sind oder bisweilen erst durch den Kundenauftrag im Unternehmen tatsächlich entstehen.

Aufgrund seiner Aufgabenstellung ist der Verkauf zwangsläufig als erster Organisationsbereich im Unternehmen über die Kundenwünsche informiert. Ihm obliegt es, die technischen Bereiche auf der Suche nach einer passenden Lösung mit den Kundenerwartungen zu konfrontieren. Oft wird in dieser Phase der Einkauf noch nicht in diese Überlegungen eingebunden, da eine entsprechende Lösung noch entwickelt werden muss. Dadurch entsteht dem Einkauf ein erster zeitlicher Nachteil in der Informationskette. Die Fachabteilungen treffen mit dem Wissen der Kundenerwartungen frühzeitig Entscheidungen über Spezifikationen oder Produktvorgaben, die später zu erheblichen Mehrkosten führen können. Selten wird dabei der Einkauf mit in die Entscheidungsphase eingebunden. Dabei reicht schon ein Einblick in die Terminplanung von Bedarfsmeldungen im Unternehmen. Häufig wird der Einkauf mit Bedarfsmeldungen konfrontiert, bei denen die Terminvorgaben „sofort" oder „schnellstmöglich" lauten.

So wird die Einflussnahme des Einkaufs auf die entstehenden Kosten manchmal gezielt umgangen und die Möglichkeit, Preisreduzierungen zu realisieren ad absurdum geführt. Dies ist noch gravierender, wenn im Unternehmen den Fachabteilungen ein Budget eingeräumt wird, um zukünftige Investitionen zu planen. Da es sich hier um teilweise beträchtliche Summen handelt, ist die Erteilung eines Investitionsbudget immer auch implizit mit einem Machtzugeständnis an die jeweilige Fachabteilung verbunden, dieses Budget ausnutzen zu dürfen. Es klingt geradezu widersinnig, wenn der Einkauf die Aufgabe übernimmt, gemeinsam mit der rivalisierenden Fachabteilung nach Budget-schonenden Lösungen zu suchen. Dies gilt umso mehr, wenn vielfach das zur Verfügung stehende Budget im Rahmen der Budget- und Finanzplanung bereits mehrere sogenannte „Kürzungsrunden" durchlaufen hat. Hier kann ein ausgeprägtes Kostenbewusstsein, wie vorhin gefordert, zu neuen Einsichten führen, die in den Fachbereichen zu einer realistischeren Planung zukünftiger Ausgaben beitragen.

Sie kennen vermutlich alle die Fortsetzung des Sprichworts: „Wenn zwei sich streiten, ...". Dass diese Rivalität zwischen dem Einkauf und den Fachabteilungen von Dritten ausgenutzt wird, ist im Unternehmen ebenso häufig zu beobachten. Besonders schmerzhaft ist es, wenn professionelle Dritte von dieser Rivalität im wahrsten Sinne des Wortes profitieren. Der professionelle Dritte, von dem hier die Rede ist, ist die gut geschulte Armada der Verkäufer, Kundenberater und Anwendungstechniker der Lieferanten, die gezielt die Meinungsbildung der Fachabteilungen oder gar der Unternehmensleitung beeinflussen, ohne dass der Einkauf in diese Gespräche eingebunden ist. Sie suchen gezielt den Weg am Einkauf vorbei in die Fachabteilungen, um hier Einflussnahme auf die Spezifizierung des Bedarfs vorzunehmen und die Lieferantenauswahl für den Einkauf so vor vollendete Tatsachen stellen. Dies ist oft den wenigsten Einkäufern bewusst und noch weniger den Fachabteilungen. Diese Technik wird in Verkaufsseminaren als sogenanntes „Back-Door-Selling" beschrieben, d.h. der gezielte Verkauf durch die Hintertür – vorbei am Einkauf und bestehenden Richtlinien ist eine der erfolgreichsten Verkaufsstrategien.

Aus der Sicht des Lieferanten ist dieses Vorgehen perfide und genial zugleich. Ist die Fachabteilung vom angebotenen Produkt des Lieferanten begeistert, nimmt diese die interne Überzeugungsarbeit dann anstelle des Lieferanten wahr. Schon früh lernen Verkäufer in Verkaufstrainings den wichtigsten Grundsatz des erfolgreichen Verkaufens: Möglichst gar nicht über den Preis sprechen, sondern die Verkaufsargumentation ausschließlich auf der Nutzenebene zu führen. So werden die Bedürfnisse des Kunden gezielt angesprochen und Kaufinteresse erzeugt. Fachabteilungen sind im Unterschied zum Einkauf für diese Art der Argumentation leichter empfänglich, da ihre Interessen nach neuester Technik, hohem Bedienungskomfort, Wartungsfreundlichkeit und so weiter gezielt angesprochen werden. Häufig wird den unter hohem Zeitdruck stehenden Fachabteilungen außerdem Unterstützung bei der Erstellung von Lastenheften und Spezifikationen angeboten. Dies führt dann vielfach dazu, dass die einer Bestellung zugrunde liegende Beschreibung des Produkts einzig und allein nur von diesem Lieferanten erfüllt werden kann. So entstehen für das Unternehmen hausgemachte Monopolkonstellationen. Der Einkauf wird damit in seinem Bestreben, Preis- und Kostenreduzierungen zu realisieren, oft von den eigenen Kollegen umgangen, wenn diese ihren zeitlichen Informationsvorsprung ausnutzen und von den Verkäufern des Lieferanten dazu benutzt werden. In Einkäuferschulungen empfehle ich deshalb häufig, dass der Einkäufer eine gute Sicht auf den Besucherparkplatz haben sollte. Am hohen Besucheraufkommen kann er schnell erkennen, ob „die Hintertür offensteht" und die Initiative ergreifen. Besser ist es jedoch im direkten Austausch mit den Fachabteilungen die Forderung nach einer fairen und ergebnisoffenen Produkt- und Lieferantenauswahl zu vertreten.

Da diese Entscheidungsprozesse aufgrund vorhandener Rivalitäten im direkten Zusammenspiel zwischen Einkauf und Fachabteilung nicht immer gelöst werden können, bedarf es vielfach einer neutralen Instanz im Unternehmen, die in der Lage ist, Interessenskonflikte auszugleichen. Hier bietet sich die Einrichtung und Organisation eines Projektmanagements an, das zur Durchführung eines Entwicklungsvorhabens technische und kaufmännische Interessen gleichbedeutend und gleichermaßen bei ihren Entscheidungen berücksichtigt. Sinnvollerweise sollte eine solche Projektorganisation direkt an die Unternehmensleitung berichten und nicht an andere nachrangige Organisationsbereiche, um nicht einseitigen Interessen zu dienen. Für den Einkäufer bedeutet dies die Einbindung in abteilungsübergreifende, cross-funktionale Teams. Gesteuert über die jeweilige Projektleitung, informieren sich die Teammitglieder dann regelmäßig und gegenseitig über den Fortgang einer Produktentwicklung und fassen gemeinsame Beschlüsse. So wird nicht selten in Unternehmen der strategische Einkäufer bisweilen auch als Projekteinkäufer bezeichnet, wenn er frühzeitig als festes Mitglied innerhalb eines Projektteams in die Entwicklung technisch und wirtschaftlich ausgewogener Lösungen eingebunden ist.

Damit der Einkauf die hohen Anforderungen eines Wertschöpfungsmanagements wahrnehmen kann, sollten also verschiedene Voraussetzungen erfüllt sein: aufgrund der großen Hebelwirkung der Materialkosten ist ein ausgeprägtes Kostenbewusstsein bei allen Mitarbeitern im Unternehmen notwendige Voraussetzung. Dazu ist die Bereitschaft der Unternehmensleitung gefragt, die im Unternehmen zwangsläufig entstehenden Konflikte konstruktiv auszutragen sowie ein projektgesteuertes, teamorientiertes Zusammenwirken der Einkaufsorganisation mit den Fachabteilungen auf der Basis einer strikten Trennung von strategischen und operativen Einkaufsaufgaben zu implementieren.

1.3 Notwendige Qualifikationen des Einkäufers

Über welche methodischen, fachlichen und persönlichen Qualifikationen sollten die Mitarbeiter verfügen? Welche Schlüsselqualifikationen müssen vom Einkäufer neu erlernt und beherrscht werden, um den stetig steigenden Anforderungen eines auf Wertschöpfungsmanagement fokussierten Einkaufs gerecht zu werden?

Um die Einkaufsaufgabe grundlegend in der richtigen Weise im Unternehmen zu lösen, ist das Wissen des Einkäufers über die jeweiligen Unternehmensziele gefragt. Wichtig sind zweifelslos hohe analytische Fähigkeiten und eine hohe Auffassungsgabe. Der Einkäufer muss in der Lage sein, vorhandene Daten im Unternehmen und für ihn relevante Informationen vom Beschaffungsmarkt oder über Lieferanten zu ermitteln und diese zum Zwecke unterschiedlicher Analysen aufzubereiten. Das Wissen um die Leistungsfähigkeit und Auswertemöglichkeiten der im Unternehmen eingesetzten Betriebssoftware unterstützt den Einkäufer, die Auswertung von Daten nach unterschiedlichen Analysegesichtspunkten durchzuführen. So können aus den übergeordneten Unternehmenszielen zielgerichtet strategisch sinnvolle, das heißt richtige Maßnahmen im Einkauf abgeleitet werden.

Aus fachlicher Sicht verbessert ein gutes technisches Verständnis oder eine entsprechende Erfahrung auf diesem Gebiet gerade in entwicklungsintensiven, technisch dominierten Unternehmen die Akzeptanz des Einkäufers gegenüber den Fachbereichen. Dieses Wissen erleichtert die Durchführung technisch-wirtschaftlicher Analysen und so die Berücksichtigung einkaufsrelevanter Ziele und Strategien im Unternehmen. Ausreichende Kenntnisse im Vertragsrecht gehören zweifelsohne zu den fachlichen Qualifikationen des Einkäufers, doch sollte im Zweifelsfall und insbesondere bei internationalen Verträgen juristisches Expertenwissen eingeholt werden. Qualifizierte kaufmännische Fach- und Methodenkenntnisse sowie das Wissen um Prozessabläufe und deren Optimierungsmöglichkeiten auch unter Einbindung des Internets sind für den Einkäufer mit Blick auf ein Wertschöpfungsmanagement von grundlegender Natur. Insbesondere durch die steigende Nutzung des Internets haben sich für den Einkauf zahlreiche neue Möglichkeiten aufgetan, um die Dauer oder die Häufigkeit von Bestellvorgängen maßgeblich zu reduzieren und so anstelle operativer Betriebsamkeit erheblich mehr Zeit für strategische Aufgaben zu gewinnen.

Zur Umsetzung dieser Maßnahmen bedarf es neben einer hohen Entscheidungsstärke vor allem ausgebildeter kommunikativer und verhandlungskompetenter Fähigkeiten. Sie versetzen den Einkäufer in die Lage, gegenüber den unterschiedlichen Interessen der Fachbereiche klug zu argumentieren und Kompromisse zu finden. Diese Fähigkeit und die Eignung, intelligente Fragen zu stellen, ist für den professionellen Einkäufer sowohl in der internen Diskussion als auch in der Auseinandersetzung mit Lieferanten eine Kernkompetenz, um Verhandlungen clever zu führen. Naturgemäß sind Einkäufer für den Erfolg von Verhandlungen verantwortlich, da sie sich im Unternehmen mit Kosten und Konditionen auseinandersetzen müssen. Gerade dieses Wissen über Kosten- und Prozessstrukturen erleichtert infolgedessen die Durchführung von Verhandlungen mit Lieferanten. Jedoch ist die Vermittlung von Verhandlungskompetenz selten Bestandteil einer kaufmännischen Ausbildung oder Inhalt der betriebswissenschaftlichen Lehre an den meisten Hochschulen.

Auch im privaten Bereich finden Verhandlungen im Alltag hierzulande eher selten statt. Der zunehmende Gebrauch des Internets hat dazu geführt, Preisvergleiche bei Konsumgütern heute online zu führen. Mit Ausnahme einiger Einkäufe von hochwertigen Konsumgütern, sind Kaufverhandlungen im Sozialleben in vielen, vor allem westlichen Industrienationen trotz inzwischen vielfach aufgehobener Preisbindungen eher die Ausnahme. Der Kunde in der Rolle des Einkäufers hat sich diesen verhandlungsarmen Einkaufsgewohnheiten angepasst. Wahre Einkaufstalente finden sich da nur selten und müssen daher im Unternehmen personell entwickelt werden. Die Zielstrebigkeit und die Durchsetzungsfähigkeit, die den Einkäufer in Verhandlungen auszeichnen sollten, werden im Alltagsleben kaum gefordert. Daher wird eine permanente berufliche Weiterbildung der Einkaufsorganisation immer wichtiger und verbessert die Zusammenarbeit aller Mitarbeiter untereinander, mit denen sich die Einkaufsorganisation abstimmen muss. Daher sollte eine Karriereplanung im Einkauf auch Talenten aus nicht-kaufmännischen Bereichen im Unternehmen offen stehen, die sich aufgrund ihrer Qualifikationen und Motivation dazu eignen.

Daneben sind aufgrund der zunehmenden Internationalisierung der Geschäftsbeziehungen sprachliche Fähigkeiten – in erster Linie die verhandlungssichere englische Sprache - und das Wissen um interkulturelle Unterschiede ein absolutes Muss. Sind diese Fähigkeiten beim Einkäufer vorhanden, erleichtern ihm diese das Zugehen auf andere Personen und damit den Aufbau von wichtigen beruflichen Kontakten. Das Arbeiten in crossfunktionalen Teams wird nicht zuletzt durch eine hohe emotionale Kompetenz des Einkäufers sowie dessen Bereitschaft zu Veränderungen und Erfahrungen im Umgang mit unterschiedlichen Wirtschaftskulturen in hohem Maße bereichert.

Zu den zukünftig herausragenden, persönlichen Eigenschaften des Einkäufers gehören vielfach eine ausgesprochene Neugierde, schnelle Auffassungsgabe und Offenheit gegenüber Veränderungen. Bedauerlicherweise lassen sich diese Eigenschaften dem erwachsenen Menschen nur schwer über Lernformate vermitteln. Genauso wenig wie eine hohe körperliche und emotionale Belastbarkeit, die aufgrund der vielen internationalen Geschäftsbeziehungen eine große Bereitschaft für Reisen und Auslandseinsätze vom Einkäufer verlangt. Auf persönlicher Ebene wird der Einkäufer vermehrt als Integrator, Initiator und Konfliktlöser im Unternehmen gefordert sein, dem es gelingt, die unterschiedlichen Interessen von Lieferanten und Fachbereichen auszugleichen und in der Verhandlung mit Lieferanten erfolgreich umzusetzen. Damit trägt er einen wesentlichen Teil dazu bei, störungsfreie Materialflüsse und funktionierende Geschäftsabläufe zu ermöglichen. Die früher häufig nur auf Anweisung handelnde Einkaufsorganisation wird vermehrt Führungs- und Gestaltungsqualitäten entwickeln müssen, welche sie in die Lage versetzen, die zukünftigen Herausforderungen zu lösen – sowohl inhaltlich als auch persönlich. Dazu ist ein einwandfreies, selbstbewusstes und geschicktes Auftreten gegenüber Lieferanten und den eigenen Fachbereichen unerlässlich.

Insgesamt wird einmal mehr deutlich, dass der Einkaufsbereich im Unternehmen in Zukunft nicht mehr das Abstellgleis für verdiente, langjährige oder veränderungsresistente beziehungsweise ausgebrannte Mitarbeiter sein kann. Die wachsende Bedeutung der Einkaufsaufgabe wird die Einkaufs- und die Unternehmensorganisation nachhaltig verändern. Aus dem Bestellabwickler der Vergangenheit wird zunehmend der Wertschöpfungsmanager der Zukunft. Hier ist neben dem Einkauf vor allem die Unternehmensleitung gefordert, die in diesem Kapitel dargestellten Herausforderungen zu meistern und mehr als bisher in den Aufbau von Humankapital zu investieren. Den bevorstehenden Wandel in der Unternehmenskultur vorausschauend zu begleiten und die damit einhergehenden Konflikte in geeigneter Weise zu kanalisieren, ist eine fundamentale Voraussetzung zum Gelingen eines immer wichtiger werdenden Wertschöpfungsmanagement.

Im zweiten Abschnitt dieses Buches werden die für das Wertschöpfungsmanagement notwendige Entwicklung einer Handlungsleitlinie, die relevanten Basisdaten und die einkaufsspezifischen operativen und strategischen Ziele der Einkaufsfunktion beschrieben. Diese stellen den Ausgangspunkt zur Entwicklung geeigneter Einkaufsstrategien und -maßnahmen dar und sind von grundlegender Bedeutung für das Verständnis von Einkäufen und Wertschöpfungsketten. Anschließend wird das einkaufsrelevante Umfeld aus der Sicht der Einkaufsleitung erläutert. Mithilfe einer Strategiekarte lässt sich eine Positionierung des Unternehmens durchführen, um die übergeordnete Zielsetzung für den Einkauf zu erkennen. Dies ist mit Blick auf das unternehmensexterne Umfeld weit differenzierter zu betrachten. Im Hinblick auf die Unterschiedlichkeit von Beschaffungsmärkten wird dessen Strukturierung durch den Einsatz einer Warengruppensystematik erst strategiefähig. Hierzu bildet der Einkauf sogenannte Warengruppen, um eine gezielte Entwicklung von Einkaufsstrategien und geeigneten Maßnahmen in Bezug auf die jeweiligen Beschaffungsmärkte zu ermöglichen. Die dabei zu beachtenden generellen Unterschiede von Warengruppen werden anhand einer grundlegenden Systematik aufgezeigt. Deren Management jedoch wird erst durch Festlegen konkreter Ziele und Auswertung messbarer Ergebnisse sichergestellt. Dies macht die Definition einkaufsspezifischer Kennzahlen im Rahmen eines Einkaufscontrollings als auch den Aufbau eines Kennzahlensystems im Unternehmen erforderlich und schafft mitunter ein besseres Verständnis für konkrete und messbaren Inhalte von Einkaufstrategien.

Die dazu notwendigen, grundlegenden strategischen Analysen werden im dritten Kapitel vorgestellt. Hierzu eignen sich auf den Grundlage von Warengruppen die Erstellung von Warengruppendossiers. Die dabei zu klärenden Fragen, zu ermittelnden Daten und relevanten Informationsquellen bilden die Basis zur strategischen Analyse des Einkaufsvolumens nach ordnungs- und portfolio-relevanten Methoden, die eine zielgerichtete wertschöpfungsorientierte Ausrichtung von warengruppenspezifischen Einkaufsstrategien ermöglichen. Dieser Abschnitt beschäftigt sich mit den inhaltlichen Fragen der strategischen Arbeit der Einkaufsorganisation und ist für das Management des Unternehmens oft nur bedingt von Interesse, bedarf jedoch dessen voller Unterstützung und entsprechenden Mitteleinsatz. Vielmehr ist dieses Kapitel für den Einkauf und die mit ihm zusammenarbeitenden Fachbereiche besonders hilfreich, um Warengruppen ganzheitlich besser zu managen und die einkaufsrelevanten Interessen des Unternehmens besser zu verstehen.

Das vielfältige einkaufsspezifische Fachwissen über strategische Analysen, relevante Methoden sowie geeignete Maßnahmen und Messmethoden, die den Einkäufer befähigen, Wertschöpfungsmanagement wirkungsvoll zu gestalten, ist Hauptgegenstand dieser Veröffentlichung. Dieses Wissen lässt sich aus der Sicht des Einkaufs mithilfe fünf unterschiedlicher Handlungsfelder strukturieren, die im vierten Kapitel dargestellt werden. Die anschließenden Kapitel fünf bis neun erläutern, mit welchen relevanten Analysen, Steuerungsmaßnahmen und Kennzahlen sich Warengruppen mit Blick auf die Einkaufsziele professionell managen lassen.

Hierbei soll es absichtlich nicht um ein wissenschaftliches Lehrbuch als vielmehr um eine Veröffentlichung handeln, die einen pragmatischen Ansatz sucht und dabei in erster Linie Anregungen vermitteln möchte, die aus Sicht eines Wertschöpfungsmanagements zunehmend notwendiger werden.

2 Einkaufsstrategie als Teil der Unternehmensstrategie

Durch die Entwicklung von Unternehmensstrategien wird im Rahmen eines unternehmerischen Planungsprozesses ein Handlungsrahmen und zudem ein übergeordnetes Verständnis geschaffen, wie die angestrebten Unternehmensziele zu erreichen sind und welche Maßnahmen einen geeigneten Beitrag zur Erreichung der Unternehmensziele leisten können und welche nicht. Dabei basieren diese Ziele auf Daten und Informationen zum Unternehmen selbst sowie Informationen über die Märkte beziehungsweise dessen Entwicklungen.

Dabei umfasst die Unternehmensstrategie die unterschiedlichsten Bereichsstrategien, wie die Vertriebs-, die Produktions- oder die Finanzstrategie. Auch die Einkaufsstrategie ist ein Teil der Unternehmensstrategie. Mit ihr wird festgelegt, wie die Versorgungsaufgabe im Unternehmen generell gelöst werden soll. Allerdings handelt es sich hier aus der Sicht des Einkaufs keineswegs nur um eine einzige Strategie. Da ein Unternehmen zumeist auf unterschiedlichen Beschaffungsmärkten agiert, kann es eine singuläre Einkaufsstrategie nicht geben, die für alle Versorgungssituationen gleichermaßen zutrifft. Deshalb soll anstelle des Begriffs der Einkaufsstrategie hier von einer (übergeordneten) Handlungsleitlinie gesprochen werden, die sinnvollerweise vom Einkauf erstellt wird und sich aus der Unternehmensstrategie ableitet. Diese stellt für die Einkaufsorganisation bei der jeweiligen Verfolgung unterschiedlicher Einkaufsziele eine gemeinsame Handlungsgrundlage dar. Dazu ist es wichtig, dass die Unternehmensziele ausformuliert und dem Einkauf sowohl bekannt als auch verständlich sind.

In vielen klein- und mittelständischen Unternehmen ist dies in der Praxis heute noch eher der Ausnahmefall. Dadurch erhöht jedoch sich die Gefahr, dass Einkaufsziele verfolgt werden, die nicht mit den Unternehmenszielen im Einklang stehen. Wie auf der Grundlage einer dem Einkauf bekannten Unternehmensstrategie die Versorgungsaufgabe in geeigneter Weise grundsätzlich gelöst werden kann, soll im Folgenden anhand eines sog. einkäuferischen Gesamtprozesses erläutert werden (vgl. Abbildung 2.1).

Abbildung 2.1 Der einkäuferische Gesamtprozess

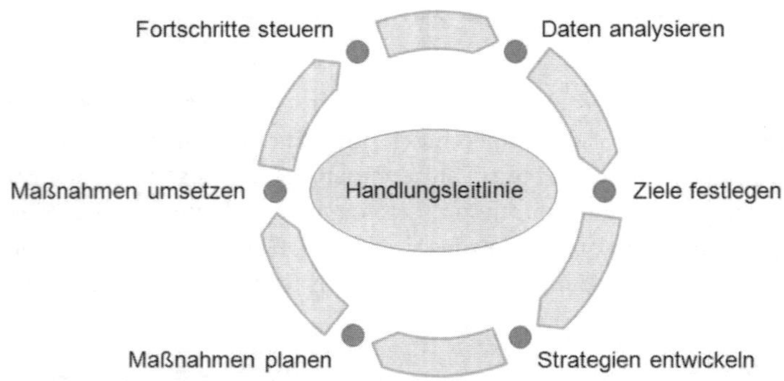

Dieser Gesamtprozess lässt sich dabei im Prinzip durch sechs grundlegende Prozessschritte charakterisieren. Dies entspricht im Wesentlichen auch dem konzeptionellen Ansatz der IS²M-Methode®, einem dazu entwickelten modularen Schulungskonzepts zur Entwicklung von Einkaufsstrategien.

Auf der Basis einer im Unternehmen kommunizierten, einkaufsspezifischen Handlungsleitlinie, die den Ausgangspunkt zur Planung des einkäuferischen Gesamtprozesses bildet, müssen dazu in einem ersten Prozessschritt die einkaufsrelevanten Daten zusammengetragen und analysiert werden. Zur Formulierung einkaufsspezifischer Ziele werden vom Einkauf sogenannte Basisdaten aus anderen Unternehmensbereichen benötigt und von der Einkaufsorganisation entsprechende Basisdaten ermittelt, die eine aufeinander abgestimmte Planung der Bereichsziele und so eine Verankerung der Einkaufsstrategie in die Unternehmensstrategie erlauben. Hierzu ist von der Unternehmensleitung ein Rahmen zu schaffen, der den Informationsaustausch zwischen den Fachbereichen fördert, wie beispielsweise durch die Bildung cross-funktionaler Organisationsstrukturen im Unternehmen.

Im zweiten Schritt muss das unternehmensinterne und -externe Umfeld aus der Sicht des Einkaufs analysiert werden, um anhand von Warengruppen im Einkauf geeignete Ziele festzulegen. Hier ist jedoch gleichzeitig von vielen unterschiedlichen und sich ändernden Einkaufszielen die Rede. Zum einen, weil vom Einkauf unterschiedliche Beschaffungsmärkte zu berücksichtigen sind. Zum anderen, weil je nach Entwicklung der Beschaffungsmarktsituation die Einkaufsstrategie neuen Zielen angepasst werden muss. Deshalb werden diese Märkte in sogenannten Warengruppen abgebildet, die eine eigenständige strategische und darauf aufbauend operative Zielsetzung gestatten.

Dazu werden in einem weiteren Schritt Warengruppen hinsichtlich ihres Zielbeitrags zur Einkaufsstrategie analysiert. Hierzu lassen sich Analysemethoden verwenden, die im nächsten Kapitel dieses Buches ausführlich erklärt werden.

Im vierten Schritt müssen warengruppenspezifische Maßnahmenpakete geplant und im anschließenden Prozessschritt umgesetzt werden, die sich zu fünf unterschiedlichen Handlungsfeldern strukturieren lassen. Diese Maßnahmen werden in den Kapiteln fünf bis neun ausführlich erklärt, deren Einsatz analysiert und sich mithilfe von Kennzahlen in einem letzten Gesamtprozessschritt bewerten und managen lassen.

Wie solche Kennzahlen grundsätzlich gebildet werden können, welchen Nutzen ein professionelles Einkaufscontrolling generell stiftet und wie ein geeignetes Kennzahlensystem im Einkauf aufgebaut werden kann, wird aus didaktischen Gründen bereits in diesem Kapitel erläutert. So fällt es leichter, ein besseres Verständnis zur Bildung von Kennzahlen zu entwickeln, das zum erfolgreichen Management einkaufsstrategischer Maßnahmen zwangsläufig benötigt wird.

2.1 Erstellung einer Handlungsleitlinie

Bei der Ausgestaltung der Handlungsleitlinie werden mehr oder weniger typische Themenkomplexe berücksichtigt, nach welchen grundsätzlichen Gesichtspunkten die Zusammenarbeit mit Lieferanten gestaltet werden soll. Sie ist für die Entwicklung von Einkaufsstrategien maßgeblich und legt den Handlungsrahmen der Einkaufsorganisation fest, ohne aber Handlungsspielräume unnötig einzuschränken (Heß 2010, S. 89). Vielfach finden in dieser Handlungsleitlinie die sogenannten Führungsgrundsätze des Unternehmens Berücksichtigung. Verpflichtet sich beispielsweise ein Unternehmen zur Einhaltung international anerkannter Richtlinien und Sozialstandards wie des Global Compact der Vereinten Nationen, wird dies in der Leitlinie berücksichtigt. Dabei soll durch eine Art Forderungskatalog sichergestellt werden, dass die Einkaufsorganisation alles in ihren Kräften stehende unternimmt, diese Regeln einzuhalten. Dazu gehört auch, die Einhaltung dieser Regeln im Rahmen des Zumutbaren von den Geschäftspartnern einzufordern. Schwerpunkte eines derartigen Forderungskatalogs können beispielsweise sein:

- Ein fairer und vertrauensvoller Umgang mit Lieferanten

Dies bedeutet, dass Einkäufer sich gegenüber Lieferanten jederzeit vertragskonform verhalten, mögliche Risiken nicht einseitig und zu deren Schaden auf ihn überwälzen, die eigene Nachfragemacht nicht unfair ausnutzen (z.B. durch sogenannte Preisdiktate) und die in der Zusammenarbeit mit Lieferanten erlangten Informationen Dritten nicht zur Verfügung stellen oder verfügbar machen. Im Sinne eines ganzheitlichen Wertschöpfungsmanagements kann die Wahrnehmung der Einkaufsaufgabe langfristig nur auf der Basis eines Vertrauensverhältnisses zwischen Lieferant und Unternehmen im Rahmen gegenseitiger Wertschätzung funktionieren. Eine Handlungsleitlinie, die diesen Aspekt ausreichend berücksichtigt, erleichtert dem Einkauf die Kommunikation dieses Paradigmenwechsels gegenüber den Lieferanten in der Wertschöpfungskette.

- Einhaltung von bzw. Verpflichtung zu ökologischen, sozialen und ethischen Standards

Derartige Selbstverpflichtungen und Forderungen gegenüber den Geschäftspartnern helfen dem Einkauf, den Erwartungen sogenannter Interessensvertreter (Stakeholder) zu entsprechen. Dabei umfasst die Gruppe der Stakeholder sowohl den Eigentümer als auch die Mitarbeiter, Verbände und die Öffentlichkeit. Mit der Übernahme gesellschaftlicher und ökologischer Verantwortung trägt der Einkauf dazu bei, materiellen (Umsatz- und Marktanteilsverluste) oder immateriellen Schäden (Imageverluste) vorzubeugen. Beispiele dafür sind die Verpflichtung der Einkaufsorganisation, in den vor ihr verwendeten Spezifikationen und Auswahlkriterien für Lieferanten auf die Einhaltung der RoHS-Richtlinie, der Chrom-VI- oder der REACH-Verordnung zu achten. Rahmenvereinbarungen oder Verträge können die Selbsterklärung der Lieferanten enthalten, auf Kinder- und Schwarzarbeit zu verzichten, die Gesetze und Umweltrichtlinien einzuhalten oder keine Steuern zu hinterziehen. Auch die Erklärung, Diskriminierung aufgrund von Geschlecht, Rasse, Religion, Behinderung, Alter oder sexueller Ausrichtung weder bei sich noch bei Unterlieferanten zu tolerieren, gehört hier zum Selbstverständnis einer Einkaufsorganisation.

Zum Schutz vor möglichen Interessenskonflikten werden Lieferanten vertraglich dazu verpflichtet, diese Regelungen ebenfalls bei ihren Unterlieferanten einzufordern. Eine umfassende Überwachung ist vom Einkauf aufgrund häufig nicht ausreichenden Fachwissens, oft begrenzter Kapazitäten oder mangelhafter Informationstransparenz realistisch gesehen in der Praxis kaum durchführbar. Trotzdem ist die Überwachung sinnvoller Bestandteil eines Forderungskatalogs, um gegenüber den Interessensvertretern den Eindruck von Nachlässigkeit im Umgang mit diesen Standards wirkungsvoll entgegen zu treten:

- Bekämpfung von Korruption

Ein weiterer wichtiger Inhalt einer Handlungsleitlinie ist die Bekämpfung von Korruption auch im eigenen Interesse. Bestechlichkeit von Einkaufsmitarbeitern kann zu materiellen Schäden im Unternehmen führen. Zudem wird eine Außenwirkung erzeugt, welche die Zusammenarbeit mit aktuellen und potenziellen Lieferanten beeinträchtigt und Misstrauen in die partnerschaftlichen Absichten des Unternehmens stiftet. In der Leitlinie sollte dieser Aspekt deshalb ausreichend Berücksichtigung finden, um dem Einkäufer einen konkreten Handlungsrahmen vorzugeben. Darin sollten die üblichen Geschäftsgepflogenheiten im Zuge der Geschäftsanbahnung oder -kontaktpflege, wie z.B. die Teilnahme an Geschäftsessen oder die Annahme von sogenannten Höflichkeitspräsenten, gegenüber unlauteren Praktiken der Einflussnahme auf Entscheidungen oder einseitiger Vertragsformulierungen abgegrenzt werden. Der Mitarbeiter muss klar erkennen können, was gewünscht beziehungsweise erlaubt und was aus Unternehmenssicht nicht akzeptabel ist.

- Formulierung einer Einkaufsvision

Eine eigenständige Einkaufsvision, die von den Mitarbeitern des Einkaufs entwickelt wurde, stärkt die Einkaufsorganisation in der Wahrnehmung von Lieferanten als auch von Kunden. Damit wird die zukünftige Bedeutung der Einkaufsaufgabe im Sinne des Wertschöpfungsaspekts zusätzlich verankert. Diese Vision darf keinesfalls im Widerspruch zu einer Unternehmensvision stehen, sondern sollte aus dieser hervorgehen. Insbesondere wenn es der Entwicklungsstand der vorhandenen Einkaufsorganisation (vgl. Kap. 1.2.2) notwendig erscheinen lässt, kann die Formulierung einer Einkaufsvision wertvolle Unterstützung leisten. Beispielsweise, um die Einkaufsorganisation in der internen Wahrnehmung zu stärken, die Mitarbeiter des Einkaufs als Team zusammenzuführen oder bei der Entwicklung von Einkaufsstrategien als grundlegender Anspruch zu dienen. Diese Regeln helfen dem Einkauf dabei, die Zusammenarbeit mit Lieferanten in partnerschaftlichem Verständnis zu gestalten oder im Rahmen der Wertschöpfungskette die Bereitschaft der Lieferanten für eine partnerschaftliche Zusammenarbeit zu gewinnen.

Zusätzlich sollte die Handlungsleitlinie die Unternehmensstrategie hinsichtlich des Versorgungsaspekts beschreiben. So sollte diese Leitlinie die Einkaufsorganisation zum Beispiel dabei unterstützen, vorwiegend lieferfähige Lieferanten auszuwählen, wenn insbesondere der unternehmerische Erfolg auf der Fähigkeit basiert, den Kunden die benötigten Produkte schneller als der Wettbewerb zu liefern. Welche jeweiligen Interessen das Unternehmen berücksichtigen muss, welche marktseitigen Herausforderungen sich dem Unternehmen stellen und welcher Prozesse sich ein Unternehmen demzufolge bedient, sollte in die Formulierung einer Handlungsleitlinie einfließen. Aus dieser kann dann grundsätzlich der einkäuferische Gesamtprozess gestartet werden, der für den Einkauf als Ganzes oder für einzelne Warengruppen durchlaufen werden kann. Ein Beispiel für eine Handlungsleitlinie eines dt. Heizgeräteherstellers zeigt die folgende Abbildung.

Abbildung 2.2 Leitlinien der Zusammenarbeit mit Lieferanten

- Die Wünsche und Anforderungen unserer Kunden sind für den Einkauf oberster Maßstab des Handelns.
- Der Einkauf von Waren und Dienstleistungen ist stets unter den Bedingungen eines freien Wettbewerbs vorzunehmen Bevorzugung oder Benachteiligung bestimmter Lieferanten durch nicht einheitliche Auswahlmaßstäbe sind zu vermeiden.
- Lieferanten werden nach der Wettbewerbsfähigkeit der Preise, der Qualität ihrer Waren und Dienstleistungen und nach ihrer Zuverlässigkeit im Rahmen der Lieferantenbewertung ausgewählt.
- Jeder potentielle Lieferant hat die Möglichkeit, seine Produkte und Leistungen anzubieten.
- Der Einkauf strebt nach langfristigen Partnerschaften mit Lieferanten.
- Informationen über Geschäftsbeziehungen zu Lieferanten sowie ausgetauschte vertrauliche Mitteilungen und eingereichte Angebote werden nicht an Dritte weitergegeben oder Dritten verfügbar gemacht.
- Anfragen sind in realistischer Einschätzung des Einkaufsvolumens an bewährte und neue Lieferanten zu richten.
- Jeder potentielle Anbieter bzw. Lieferant erhält identische Informationen möglichst zeitnah.
- Wir handeln in ökologischem Verantwortungsbewusstsein und bekennen uns zu unserer sozialen Verantwortung.
- Wir glauben an Vertrauen, Fairness, offene Kommunikation, Information und gegenseitige Wertschätzung.

Die Entwicklung solcher Leitlinien wird oft mithilfe von Workshops erarbeitet und zu sog. Basisregeln des Handelns zusammengefasst, die von den Mitarbeitern im Einkauf gemeinsam beschlossen werden. Auch die Einbindung aller Mitarbeiter mit Kontakten zu Lieferanten, wie beispielsweise in cross-funktionalen Strukturen, hat sich in der Praxis als sehr wertvoll erwiesen, um hinsichtlich der Weitergabe von Informationen nach außen ein gemeinsames Verständnis zu entwickeln. Die Vereinbarung einer Handlungsleitlinie kann beispielsweise auch im Rahmen der Einstellung von Mitarbeitern erfolgen oder ein Bestandteil des Arbeitsvertrags von Mitarbeitern sein. So wird sichergestellt, dass das Erreichen der Einkaufsziele nicht durch das Unternehmen selbst beeinträchtigt wird.

2.2 Basisdaten

Die Einkaufsplanung ist sowohl als ein Teilprozess des Unternehmens zu verstehen als auch Teil eines Gesamtprozess im Unternehmen im Sinne einer Querschnittfunktion. Dies hat sie mit der der Absatz-, der Produktions-, der Finanz- oder der Personalplanung gemeinsam. Der Einkauf hat damit die Aufgabe, strategisch relevante Informationen – sogenannte Basisdaten – aus seinem Organisationsbereich an andere Fachbereiche zu kommunizieren. Gleichzeitig ist er darauf angewiesen, von diesen für ihn relevante Daten und Informationen zu erhalten. Der Einkauf unterstützt die Planungsprozesse anderer Fachbereiche im Unternehmen, indem er im Rahmen seiner Beschaffungsmarktforschungsaktivitäten beispielsweise folgende Daten erhebt und diese an die Fachbereiche kommuniziert:

- Entwicklung der Faktorkosten (z.B. Rohstoff-, Lohn und Energiekosten)
  - Mithilfe dieser Informationen können im Unternehmen existierende Verkaufskalkulationen den Marktentwicklungen angepasst werden. So wird die Gefahr von möglichen, monetären Verlusten und Fehlpositionierungen der Verkaufsprodukte reduziert. Ebenfalls lassen sich hierdurch Impulse zur Überarbeitung bestehender Spezifikationen oder zur Verlagerung von Herstellungsprozessen erzeugen.
- Entwicklung der Rohstoffnachfrage auf den relevanten Beschaffungsmärkten
  - Durch diese Informationen können zu erwartende, preisliche Reaktionen auf der Beschaffungsseite leichter prognostiziert und zur Anpassung von Verkaufskalkulationen oder Lagerbeständen genutzt werden.
- Aufkommen oder Wegfallen von alternativen Lieferanten
  - Das frühzeitige Wissen hierüber eröffnen dem Unternehmen aufgrund eines zunehmenden Wettbewerbs einerseits neue Chancen für Preisreduzierungen sowie zusätzliche Möglichkeiten, steigende Bedarfe auf der Absatzseite leichter abzudecken. Andererseits können durch Wegfallen von Lieferanten Anstöße zur Erhöhung von Lagerbeständen oder zu intensiverem Risikomanagement gewonnen werden.
- Auslastung von Produktionskapazitäten der wichtigsten Lieferanten
  - Selbst wenn es für den Einkauf bisweilen problematisch sein dürfte, zuverlässige Informationen über Auslastungsstände von Produktionskapazitäten der Lieferanten zu erhalten, sind Informationen oder Anhaltspunkte zu sich abzeichnenden Trends sehr hilfreich, die Absatz- bzw. die Produktionsplanung im Unternehmen gezielt zu verbessern.
- Entstehen von bedeutsamen Dienstleistungen für das Unternehmen
  - Mithilfe dieser Informationen können im Unternehmen mögliche Chancen frühzeitiger erkannt werden, um den externen bzw. den internen Kunden zusätzliche Serviceleistungen anzubieten oder die Spezifizierung des Bedarfs zu unterstützen. So kann die Stellung des Unternehmens im Absatzmarkt verbessert oder neue Kunden durch weitreichenderen Service gewonnen werden.

- Veränderungen von Steuern / Zöllen auf den relevanten Beschaffungsmärkten
  - Auf Basis dieser Informationen lassen sich im Unternehmen günstig verlaufende Entwicklungen charakterisieren, welche u. A. zusätzliche Optionen zur Optimierung von Kosten, zur Verbesserung von Konditionen oder zur Verlagerung von Herstellungsprozessen eröffnen oder umgekehrt ungünstig verlaufende Entwicklungen vorhandene Handlungsspielräume verringern.
- Aufkommen alternativer Finanzierungs- und Versicherungsformen
  - Kenntnisse hierüber ermöglichen es dem Unternehmen, sowohl Kostenrisiken auf der Absatz- als auch auf der Beschaffungsseite besser zu managen sowie neue Möglichkeiten zur Überwälzung finanzieller Schäden auf Dritte besser zu nutzen.

Um die mittel- und langfristige Einkaufsplanung zu verbessern und um die Versorgungsaufgabe besser erfüllen zu können, ist der Einkauf auf die Weitergabe von Informationen anderer Fachbereiche im Unternehmen angewiesen. Derartige sind beispielsweise:

- Entwicklung / Prognose der vom Unternehmen beabsichtigten Stückzahlen
  - Das frühzeitige Wissen um die Entwicklung von Bedarfsvolumina verhilft dem Einkauf, auf kurzfristige Sicht Preise und Konditionen mit Lieferanten vorteilhafter zu gestalten sowie sich anbahnende Versorgungsengpässe frühzeitiger zu erkennen und Lagerbestände gezielter zu managen.
- Bedarfsentwicklung / die Potenziale der vom Unternehmen bedienten Absatzmärkte
  - Im Unterschied zu dem genannten Aspekt sind diese Informationen dem Einkauf mittelfristig von Nutzen, um rechtzeitig die Kapazitätsplanungen der Lieferanten beziehungsweise die Entwicklung von Lagerbeständen zu steuern oder die internen Fachbereiche bei notwendig werdenden Anlageinvestitionen frühzeitiger zu unterstützen.
- Entwicklung der für das Unternehmen relevanten Marktanteile
  - Mittels dieser Informationen kann die Einkaufsorganisation unter anderem sich langfristig abzeichnende Veränderungen des Bedarfs besser erkennen und diese Informationen zur Gestaltung der Geschäftsbeziehung zu Lieferanten nutzen oder auch die Vorteilhaftigkeit etwaiger Investitionsvorhaben zuverlässiger abschätzen.
- Weiterentwicklung der im Unternehmen genutzten Technologien und das Aufkommen von Alternativen
  - Diese Informationen verhelfen dem Einkauf, sich anbahnende steigende als auch fallende Bedarfsentwicklungen bestimmter Beschaffungsobjekte in der Bedarfsplanung oder bei der Anpassung von Einkaufsstrategien zu berücksichtigen.

In einer leistungsfähigen Einkaufsplanung werden diese Informationen systematisch zusammengetragen und zu Daten aufbereitet. Diese dienen bei der Formulierung von neuen Einkaufszielen bzw. zur Ableitung von entsprechenden Einkaufsstrategien. Dabei handelt es sich bei diesem ersten Prozessschritt nur selten um bereits vorhandene quantitativ auswertbare Daten. Vielmehr erhält die Einkaufsorganisation in der unternehmerischen Praxis oftmals nur lose Hinweise, nicht aber systematisch erhobene und bewertete Informationen zu Sachverhalten, die den Einkauf betreffen. Häufig kommt es auch vor, dass die Einkaufsverantwortlichen über die Ziele des Unternehmens und die wichtiger Fachbereiche nicht oder nur unzureichend informiert und in Folge dessen dann auch nicht in der Lage sind, eine optimale Einkaufsleistung zu erreichen.

Für eine gezielte Steuerung einzelner Beschaffungsobjekte sind diese Daten und Informationen oftmals zu grob bzw. zu unspezifisch und deshalb nur bedingt geeignet. Jedoch bilden sie einen wertvollen strategischen Rahmen, der für ein gezieltes Management von Einkaufsstrategien unverzichtbarer Bestandteil ist. Einkauf in diesem Sinne setzt eine frühzeitige Einbindung der Einkaufsorganisation in den Produktentwicklungsprozess bzw. in die Kommunikationsstruktur im Unternehmen voraus (vgl. Kap. 1.2.3). So erhält der Einkauf rechtzeitig das für ihn bedeutsame Wissen, um strategisch und operativ bestmögliche Einkaufsergebnisse zu realisieren. Dazu bedarf es im Unternehmen einer guten Kommunikationskultur, die nicht primär nach dem Prinzip „Wissen ist Macht" funktionieren darf. Nur mit dem nötigen Wissen zu den absatzmarktrelevanten und technologischen Entwicklungen kann der Einkauf zu den für ihn relevanten Fragen Stellung beziehen oder dieses Wissen bei der Festlegung der relevanten Einkaufsziele berücksichtigen. Daher steht zu Beginn des Aufbaus einer einkaufsstrategischen Basis die Sammlung und Auswertung dieser Daten und Informationen, der strategischen Basisdaten, im Mittelpunkt der ersten Planungsphase. Der Einkauf sollte die für ihn relevanten Basisdaten kennen, um seinen Informationsbedarf im Unternehmen konkret formulieren und kommunizieren zu können. Welche Ziele für den Einkauf zur Entwicklung geeigneter Einkaufsstrategien von Bedeutung sind, soll nun im Folgenden erläutert werden.

2.3 Einkaufsziele

Um der Bedeutung des Einkaufs im Sinne des Wertschöpfungsmanagements gerecht zu werden, darf er nicht allein an der Umsetzung von Kostenzielen gemessen werden, was in wirtschaftlich schwierigen Zeiten oft einzig und allein Preisreduzierung bedeutet. Vielmehr müssen Einkaufsziele anvisiert werden, die eine kostenoptimale, termingenaue und qualitätsgerechte Versorgung auf Basis der leistungsfähigsten Wertschöpfungsketten sicherstellen und damit einen Beitrag zur Steigerung des Unternehmenswertes leisten.

Hierbei ist im Einkauf zwischen operativen Zielen, die auf eine permanente und ausreichende Versorgung des Unternehmens hinarbeiten und strategischen Zielen zu unterscheiden. Letztere sind nachhaltig und auf Wachstum ausgerichtet und sollen eine kosten-, qualitäts- und terminoptimale Versorgungssicherheit herbeiführen.

2.3.1 Operative Zielsetzung im Einkauf

Aus operativer Sicht verfolgt der Einkauf primär das Ziel der termingerechten Sicherstellung der Versorgung des Unternehmens mit den benötigten Waren und Dienstleistungen in der erforderlichen Qualität und zu wettbewerbsfähigen Preisen (vgl. Abbildung 2.3).

In der Praxis bedeutet dies nichts anderes, als dass auf einer ersten Ebene alle Aspekte dieses Ziels – Kosten zu reduzieren, Qualität sicherzustellen, Zeit einzuhalten – gleichzeitig zu erfüllen sind. Dabei muss der Einkauf für alle Aspekte gleichermaßen ein Optimum anstreben. Würde der Einkauf einseitig handeln und beispielsweise ausschließlich auf die Kosten achten, also möglichst billig einkaufen, kann dies zu Qualitätseinbußen führen. Oder aber zu terminlichen Schwierigkeiten, wenn die Ware nicht rechtzeitig geliefert wird. Dennoch gibt es bisweilen Beschaffungsfälle, bei denen es gerechtfertigt sein kann, zu Lasten kostenseitiger Kriterien, einseitig Qualität oder schnellstmögliche Lieferung in den Vordergrund zu stellen, wie beispielsweise im Falle dringend benötigter Ersatzteile.

Abbildung 2.3 Operative Einkaufsziele

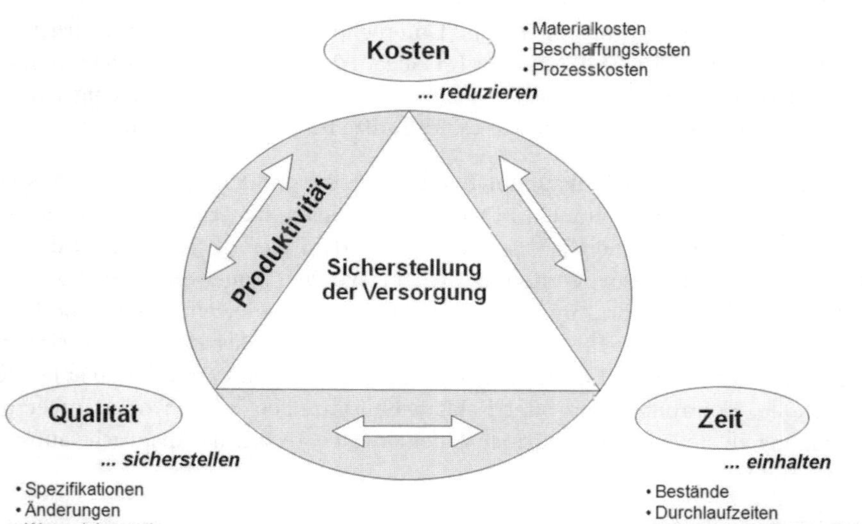

Auf einer zweiten Ebene sind bezüglich des operativen Ziels die einzelnen Dimensionen weiter zu differenzieren. Bei der Reduzierung der Kosten ist zwischen den reinen Materialkosten, den Beschaffungskosten als auch den Prozesskosten für die jeweilige Ware bzw. Dienstleistung zu unterscheiden. Unter Materialkosten sind die Kosten zu verstehen, die aufgrund der zu beschaffenden Menge und des damit verbundenen Materialpreises für das Unternehmen unmittelbar entstehen. Die Beschaffungskosten beinhalten alle Kosten, die durch den Bezug der Ware verursacht werden. Dazu zählen primär die Transport-

bzw. die Verpackungskosten sowie sonstige Kosten wie z.B. Gebühren, Abgaben, Mindermengenzuschläge usw. Mit den Prozesskosten sind die Kosten gemeint, die im Unternehmen durch den jeweiligen Beschaffungsprozess verursacht werden, also Lohnkosten, die der einzelne Einkaufsvorgang bereichsübergreifend im Unternehmen beansprucht.

Kommen für die Versorgung bzw. Deckung eines Bedarfs mit einer Ware mehrere Lieferanten gleichzeitig in Frage, kann der Einkäufer operativ nach Kostenaspekten entscheiden. Bestellt er bei dem kostengünstigsten Lieferanten, kann er in diesem Beschaffungsfall die Materialkosten im Unternehmen reduzieren. Dies macht jedoch nur dann Sinn, wenn Beschaffungs- und Prozesskosten bei den zur Auswahl stehenden Lieferanten gleich sind. Für den Fall eines auf einer „frei-Haus"-Vereinbarung durchgeführten Beschaffungsprozesses mag dies zutreffend sein. Im Fall einer „ab-Werk"-Vereinbarung ist unter Kostenaspekten hierbei zwischen den Material- und den Beschaffungskosten abzuwägen. Hier kann von Kostenreduzierung nur dann die Rede sein, wenn niedrigere Materialkosten eventuell höhere Beschaffungskosten kompensieren. So rechnet sich beispielsweise der Einkauf bei einem räumlich weiter entfernt liegenden Lieferanten nur dann, wenn die Einsparung bei den Materialkosten höhere Transportkosten rechtfertigen. Ebenfalls dürfen Prozesskosten aus operativer Sicht nicht vernachlässigt werden. So ist es für den Einkauf maßgeblich, wie häufig er eine Bestellung für eine bestimmte Ware erteilt und so die Durchführung eines Beschaffungsprozesses veranlasst, der im Unternehmen Lohnkosten beansprucht. Laut einer Veröffentlichung des BME aus dem 1. Halbjahr 2011 betragen die durchschnittlichen Kosten je Bestellvorgang in Deutschland 108 Euro, wobei die leistungsfähigsten Unternehmen im Minimum Kosten von bis zu ca. 35 Euro je Bestellvorgang verursachen.

Auf Qualitätsebene hat der Einkauf aus operativer Sicht die Aufgabe, alle Voraussetzungen zu erfüllen, die den Lieferanten in die Lage versetzen, die erforderliche Qualität einhalten zu können. Dazu gehört beispielsweise, dass dem Lieferanten jederzeit die jeweils gültigen Spezifikationen zur Verfügung stehen. Werden Änderungen an bestehenden Spezifikationen durchgeführt, muss der Einkauf prüfen, inwieweit vorhandene Lagerbestände entweder aufgebraucht oder umgearbeitet werden sollen. Zu den Aufgaben des Einkaufs zählt es auch, dem Lieferanten alle für ihn relevanten Warendokumente wie z.B. Prüfprotokolle, Kontrollberichte oder Reklamationsanzeigen zeitnah oder unverzüglich zur Verfügung zu stellen, um in Schadensfällen etwaige, rechtliche Ansprüche aufrecht zu erhalten.

Gleichzeitig ist auch der zeitliche Aspekt von Bedeutung. Hier soll durch den Einkauf die Einhaltung der vorgegebenen Liefertermine gewährleistet werden. Hierbei muss der Einkäufer grundsätzlich zwischen den Vorteilen einer größeren Bestellmenge und den Nachteilen einer höheren Kapitalbindung durch Lagerhaltung abwägen. Auf der einen Seite führt der Aufbau von Beständen zu einer höheren Flexibilität gegenüber Mengenänderungen bzw. zu einer günstigeren Materialkostensituation, wenn beispielsweise Staffelpreise verwendet werden. Auf der anderen Seite erhöht ein hoher Lagerbestand das Risiko des Lagerschwunds aufgrund von Verschrottung, Verderb oder Verlust von Waren. Außerdem ist im Bedarfsfall die Reduzierung der Durchlaufzeit für den Einkauf operativ von hohem Interesse. So muss bisweilen nach Lösungen gesucht werden, im Einzelfall z.B.

Transportzeiten zu reduzieren, Teillieferungen zu vereinbaren oder die Erfüllung zeitunkritischer Nebenleistungen wie z.B. die Lieferung von Dokumentationen zu einem späteren Zeitpunkt zu akzeptieren. Nicht zuletzt sind Wiederbeschaffungszeiten im unternehmensinternem ERP-System vom Einkäufer zu aktualisieren, um die Gefahr verfrühter oder verspäteter Bedarfsterminierungen zu verringern.

Zweifelsohne ist die operative Bereitstellung von Materialien notwendig zur Durchführung unternehmerischer Wertschöpfung. Jedoch rechtfertigt sie weder für sich eine bedeutende Stellung des Einkaufs im Unternehmen noch trägt sie in entscheidendem Maße zum wirtschaftlichen Erfolg des Unternehmens bei. Diese Einkaufsaufgaben gehören zum sogenannten operativen Tagesgeschäft. Vor dem Hintergrund der zukünftigen Herausforderungen und der zunehmenden Abhängigkeiten von Lieferanten sind Unternehmen mehr und mehr aufgefordert, die Versorgungsaufgabe langfristig und nachhaltig im Sinne eines Wertschöpfungsmanagements zu lösen. Damit gewinnt die Einkaufsaufgabe strategische Bedeutung und wird mit einer langfristigen Zielsetzung verknüpft, die auf den wirtschaftlichen Erfolg des Unternehmens ausgerichtet ist.

2.3.2 Strategische Zielsetzung im Einkauf

Mit der Realisierung strategischer Einkaufsziele soll eine kostengünstige, qualitätsgerechte und zeitlich stabile Versorgungssicherheit des Unternehmens mit Waren und Dienstleistungen permanent gewährleistet werden. Die strategischen Ziele sind – im Gegensatz zur operativen Sichtweise – zusätzlich auf Wachstum ausgerichtet und auf ein Optimum fokussiert. Sie bilden die Grundlage für unternehmerisches Wachstum und die langfristige Wettbewerbsfähigkeit. Darüber hinaus berücksichtigen sie sowohl kulturelle als auch gesellschaftliche Werte, um die langfristige Sicherstellung des wirtschaftlichen Erfolgs nicht zu gefährden. Durch die beschriebene Erstellung einer Handlungsleitlinie wird sichergestellt, dass die vom Einkauf wahrgenommenen Strategien die existierenden kulturellen und gesellschaftlichen Wertvorstellungen bei der Umsetzung von Maßnahmen berücksichtigen. Deshalb sind letztlich nur die Einkaufsziele als geeignet anzusehen, welche die in einer Handlungsleitlinie enthaltenden Grundsätze, wie z.B. den Schutz der Umwelt zu fördern, nicht missachten. Erreicht werden sollen die Ziele mit entsprechenden strategischen Maßnahmen. Dabei ist sicherzustellen, dass alle unternehmensinternen Möglichkeiten und externen Entwicklungen genutzt werden, um sich auf der Beschaffungsseite der wettbewerbsfähigsten Wertschöpfungsketten nachhaltig zu bedienen.

Mit Blick auf die Unternehmenszielsetzung soll so ein langfristiges Optimum hinsichtlich der Inanspruchnahme von Kosten oder der Realisierung einer bestmöglichen Qualität oder der Verringerung von Reaktionszeiten als auch des Aufbaus der Entwicklung und des Erhalts des dazu notwendigen Wissens erzielt werden. Zur Verdeutlichung der Vielfalt der strategischen Ziele im Einkauf enthält die folgende Abbildung 2.4 eine grundlegende Übersicht.

Abbildung 2.4 Strategische Einkaufsziele

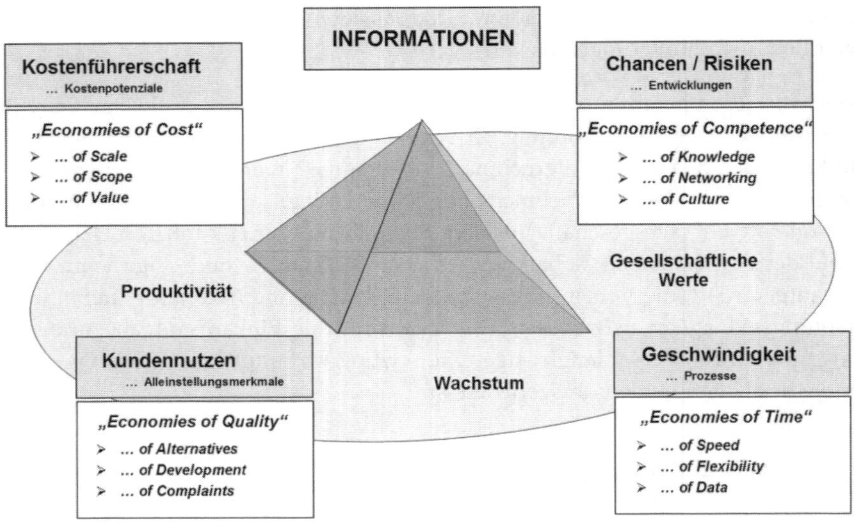

Kostenführerschaft: „Economies of Cost"

Auf Kostenebene ist das Erreichen eines Optimums unter strategischen Aspekten dann möglich, wenn der Einkauf durch geeignete Maßnahmen die entstehenden Kosten in der Wertschöpfungskette so gering wie möglich hält. Diese Maßnahmen sollen im Unternehmen auf der Beschaffungsseite zu einem Kostenoptimum im Sinne von Kostenführerschaft beitragen und so Wettbewerbsvorteile langfristig absichern. Welche strategischen Stoßrichtungen sind aus Einkaufssicht geeignet, um Kostenführerschaft im Sinne der Nutzung langfristiger Kostenvorteile zu realisieren? Hier lassen sich grundlegend drei unterschiedliche Schwerpunkte kennzeichnen, die im Folgenden erläutert werden.

Ist bekannt welche gleichartigen Bedarfe an Waren und Dienstleistungen im Unternehmen über einen längeren Zeitraum benötigt werden, kann der Einkauf den Lieferanten anstelle einzelner Bestellungen größere Mengen – gebündelt in Auftrag geben. Lieferanten können so ihre Produktionskapazitäten gleichmäßiger auslasten und fortlaufender produzieren. Da bei steigenden Produktionsmengen die fixen Kosten, wie beispielsweise Rüstkosten oder administrative Kosten, in Bezug auf eine jeweilige Mengeneinheit anteilig geringer ausfallen, können Unternehmen in Folge dessen kostengünstiger produzieren. Dieser Effekt wird auch als Kostendegressionseffekt bzw. als Skaleneffekt („Economies of Scale") beschrieben. Er stellt für den Einkauf eine erste strategische Zielstellung dar, die Inanspruchnahme von Kosten in der Wertschöpfungskette langfristig zu reduzieren und dadurch einen Beitrag zu Kostenführerschaft zu leisten.

Eine weitere Möglichkeit, Kostenführerschaft zu verwirklichen, ist die Nutzung von Verbundeffekten durch Modularisierung und Outsourcing von Wertschöpfungsumfängen („Economies of Scope"). So kann aus strategischer Sicht im Unternehmen entschieden werden, einem Lieferanten einen größeren Liefer- oder Leistungsumfang (engl. Scope) in Auftrag zu geben. So wird beispielsweise ein Lieferant dazu beauftragt, anstelle der Lieferung einzelner Bauteile auch deren Montage zu einer Baugruppe zu übernehmen. So kann das einkaufende Unternehmen eigene Kosten für die Disposition, Lagerung oder Prüfung von Material sowie innerbetriebliche Transport- und Abwicklungskosten auf den Lieferanten übertragen, und damit das eigene Unternehmen kostenseitig entlasten. Des Weiteren besteht zusätzlich die Chance, dass der Lieferant, der nun den Einkauf der ihm übertragenen Bauteile wahrnimmt, diesen Bedarf möglicherweise mit anderen gleichartigen Bedarfen zusammenfassen kann. So können weitere Skaleneffekte entstehen, was die Kosten in der Wertschöpfungskette einmal mehr senkt. Dem Einkauf im Unternehmen entstehen durch die Realisierung von Verbundeffekten außerdem zusätzliche, zeitliche Freiräume, die sich anderweitig für weitere strategische Maßnahmen effizient nutzen lassen.

Die Überarbeitung vorhandener Spezifikationen und Änderung bestehender Abläufe innerhalb der Wertschöpfungskette ist ein dritter Schwerpunkt, Kostenführerschaft durch die Wahrnehmung strategischer Einkaufsziele zu realisieren. Dabei soll trotz der durch den Einkauf initiierten Veränderung oder Umstellung zugekaufter Materialien, der vorhandene Funktions- oder Gebrauchswert des Endprodukts für den Kunden weiter aufrechterhalten bleiben („Economies of Value"). Die Beibehaltung dieses Nutzen zu niedrigeren Kosten aufgrund einer alternativen, kostengünstigeren Kombination von Einsatzfaktoren infolge des technischen Fortschritts oder durch Reduzierung des Materialverbrauchs, ist eine weitere Möglichkeit, Kostenführerschaft auf der Beschaffungsseite zu bewerkstelligen. Sie bietet zudem die Chance zur Verbesserung von Umsatzerlösen und Marktanteilen.

Kundennutzen: „Economies of Quality"

Die Erhöhung des Kundennutzens oder die Entwicklung von Alleinstellungsmerkmalen sind weitere strategische Möglichkeiten des Einkaufs, um auf der Qualitätsebene eines Produkts Wettbewerbsvorteile zu erzielen und so die Erlössituation des Unternehmens zu verbessern. Diese Ausgestaltung der Einkaufsaufgabe ist in vielen Unternehmen noch eher selten anzutreffen. Traditionell lag diese Aufgabe im Unternehmen in der Zuständigkeit des Vertriebs, des Produktmanagements oder der Technik. Aufgrund der zunehmenden arbeitsteiligen Entwicklung innerhalb von Wertschöpfungsketten und der Zunahme der Konzentration der Unternehmen auf ihre Kernkompetenzen ändert sich dies. Das produktspezifische Know-how der Lieferanten gewinnt für Unternehmen daher zunehmend an Bedeutung und damit auch die Notwendigkeit, dass der Einkauf dieses vorhandene Wissen in den Wertschöpfungsketten bestmöglich ausschöpft. Voraussetzung hierfür ist, dass der Einkauf den infrage kommenden Lieferanten die zu lösenden Problemstellungen professionell kommunizieren kann, ohne Lösungsmöglichkeiten vorwegzunehmen oder unnötig einzuschränken. Intern muss er deshalb in der Lage sein, den internen Kunden eine umfassende Berichterstattung über das Leistungsvermögen der Lieferanten zu liefern. Auch hier lassen sich drei unterschiedliche Schwerpunkte ausmachen.

Die gezielte Suche des Einkaufs und das schnelle Auffinden unterschiedlicher, technologischer Alternativen („Economies of Alternatives") trägt zu leistungsfähigeren Produkten oder umfassenderen Serviceleistungen bei, die den Kundennutzen steigern. Dadurch wird die zukünftige Wettbewerbsfähigkeit des Unternehmens verbessert. Dies gilt insbesondere, wenn es dem Unternehmen durch Abschluss entsprechender vertraglicher Vereinbarungen gelingt, des sich dadurch erworbenen, technologischen Know-how-Vorsprungs exklusiv bedienen zu können. So kann beispielsweise eine vom Einkauf aktiv vorangetriebene Beschaffungsmarktforschung, die Entwicklung technologischer Alternativen forcieren. Ein intensivierter, vom Einkauf forcierter Leistungswettbewerb unter den Lieferanten kann zu qualitativen Produktverbesserungen beitragen und dem Unternehmen dabei zusätzliche Kostenvorteile bescheren.

Eine weitere Zielrichtung, den Kundennutzen zu verbessern und den Aufbau von Alleinstellungsmerkmalen zu beschleunigen, ist die durch den Einkauf gezielt koordinierte, gemeinsame Zusammenarbeit mit Lieferanten in der Phase der Produktentstehung („Economies of Development"). Hierbei ist es von großer Bedeutung, dass die im Vorfeld stattfindende Lieferantenauswahl dazu führt, die leistungsfähigsten Lieferanten nach kaufmännischen, logistischen als auch technischen Gesichtspunkten zu identifizieren. So wird sichergestellt, dass das freiwillige Eingehen einer entwicklungstechnischen Zusammenarbeit, welches vielfach zu Abhängigkeiten führt, nur mit den qualifiziertesten Lieferanten erfolgt. Infolge der engen Zusammenarbeit lassen sich so langfristig oft höhere Marktanteile erzielen und aufgrund der Entwicklung von Alleinstellungsmerkmalen bisweilen höhere Umsatzerlöse generieren. Beide Aspekte bedeuten für das Unternehmen wiederum einen Wettbewerbsvorsprung.

Neben der qualitativen Verbesserung durch kontinuierliche Weiterentwicklung von Produkten kann auch der Rückgang von Reklamationen bei bestehenden Produkten („Economies of Complaints") ebenfalls zu einem Wettbewerbsvorteil verhelfen. Durch die Auswertung von Reklamationen und Analyse der Ursachen lassen sich Anregungen aufgreifen, um qualitätssteigernde Maßnahmen im Unternehmen oder mit Lieferanten gezielt durchzuführen. Dies hängt jedoch insbesondere von der im Unternehmen vorhandenen Unternehmenskultur ab, wie der Umgang mit Fehlern im Allgemeinen praktiziert wird.

Geschwindigkeit: „Economies of Time"

Auf der Zeitebene geht es um permanente Verbesserung vorhandener Abläufe auf der Beschaffungsseite. Dabei sollen die Abläufe nicht nur beschleunigt, sondern auch gehaltvoller organisiert werden. So werden durch den absatzmarktseitigen Kundenauftrag oder durch die Fachbereiche selbst im Unternehmen Bedarfszeitpunkte ausgelöst, wann die dazu benötigen Waren und Dienstleistungen bereitgestellt werden müssen. Diese Zeitpunkte müssen durch die Einkaufsorganisation immer wieder sicher gewährleistet oder Abläufe beschleuniget werden, so dass der Endkunde in der Wettschöpfungskette schneller und zuverlässiger beliefert wird als durch konkurrierende Supply Chains.

Im Rahmen der Produktentwicklung kann eine hohe Leistungsfähigkeit der Prozesse dem Unternehmen zu einer schnellen Umsetzung neuer Produktideen in verkaufsfähige Produkte („Economies of Speed") verhelfen. Damit ist zumindest temporär ein Wettbewerbsvorsprung erzielbar. Ein Weg zur schnelleren Realisierung dieser Geschwindigkeitsvorteile ist die Anwendung simultaner anstelle sequenzieller Prozessabläufe, wie beispielsweise das „Simultaneous Engineering". Sie führen zu einem schnelleren Anbieten neuer Produktlösungen oder -verbesserungen und tragen dazu bei, dass das Unternehmen für eine kurze Zeit im Absatzmarkt eine Monopolstellung einnehmen kann. Dieser Effekt wird auch mit dem Begriff „Time-to-Market" ausgedrückt und meint die Zeit, die ein Unternehmen benötigt, um Produktlösungen zum Markt zu bringen. Oder anders gesagt: die Fähigkeit eines Unternehmens heute schon zu wissen, was die Kunden morgen benötigen. Dem Unternehmen Apple ist dies beispielsweise mit der Markteinführung des Smartphones „I-Phone" gelungen. So lassen sich temporär höhere Umsatzerlöse erzielen, bevor sich durch ein mögliches Nachziehen der Wettbewerber Gewinnmargen verringern.

Ein Wettbewerbsvorsprung kann in wettbewerbsintensiven Absatzmärkten auch durch eine permanente, jederzeit ausreichende Lieferfähigkeit erreicht werden. Hier obliegt es dem Einkauf, die Lieferfähigkeit des Beschaffungsmarktes gegenüber dem eigenen Unternehmen aufrecht zu erhalten. Dies kann beispielsweise durch eine frühzeitige und enge Abstimmung des benötigten Bedarfs mit den jeweiligen Lieferanten erfolgen. Oder indem die zur Produktion benötigten Materialien entweder im eigenen Unternehmen oder innerhalb der Wertschöpfungskette entsprechend bevorratet werden. Diese Maßnahmen zielen darauf ab, sich den zeitlichen Wünschen der Kunden nach Belieferung flexibel anzupassen („Economies of Flexibility").

Auch die Fähigkeit des Einkaufs, aus dem Beschaffungsmarkt erhaltene Informationen im Unternehmen schnell und zuverlässig zu kommunizieren, ist letztlich eine Frage der vorhandenen Daten im Unternehmen („Economies of Data"). Werden Daten regelmäßig aktualisiert und sind zudem leicht zugänglich, trägt dies zu schnelleren Reaktionszeiten bei. So unterstützen beispielsweise Informationen über veränderte Wiederbeschaffungszeiten die Planung der Vertriebs-, der Herstellungs- und der Lieferprozesse. Je mehr aktuelle Informationen vorliegen und rechtzeitig kommuniziert werden, umso besser lassen sich Abläufe im Unternehmen zeitlich optimal aufeinander abstimmen. Die schnelle Wahrnehmung, Aufbereitung und Weitergabe von Informationen durch den Einkauf, verschafft dem Unternehmen einen zeitlichen Wettbewerbsvorteil, den Informationsbedarf interner und externer Kunden schneller zu realisieren.

Wissen: „Economies of Competence"

Ein weiterer wichtiger Aspekt zur dauerhaften und nachhaltigen Aufrechterhaltung von Wettbewerbsvorteilen, ist das fachliche Know-how oder anders gesagt, eine hohe fachliche Kompetenz im Einkauf („Economies of Competence"). Zu den strategischen Zielen gehört deshalb die Sicherstellung des Wissensaufbaus und der Wissenserhaltung im Einkauf. Dies umfasst auch die gezielte Weiterentwicklung zukünftiger Qualifikationen. Nur so entwickelt der Einkauf fundiertes Know-how, um den ändernden Anforderungen jederzeit gerecht zu werden, die den unternehmerischen Erfolg auf Dauer ermöglichen. Ein im Einkauf vorhandenes Schulungs- und Weiterbildungskonzept leistet damit einen wichtigen und wertvollen Beitrag, notwendiges technisches, marktrelevantes oder kaufmännisches Wissen weiter auszubauen und einkaufsspezifische Kompetenz zu entwickeln („Economies of Knowledge"). Die zeitlichen Freiräume für die Qualifizierungsmaßnahmen können durch konsequente Verlagerung oder Automatisierung operativer Abläufe leichter geschaffen werden. Bewährt haben sich im Einkauf neben den klassischen Schulungsprogrammen im Rahmen unternehmensexterner Seminare oder Lehrgänge verstärkt unternehmensinterne Coachings oder „Training-on-the-Job"-Maßnahmen. Diese tragen zu einem erheblichen Wissenstransfer bei, so dass der Einkauf den zukünftigen Anforderungen und Erwartungen im Unternehmen besser gerecht werden kann.

Ein weiteres Standbein der Weiterentwicklung notwendiger Fähigkeiten im Einkauf ist die gezielte Zusammenarbeit in sogenannten Wissensnetzwerken („Economies of Networking"). Eine verstärkt cross-funktionale Zusammenarbeit im Unternehmen unterstützt den Einkauf zum Einen beim Aufbau und Erhalt von unternehmensinternem Wissen. Zum Anderen leisten unternehmensübergreifende Netzwerke oder die Zusammenarbeit mit anderen Wissensträgern wertvolle Hilfestellung beim Aufbau und der Weiterentwicklung von einkaufsrelevantem Wissen. Sinnvoll ist hier die Mitgliedschaft in Verbänden, der Zusammenschluss im Rahmen einer Einkaufskooperation oder die Initiierung eines Dialogs von Einkäufern auf regionaler Ebene. Im wissenschaftlichen Bereich kann das Unternehmen mit Hochschulen zusammenarbeiten und so den Wissenstransfer gewährleisten.

Einkäuferisches Wissen und ein interkulturelles Verständnis sind insbesondere im Bereich der internationalen Zusammenarbeit mit Unternehmen aus anderen Wirtschaftskulturen gefragt. Dieses ist wichtig, um ein schnelles Vorankommen beim Aufbau und der Weiterentwicklung von Geschäftsbeziehungen zu gewährleisten („Economies of Culture"). Denn nur wer weiß, dass im asiatischen und lateinamerikanischen Wirtschaftsraum die Existenz von persönlichen Kontakten auf Basis gegenseitiger Wertschätzung notwendige Voraussetzung für das Zustandekommen und Funktionieren von Geschäftsbeziehungen ist, wird dementsprechend handeln.

Voraussetzung für alle genannten, strategischen Stoßrichtungen sind aktuelle und valide Informationen, die zu Daten verarbeitet werden. Mit diesen Informationen kann der Einkauf die Ausarbeitung der strategischen Zielsetzung in Angriff nehmen und daraus ableitend entsprechende Maßnahmen entwickeln. Dabei wird er im Zuge der voranschreitenden Automatisierung von Geschäftsprozessen im Unternehmen zunehmend mehr zur Informationsdrehscheibe mit Blick auf den Beschaffungsmarkt.

Eigenschaften von Zielen

„Was man nicht messen kann, kann man auch nicht lenken." – Auf diese einfache Formel brachte der amerikanische Ökonom Peter Drucker die Relevanz objektiver Leistungskriterien für die Steuerbarkeit von unternehmerischen Zielen. Dies gilt auch für einkaufsstrategische Ziele. Damit sie eine gezielte Steuerung durch das Management zulassen, müssen sie handhabbare Eigenschaften aufweisen, deren jeweiliger Realisierungsgrad gemessen werden kann. Diese Forderung wird dann vollständig erfüllt, wenn Ziele smart sind bzw. der SMART-Regel entsprechen. Dabei ist SMART als ein Apronym zu verstehen, bei dem jeder Buchstabe dieses Begriffs auf eine notwendige Zieleigenschaft hinweist, wie die folgende Abbildung 2.5 darstellt (Weißmann 2005, S. 156f).

Abbildung 2.5 SMART-Eigenschaften eines Ziels

Die SMART-Formel unterstützt das Management primär dabei, Ziele so festzulegen, dass die Wirksamkeit der daraus abgeleiteten Maßnahmen möglichst qualifiziert beurteilt werden kann. Dazu muss das Ziel zunächst möglichst eindeutig definiert werden. Vage Formulierungen helfen hier nicht weiter, gefragt ist eine möglichst präzise Formulierung. So könnte es z.B. auf Unternehmensebene mitunter genügen, ein relativ allgemein gehaltenes Ziel wie z.B. „Reduzierung der Materialkosten" mit einem prozentualen Wert und einem ambitioniertem sowie realistischem Termin vorzugeben. Für eine konkrete Steuerung des Einkaufs und eine anschließende qualitative Beurteilung des Erreichten wäre diese Zielvorgabe für den strategischen Einkäufer in den meisten Fällen jedoch zu grob. Hintergrund ist die Tatsache, dass Unternehmen Waren und Dienstleistungen vielfach auf verschiedenen Märkten mit unterschiedlichen Preis- und Kapazitätsentwicklungen einkaufen. Daher ist es auf der Einkaufsebene vorteilhafter, die Märkte im Rahmen einer Zielvorgabe auch spezifisch voneinander abzugrenzen. Ein Ziel könnte also lauten: „Reduzierung der Materialkosten in der Warengruppe Aluminiumdruckguss ..." Dadurch ließe sich das Einkaufsmanagement konkret dem Markt für Aluminiumdruckguss-Erzeugnisse zuordnen und das Erreichte im Hinblick auf diesen Markt qualitativ auswerten und beurteilen. Dass die Steuerbarkeit der Einkaufsleistung zweckmäßigerweise anhand von Warengruppen durchgeführt werden kann, soll an anderer Stelle näher erläutert werden.

Als nächstes muss ein Ziel das Kriterium „messbar" einhalten, d.h. quantitativ auswertbar sein. Idealerweise geschieht dies mithilfe von Daten, die einen Vergleich über die Zeitachse zulassen. Dies ist in diesem Fall mithilfe eines prozentualen Wertes gegeben, der im Falle einer Warengruppe Aluminiumdruckguss zudem mit einer Marktpreisentwicklung verglichen werden kann. Des Weiteren gilt es einen Termin festzusetzen, bis zu welchem Zeitpunkt das Ziel erreicht werden soll, der die Kriterien „realistisch" und „ambitioniert" gleichermaßen erfüllt. Ziele sind dann als „ambitioniert" einzustufen, wenn der angestrebte Zielwert den zu treibenden Aufwand verhältnismäßig rechtfertigt oder Vergleichswerte von sogenannten „Best-in-Class"-Unternehmen herangezogen werden können, die diesen Zielwert bestätigen. Das Kriterium „realistisch" ist dann gegeben, wenn sich Auftraggeber und Auftragnehmer in ihrer Wahrnehmung über die Erreichbarkeit des Ziels und seiner Terminierung einig sind. So könnte, um beim obigen Beispiel zu bleiben, ein smartes Ziel folgendermaßen lauten: „Reduzierung der Materialkosten um x% in der Warengruppe Aluminiumdruckguss zum Termin: TT.MM.JJJJ".

Im übertragenen Sinne halten die beiden Größen „ambitioniert" und „realistisch" das verfolgte Ziel sprichwörtlich in der Balance, was wiederum eine Frage des mit dem Ziel verbundenen Termins ist. So kann jedes Ziel in Abhängigkeit von der Wahl eines jeweiligen Termins entweder überambitioniert oder unrealistisch sein. Beispielsweise dürfte in Zeiten enormer marktbedingter Preissteigerungen auf der Rohstoffseite das Ziel einer Reduzierung der Materialkosten um 10% innerhalb eines Jahres sehr ambitioniert wirken, aber vollkommen unrealistisch sein. Oder aber sehr realistisch und zugleich wenig ambitioniert, wenn dasselbe Ziel im Laufe des nächsten Jahrzehnts umgesetzt werden soll. So ist die Wahl des jeweiligen Termins ausschlaggebend dafür, ob ein Ziel klug gesetzt, also „smart" ist und dann auch eine wünschenswerte, kommunikative Wirkung entfalten kann. Wird diese Wirkung erreicht, werden die Ziele von den involvierten Mitarbeitern als „richtig" bewertet, und die daraufhin getroffenen Maßnahmen zur Zielerreichung als „notwendig" angesehen. Vor diesem Hintergrund kann ein als „richtig" wahrgenommenes Ziel gleichfalls auch als „gerecht" empfunden werden. So lassen sich „gerechte Ziele" leichter realisieren, da sich die beauftragten Personen mit einem smarten Ziel besser identifizieren. So wird der bekannte Grundsatz: „What's get measured – gets done" einmal mehr bestätigt. Er besagt, dass qualitativ formulierte (strategische) Ziele erfahrungsgemäß nur dann realisiert werden, wenn diese in spezifische und messbare Vorgaben transformiert, terminiert und mit konkreten Maßnahmen hinterlegt sind sowie mit den Verantwortlichen verbindlich und „Smart" vereinbart werden.

Nachdem nun geklärt wurde, wie geeignete Ziele im Einkauf festgelegt werden, ist im Rahmen des unternehmerischen Gesamtprozesses anschließend zu entscheiden, welche Ziele im Einkauf sinnvollerweise voranzutreiben bzw. umzusetzen sind. Diese Frage kann zuverlässig beantwortet werden, wenn aus Sicht des Einkaufs das für ihn einkaufsrelevante Umfeld analysiert wird und dem Einkäufer bei der Entwicklung von Strategien klar bekannt und er sich dessen bewusst ist.

2.4 Analyse des einkaufsrelevanten Umfelds

Ziel dieser Analyse ist es, dass der Einkauf im Hinblick auf die Unternehmensziele die für ihn richtigen, strategischen Einkaufsziele definiert und vorantreibt. Dabei erstreckt sich die Analyse zum einen auf die Stellung des Einkaufs und des für ihn einkaufsrelevanten Umfelds innerhalb des Unternehmens. Was ist aus Unternehmenssicht zu leisten und wie kann der Einkauf die Unternehmensziele aus Sicht des unternehmensinternen Umfelds mit den von ihm ergriffenen Maßnahmen optimal unterstützen? Zum Anderen wird die Wahrnehmung dieser angestrebten Ziele dadurch beeinflusst, welche Stellung das Unternehmen im Rahmen der Wertschöpfungskette einnimmt. So bilden die für den Einkauf relevanten Beschaffungsmärkte das unternehmensexterne Umfeld ab und beeinflussen demzufolge die Auswahl ambitionierter und realistischer Ziele aufgrund der sich ergebenden Chancen und entstehenden Risiken.

2.4.1 Unternehmensinternes Umfeld

Die zur Formulierung der Einkaufsziele relevanten Einflussgrößen aus unternehmensinterner Sicht lassen sich mithilfe einer sogenannten „Strategy Map" leicht darstellen. Mit dieser Methodik können sowohl der strategische Ausgangspunkt als auch die die für den Einkauf relevanten Handlungsoptionen aus unternehmensinterner Sicht aufgezeigt werden.

Für die Auswahl geeigneter Einkaufsziele sind folgende Fragen sehr hilfreich:

Ist die Strategie des Unternehmens zur Steigerung von nachhaltigem Unternehmenswert primär auf eine Verbesserung der Produktivität ausgerichtet?

Oder zielt die Unternehmensstrategie in erster Linie auf die Zunahme von Wachstum ab?

Oder sind sogar beide Stoßrichtungen zwingend notwendig?

Zudem gilt es für viele Unternehmen, die wesentlichen kulturellen und gesellschaftlichen Wertvorstellungen der relevanten Kunden zu erkennen, zu verstehen und mit den eigenen Zielvorstellungen zu verbinden. Letzteres ist für Unternehmen von hoher Bedeutung, die zudem verstärkt gesellschaftliche Interessen bedienen und diese in ihre Unternehmensstrategie mit einfließen lassen müssen. Zu dieser Gruppe zählen insbesondere Unternehmen der öffentlichen Hand oder Branchen mit einer großen Nähe zum Endkunden wie beispielsweise die der Textil-, Lebensmittel- oder Pharmabranche.

Aus dieser Analyse bzw. Vergegenwärtigung der für das Unternehmen relevanten, aus dem Ansatz der Balanced Scorecard abgeleiteten, strategischen Perspektiven, lassen sich nun die unternehmensinternen Einflussfaktoren identifizieren, die bei der Auswahl der relevanten Einkaufsziele berücksichtigt werden müssen. Wie eine solche „Strategy Map" aussehen kann, ist in Abbildung 2.6 dargestellt.

Abbildung 2.6 Strategy Map

Ziel / Perspektive	Produktivität		Wachstum	
Finanzen	Kapitalnutzung steigern Kostenreduzierung !	Kapitalstruktur verbessern Materialfinanzierung !	Risiken begrenzen Versorgung sichern !	Chancen nutzen Marktforschung !
Kunden	Preis Qualität ~ Führerschaft !	Verfügbarkeit Auswahl ~ Führerschaft !	Funktionalität Service ~ Führerschaft !	Partnerschaft Marke Enge Anbindung !
Prozesse	Vertriebs-Prozesse Kundenwert steigern !	Innovations-Prozesse Produkte entwickeln !	Bereitstellungs-Prozesse Produkte liefern !	Gesellschaftliche Prozesse Umfeld verbessern !
Potentiale	Mitarbeiter-Potentiale Know-How, Ausbildung	Informations-Potentiale Datenbanken, Systeme	Organisations-Potentiale Teamwork, Werte	Kommunikations-Potentiale „Fehler-Kultur"

Die hier dargestellte „Strategy Map" wurde als praxiserprobtes, strategisches Werkzeug von den Entwicklern der Balanced Scorecard – Robert Kaplan und David Norton – weiterentwickelt. Sie verdeutlicht die strategischen Stoßrichtungen im Unternehmen und daraus abgeleitet auch diejenigen für den Einkauf einfacher, als die ursprünglich dafür konzipierte Balanced Scorecard. Auf der Basis der vier schon im Rahmen der Balanced Scorcard entwickelten, grundlegenden Perspektiven – Finanzen, Kunden, Prozesse und Potenziale – werden für den Einkauf die unternehmensinternen Handlungsoptionen aufgezeigt, die für die Formulierung geeigneter Einkaufsziele herangezogen werden können.

Ausgangspunkt der Strategiekarte ist ein für alle Unternehmen gültiges oberstes Unternehmensziel, beispielsweise der Steigerung des Unternehmenswerts. Der generelle Zweck eines Unternehmens lässt sich demnach dahingehend beschreiben, nachhaltig höchsten Kundennutzen zu niedrigsten Kosten in kürzester Zeit zu liefern. Dieser Zweck kann erfüllt werden, wenn entweder aufgrund einer hohen Produktivität oder aufgrund des Realisierens von Wachstum eine Basis geschaffen wird, die nachhaltig hohe Umsatzerlöse ermöglicht. So streben die meisten Unternehmen zur Erzielung eines Wettbewerbsvorsprungs grundlegend danach, Kostenführerschaft auf der Basis einer hohen Produktivität zu erzielen. Oder sich alternativ durch Differenzierung bzw. Qualitätsführerschaft auf der Basis von Wachstum, in ihrem Markt auf Dauer zu etablieren. Um dieses Unternehmensziel zu ermöglichen muss der Einkauf bei der Formulierung geeigneter Einkaufsziele, den Produktivitäts- bzw. den Wachstumsgedanken im Auge behalten. Auf der Grundlage der in einer „Strategy Map" heranzuziehenden Perspektiven ist es zur Analyse des unternehmensinternem Umfelds notwendig, alle Stoßrichtungen hinsichtlich ihres Beitrags zu Produktivität oder Wachstum zu hinterfragen.

Die Finanzperspektive

„Was will bzw. erwartet der Kapitalgeber und welchen Ergebnisbeitrag leistet der Einkauf für den Kapitalgeber?" – diese Frage steht aus Sicht der Finanzperspektive im Vordergrund, wenn es um die Ableitung geeigneter Einkaufsziele geht.

Eine Möglichkeit ist hier z.B. eine Steigerung der Produktivität durch eine gesteigerte Kapitalnutzung – also höhere Umsatzerlöse oder niedrigere Kosten. Ob sich dies realisieren lässt, hängt im Wesentlichen davon ab, welche grundlegenden finanziellen Erwartungen für ein Unternehmen relevant sind oder welche Umsatzrendite mit Blick auf die Eigentümer zu verwirklichen ist.

Gelingt es dem Einkauf, vorhandene, eigene Deckungsbeiträge auf dem Verhandlungsweg durch Verringerung der Bezugspreise zu erhöhen oder Materialkosten zu reduzieren, kann durch eine gesteigerte Kapitalnutzung das Produktivitätsziel nachhaltig unterstützt werden. Diese Strategie wäre dann zweckmäßig, wenn das Unternehmen in erster Linie eine Kostenführerschaftstrategie verfolgt. Die Kostenreduzierung auf der Beschaffungsseite unterstützt in diesem Fall dieses Unternehmensziel in der gewünschten Weise. Gleichfalls wirkt sich eine vom Einkauf verfolgte Stoßrichtung, eine verbesserte Kapitalstruktur zu verwirklichen, in ähnlicher Weise auf das Produktivitätsziel aus. Wenn es ihm gelingt, Zahlungsziele mit Lieferanten vorteilhafter auszuhandeln oder Lieferantenkredite stärker zu nutzen, kann dadurch die Kapitalstruktur verbessert und eigene Liquidität geschont werden. Dies wird auch durch eine stärkere Nutzung alternativer Finanzierungsformen anstelle von Vollfinanzierungen erreicht, wie z.B. beim Einsatz von Leasinggeschäften, dem Einsatz von Betreibermodellen oder der Finanzierung von gebrauchten Investitionsgütern.

Bei der Realisierung einer Differenzierungsstrategie ist aus finanziellem Blickwinkel für das Unternehmen die Steigerung von Wachstum von Interesse. Primär lassen sich hier mithilfe einer systematischen Beschaffungsmarktforschung neue Chancen frühzeitiger erkennen oder das Risiko von Versorgungsengpässen reduzieren. Der Einkauf kann Wachstumssteigerung beispielsweise auch dadurch realisieren, wenn sich vorhandene, von Lieferanten entwickelte Technologien exklusiv nutzen lassen, anstatt im Unternehmen eigene technologische Entwicklungen zu finanzieren. Eine solche gemeinsame, technologiegetriebene Zusammenarbeit mit Lieferanten kommt dem einkaufenden Unternehmen bei der Entwicklung von Alleinstellungsmerkmalen zu Gute. Andererseits ist aber gerade hier nicht auszuschließen, dass ein solches Ziel auch deswegen in Angriff genommen wird, um vorhandene Kosten zu reduzieren. Die vom Einkauf konsequenterweise zu verantwortende Auswahl der bestgeeigneten Lieferanten bildet dabei eine elementare Grundlage, um mögliche finanzielle Risiken zu begrenzen. So kann im Einkauf mit Blick auf das Unternehmensziel – Erhalt oder Ausbau von Know-how – entschieden werden, in bestimmten Beschaffungsmärkten bewusst nicht einzukaufen, um Abflüsse von technologischem Know-how oder das Entstehen von Versorgungsengpässen zu vermeiden. Vielfach sind derartige Entscheidungen notwendigerweise auch auf die Einhaltung bestehender kultureller und gesellschaftlicher Wertvorstellungen zu prüfen. Dabei gilt es beispielsweise, den finanziellen Vorteil eines kostengünstigen Einkaufs gegenüber der Gefahr abzuwägen, dass der Lieferant die gesellschaftlichen Erwartungen nicht einhalten kann, die beispielsweise auf der Einhaltung des sogenannten „BSCI-Verhaltenskodex“ basieren oder sich deren Einhaltung innerhalb der Wertschöpfungskette nicht ausreichend sicherstellen lässt. So können in einem ersten Analyseschritt vom Einkauf erste Schwerpunkte gesetzt werden, ob bei der generellen Ausrichtung der Einkaufsziele primär einem Kostenreduzierungs- oder einem Qualitätsverbesserungsansatz der Vorzug zu geben ist. Dieser Ansatz ist im Rahmen einer weiteren Perspektive – der Kundenperspektive – zu verifizieren.

Die Kundenperspektive

Aus Sicht dieser Perspektive soll der Frage nachgegangen werden, welcher generelle Kundennutzen das Unternehmen in erster Linie erzeugen will bzw. was der Einkauf leisten kann, um diesen Kundenerwartungen gerecht zu werden. Für die Entwicklung geeigneter Einkaufsziele ist beispielsweise die Frage interessant, ob das Unternehmen seine vorhandene Stellung im Absatzmarkt auf der Fähigkeit begründet, sich auch im harten Preiswettbewerb gegenüber konkurrierenden Anbietern durchzusetzen. Für viele Handelsunternehmen oder Discounter ist dies aus Kundensicht der ausschlaggebende Faktor für die eingenommene Marktposition. Konsequenterweise bedeutet dies für den Einkauf, bei der Auswahl von Zielen primär nach kostenreduzierenden Kriterien zu entscheiden. Auch die Auswahl von Lieferanten würde dann primär nach diesen Kriterien erfolgen. Eigene Marktforschungsaktivitäten sind demzufolge verstärkt auf die Ausnutzung von Einsparpotenzialen und der Suche nach Möglichkeiten zur Kostenreduzierung konzentriert.

Sind dem gegenüber die Erwartungen der Kundschaft an das Unternehmen stärker hinsichtlich Qualität ausgeprägt, ist die Umsetzung eines qualitätssteigernden Lieferantenmanagements naheliegend – eine partnerschaftliche Zusammenarbeit oder die Entwicklung von Lieferanten stehen demnach mehr im Vordergrund. So ist im Maschinenbau typischerweise eine Fokussierung des Einkaufs stark auf qualitative Gesichtspunkte ausgerichtet. Bei Unternehmen, deren Marktstellung vordergründig auf hoher Verfügbarkeit der Produkte basiert, stehen aus der Sicht des Einkaufs überwiegend logistische Schwerpunkte bei der Formulierung geeigneter Einkaufsziele im Mittelpunkt. So hat der größte Teil der Unternehmen der Automobilzulieferindustrie in seinen Absatzmärkten naturgemäß hohe Erwartungen hinsichtlich ihrer logistischen Leistungsfähigkeit zu erfüllen. Hier basiert die Zusammenarbeit mit Lieferanten verstärkt darauf, logistische Anforderungen besser und vor allem schneller als die Konkurrenz erfüllen zu können. Eine hohe Erwartungshaltung hinsichtlich Verfügbarkeit als maßgeblicher Kundenpräferenz hat für den Einkauf zur Folge, eine dementsprechende Bestandspolitik zu verfolgen oder qualifizierte Prozesse zur Bevorratung innerhalb der Wertschöpfungskette – der sog. Supply Chain – voran zu treiben.

Aus Kundensicht kann es jedoch auch Unternehmensumfelder geben, bei denen der Kostenaspekt im jeweiligen Geschäftsfeld eine eher untergeordnete Stellung einnimmt. So ist es beispielsweise für einen Hersteller von hochwertigen Musikinstrumenten wie Konzertflügeln nahezu unerheblich, welchen Kostenstrukturen das Unternehmen auf der Beschaffungsseite begegnet. Wichtig ist vielmehr die Frage, wie eine qualitätsgerechte Materialversorgung und termingenaue Belieferung permanent bewerkstelligt werden kann. Des Weiteren ist die Erwartungshaltung der Kundenstruktur auch häufig von Marken- oder Imagemotiven geprägt. Dies hat für den Einkauf zur Folge, diese Interessen bei der Auswahl und Zusammenarbeit mit Lieferanten verstärkt mit zu berücksichtigen. Gerade hier ist die Berücksichtigung kultureller und gesellschaftlicher Wertvorstellungen von hohem Interesse, da sich die Kunden in diesem Marktumfeld persönlich sehr stark mit den gekauften Produkten identifizieren.

Soll das oberste Kundenziel einem bisweilen dominanten Partnerschaftsanspruch gerecht werden, sind die Handlungsspielräume für den Einkauf eines Unternehmens naturgemäß sehr klein. Viele Unternehmen, die sich in ihrer jeweiligen Wertschöpfungskette in einer sogenannten „Sandwichposition" befinden, haben aufgrund von Kundenvorgaben oft nur geringe Wahlfreiheit im Management ihrer jeweiligen Lieferantenstruktur. Von einer solchen Position ist dann die Rede, wenn sich das einkaufende Unternehmen sowohl auf der Beschaffungsseite als auch auf der Absatzseite überwiegend Monopolisten gegenüber sieht.

In der Praxis wird es bei der Analyse des unternehmerischen Umfelds vermutlich nur selten eindeutige Schwerpunkte geben. So wird beispielsweise eine Preisführerschaft nicht ganz ohne einen – zumindest als minimal zu bewertenden – Qualitätsanspruch auskommen. Für die Bildung von zweckmäßigen Einkaufszielen sind in diesem Fall dann jedoch die kostenreduzierenden Ziele von höherer Vorteilhaftigkeit und größerer Tragweite. Durch die Analyse der Kundenperspektive ergibt sich in der Logik einer Strategy Map ein weiterer, unmittelbarer Zusammenhang zur Prozessperspektive, da je nach Marktstellung bestimmten Kernprozessen im Unternehmen besondere Bedeutung zukommt. Diese bilden bei der Auswahl der Einkaufsziele Präferenzen.

Die Prozessperspektive

Im Rahmen der Prozessperspektive stellt sich die Frage, welche Prozesse mit Blick auf die Kundenerwartungen und Unternehmensziele in erster Linie zu optimieren sind und wie der Einkauf diese Prozesse nachhaltig unterstützen kann. Ein Beispiel: Ist aufgrund der Kundenerwartung Verfügbarkeit oder Partnerschaft der Bereitstellungsprozess der dominante Kernprozess, so besitzt die Fähigkeit zur Herstellung und Lieferung von Waren im Unternehmen eine herausragende Bedeutung. Die relevante Zielsetzung des Einkaufs wird dann sehr stark durch die Vermeidung von Versorgungsengpässen auf der Beschaffungsseite geprägt. Hohe Priorität hat dann die Abstimmung von Lieferterminen mit Lieferanten oder Maßnahmen, um die Gefahr von Versorgungsengpässen zu verringern. In diesem Fall hat die Zielstellung des Einkaufs einen sehr stark operativen Charakter und ist vordergründig auf eine exakte und aktualisierte Planung von Bedarfsmengen und Lieferterminen konzentriert. Strategisch sind in diesem Umfeld Ziele von Bedeutung, die Maßnahmen zur Beschleunigung von Ablaufgeschwindigkeiten oder die Reduzierung von Komplexität in logistischen Prozessen zur Folge haben.

Liegt der Fokus des Unternehmens zur Wahrnehmung der Kundeninteressen beispielsweise auf der Umsetzung einer Qualitätsführerschaft, muss stärkeres Gewicht auf die exzellente Wahrnehmung eines eigenen Innovations- bzw. Produktentwicklungsprozess gelegt werden. Zur Behauptung ihrer Marktstellung sind diese Unternehmen darauf angewiesen, neue Produkte oder qualitative Verbesserungen in kurzer Zeit zu entwickeln. In diesem Umfeld muss der Einkauf verstärkt Maßnahmen ergreifen, die das vorhandene Innovationspotenzial auf der Beschaffungsseite ausnutzen oder Lieferanten verstärkt in die eigene Produktentwicklung mit einbinden. Hier ist die Rolle des Einkaufs im Unternehmen grundsätzlich eine Andere. Er muss bei der Auswahl des Lieferanten frühzeitig sicherstellen, den für das Unternehmen besten Kooperationspartner zu finden und auszuwählen. Eine suboptimale Entscheidung wäre in einem laufenden Entwicklungsprozess kaum revidierbar und zudem häufig mit erheblichen Umstellungskosten verbunden. Sie würde außerdem bei neuen Produkten tendenziell dazu führen, den Markteintritt entweder zu spät oder an bestehenden Kundeninteressen vorbei zu gestalten.

Anders ist es, wenn bei der Analyse des einkaufsrelevanten Umfelds der Produktvermarktungsprozess aufgrund einer dominanten Kundenperspektive mit Fokussierung auf Serviceführerschaft im Vordergrund steht. Dieser Situation wird der Einkauf dann am besten gerecht, wenn er frühzeitig Informationen über die vorherrschenden Kundenwünsche erhält. Mit diesem Wissen kann er geeignete Lieferanten gezielter auswählen und mit diesen funktionierende Abläufe entwickeln, die diese Kundenwünsche in bester Weise bedienen können. Sind beispielsweise Lieferanten mit sogenannten Servicestützpunkten in den gleichen Märkten wie das Unternehmen tätig, können zusätzliche Service- oder Kundendienstleistungen für Produktkomponenten vom Unternehmen leichter vermarktet oder vor Ort schnell und fachkompetent erbracht werden.

Alle diese Prozesse setzen im Unternehmen vorhandene Fähigkeiten der Mitarbeiter sowie geeignete Informations- und Organisationsstrukturen voraus. Diese Strukturen sind im Zuge der Potenzialperspektive – oftmals auch als Lern- und Entwicklungsperspektive bezeichnet – zu analysieren. Welche Voraussetzungen im Unternehmen jeweils erfüllt sein müssen, soll im Rahmen dieser Perspektive näher analysiert werden.

Die Potenzialperspektive

Hier steht die Frage im Vordergrund, wie sich der unternehmerische Erfolg auf Dauer absichern lässt und welche zukünftig notwendigen Potenziale im Einkauf dazu entwickelt werden müssen. Zur Umsetzung aller unternehmerischen oder fachbereichsspezifischen Zielsetzungen ist es letztlich von Bedeutung, auf welches vorhandene Know-how oder Wissenspotenzial ein Unternehmen zurückgreifen kann. So ist die Realisierung aller relevanten Einkaufsziele eine Frage der Ausbildung, der Fähigkeiten und des Wissens der im Einkauf tätigen Mitarbeiter. Wobei dies wiederum sehr stark davon beeinflusst wird, welche Möglichkeiten des Datenzugriffs aufgrund der im Unternehmen eingesetzten Informationstechnologie dem Einkauf zur Verfügung stehen. Dies ist zum einen eine Frage der im Unternehmen bzw. der im Einkauf eingesetzten Hard- und Software. Zum anderen ist die Schulung der Einkaufsmitarbeiter in der Auswertung und Analyse vorhandener Daten sowie die vorhandene Datenstruktur von großer Bedeutung. Dieses ermöglicht einen sicheren und zugleich schnellen Datenzugriff. Nicht zuletzt die inhärenten Potenziale aufgrund der existierenden Organisationsstruktur und Unternehmenskultur, wie beispielsweise ein gelebtes Teamwork oder das Verständnis auf gleiche gesellschaftliche Werte, erleichtern den Aufbau von notwendigem Wissen zur Wahrnehmung der Einkaufsprozesse und folglich der Realisierung angestrebter Einkaufsziele.

So ist es bei einer hohen Dominanz des Bereitstellungsprozesses offensichtlich, dass dem Einkäufer aktuelle Bedarfsplanungsdaten zur Verfügung stehen müssen, die eine zuverlässige Materialbedarfsplanung mit Lieferanten ermöglichen. Dazu benötigt der Einkauf Zugriff auf ein IT-System dass die prozessrelevanten Daten und deren Änderungshäufigkeit – beispielsweise von Wiederbeschaffungszeiten – zeitnah und sicher erfasst und so die Planung von Produktion und Vertrieb erleichtert. Auch die Ausbildung und das Know-how von Einkaufsmitarbeitern haben in diesem Unternehmensumfeld andere Wissensschwerpunkte als in Unternehmen, die hohen Wert auf den Produktentwicklungsprozess legen müssen. Hat der Produktentwicklungsprozess im Unternehmen einen hohen Stellenwert, sind in verstärktem Maße eine auf Teamstrukturen aufbauende cross-funktionale Zusammenarbeit und eine dafür geeignete Unternehmenskultur gefragt.

So ist in Unternehmen mit einer hohen Relevanz des Produktentwicklungs- oder –vermarktungsprozesses die Ausbildung und das vorhandene Wissen des Einkaufs von zwei Aspekten abhängig: Davon, wie sehr der Einkäufer motiviert oder qualifiziert ist, die technischen Eigenschaften der herzustellenden Produkte zu kennen oder zu verstehen. Und davon, ob ihm diese im Zuge einer auf hoher Wertschätzung basierenden Zusammenarbeit vermittelt werden. Die längere Betriebszugehörigkeit der Einkaufsmitarbeiter, das so entstehende Erfahrungswissen und die Kenntnis der relevanten Beschaffungsmärkte haben in diesen Unternehmen eine höhere Bedeutung als in Unternehmen, die sich primär in einem kostengetriebenen Umfeld bewegen. Hier wird mehr eine hervorragende Verhandlungskompetenz der Einkäufer benötigt als ein ausgesprochen gutes, technisches Produktverständnis. Wobei sich gerade hier beide Qualifikationen des Einkäufers gegenseitig gut ergänzen.

Ausgehend von den Fähigkeiten der Mitarbeiter und der Leistungsfähigkeit der Organisationsstruktur werden zunächst die wichtigsten Prozesse in Angriff genommen, um die vorherrschenden Kundeninteressen besser wahrzunehmen. Dadurch lassen sich letztlich die finanziellen Zielvorstellungen im Unternehmen sicherstellen.

2.4.2 Unternehmensexternes Umfeld

Auch die Berücksichtigung der einkaufsrelevanten Einflussfaktoren aus dem unternehmensexternen Umfeld ist bei der Zielentwicklung für den Einkauf von großer Bedeutung. Dazu zählen beispielsweise Fragen wie: In welchen Beschaffungsmärkten bzw. in welcher Lieferantenstruktur bewegt sich das Unternehmen? Wie lässt sich diese Struktur vom Einkauf aktiv gestalten oder beeinflussen? Welche Daten müssen gesammelt werden? Welche Maßnahmen können sinnvoll ergriffen werden, um Beschaffungsmärkte zu beeinflussen? Was sind die unternehmen- und lieferantenseitigen Anforderungen, die sich aufgrund der zu beschaffenden Waren stellen? Nach welchen Kriterien können Lieferanten sinnvoll ausgewählt oder qualifiziert bewertet werden? Wie können Risiken in den Wertschöpfungsketten leichter erkannt und mögliche Chancen besser genutzt werden?

Diese Fragen grundsätzlich und für alle einzukaufenden Waren- und Dienstleistungen in gleicher Weise zu beantworten, ist aufgrund der Vielfalt und Unterschiedlichkeit der für das Unternehmen relevanten Beschaffungsmärkte nicht zielführend. Der Einkauf steht damit vor der Aufgabe, die Beschaffungsmärkte so zu strukturieren, dass sich für diese eigenständige, einkäuferische Ziele definieren und geeignete Strategien entwickeln lassen. Dazu werden im Einkauf sogenannte Warengruppen gebildet, welche die Vielfalt der Beschaffungsmärkte abbilden und an diesen ausgerichtet werden. Dies bedeutet: Gibt es für die Herstellung eines Fahrzeugs unterschiedliche Lieferanten für die Karosserie, den Motor und die Reifen, so ist diese Unterteilung aus der Sicht des Einkaufs ausschlaggebend für die Einteilung der Warengruppen (Rast 2008, S. 43). Diese erlauben eine individuell auf die einzelnen Märkte zugeschnittene Zielformulierung und eine entsprechende Zuordnung von Maßnahmen, um die Versorgungssituation im Unternehmen auf Dauer optimal sicherzustellen.

Das eigentliche Problem dabei ist die Festlegung geeigneter Warengruppen und der Aufbau einer zweckmäßigen Struktur, welche Überschneidungen vermeidet. Nach welchen Strukturierungskriterien solche Warengruppen in Unternehmen gebildet werden, ist in der Praxis sehr unterschiedlich und uneinheitlich. Jedoch sind aufgrund der stetigen Zunahme internationaler Geschäftsbeziehungen und der intensiven Nutzung des Internets zur Abwicklung von Geschäftsprozessen inzwischen internationale Standards sehr verbreitet. Diese beinhalten eine mehrsprachige Klassifizierung aller Produkte, Materialien und Dienstleistungen und werden im Unternehmen zur Abbildung eines Warengruppenschlüssels verwendet. Zu den bekanntesten und häufig eingesetzten Klassifikationsstandards zählen beispielsweise der e-Cl@ss-Standard, der Proficl@ss-Standard und der GPC-Code. Diese Standards gehören zu den parametrischen Klassifikationsstandards, die strukturierte Objekte zusätzlich über Merkmale und deren Attribute beschreiben. So erleichtern sie dem Einkäufer die Suche und Vergleichbarkeit international gehandelter Waren und Dienstleistungen und unterscheiden sich dadurch von nicht-parametrischen Klassifikationsstandards wie beispielsweise dem UNSPSC-Code. Der Vorteil parametrischer Standards kommt insbesondere bei der Abwicklung von Geschäftsprozessen zum Tragen. Diese zeichnen sich durch einen geringeren Erstellungs- und Pflegeaufwand aus sowie der vereinfachten unternehmensübergreifenden Kommunikation im Rahmen von Wertschöpfungsketten. Allerdings hat der Einsatz dieser Standards auch den nicht zu unterschätzenden Nachteil, dass eine klare Orientierung im Unternehmen an den für den Einkauf relevanten Beschaffungsmärkten dadurch erschwert wird.

Dennoch soll an dieser Stelle eine Grobgliederung für eine Warengruppenstruktur in fünf Hauptgruppen vorgeschlagen werden. Hierbei wird auf einer ersten Hauptgruppenebene zwischen Produktionsmaterial, Betriebsstoffen, Anlage- und Investitionsgütern, Dienstleistungen sowie Handelswaren unterschieden (Large 2006, S. 7). Diese Grundstruktur ist in vielen Industrieunternehmen häufig vorzufinden. Sie stellt das recht breite Spektrum möglicher Beschaffungsobjekte sehr umfassend dar. Anhand dieser Gliederung werden die charakteristischen Eigenschaften der jeweiligen Warengruppen anschließend im Einzelnen näher erläutert (vgl. Abbildung 2.7).

Abbildung 2.7 Beispiel zur Gliederung einer Warengruppenstruktur

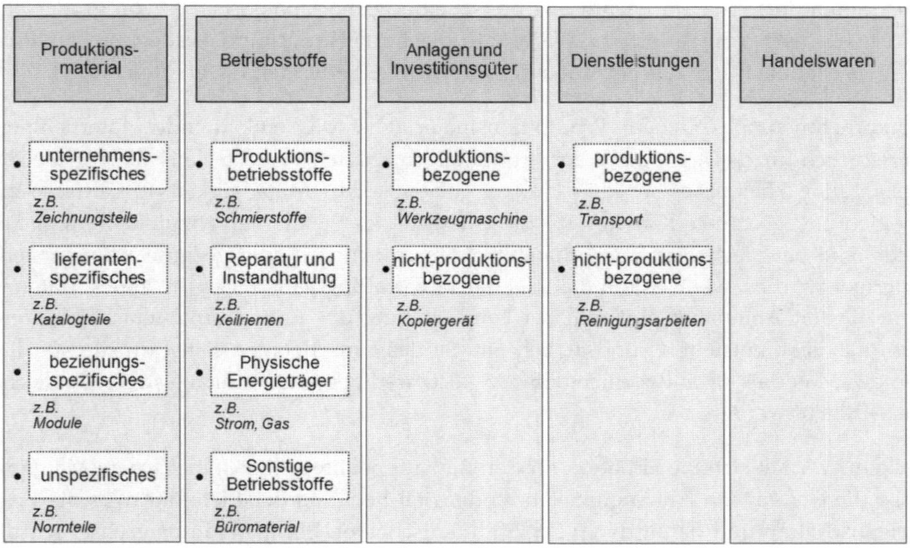

Ein grundlegender Unterschied zwischen den hier dargestellten Hauptgruppen einer Warengruppenstruktur ist die mehr oder weniger starke Ausprägung sogenannter Informationsasymmetrien. Diese Theorie besagt, dass die Zusammenarbeit zwischen zwei Unternehmen zu Beginn einer Geschäftsbeziehung von Unsicherheit geprägt ist, da die möglichen, späteren Verhaltensweisen eines Unternehmens dem anderen Unternehmen nicht bekannt sind. Je nachdem wie stark diese Asymmetrien ausgeprägt sind, gestaltet sich die Zusammenarbeit des Einkaufs mit Lieferanten bzw. die Zielverfolgung und Steuerung von Warengruppen schwierig. Generelle Ursachen dieser Verhaltensunsicherheit sind dem Einkäufer nicht bekannte Eigenschaften bezüglich der Leistungsfähigkeit des Lieferanten und der von ihm erstellten Waren und Dienstleistungen („Hidden Characteristics“). Ursachen können zudem das Ausnutzen von Abhängigkeitsverhältnissen für beispielsweise ungerechtfertigte Preiserhöhungen („Hidden Intentions“) oder verborgene Handlungen sein, die bei der Erstellung von Waren oder der Erbringung von Leistungen entstehen und dem Einkäufer nicht bekannt sind („Hidden Actions“). Zu Unsicherheit führt auch ein Informationsvorsprung des Lieferanten gegenüber dem Einkäufer, den sich dieser zu Nutze machen kann („Hidden Informations“). Das Ziel des Einkäufers liegt nun darin, diese Unsicherheit unter Inkaufnahme zusätzlichen Aufwands weitestgehend zu reduzieren. So kann das Vorhandensein versteckter Eigenschaften durch eine entsprechend umfassende Prüfung der Ware oder eine Kontrolle der Leistungserstellung aufgedeckt werden. Das

Ausnutzen von Abhängigkeitsverhältnissen kann durch den Aufbau alternativer Lieferanten verringert sowie ein existierender Informationsvorsprung durch intensive Beschaffungsmarktforschungsaktivitäten und Informationsrecherchen des Einkaufs zumindest reduziert werden.

Im Rahmen der Analyse von Warengruppen und der Entwicklung eigener Einkaufsstrategien ist deren Spezifität ein wichtiges Unterscheidungsmerkmal. So ist es von großer Bedeutung, ob die Spezifikation der Ware, d.h. die Entwicklung und Festlegung der Produkteigenschaften, durch das einkaufende Unternehmen oder den Lieferanten erfolgt.

Bei unternehmensspezifischem Produktionsmaterial ist das einkaufende Unternehmen verantwortlich für die Festlegung der Produkteigenschaften, wie z.B. im Falle von Zeichnungsmaterial. Hier ist es für den Einkauf relativ leicht, Abhängigkeitsverhältnisse zu vermeiden und geeignete Kriterien für die Auswahl des Lieferanten abzuleiten. Mögliche Aspekte sind beispielsweise ein vorhandener Maschinenpark oder geeignete Referenzen. Schwieriger wird es, wenn es um das Ziel der Bevorratung geht, da es für dieses Material keinen zweiten Abnehmer gibt und bei Umgestaltung des Endprodukts ein hohes Verschrottungsrisiko entsteht. Grundsätzlich gilt: Ist das Unternehmen selbst für die Spezifikation des Materials verantwortlich, können kostenreduzierende Einkaufsstrategien leichter verwirklicht werden.

Umgekehrt verhält sich die Situation für den Einkauf bei lieferantenspezifischem Material. Hier ist die Gefahr von Abhängigkeiten tendenziell hoch, da der Lieferant über die Produkteigenschaften und damit deren Spezifität entscheidet. Ein Lieferantenwechsel würde zu konstruktiven Veränderungen des Endproduktes führen. Deshalb ist hier eine kooperativere Vorgehensweise des Einkaufs naheliegender. Ein Vorteil liegt dabei in dem relativ geringen Verschrottungsrisiko, da es in der Regel andere Verbraucher für das gleiche Material gibt und daher das Unternehmen Überbestände möglicherweise leichter veräußern kann. Insofern sind Bevorratungsstrategien leichter und risikoärmer durchführbar.

Bei beziehungsspezifischem Produktionsmaterial werden die Produkteigenschaften im Rahmen einer gemeinsamen Zusammenarbeit zwischen dem Lieferant und dem einkaufenden Unternehmen festgelegt. Hier sind Abhängigkeitsverhältnisse ebenfalls stärker ausgeprägt. Im Unterschied zu lieferantenspezifischem Material beruhen diese Abhängigkeiten jedoch auf starker Gegenseitigkeit. Auch hier ist primär eine kooperative Vorgehensweise des Einkaufs angebracht, insbesondere wenn der Lieferant der dominantere Geschäftspartner ist. Hier ist das Lagerrisiko, wie im Falle von unternehmensspezifischem Material, ebenfalls hoch, was die Wahrnehmung von Bevorratungsstrategien erschwert.

Zu den unspezifischen Produktionsmaterialien gehören alle Warengruppen, die auf Basis einer industriellen Norm wie z.B. Verbindungsmaterialien nach DIN-Norm oder auf Basis sogenannter Branchenstandards hergestellt werden. Auch die meisten Rohstoffe können zu dieser Gruppe von Materialien gezählt werden. Sie entsprechen ebenfalls industriellen Normen und können beispielsweise im Falle des Rohstoffs Stahl mithilfe des sogenannten Stahlschlüssels verglichen werden. Hier werden das Ausmaß vorhandener Abhängigkeiten und die Durchsetzbarkeit kostenorientierter Einkaufsstrategien nicht selten vom benötigten Mengenvolumen und der Bedeutung dieses Volumens für den jeweiligen Geschäftspartner bestimmt. Zum Teil sind sie – wie im Falle von Rohstoffen – für den Einkauf aufgrund von Marktpreisentwicklungen kaum beeinflussbar. Jedoch lassen sich hier Bevorratungsstrategien in Abhängigkeit des relevanten Mengenvolumens tendenziell leichter realisieren. Die Gefahr eines hohen Verschrottungsrisikos ist dabei aufgrund der allgemein gültigen Spezifität für den Einkauf eher gering.

Im Unterschied zu Produktionsmaterialien zeichnen sich Betriebsstoffe dadurch aus, dass diese Materialien mit Ausnahme von Verpackungsmaterialien nicht ins Endprodukt eingehen. Für qualitätsverbessernde Initiativen des Einkaufs sind sie daher nicht relevant. Bei diesen Warengruppen ist der Anteil an lieferantenspezifischem und unspezifischem Material deutlich höher. Da jedoch hier das Preis-Mengenvolumen in den meisten Unternehmen deutlich geringer ist, erschwert dies die Durchsetzbarkeit kostenorientierter Einkaufsstrategien insbesondere mit Blick auf die oft vorhandene Vielzahl unterschiedlicher Betriebsstoffe. Vielfach sind Betriebsstoffe von ihrer warengruppenspezifischen Charakteristik mit Katalogmaterialien vergleichbar und können daher wie diese beschafft werden. So ist hier der Einsatz prozessverbessernder Maßnahmen für den Einkauf primär von Bedeutung.

Eine Sonderstellung im Rahmen von Betriebsstoffen nehmen die physischen Energieträger wie z.B. Strom, Gas und Treibstoffe ein, da sie für viele Unternehmen kostenseitig stärker als andere Betriebsstoffe ins Gewicht fallen. Physische Energieträger sind von den Warengruppeneigenschaften her mit den Rohstoffen gleichzusetzen und werden als unspezifische Ware eingekauft. Die Durchsetzbarkeit kostenorientierter Einkaufsstrategien ist hier für den Einkauf aufgrund der vielfach dominanten Marktstellung der Energieversorger eher selten vorhanden. Jedoch sind Maßnahmen zur Reduzierung von Verbrauchsmengen bei physischen Energieträgern eine wirksame Alternative zur Reduzierung monetärer Ausgaben im Unternehmen.

Gänzlich andere Warengruppeneigenschaften haben Anlage- und Investitionsgüter für den Einkauf. Sie verursachen einen großen Teil der im Unternehmen vorhandenen Fixkosten und sind damit aus finanzieller Sicht von großem Interesse. So eignet sich diese Warengruppe aus Sicht des Einkaufs verstärkt zur Vereinbarung vorteilhafter Zahlungskonditionen oder Einsatz alternativer Finanzierungsformen wie z.B. des Leasings. Informationsasymmetrien in Form versteckter Eigenschaften sind hier ebenfalls sehr stark vorhanden. So entstehen beim Kauf eines Anlagevermögens wie beispielsweise einer Werkzeugmaschine dem einkaufenden Unternehmen Risiken, ob die tatsächliche Nutzungsdauer der erwarteten Nutzungsdauer entspricht oder wie sich die Verbrauchsmengen und die damit verbundenen Kosten anlagespezifischer Betriebsstoffe entwickeln.

Auch wenn die Beschaffung eines Anlage- bzw. eines Investitionsgutes oft einen einmaligen Vorgang darstellt, entstehen dem Unternehmen im Rahmen der Nutzungsdauer einer Anlage intensive Abhängigkeiten zu Lieferanten. Zur Aufrechthaltung von Garantieansprüchen müssen beispielsweise Wartungs- und Serviceverträge abgeschlossen werden. So sind auch eine Vielzahl von Betriebsstoffen, insbesondere die Reparatur- und Instandhaltungsmaterialien und nicht selten auch produktionsbedingte Betriebsmittel aufgrund von

Herstellervorschriften überwiegend lieferantenspezifische Materialien, die sich deshalb nur selten zur Durchführung kostenorientierter Zielsetzungen eignen.

Eine vierte Warengruppe stellen die Dienstleistungen dar. Hier sind im Vergleich zu den materiellen, stofflichen Warengruppen Informationsasymmetrien intensiver ausgeprägt. So wird frühestens im Rahmen der Erbringung einer Dienstleistung erkennbar, ob die erbrachte Leistung den Erwartungen des Unternehmens entspricht. Im Falle von Transportdienstleistungen sind diese Asymmetrien eher gering und zum Zeitpunkt des Abschlusses des Transportauftrags auch erkennbar. Umso ausgeprägter sind diese Asymmetrien bei Beratungsdienstleistungen, da der Erfolg der erbrachten Leistung in aller Regel erst zu einem viel späteren Zeitpunkt für den Einkauf ersichtlich ist. Abhängigkeitsverhältnisse zum Dienstleister sind hier in aller Regel stark vorhanden, da das einkaufende Unternehmen zum Einen an der Herstellung einer Dienstleistung oft maßgeblich beteiligt ist und zum Anderen nicht sämtliche Aspekte eines Dienstleistungsumfangs im Rahmen einer Leistungsbeschreibung schriftlich fixiert werden können.

Die Beschreibung der zu erbringenden Dienstleistung ist außerdem in hohem Maße von der Informations- und Kommunikationsfähigkeit des einkaufenden Unternehmens – des Leistungsempfängers – abhängig. Im Unterschied zu materiellen Gütern handelt es sich für den Lieferanten einer Dienstleistung allenfalls um ein Leistungsversprechen, da dieser sich zur Erbringung einer Dienstleistung in den meisten Fällen weiterem Personal bedienen muss. Vorhandene Informationsasymmetrien aufgrund versteckter Handlungen sind bei Dienstleistungen ebenfalls stärker ausgeprägt. Oft nimmt der Dienstleister zur Erbringung seiner Leistungen bisweilen Handlungen vor, die das einkaufende Unternehmen nicht wahrnehmen kann und welche die Möglichkeit zur Standardisierung von Dienstleistungen und damit deren Vergleichbarkeit einschränken. Für den Einkauf von Dienstleistungen sind strategische Ansätze zur Kostenreduzierung und der qualitativen Verbesserung der Leistung einerseits möglich und sinnvoll. Andererseits macht jedoch gerade das Fehlen eines objektiven Bewertungsmaßstabs eine aussagekräftige Beurteilung einer Kosteneinsparung oder der Wirksamkeit von qualitativen Verbesserungen nur schwer möglich. Der Einkauf von Dienstleistungen stellt daher hohe Anforderungen an das Wissen und die Beschaffungsmarktkenntnisse des verantwortlichen Einkäufers. Aufgrund der Immaterialität des Beschaffungsobjekts nimmt dieser Bereich im Einkauf eine entsprechende Sonderstellung ein.

Die letzte Warengruppe ist die der Handelswaren. Sie beinhaltet in der Regel vielfach materielle Sachgüter. Sie werden ohne Durchführung von Bearbeitungsvorgängen eingekauft und wieder verkauft und ergänzen das eigene Produktprogramm. Auch hier liegt überwiegend eine lieferantenseitige Spezifität vor. Der generelle Handlungsrahmen für den Einkauf hinsichtlich dieser Warengruppe ist damit nahezu identisch mit dem des lieferantenspezifischen Produktionsmaterials.

Für eine detaillierte Entwicklung von Einkaufsstrategien ist diese erste Strukturierung dennoch zu grob. Deshalb findet man in vielen Unternehmen auf einer zweiten Strukturierungsebene Warengruppenstrukturen, die zwischen:

- stofforientierten, z.B. Rohstoffe: Aluminium, Stahl, Kunststoffe, Holz
- verfahrensorientierten, z.B. Drehteile, Stanzteile, Gussteile
- oder produktorientierten z.B. Rohre, Bleche, Schläuche

Warengruppen unterscheiden. Auf dieser Basis lassen sich geeignete Einkaufsstrategien für unternehmensspezifische oder unspezifische Waren gezielt entwickeln.

Für lieferanten- oder beziehungsspezifische Waren eignet sich auf zweiter Ebene eine Einteilung in

- funktionsorientierte, z.B. Antriebssystem, Pneumatik, Hydraulik
- oder produktorientierte Warengruppenstrukturen, wie z.B. Handelswaren.

Im Einkauf sollte eine sinnvolle Zusammenfassung einzelner Waren zu einer Warengruppe primär auf der Basis des Vorliegens eines gemeinsamen Marktes erfolgen, der die Entwicklung geeigneter Einkaufsstrategien ermöglicht. Ein gemeinsamer Markt ist dann gegeben, wenn starke Substitutionsbeziehungen zwischen den angebotenen oder nachgefragten Gütern vorhanden sind, die sich durch hohe Kreuzpreiselastizitäten auszeichnen. Eine hohe Kreuzpreiselastizität liegt dann vor, wenn die Preisreduzierung eines Lieferanten bei einem Produkt bei diesem zu einer Nachfragesteigerung führt und zu einem Nachfragerückgang bei einem anderen Lieferanten. Ist dies der Fall, existieren im Markt Wettbewerbsbeziehungen, die die Entwicklung von Einkaufsstrategien unterstützen.

Aufgrund der fehlenden Beschaffungsmarktorientierung sind beispielsweise:

- verwendungsorientierte, z.B. Rohbau, Montage
- oder endproduktorientierte z.B. Produkt A, Produkt B

Strukturen ungeeignet.

Die Existenz einer Warengruppenstruktur stellt im Unternehmen eine elementare Grundvoraussetzung zur Ableitung von Warengruppenstrategien dar. Darüber hinaus ist es notwendig, dass sich der Einkauf eines objektiven Instrumentariums bedient, welches die Steuerbarkeit von Warengruppen ermöglicht und die angestrebte Wirkung von Maßnahmen aufzeigt.

2.5 Messmethoden

„Was man nicht messen kann, kann man auch nicht lenken." – Auf diese einfache Formel brachte der amerikanische Ökonom Peter Drucker die Relevanz objektiver Leistungskriterien und damit die Notwendigkeit, Ziele mithilfe von Kennzahlen zu steuern. Dies setzt voraus, dass Ziele „SMART" formuliert sind, so dass deren jeweiliger Realisierungsgrad im Einkauf gemessen werden kann und eine gezielte Steuerung durch das Management zulassen. Eine einfache, aber nicht selbstverständliche Logik. Die Aufgabe, den Realisierungsgrad von Zielen im Unternehmen zu messen und auszuwerten, ist inhaltlicher Schwerpunkt des Controllings. Bezüglich des Einkaufs wird dieser Realisierungsgrad durch das Einkaufscontrolling gemessen, womit sich der dargestellte Kreislauf des einkäuferischen Gesamtprozesses abschließt.

Nach allgemeiner Auffassung beschäftigt sich das Controlling in erster Linie mit der Konzeption und dem Einsatz von Steuerungsinstrumenten sowie mit der Ausrichtung von Steuergrößen auf strategische Zielgrößen. So sind mithilfe des Einkaufscontrollings geeignete Messinstrumente zu entwickeln, die Auskunft darüber geben, ob die im Rahmen einer Einkaufsstrategie durchgeführten Maßnahmen, die damit beabsichtigten Ziele erreichen lassen oder erreicht haben. Diese Messinstrumente sind zudem so zu gestalten, dass sie in einem sinnvollen, logischen und rationalem Zusammenhang mit den Unternehmenszielen stehen. Daher bedient sich das Controlling als Messinstrumente sogenannter Kennzahlen, welche den Zielerreichungsgrad quantitativ anzeigen.

2.5.1 Die Notwendigkeit des Einkaufscontrollings

Die Funktion eines Einkaufscontrollings erwächst aus einer doppelten Notwendigkeit, die Einkaufsstrategie auf die Unternehmensstrategie auszurichten und die Sicherstellung der Unternehmensziele durch die Wahrnehmung der strategisch richtigen Maßnahmen im Einkauf zu ermöglichen. Richtig bedeutet hier, dass sich der Einkauf für diejenigen Maßnahmen nachvollziehbar entscheidet, die zur Umsetzung der festgelegten Einkaufsstrategie beitragen. So soll mithilfe des Einkaufscontrollings erreicht werden, dass die Entscheidungsträger im Einkauf jederzeit erkennen können, ob die verfolgten Maßnahmen ihren gewünschten Beitrag zur Erreichung der Einkaufs- und letztlich der Unternehmensziele leisten.

Was bedeutet Einkaufscontrolling? Eine einheitliche Definition der Funktion des Einkaufscontrollings gibt es in der Literatur nicht, stattdessen werden dem Controlling verschiedene Bedeutungsfunktionen beigemessen. Die wichtigste Funktion ist die Informationsversorgung zur Sicherstellung einer hohen Entscheidungsqualität. So können die vom Einkauf verfolgten Ziele besser erreicht und im Unternehmen leichter kommuniziert werden. Bei dieser Funktion tritt die Bedeutung des Controllings als Regelungs- und Steuerungsfunktion zu Tage. Mithilfe geeigneter Messinstrumente sollen Abweichungen von Zielwerten im Einkauf erkannt werden, um rechtzeitig passende Steuerungsimpulse zu setzen. Eine weitere Definition sieht als wesentliche Funktion des Controllings die Koordination von planenden und kontrollierenden Tätigkeiten im Unternehmen und daraus abgleitet die Korrektur und Neufestlegung unternehmerischer Ziele. Nicht zuletzt besitzt das Controlling aus dieser Bedeutung heraus im Unternehmen oftmals eine negativ besetzte Wertschätzung, im Sinne eines internen Kontrolleurs oder Unternehmensrevisors, der Schwachstellen und Fehlentwicklungen aufzeigt. Aus meiner Sicht kommt der Definition des Controllings als Rationalitätssicherungsfunktion im Unternehmen die zweckmäßigste Bedeutung zu. Rationalität bedeutet hier die Verfolgung der Einkaufsziele durch die beteiligten Personen und eine effiziente Mittelverwendung bei gegebenen Zielen (Weber, Schäffer 2000, S. 190ff.). Dieses unter rationalen Gesichtspunkten zu tun, ist aus Einkaufssicht das Ergebnis des Zusammenspiels aus der richtigen Einsicht über die strategisch relevanten Ziele, verbunden mit der Fähigkeit zur kritischen Prüfung der erzielten Ergebnisse. Dem Einkaufscontrolling fällt dabei die Aufgabe zu, mögliche Rationalitätsdefizite im Planungs- und Realisierungsprozess aufzuzeigen und so einen wesentlichen Beitrag zur Vermeidung solcher Defizite zu leisten. Welche Rationalitätsdefizite treten aus der Sicht des Controllings im Einkauf typischerweise auf? Genannt werden können hier Defizite hinsichtlich der:

- Art der Zielsetzung
  Defizite entstehen durch falsche finanzielle Ziele wie Materialpreissenkung statt Materialkostenreduzierung unter Gesamtkostenaspekten oder durch die Vernachlässigung nicht-monetärer Einkaufsziele (Qualität, Versorgungssicherheit, Innovation usw.).

- Abläufe zur Zielplanung
  Defizite entstehen durch mangelnde Informationsversorgung oder die Auswahl falscher Methoden zur Maßnahmenplanung im Einkauf.

- Festlegung von Zielwerten
  Defizite entstehen durch eine zu hohe oder zu niedrige Zielsetzung wie z.B. die Forderung nach einer signifikanten Kostenreduzierung bei steigenden Rohstoff- oder Energiepreisen.

- Akzeptanz der Ziele
  Defizite entstehen durch Zieldiktate anstelle von Zielvereinbarungen durch Ignorieren der Beschaffungsmarktkenntnisse der Einkäufer.

- Prozesse zur Zielerreichung
  Defizite entstehen durch fehlende Einflussmöglichkeiten des Einkaufs wie bspw. die Forderung nach einer Reduzierung von Rohstoffpreisen.

- Erfassung der Zielerreichung
  Defizite entstehen durch fehlende oder unzureichende Kontrolle der vereinbarten Einkaufsziele.

- Qualifikation oder Bereitschaft zur Zielerreichung
  Defizite entstehen durch fehlende Analyse des Qualifizierungsbedarfs oder fehlende Karriereplanung im Einkauf.

Die Funktion des Einkaufscontrollings als Rationalitätssicherungsfunktion stellt im Einkauf sozusagen ein kritisches Gegengewicht dar. Durch die Entwicklung von Messwerten wird Transparenz hergestellt, um mögliche Defizite aufzuzeigen und rechtzeitig adäquate Gegenmaßnahmen zu initiieren. So werden durch ein Einkaufscontrolling sozusagen Zahlen, Daten und nicht zuletzt Fakten geschaffen, die den Einkauf dabei unterstützen, sich gegenüber den bisweilen anderslautenden Interessen anderer Fachbereiche zu behaupten. Aus Einkaufssicht erzeugt die Konfrontation mit Kennzahlen im Unternehmen einen wünschenswerten Handlungsdruck, um die als notwendig erkannten Maßnahmen im Sinne der Umsetzung der Unternehmensziele fachübergreifend sicherzustellen.

2.5.2 Kennzahlenentwicklung

Im Rahmen des Einkaufscontrollings ist die Entwicklung von Kennzahlen eine Hauptaufgabe. Kennzahlen sind Basiswerkzeuge, die sicherstellen, dass der Erfolgsbeitrag der durchgeführten Maßnahmen im Einkauf anhand von Kennzahlenwerten oder deren Änderungen ermittelt werden kann. Dazu bedient sich das Einkaufscontrolling im Unternehmen vorhandener Zahlenwerte und transformiert diese auf Basis eigens entwickelter bzw. festgelegter Definitionen in Daten um, die zur Berechnung von Kennzahlenwerten eingesetzt werden. Die durch die Wirkung von Maßnahmen erreichten Zustände oder bewirkten Veränderungen lassen sich mithilfe von Kennzahlen oft plausibel erklären. Kennzahlen sind somit die messbare Zusammenfassung von Zahlen zu Daten zu einer aussagefähigen Größe. Diese Informationen mithilfe von Kennzahlen werden durch Bildung von sinnvollen Zusammenhängen zwischen Zielen und Maßnahmen zur Unterstützung von Entscheidungen eingesetzt. Somit schaffen Zahlen Daten und diese wiederum Fakten, ob die durchgeführten Maßnahmen faktisch zum angestrebten Ziel geführt haben.

Eine wesentliche Aufgabe des Einkaufscontrollings ist es, gemeinsam mit dem Einkaufsmanagement die strategischen Zielsetzungen des Einkaufs in messbare Größen, d.h. zu Kennzahlen zu transformieren und mit konkreten Vorgaben zu hinterlegen. Auf der Basis von Kennzahlen ist das Unternehmen bzw. der Einkauf dann in der Lage, konkret terminierte Ziele mit den jeweils verantwortlichen Mitarbeitern in einem Zielvereinbarungsprozess abzuschließen. Eine fachübergreifende Zusammenarbeit lässt sich so leichter bewerkstelligen. Mit welchen Maßnahmen diese Ziele zu erreichen sind, liegt dann im Ermessen der mit dem Ziel beauftragten verantwortlichen Personen. Hier kann das Einkaufscontrolling dabei unterstützen, geeignete, rationale Maßnahmen auszuwählen, um die vorgegebenen Ziele zu erreichen.

Damit Kennzahlen das Management bei der Analyse der Unternehmenssituation, bei der Vorbereitung, Verabschiedung und Durchsetzung von Entscheidungen und bei der Führung von Mitarbeitern unterstützen können, weisen sie folgende Eigenschaften auf:

- Kennzahlen verdichten Informationen und leisten so einen Beitrag zur Komplexitätsreduktion, indem sie einen Überblick über die Gesamtsituation schaffen.
- Kennzahlen nehmen quantitativen Bezug auf Kosten- und Erlöstreiber, strategische Erfolgsfaktoren und auf Grundlagen zur Existenzsicherung im Unternehmen wie beispielsweise die Veränderung der Liquidität oder sonstiger Risiken.
- Kennzahlen unterstützen die Zielsetzung sowie die Kontrolle der Zielerreichung und stellen damit eine Basis zur Steuerung von Personen im Unternehmen dar.
- Kennzahlen versachlichen Diskussionen im Unternehmen, wenn die erreichten Kennzahlenwerte an die Durchführung von Maßnahmen gekoppelt werden.

Damit die gewünschte Wirkung der Eigenschaften von Kennzahlen zur Entfaltung kommen kann, müssen Kennzahlen folgende Anforderungen erfüllen:

- Kennzahlen sollten möglichst genau sein, um auch kleinere Abweichungen aufzuzeigen.
- Kennzahlen müssen einheitlich verstanden und interpretiert werden. Dies setzt eine einheitliche und im Unternehmen kommunizierte Definition der verwendeten Kennzahlen voraus und hängt nicht zuletzt von der vorhandenen Datenbasis ab.
- Kennzahlen sollten mit einem vertretbaren, wirtschaftlichen Aufwand ermittelt werden, wobei die Gefahr zunimmt, dass die Ermittlung von Kennzahlen isoliert betrachtet wird und der Blick für das Ganze verloren geht.

Qualifizierte, geeignete Kennzahlen decken bei der Führung eines Unternehmens bzw. eines Bereichs unterschiedliche Funktionen ab:

- Kennzahlen messen Zielsetzungen wie z.B. Return-on-Investment, Lieferperformance, Umsatzwachstum, Bearbeitungszeiten, Veränderungen von Materialpreisen (Auswertungsfunktion).
- Kennzahlen unterstützen die Planung und Vorgabe von ambitionierten, realistischen Zielen im Sinne der SMART-Kriterien (Vorgabefunktion).
- Kennzahlen veranschaulichen Abweichungen, Auffälligkeiten und Veränderungen von Rahmendaten wie z.B. börsennotierte Rohstoffkosten, Lohnkosten oder Preisdaten und können zu neuen Maßnahmen anregen (Anregungsfunktion).
- Kennzahlen zeigen Soll-Ist-Abweichungen auf und tragen verstärkt zur Kontrolle der Zielerreichung bei (Kontrollfunktion).

Um diese Funktionen zu erfüllen, sind vor allem Kennzahlen geeignet, die weniger absolute als vielmehr relative Größen in den Vordergrund stellen. So lassen sich Zusammenhänge leichter und vor allem frühzeitiger erkennen. Zudem eignen sich Kennzahlen dazu, qualifizierte Vergleichsmaßstäbe zu entwickeln, die eine sinnvolle Zielvorgabe ermöglichen.

Die effiziente Arbeit mit Kennzahlen beschränkt sich in aller Regel auf wenige statistische Grundformen, wie sich die im Unternehmen vorhandenen Zahlenwerte mathematisch verknüpfen lassen. Der Umgang mit diesen Grundformen und deren Kombination machen aus den im Unternehmen vorhandenen Daten Kennzahlen. In einen sinnvollen Zusammenhang gebracht, lässt dies ein Kennzahlensystem entstehen. In den technischen Bereichen gibt es hierzu viele, standardisierte Messinstrumente zum Erkennen von Zuständen oder Veränderungen. Im kaufmännischen Bereich sind es letztlich Kennzahlen, welche die Messinstrumente des Kaufmanns darstellen. Welche statistischen Grundformen zur Bildung von Kennzahlen verwendet werden können, zeigt die folgende Übersicht (vgl. Abbildung 2.8).

Abbildung 2.8 Beispiel zur Gliederung einer Warengruppenstruktur

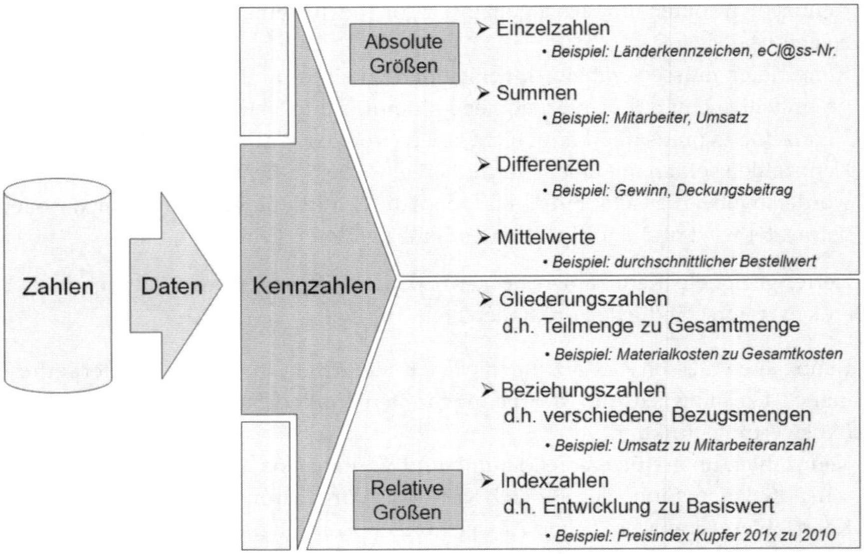

Die Vielfalt möglicher Kennzahlen lässt sich auf Basis ihrer jeweiligen statistischen Grundform einteilen in absolute und relative Größen. Beispiele für absolute Größen als Kennzahlen sind: Einzelwerte, Summen, Differenzen oder Mittelwerte. Absolute Zahlen werden auch als Kennzahlen im weiteren Sinne bezeichnet. Sie stellen überwiegend quantitative Informationen dar, mit denen sich Größenordnungen abbilden lassen, die für spezifische Bedürfnisse der Planung, Analyse und Steuerung im Einkauf von Bedeutung sind. So kann im Einzelfall eine absolute Größe, wie z.B. die Einzelzahl in Form eines Länderkennzeichens bezüglich eines Lieferanten dazu verwendet werden, eine Kennzahl zu bilden, um eine Aussage über den Grad der Internationalität der Lieferantenstruktur zu ermöglichen oder die mathematische Größe Differenz benutzt werden, um die Wirtschaftlichkeit eines Unternehmens – den Gewinn – auszudrücken.

Absolute Größen sind Kennzahlen, die in einem Kennzahlensystem nur ergänzend oder in Kombination mit anderen Kennzahlen eingesetzt werden. Sie können durch ein fehlendes Verhältnis zu einer anderen Größe oder eine isolierte Betrachtung leicht einen falschen Eindruck vermitteln. So hat die Summen-Kennzahl „Umsatz" für sich alleine betrachtet nur eine geringe Aussagekraft über ein Unternehmen. Diese Kennzahl in Kombination mit der Summen-Kennzahl „Mitarbeiter" erlaubt jedoch erste Rückschlüsse auf die Produktivität eines Unternehmens wie z.B.: „Ein Mitarbeiter ist rein rechnerisch verantwortlich für einen Umsatz von X Euro". Erst der Vergleich mehrerer Unternehmen hinsichtlich der so abgeleiteten Größe „Produktivität" ermöglicht zumindest eine erste rein quantitative Bewertung der betrachteten Unternehmen.

Die in der Praxis im Controlling üblicherweise verwendeten Kennzahlen im engeren Sinne sind überwiegend relative Größen, die Verhältnisse bzw. Größenordnungen in einem Kennzahlenwert abbilden. Diese Kennzahlen sind zur gezielten Steuerung von Maßnahmen in besserer Weise geeignet, weil sie in konzentrierter Form über zahlenmäßig erfassbare Sachverhalte im Einkauf berichten. Von Gliederungszahlen wird gesprochen, wenn eine Teilmenge zu einer Gesamtmenge prozentual in Beziehung gesetzt wird. So stellt beispielsweise die Relation, d.h. der Anteil der Materialkosten in Bezug auf die Gesamtkosten, die Bedeutung des Einkaufs für den wirtschaftlichen Erfolg oder die Abhängigkeit des Unternehmens gegenüber beschaffungsmarktseitigen Kostenänderungen in einer Kennzahl dar.

Beziehungszahlen sind Kennzahlen, bei denen sachlich unterschiedliche Daten in einen sinnvollen Zusammenhang gebracht werden und ein Verhältnis in Form einer quantitativen Relation zueinander beschreiben. Hier liegt aus Sicht eines Controllings der eigentliche Schwerpunkt zur Bildung von Kennzahlen. Das genannte Beispiel zur Produktivität ist insofern als Beziehungszahl einzuordnen, die durch Kombination zweier absoluter Größen gebildet wird.

Indexzahlen werden gebildet, indem gleichartige, aber temporär unterschiedliche Größen zu einer als Basis definierten Größe in Beziehung gesetzt werden. Diese Kennzahlen ermöglichen Zeitreihenvergleiche sowie die Analyse von Entwicklungen wie beispielsweise einer Preisentwicklung. Im Zuge einer Datenextrapolation werden diese Kennzahlen auch zum Zweck der Prognose eingesetzt.

2.5.3 Entwicklung von Kennzahlensystemen

Die Zusammenstellung mehrerer in Bezug zueinander stehender Kennzahlen findet im Rahmen eines sogenannten Kennzahlensystems statt. Vergleichsweise einem Armaturenbrett in einem Fahrzeugcockpit werden dem Management damit in übersichtlicher Weise innerhalb sinnvoller Berichtszeiträume die wichtigsten controlling-relevanten Daten in Form von Kennzahlen bereitgestellt. Eine Grundlage zur Ermittlung von Kennzahlen im Unternehmen bilden sowohl die Informationssysteme des internen beziehungsweise des externen Rechnungswesens (Bilanz, GuV) als auch die Informationen aus der kurzfristigen Erfolgsrechnung (Kosten- und Erlösrechnung). Der Einsatz eines Kennzahlensystems schafft im Einkauf die Voraussetzung für eine ganzheitliche Steuerung einkaufsspezifischer Maßnahmen und lässt die Auswirkung einseitig wirkender Maßnahmen auf andere Größen leichter erkennen. Aus Unternehmenssicht verschafft ein geeignetes Kennzahlensystem dem Einkauf eine schnelle Rückkopplung, ob durch die Wahrnehmung der Einkaufsziele die angestrebten Unternehmensziele erreicht werden.

Früher waren Kennzahlensysteme traditionell so aufgebaut, dass sie dem Management in erster Linie Informationen zur finanziellen Leistung des Unternehmens boten. Diese Ausrichtung beinhaltet jedoch die Gefahr, dass der unternehmerische Erfolg ausschließlich anhand finanzwirtschaftlicher Größen gemessen wird. Diese Sichtweise manifestierte sich umso deutlicher an der „Ur-Mutter aller betriebswirtschaftlichen Kennzahlensysteme“, dem „DuPont-System of Financial Control". Dieses wurde 1919 von dem amerikanischen Unternehmen I.E. DuPont de Nemours & Co. ausgearbeitet und wird heute unter dem Begriff des Return-on-Investment (ROI) in vielen Unternehmen zur Bildung eines Kennzahlensystems und zur Steuerung des Unternehmenserfolgs eingesetzt. (Heigl 1989, S. 142).

Bei diesem kostenorientierten Ansatz bleibt der Ergebnisbeitrag des Einkaufs zum Unternehmenserfolg einzig und allein auf das Kostenziel – der Reduzierung von Material- und Kapitalbindungskosten – beschränkt. Wie die Darstellung eines Kostentreiberbaums zu diesem Ansatz zeigt, liegen die Stellhebel des Einkaufs zum Beitrag zum Unternehmenserfolg in der Reduzierung der Materialkosten, der Handhabung von Vorräten oder liquiden Mitteln sowie der Verringerung des Anlagevermögens durch kostensenkende oder -vermeidende Maßnahmen beim Kauf von Sachanlagen (vgl. Abbildung 2.9).

Abbildung 2.9 Return on Investment: Kostentreiberbaum

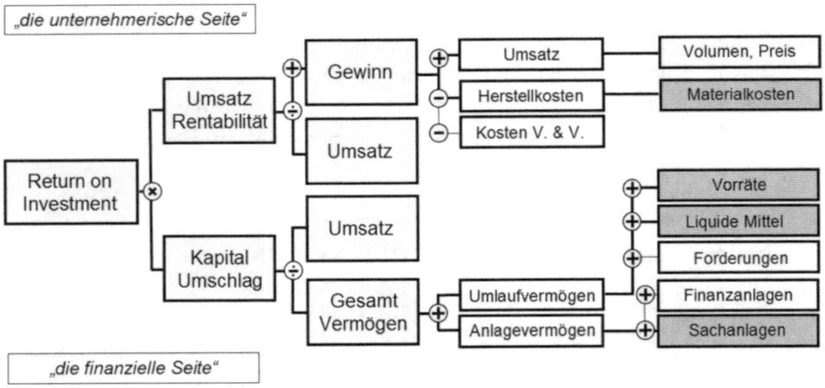

Seit Mitte der 80er Jahre haben sich nicht zuletzt durch die Entwicklung des sogenannten Shareholder-Value-Ansatzes, Bewertungsmaßstäbe in vielen Unternehmen durchgesetzt, die den unternehmerischen Erfolg in erster Linie in der Steigerung des Unternehmenswertes sehen. Im Mittelpunkt der Betrachtung steht dabei die Frage, wie und durch welche Aktivitäten der Unternehmenswert aus Investorensicht nachhaltig gesteigert werden kann. Unternehmenswert wird dabei als Gegenwartswert aller zukünftigen Netto-Einzahlungen verstanden. Dies beinhaltet, dass alle Aktivitäten im Unternehmen hinsichtlich ihrer zukünftigen Cash-Wirkung, dem Zu- und Abfluss finanzieller Mittel, zu beurteilen sind. Diese Sichtweise geht über die einer rein kostenorientierten Betrachtungsweise weit hinaus. Sie umfasst zudem auch diejenigen Aktivitäten, die aus einer wertorientierten Sicht zu einer Steigerung zukünftiger Zuflüsse, wie beispielsweise das Erzielen höhere Verkaufserlöse oder zu einer Verringerung zukünftiger Abflüsse finanzieller Mittel im Unternehmen führen. Dies können beispielsweise geringere Zinskosten aufgrund geringerer, geschäftlicher Risiken sein. Ein rein kostenorientiertes Kennzahlensystem, wie das des ROI, ist demnach ungeeignet, eine Steigerung des Unternehmenswertes herbeizuführen und blockiert darüber hinaus die Wahrnehmung des Einkaufs als Werttreiber im Unternehmen.

Ein Kennzahlensystem, das den Einkauf als Werttreiber im Unternehmen begreift, muss sich auf sogenannte strategische Erfolgsfaktoren fokussieren. Entscheidend sind demnach Kennzahlen, die den Wertbeitrag des Einkaufs sowohl auf der Kunden- und der Prozessebene genauso berücksichtigen wie der Wertbeitrag auf der Potenzial- und der Lieferantenebene. Insofern leistet hier der Einsatz einer Balanced Scorecard zur Bildung von Kennzahlen wertvolle Hilfestellung bei der Konzeption eines Kennzahlensystems, welches die einkaufsrelevanten Wertetreiber besser berücksichtigt.

Aus diesen Überlegungen hat sich in der betrieblichen Praxis inzwischen das Konzept des Economic Value Added (EVA) als Kennzahlensystem etabliert. Es handelt sich dabei um ein aus dem Shareholder-Value-Ansatz abgeleitetes Verfahren, das sowohl Kosten- als auch Werttreiber zur Steigerung des Unternehmenswertes identifiziert, wie dies am Werttreiberbaum dieses Ansatzes veranschaulicht wird (vgl. Abbildung 2.10).

Abbildung 2.10 Economic Value Added: Werttreiberbaum

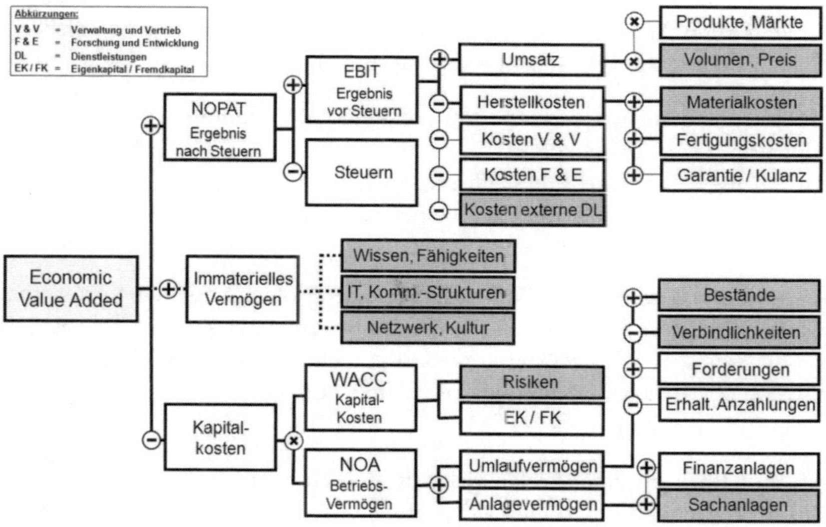

Der EVA stellt als absolute Nettogröße ein sogenannter Überschuss-Gewinn dar. Dieser ergibt sich nach Abzug der Kapitalkosten für das eingesetzte Kapital und bedeutet auf Basis der sog. „Capital Charge Formel", dass eine Investition für einen Investor erst dann interessant wird, wenn die erzielten Einnahmeüberschüsse größer sind als die für eine Investition in Ansatz zu bringenden Kapitalkosten. Berechnet wird der EVA wie folgt:

- „Capital-Charge-Formel": $EVA = NOPAT - WACC \times NOA$

Nach der sog. „Value-Spread-Formel“ schafft eine Investition Wert, sobald die Investitionsrendite (ROCE) die Kapitalkosten (WACC) übersteigen.

- „Value-Spread-Formel“: EVA = (ROCE – WACC) x NOA

Vorteilhaft an der Value-Spread-Formel ist hier der besser sichtbare Zusammenhang zwischen Investitionsrendite, Kapitalkosten und Wertsteigerung. Und dies versteckt sich hinter den Abkürzungen:

- NOPAT = Net Operating Profit After Taxes (operativer Gewinn nach Steuern)
- WACC = Weighted Average Cost of Capital (gewichteter Mittelwert von Fremd- und Eigenkapitalkosten)
- NOA = Net Operating Assets (betriebsnotwendige Kapital)
- ROCE = NOPAT/NOA = Return on Capital Employed

Der NOA setzt sich dabei aus dem betriebsnotwendigen Anlagevermögen und dem betriebsnotwendigen Umlaufvermögen (Working Capital) zusammen. Aufgabe des Controllings ist es, mithilfe geeigneter Kennzahlen den Nachweis zu erbringen, dass diese Vermögensformen betriebsnotwendig, also rational sind. Für den Einkauf stellt sich die Frage, welche zukünftigen Aktivitäten den Wertbeitrag nachhaltig steigern bzw. wie sich diese Maßnahmen auf das Betriebsergebnis (NOPAT), das betriebsnotwendige Kapital (NOA) und die Kapitalkosten (WACC) insgesamt auswirken. Dabei liegen die wesentlichen Stellhebel zur Beeinflussung des EVA aus der Sicht des Einkaufs in der:

- Verbesserung der Umsatzerlöse durch Steigerung der Marge
- Reduzierung der Herstellkosten
- Reduzierung des Anlage- und Umlaufvermögens
- Reduzierung der Kapitalkosten durch entsprechendes Risikomanagement
- Verbesserung des immateriellen Vermögens

Nicht unwesentlich ist hierbei die Einflussnahme des Einkaufs auf die Kosten für Forschung & Entwicklung und die Kosten für die Inanspruchnahme externer Dienstleistungen. Durch den Einsatz von Dienstleistern und die Optimierung der Prozesskosten im Einkauf werden zusätzliche Gestaltungsspielräume zur Verbesserung des Ergebnisses nach Steuern (EBIT) geschaffen.

Diese Sichtweise führt zu einer Zielausrichtung des Einkaufs, in der nicht mehr allein Kostenreduzierung anhand finanzieller Kennzahlen im Vordergrund steht. Vielmehr müssen dem Einkaufsmanagement Orientierungsgrößen zur Leistungssteigerung in Form zusätzlicher nicht-finanzieller Kennzahlen bereitgestellt werden.

In Abgrenzung zur traditionellen Sichtweise werden diese Kennzahlensysteme auch als Performance-Measurement-Systeme bezeichnet, um den leistungsorientierten Charakter dieser Systeme herauszustellen. Diese erlauben eine konsequente Ausrichtung auf die komplette Bandbreite der strategischen Ziele und ermöglichen damit dem Management systematische Anregungen für Prozessverbesserungen.

Moderne, leistungsorientierte Performance-Measurement-Systeme sollten daher aus einer ausgewogenen Mischung aus Ergebniskennzahlen und Wertetreibern bestehen. Ergebniskennzahlen wie beispielsweise Umsatz, Deckungsbeitrag lassen ohne Wertetreiber keine Rückschlüsse zu, wie die Ergebnisse erreicht wurden. Umgekehrt ermöglichen Wertetreiber wie beispielsweise Liefertreue, Reklamationsquote ohne Ergebniskennzahlen zwar das Erzielen von Verbesserungen. Sie lassen jedoch nicht unbedingt erkennen, ob diese Verbesserungen zu einem besseren Gesamtergebnis geführt haben. Die komplexe Einkaufsergebnismessung mithilfe von Ergebniskennzahlen wird im Rahmen dieses Buches nicht thematisiert, da hierüber vor allem im Rahmen eines Gesamtcontrolling zu entscheiden ist. Die zu den jeweiligen Handlungsfeldern vorgestellten Kennzahlen sind daher primär den Wertetreiber-Kennzahlen zuzuordnen.

Die Frage, welche Warengruppen vom Einkauf wie und in welcher Weise auf geeignete Einkaufsziele hin gesteuert – im Sinne von gemanagt – werden können, kann nur auf Basis einer entsprechenden strategischen Analyse beantwortet werden. Diese steht im Mittelpunkt des nächsten Kapitels.

3 Strategische Analysen zur Steuerung von Warengruppen

Wie im vorherigen Abschnitt beschrieben, bildet der Einkauf zweckmäßigerweise beschaffungsmarktorientierte Warengruppen, die eine differenzierte Wahrnehmung der Einkaufsziele gestatten und so ihren Beitrag zur Umsetzung der Unternehmensziele ermöglichen. Für diese Warengruppen sind anschließend vom Einkauf passende Vorgehensweisen, d.h. Strategien, zu entwickeln und einkaufsspezifische Maßnahmen festzulegen, die ihm aufgrund der vorhandenen Handlungsmöglichkeiten zur Verfügung stehen. Unter Handlungsmöglichkeiten ist hier die vorhandene Ausstattung des Einkaufs mit den dazu benötigten Ressourcen zu verstehen. So wird die Durchsetzbarkeit geeigneter Maßnahmen maßgeblich davon beeinflusst, mit welchen Sachmitteln, Fähigkeiten, Organisationsprozessen und Informationen der Einkauf im Unternehmen ausgestattet ist.

Hinzu kommt, dass die Lieferanten ebenfalls über eigene Strategien und Handlungsmöglichkeiten verfügen. Diese müssen vom Einkauf bei der Erarbeitung der Strategien und der Auswahl der passenden Maßnahmen mit berücksichtigt werden. Ebenso ist zu beachten, dass sich eine vorhandene Ausgangssituation aufgrund unternehmensinterner oder -externer Veränderungen im Zeitablauf verschiebt und die Anpassung einer einmal verabschiedeten Strategie notwendig werden lässt.

Zur Entwicklung geeigneter Strategien ist es für den Einkauf von immenser Bedeutung, seine Ausgangsbasis – die IST-Situation – in den einzelnen Warengruppen zu erfassen. Dies schafft die Grundlage zur Analyse der aktuellen Versorgungssituation und zur Herstellung entsprechender Transparenz im Unternehmen. So werden die in Angriff genommenen Einkaufsstrategien für die davon betroffenen Fachbereiche leichter nachvollziehbar, vor allem wenn diese in die getroffenen Entscheidungen und abgeleiteten Maßnahmen mit eingebunden werden. Vielfach ist der Einkauf bei der Umsetzung einkaufsspezifischer Maßnahmen außerdem auf die Unterstützung und Bereitstellung ausreichender Kapazitäten anderer Fachbereiche angewiesen. Hier schafft Transparenz das notwendige Verständnis.

Zur grundlegenden Erfassung der IST-Situation werden vom Einkauf Daten zusammen getragen, welche die Versorgungssituation des Unternehmens im Gesamten beziehungsweise in den einzelnen Warengruppen widerspiegeln. Diese Daten werden im Rahmen strategischer Analysen verwendet, um eine zukünftig zu erreichende SOLL-Situation und entsprechende Vorgehensweisen zu entwickeln. So stellen sich hier beispielsweise folgende Fragen: Welche Daten und Informationen werden im Einkauf benötigt und wie lassen sich diese Daten geeignet ermitteln? Welche Informationsquellen stehen dem Einkauf zur Verfügung und wie lassen sich die benötigten Informationen effizient zusammentragen? Welche Analysemethoden können für welche strategischen Fragestellungen verwendet werden und welche grundsätzlichen Maßnahmen kommen im Rahmen einer Strategie sinnvollerweise zur Anwendung?

3.1 Daten und Informationsquellen zur Durchführung strategischer Analysen

3.1.1 Daten zur Erstellung von Warengruppendossiers

Zur Durchführung strategischer Analysen sind im Einkauf unterschiedliche Daten und Informationen zu ermitteln. Diese werden zu sogenannten Warengruppendossiers zusammengefasst. Mit diesen Dossiers werden die Unternehmensleitung sowie die Fachbereiche auf Basis der einzelnen Warengruppen für die Versorgungssituation des Unternehmens sensibilisiert und vom Einkauf über mögliche neue Chancen und Risiken informiert. Der Umfang der Dossiers hängt davon ab, welche Bedeutung die einzelne Warengruppe für die Versorgungssituation des Unternehmens oder auch für die Entwicklung möglicher Wettbewerbsvorteile besitzt. Grundsätzlich sollten für sämtliche Warengruppen durch den Einkauf folgende Daten zusammengetragen und kommuniziert werden:

- Einkaufsvolumen

  Zur Ermittlung des Einkaufsvolumens sind alle eingekauften, artikelspezifischen Bedarfsmengen einer Warengruppe mit den dafür gezahlten durchschnittlichen Einkaufspreisen zu bewerten. Dabei sollte das Einkaufsvolumen einer Warengruppe auf Basis der letzten 12 Monate ermittelt und zweckmäßigerweise in Anlehnung an das vom Unternehmen gewählte Geschäftsjahr gebildet werden (Betrachtungszeitraum). Alternativ dazu können zur Ermittlung des Einkaufsvolumens sämtliche Lieferantenumsätze einer Warengruppe in diesem Zeitraum zu einer Gesamtsumme addiert werden. Hierbei besteht jedoch die Gefahr, dass Lieferanten gleichzeitig mehreren Warengruppen angehören und daher die Zuordnung erschwert wird. Zumindest bei den Warengruppen mit den höchsten Einkaufsvolumina – in aller Regel die der Produktionsmaterialien – sollte zudem eine Abschätzung des zukünftig erwarteten Einkaufsvolumens erfolgen. Dies geschieht auf Basis des im nächsten Betrachtungszeitraum erwarteten bzw. prognostizierten Bedarfsmengenvolumens und einer möglichst realistischen Preisprognose für diesen Zeitraum.

  Die Ermittlung des zukünftigen Einkaufsvolumens ist bei einer Serien- oder Lagerfertigung im Rahmen der Nettobedarfsrechnung auf der Grundlage eines prognostiziertem Absatzvolumens und vorhandener Stücklisten oder Rezepturen relativ leicht zu bewerkstelligen. Dagegen stellt die Ermittlung des zukünftigen Einkaufsvolumens in einem projektgeschäftlichen Umfeld eine größere Hürde dar. Hier ist es für den Einkauf notwendig, die Umsatzerwartungen des Vertriebs genauer zu kennen, um anhand dessen eine Abschätzung über das mit hoher Wahrscheinlichkeit entstehende Einkaufsvolumens vornehmen zu können. Eine vergangenheitsorientierte Ermittlung ist mit Ausnahme rein verbrauchsgesteuerter Materialien nicht zu empfehlen. In Ermangelung aktueller oder zukünftiger Bedarfsmengen kann im Projektgeschäft beispielsweise die Bildung eines gewichteten Durchschnittswerts, welcher die Bedarfsmengen der letzten drei Jahre anteilig oder gewichtet umfasst, ersatzweise zur Ermittlung des Einkaufsvolumens eingesetzt werden, um grundsätzliche, strategische Analysen im Einkauf überhaupt zu ermöglichen. Jedoch sind realistischen Bedarfsprognosen auf der Basis erwarteter Projektaufträge in jedem Fall zu bevorzugen.

Diese Informationen sind von zentraler Bedeutung für eine Vielzahl strategischer Analysen im Einkauf, beispielsweise für die Einschätzung von Kostenreduzierungsvorhaben, die Entwicklung von Lagerhaltungsstrategien oder die Ermittlung der relativen Nachfragemacht.

- Bestellmengen- und -wertentwicklung bzw. Bestellhäufigkeit

Als nächste Größen zur Charakterisierung einer Warengruppe sind die Bestellmengen- und -wertentwicklung sowie die Bestellhäufigkeit von Interesse. Berechnet wird die durchschnittliche Bestellmenge durch Division der Gesamtmenge eines jeweiligen Beschaffungsobjekts mit den dazu getätigten Bestellungen oder besser gesagt den Bestellpositionen innerhalb des Betrachtungszeitraums. Analog lässt sich der durchschnittliche Bestellwert eines Beschaffungsobjekts berechnen. Dies geschieht auf Basis des beschaffungsobjektspezifischen Einkaufsvolumens in Relation zur Anzahl der Bestellpositionen innerhalb des Betrachtungszeitraums. Die durchschnittliche Bestellhäufigkeit wird ermittelt, indem insgesamt die Anzahl der Bestellpositionen durch die Anzahl der in einer Warengruppe geführten Beschaffungsobjekte dividiert wird. Die Anzahl der Bestellpositionen pro Einzelartikel zeigt die Bestellhäufigkeit auf Materialebene auf.

Durch den Vergleich dieser Werte zum Vorjahr (Bezugszeitraum) kann der Einkauf Verbesserungspotenziale bei der Optimierung vorhandener Bestellabwicklungsprozesse bzw. Chancen zur Bündelung von Mengenvolumina erkennen. Die Entwicklung der durchschnittlichen Bestellmengen und -werte innerhalb einer Warengruppe über einen Mehrjahres-Zeitraum gehören ebenfalls zu einer grundlegenden Warengruppenanalyse im Einkauf. Diese Daten sind im Rahmen moderner ERP-Systeme, wie z.B. SAP zum Auswertungsstandard und lassen sich mit relativ geringem Aufwand leicht ermitteln. Ist eine beschaffungsobjektspezifische Ermittlung der Bestellmengenentwicklung zu aufwändig, sollte die Analyse pragmatischer auf der Basis einer Konzentration auf die bestellintensivsten Warengruppen erfolgen. Im Ausnahmefall kann die Bestellwertermittlung auch durch Division des gesamten, warengruppenspezifischen Einkaufsvolumens durch die Anzahl der Bestellungen einer Warengruppe berechnet werden. Diese Art der Berechnung ist zur Ableitung beschaffungsobjektspezifischer Einkaufsstrategien ungeeignet, jedoch bietet sich diese Vorgehensweise in erster Linie an, um die Fachbereiche im Unternehmen für Prozessveränderungen zu sensibilisieren.

- Relative Bedeutung der Warengruppe

In engem Zusammenhang mit der Ermittlung des Einkaufs- und Bestellvolumens steht die Ermittlung der relativen Bedeutung beziehungsweise der wert- und mengenmäßigen Größenordnung der Warengruppen untereinander. Der Anteil des warengruppenspezifischen Einkaufsvolumens am gesamten Einkaufsvolumen des Unternehmens zeigt auf, inwieweit sich für diese Warengruppe kostenreduzierende Einkaufsstrategien aufgrund einer dementsprechenden Hebelwirkung anbieten. Der Anteil der warengruppenspezifischen Bestellungen bzw. der Bestellpositionen in Relation zur Gesamtzahl aller Bestellungen im Unternehmen zeigt auf, welche Warengruppen Verbesserungspotenziale zur Reduzierung des operativen Bestellprozessaufwands aufweisen.

Die Größenordnung der Warengruppe lässt sich üblicherweise mithilfe der ABC-Analyse klassifizieren. Diese wird später im Rahmen dieses Kapitels näher erläutert.

- Verbrauchsstruktur

  Im engen Zusammenhang mit der Ermittlung der vorhin genannten Bestellmengenentwicklung steht die Analyse der warengruppenspezifischen Verbrauchsstruktur. So werden hier die monatlichen, wöchentlichen oder gegebenenfalls täglichen Bedarfsmengen und deren Schwankungen ausgewertet und gegenüber einem durchschnittlichen Mittelwert verglichen. Lassen sich charakteristische Verläufe wie beispielsweise saisonale Verbrauchsschwankungen feststellen oder ist der Verbrauch eines Bedarfs innerhalb des Betrachtungszeitraums relativ konstant verlaufen? Vor allem bei wertintensiven Warengruppen sind Prognosen der Verbrauchsstruktur wichtig für die Auswahl geeigneter Dispositionsverfahren beziehungsweise für die Finanzplanung im Unternehmen.

  Die gewonnenen Informationen unterstützen den Einkauf bei der Auswahl geeigneter Lager- und Anlieferstrategien, der mittelfristigen Bedarfsplanung sowie der Abstimmung voraussichtlich benötigter Kapazitäten mit Lieferanten. Die jeweilige Verbrauchsstruktur innerhalb einer Warengruppe lässt sich mithilfe der noch zu erläuternden XYZ-Analyse charakterisieren und sich so zur Ableitung von Bevorratungsstrategien verwenden.

- Preisentwicklung

  Die durchschnittliche Preisentwicklung der Warengruppe innerhalb des Betrachtungszeitraums (IST-Jahr) im Vergleich zum Bezugszeitraum (Vorjahr) gibt Aufschluss über die Notwendigkeit zur Durchführung geeigneter Kostenreduzierungsvorhaben. Zudem lässt sie die Dringlichkeit infrage kommender Risikoabsicherungsmaßnahmen leichter erkennen. Durch die Einschätzung der zukünftig erwarteten Preisentwicklung kann der zur Sensibilisierung der internen Fachbereiche notwendige „Leidensdruck" für ein bereichsübergreifendes Kostenbewusstsein und zu einem besseren, fachübergreifenden Handeln beitragen.

  Mathematisch lässt sich die Preisentwicklung der Warengruppe durch Hochrechnung (Extrapolation) des aktuellen Einkaufsvolumens multipliziert mit der vom Einkauf eingeschätzten, prozentualen Preisentwicklungsrate berechnen. Aufgrund der oft vorhandenen Vielzahl von unterschiedlichen Beschaffungsobjekten innerhalb einer Warengruppe, bietet sich hier aus pragmatischer Sicht eine Konzentration auf die umsatzstärksten Artikel an. Der Vergleich der eigenen, warengruppenspezifischen Preisentwicklung mit einer marktbasierten Preisentwicklung im Betrachtungszeitraum ist zudem ein guter Indikator für die Leistungsfähigkeit des Einkaufs im Unternehmen und sollte mit in die Darstellung der Ausgangssituation eingehen.

- Lagerbestandssituation

  Werden Beschaffungsobjekte vom Einkauf auf ein Lager hin bezogen, sind die Analyse der Lagerbestandsentwicklung sowie der Vergleich mit der Verbrauchsstruktur beziehungsweise der Bestellmengenentwicklung von großem Interesse.

  Diese Daten lassen sich mit Unterstützung des Controllings relativ leicht ermitteln. Sie sind aber im Gegensatz zu Daten, welche die Lagerbestandsentwicklung mit einer sogenannten Lagerreichweite beschreiben, weit weniger aussagekräftig. Die Lagerreichweite bringt zum Ausdruck, für wie viele Tage ein vorhandener Lagerbestand ausreicht, um bei einem durchschnittlichen Lagerabgang den durchschnittlich aufkommenden, mengenmäßigen Bedarf abzudecken. Durch die Lagerreichweite lässt sich die durchschnittliche Lagerbestandsentwicklung einer Warengruppe weitaus besser beurteilen, da sie die unternehmensspezifische Bedarfsentwicklung mit berücksichtigt. Demnach können auch hohe absolute Lagerbestandswerte unter Umständen gerechtfertigt sein, wenn deren Reichweite recht kurz ist.

  Generell bietet die Ermittlung des durchschnittlichen Lagerbestands als anteilige Größe auf der Basis des jeweiligen Einkaufsvolumens eine gute Vergleichsmöglichkeit mit anderen Unternehmen. Viele Organisationen bzw. Verbände veröffentlichen hierzu entsprechende Vergleichsdaten, um eine Beurteilung der Angemessenheit von Lagerbeständen zulassen.

  Die Gegenüberstellung der Lagerbestandssituation mit der Verbrauchsstruktur ist für den Einkauf von hohem Nutzen, da sich hiermit die Notwendigkeit von Maßnahmen zur Sortimentsbereinigung oder der Planung von Lagerkapazitäten aufzeigen lassen.

- Lieferantenanzahl

  Die Ermittlung der Anzahl an Lieferanten und deren Entwicklung innerhalb eines Geschäftsjahres ist eine weitere Basisgröße zur Charakterisierung der Ausgangssituation in einer Warengruppe. Ein zusätzlicher Ausweis des jeweiligen Einkaufsvolumens pro Lieferant kann hier erste Impulse für eine Neuausrichtung der vorhandenen Lieferantenstruktur und zur Bündelung von Bedarfsmengen setzen. Dabei muss jedoch die Spezifität der Beschaffungsobjekte eingehender berücksichtigt werden, um bestehende Abhängigkeitsverhältnisse zu Lieferanten zu erkennen. Diese sind in einer vertiefenden Warengruppenanalyse dann eingehender zu untersuchen.

- Lieferleistung

  Neben der Auswertung der Lieferantenanzahl stellt die qualitative und quantitative Bewertung der Lieferleistung der Lieferanten innerhalb einer Warengruppe einen weiteren wichtigen Aspekt dar. Bei welchen Waren gab es signifikante, qualitative Probleme? Sind diese Probleme auf die Komplexität der Beschaffungsobjekte oder auf die mangelnde Leistungsfähigkeit des Lieferanten zurückzuführen? Gab es im betrachteten Zeitraum zudem quantitative Versorgungsschwierigkeiten aufgrund nicht vollständiger oder verspäteter Lieferungen? Welche Ursachen sind hierfür primär verantwortlich? Üblicherweise liefert hier eine im Unternehmen durchgeführte Lieferantenbewertung die notwendigen Daten. Wie sinnvollerweise die einkäuferische Maßnahme einer Lieferantenbewertung durchgeführt werden kann, wird später im Handlungsfeld „Kreditoren" näher erläutert werden.

Mithilfe dieser Informationen lassen sich Maßnahmen beschleunigen, die auf die Verbesserung der Produktqualität abzielen oder Impulse für qualitätsrelevante Strategien setzen. Außerdem wird hiermit aufgezeigt, welche Lieferanten beispielsweise für eine Intensivierung der Zusammenarbeit zukünftig in Frage kommen und zu welchen Lieferanten gezielt Alternativen aufgebaut werden müssen.

- Teilevielfalt

  Eine weitere wichtige Kerngröße ist die Anzahl unterschiedlicher Beschaffungsobjekte bzw. deren Entwicklung innerhalb einer Warengruppe zum Vorjahr oder über einen längerfristigen Zeitraum. Sie schafft Transparenz über das verwendete Teilespektrum und dessen Entwicklung. Die Analyse der Teilevielfalt sollte sich dabei primär auf die Auswertung des Teilespektrums aktiver Kaufteile konzentrieren. Damit werden in vielen Unternehmen die Materialien bezeichnet, die in einem Jahreszeitraum mindestens einmal bestellt wurden.

  Auf Basis dieser Analyse lassen sich erste Anregungen zur Reduzierung der Teilevielfalt innerhalb einer Warengruppe aufzeigen. Diese Reduzierung lässt sich beispielsweise durch eine Sortimentsbereinigung oder eine Standardisierung vorhandener Materialien umsetzen.

- Rahmenvertragssituation

  Abschließend kann als letzte inhaltliche Größe eines Warengruppendossiers die Rahmenvertragssituation analysiert werden. Sie ist vor allem im Rahmen eines Serienfertigungsumfelds von hohem Interesse. Wird das durch Rahmenverträge in Auftrag gegebene Einkaufsvolumen dem gesamten Einkaufsvolumen dieser Warengruppe gegenübergestellt, so lässt sich und ein prozentualer Abdeckungsgrad für den relevanten Betrachtungszeitraum ermitteln. Hierdurch lassen sich bisher noch ungenutzte Bündelungspotenziale aufzeigen.

  Bei entsprechenden Auswertemöglichkeiten im Rahmen eines Einkaufsinformationssystem lässt sich außerdem eine durchschnittliche, warengruppenspezifische Nutzungsquote für bestehende Rahmenverträge ermitteln. Aufgrund der Gegenüberstellung des geplanten Materialbedarfs in Relation zum tatsächlich benötigten Materialbedarf lässt sich mithilfe dieser Quote eine Aussage zur Qualität der Bedarfsplanung im Unternehmen ableiten. Der so ermittelte Erfüllungsgrad von bestehenden Rahmenvereinbarungen kann im Unternehmen wichtige Impulse zur Verbesserung der zukünftigen Bedarfsplanung setzen.

Für eine vertiefende Analyse einer Warengruppe und eine bessere Zuordnung von Einkaufsstrategien ist die Zusammenstellung dieser Daten allein noch nicht ausreichend. Daher werden im Folgenden weitere, mögliche Inhalte für ein aussagekräftiges Warengruppendossier vorgestellt. Die folgenden Daten sollten bei den Warengruppen ermittelt werden, die eine größere Bedeutung für den Unternehmenserfolg haben und bei denen ein höherer Ermittlungsaufwand auch gerechtfertigt ist. Zu diesen Informationen gehören beispielsweise:

- Relative Nachfragemacht

  Die Analyse der relativen Nachfragemacht gegenüber einem für das Unternehmen wichtigen Lieferanten geschieht mithilfe mehrerer relevanter Informationen. Sie ist in erster Linie für solche Geschäftsbeziehungen empfehlenswert, zu denen es im Unternehmen keine tatsächlich genutzten Alternativen gibt. Dies ist beispielsweise bei einer Single-Sourcing-Situation der Fall. Ein wichtiges Kriterium ist dabei das sogenannte „Reverse" Einkaufsvolumen. Durch die anteilige Gegenüberstellung des mit einem Lieferanten realisierten Einkaufsvolumens und des vom Lieferanten erzielten Gesamtumsatzes lässt sich auf die kaufmännische Bedeutung des eigenen Unternehmens für den Geschäftserfolg des Lieferanten schließen. Ist dieser Anteil recht hoch, würde das Ausbleiben dieses Umsatzes für den Lieferanten zu Problemen führen und gegebenenfalls Kapazitätsanpassungen notwendig machen. Hier sollte aus meiner Sicht das Einkaufsvolumen einen minimalen Anteilswert von 1% des vom Lieferanten erzielten Gesamtumsatzes erreichen. Auch das Wissen um Veränderungen in der Kundenstruktur des Lieferanten – das Aufkommen oder der Wegfall wichtiger Kunden – oder mögliche Veränderungen in der eigenen Bedarfsentwicklung, sind bei der Analyse der relativen Nachfragemacht ebenfalls mit zu berücksichtigen.

  Die Existenz von Nachfragemacht ausschließlich an einem anteiligen, prozentualen Wert festzumachen, wäre jedoch eine recht einseitige Sichtweise. Ein weiteres Kriterium für das Vorhandensein einer relativen Nachfragemacht, ist eine hohe technologische Bedeutung der vom Unternehmen eingekauften Ware für den Geschäftserfolg des Lieferanten. So stellt die hohe technologische Relevanz des Produkts für den Lieferanten möglicherweise eine Chance dar, seine Produkte im Rahmen der Geschäftsbeziehung technologisch weiter zu entwickeln oder gezielt zu verbessern. Dadurch können potenzielle Kunden des Lieferanten von dessen Leistungsfähigkeit und technologischer Kompetenz leichter überzeugt werden. Damit wird die Bedeutung des eigenen Unternehmens zusätzlich gestärkt.

  Ebenso stellt der sogenannte Referenzwert des eigenen Unternehmens für den Lieferanten ein wichtiger Anreiz dar, die Geschäftsbeziehung weiter auszubauen. Welcher Lieferant profitiert nicht davon, wenn ein namhafter Kunde auf der eigenen Referenzliste geführt wird? Hierdurch ist ein zusätzlicher Indikator für eine existierende, relative Nachfragemacht gegeben. Nicht zuletzt ist hier auch die Tatsache von Interesse, ob für das Unternehmen aufgrund eventuell geringer Markteintrittsbarrieren eine Eigenfertigung – „Make statt Buy" – in Frage kommt.

- Technologische Anforderungen und technischer Fortschritt

  Hier geht es um die Frage, ob die technischen Anforderungen für die Beschaffungsobjekte einer Warengruppe als eher gering oder hoch einzustufen sind. Bei hohen technologischen Anforderungen ist zu prüfen, ob eine Ausweitung der Lieferantenanzahl zu befürworten oder als kritisch anzusehen ist. Ebenso ist der technische Fortschritt für diese Beschaffungsobjekte zu analysieren. Bei diesem Kriterium geht es darum, ob im weitesten Sinne von einer statischen oder einer dynamischen Entwicklung auszugehen ist. So wäre es bei einer dynamischen Entwicklung für das Unternehmen zweckmäßig, eigene Beschaffungsmarktforschungsaktivitäten zu intensivieren und eine Konzentration auf den leistungsfähigsten Lieferanten zu forcieren. Die Einschätzung einer zukünftigen statischen Entwicklung des technischen Fortschritts beinhaltet dagegen geringere Risiken. Hier kann die Zusammenarbeit tendenziell auf mehrere Lieferanten ausgeweitet werden.

Die Analyse dieser Kriterien in technologisch bedeutsamen Warengruppen ist hier sehr stark auf die Mitarbeit der technischen Fachbereiche im Unternehmen angewiesen. Dies gilt umso mehr, wenn die von den Lieferanten hergestellten Produkte für das einkaufende Unternehmen einen Wettbewerbsvorsprung bedeuten. Daher ist die Frage, ob der zu erwartete zukünftige Bedarf exklusiv von einem Lieferanten oder auf Dauer von mehreren Lieferanten beschafft werden soll, in einer fachbereichsübergreifenden, gemeinsamen Entscheidung zu beantworten. Darüber hinaus sind im Weiteren folgende Fragen zur Warengruppensteuerung ebenso zu berücksichtigen: Kann das Unternehmen zur Steigerung des Wettbewerbs unter den Lieferanten Anreize schaffen? Wie können solche Anreize aussehen? Gibt es Lieferanten in der Warengruppe, die hohe technologische Anforderungen realisieren, von denen das Unternehmen in starkem Maße profitiert? In welcher Phase des Produktlebenszyklus befindet sich das Beschaffungsobjekt? Und ist ein technologischer Wandel absehbar oder sehr wahrscheinlich?

- Bonität und Wirtschaftlichkeit

  Die Ermittlung der Bonität und der Wirtschaftlichkeit der Lieferanten stellt ein weiterer Schwerpunkt innerhalb der Analyse einer Warengruppe dar. Angemessen ist sie aufgrund des erheblichen Aufwands nur bei den Lieferanten, bei denen hohe Abhängigkeitsverhältnisse vorliegen. Hier reicht das Spektrum geeigneter Maßnahmen vom Einholen einer Bonitätsauskunft mit teilweise geringem Aussagegehalt über eine vom Einkauf durchgeführte Lieferantenbewertung bis hin zu einer fachübergreifend durchgeführten Lieferantenauditierung. Mithilfe dieser Informationen kann der Fokus gezielt auf die Durchführung oder Verbesserung von Maßnahmen gelenkt werden, um vorhandene Risiken in der Wertschöpfungskette weitgehend zu verringern oder gänzlich auszuschließen.

- Kostenstruktur

  Bei der Analyse der Wirtschaftlichkeit kann die kritische Betrachtung der Kostenstruktur einer Warengruppe, einzelner besonders kostenintensiver Beschaffungsobjekte oder der als kritisch einzustufenden Lieferanten sinnvoll sein. Dies ist beispielsweise auch bei einer sich abzeichnenden Preisentwicklung bspw. bei Rohstoffen oder anderen kostenrelevanten Faktoren der Fall. Auf diesen Aspekt wird später im Rahmen der Preisstrukturanalyse näher eingegangen.

Der Einkauf ist dabei im Rahmen seiner Möglichkeiten aufgefordert, den Aufbau alternativer Lieferanten voran zu treiben. Oder in Zusammenarbeit mit den technischen Fachbereichen die vorhandene Kostenstruktur der Beschaffungsobjekte durch Änderung von Spezifikationen gezielt zu verbessern.

- Entgeltsituation

  Schließlich ist noch ein analytisches Augenmerk auf das Zahlungsverhalten in einer Warengruppe zu legen. So ist die Frage zu beantworten, inwieweit vom Unternehmen vorhandene Vereinbarungen zu Skonto oder anderen zahlungsstromrelevanten Entgeltvereinbarungen ausgenutzt wurden. Dies ist umso bedeutsamer, um möglichen Liquiditätsengpässen vorzubeugen. So lässt die Analyse des Zahlungsverhaltens zukünftige Optimierungspotenziale erkennen. Durch Veränderung von Bestellprozessen oder Einrichtung schnellerer Belegflüsse kann im Unternehmen eine verbesserte Nutzung vereinbarter Zahlungsziele erreicht werden. Der lieferantenspezifische Quervergleich bestehender Zahlungsvereinbarungen zeigt Chancen zur Neugestaltung vorteilhafter Zahlungskonditionen auf.

3.1.2 Analysebereiche in der Beschaffungsmarktforschung

Basis der Analyse der warengruppenspezifischen Ausgangssituation oder der Feststellung von Entwicklungstendenzen auf den relevanten Beschaffungsmärkten sind beschaffungsmarktrelevante Daten, die vom Einkauf in regelmäßigen, zeitlichen Abständen zusammengetragen und mit vorhandenen Informationen verglichen werden, so könnte die Beschreibung einer Beschaffungsmarktforschung lauten. Lange Zeit wurde diese Thematik sowohl in der Theorie als auch in der Praxis regelrecht vernachlässigt. Man ging davon aus, dass Lieferanten aus eigenem Verkaufsinteresse heraus Unternehmen über ihre Leistungsfähigkeit informieren würden. Im Rahmen der Marketingaktivitäten eines Lieferanten geschieht dies zumeist auch regelmäßig, insbesondere wenn es um die Darstellung der Vorzüge der eigenen Produkte, der Weiterentwicklung der eigenen Produktqualität und dem damit verbundenen Nutzenzuwachs geht. Die für den Einkauf vielfach interessanteren Informationen werden auf diesem Weg jedoch nur selten zur Verfügung gestellt. Die Veränderung von Kostenstrukturen oder Rohstoffpreisen, das Aufkommen alternativer Lieferanten, der Einsatz kostengünstiger Substitutionsgüter oder die höhere Wirtschaftlichkeit innovativer Technologien müssen zumeist durch intensive, eigene Marktforschungsaktivitäten zusammengetragen werden.

Das Problem dabei: In vielen Unternehmen mangelt es im Einkauf neben dem notwendigen Wissen über geeignete Informationsquellen auch an zeitlichen und finanziellen Ressourcen. Allzu schnell wird dabei häufig unterstellt, dass eine intensive Beschaffungsmarktforschung nur von den großen Unternehmen mit entsprechendem Personal durchgeführt werden kann. In vielen klein- und mittelständischen Unternehmen ist das Ausmaß eigener Beschaffungsmarktforschung nicht selten auf das Auffinden von Lieferanten mithilfe von Lieferantenverzeichnissen sowie der gelegentliche Besuch von Messen beschränkt. Nun darf man sich unter Beschaffungsmarktforschung nicht ein hoch wissenschaftliches Vorgehen oder eine aufwändige Ermittlung von Daten mithilfe komplizierter Berechnungsformeln vorstellen, auch wenn manche Lehrbücher dies gerne so darstellen. Ein pragmatisches, jedoch geplantes und strategisches Vorgehen bei den oft wenigen, wirklich wichtigen Warengruppen und Wertschöpfungsketten trägt dazu bei, aktiv ein möglichst umfassendes Wissen über die relevanten Beschaffungsmärkte zusammenzutragen. Dies ergänzt das passive Wissen, das in erster Linie auf Erfahrungswerten basiert. Dabei sollte der zeitliche Aufwand für die Beschaffungsmarktforschung im Verhältnis mit dem dadurch erzielbaren Nutzen stehen. Dies ist bei fast allen Warengruppen – mit Ausnahme der Betriebsstoffe eines Unternehmens – fast immer gegeben. Je nach individueller Bedeutung einer Warengruppe für den Unternehmenserfolg reicht das Spektrum der in Angriff zu nehmenden Beschaffungsmarktaktivitäten von einer zumeist auf Anforderung von außen reagierenden Marktanalyse, über eine in regelmäßigen Zeitabständen durchgeführten Marktbeobachtung bis hin zu einer vorausdenkenden, auf die Zukunft gerichteten Marktprognose (vgl. Abbildung 3.1).

Abbildung 3.1 Analysebereiche der Beschaffungsmarktforschung

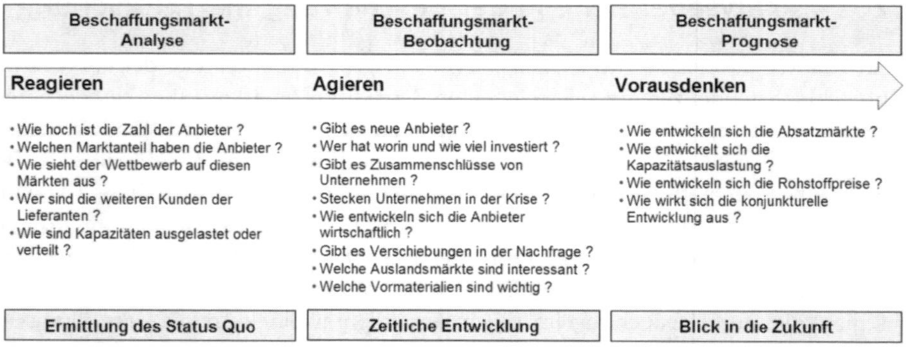

Im Mittelpunkt der Beschaffungsmarktanalyse steht die Ermittlung des Status Quo, der vorzugsweise der Schaffung eines Gesamtbildes dient. Auf äußeren Anlass hin, z.B. aufgrund eines Preiserhöhungsschreibens oder des Entstehens eines aktuellen Bedarfs, kann in weniger bedeutenden Warengruppen der Aufwand der Beschaffungsmarktaktivitäten im Einkauf auf eine reine Marktanalyse beschränkt werden. Hier stellen sich dem Einkäufer beispielsweise folgende Fragen: Wie hoch ist die Zahl möglicher Lieferanten und welche Marktanteile entfallen auf die einzelnen Lieferanten? Wie sieht der Wettbewerb auf diesen Märkten aus? Wer sind wichtige, weitere Kunden eines Lieferanten und welche Lieferanten kommen für eine Angebotsabgabe zusätzlich in Frage? Wie sind die Kapazitäten aktuell ausgelastet oder welche Alternativprodukte sind von Bedeutung? Diese Informationen sind in aller Regel ausreichend, um kurzfristig für einen vorhandenen Bedarf im Unternehmen entsprechende Lieferanten zu finden oder mit Blick auf anstehende Preisverhandlungen, gezielt Alternativangebote einzuholen.

Warengruppen, die für das Erreichen der Unternehmensziele von größerem Interesse sind, sollten im Fokus einer vom Einkauf betriebenen, kontinuierlich agierenden Beschaffungsmarktbeobachtung stehen. Dies beinhaltet nicht nur die Suche nach kostengünstigeren Produktlösungen oder die vergleichsweise leicht zu bewerkstelligende Ermittlung von Preisentwicklungen für marktgängige Rohstoffe. Im Rahmen einer regelmäßig betriebenen Informationsrecherche steht zudem die Suche nach neuen innovativen, technischen Lösungen, das Auffinden von Möglichkeiten zur Optimierung von Prozessabläufen, das Aufspüren geeigneter Substitutionsgüter oder die Analyse drohender Versorgungsengpässe in der Wertschöpfungskette im Mittelpunkt. So stellen sich dem Einkauf im Zuge der Marktbeobachtung Fragen wie z.B.: Gibt es interessante, neue Lieferanten und wer hat worin und wie viel investiert? Gibt es Zusammenschlüsse von Lieferanten oder stecken wichtige Lieferanten in der Wertschöpfungskette in einer Krise? Wie entwickeln sich die Anbieter wirtschaftlich und sind Auslandsmärkte von Interesse? Welche Vormaterialien sind von Bedeutung und gibt es Verschiebung in der Nachfrage, die zu Engpässen führen? Diese Informationen sind für eine zielorientierte Steuerung einer Warengruppe unverzichtbar und machen die Mitwirkung anderer Fachbereiche im Unternehmen erforderlich.

Für Warengruppen, die maßgeblich für das Erreichen der Unternehmensziele verantwortlich sind, werden die im Zuge der Beschaffungsmarktbeobachtung erlangten Informationen zu einer vorausschauenden Marktprognose verdichtet. Hier ist der hohe zeitliche und monetäre Aufwand gerechtfertigt. Das Unternehmen sollte sich dabei unter Federführung des Einkaufs mit der Entwicklung der eigenen Absatzmärkte und dem daraus resultierenden Bedarf auf der Beschaffungsseite gezielt auseinandersetzen.

Dabei spielen Fragen nach der konjunkturellen Entwicklung und der künftigen Auslastung von Kapazitäten auf einzelnen Beschaffungsmärkten eine große Rolle. Aber auch sich anbahnende, technologische Entwicklungen, deren Auswirkungen auf das Angebot und die Nachfrage von wichtigen Rohstoffen müssen geprüft werden. Dabei ist neben der zukünftig zu erwartende Entwicklung der Rohstoffpreise hier vor allem die Entwicklung sogenannter „Worst-Case“ oder „Best-Case“-Szenarien von Interesse. Diese werden inklusive geeigneter Absicherungsmaßnahmen, wie beispielsweise das Hedging von Rohstoffpreisen oder gezielt in Angriff genommene technische Änderungen von Produkten, entworfen. Verstärkt zu berücksichtigen sind dabei sich abzeichnende Entwicklungen hinsichtlich des gesellschaftlichen Interesses, ethische bzw. ökologische Interessen sowie Modetrends im Rahmen der Beschaffungsmarktforschung. Dabei können sich beispielsweise folgende, strategische Fragestellungen auftun: Welche Lieferanten kommen für eine intensivere Zusammenarbeit in Frage und welche Risiken sind zu beachten, um Know-how-Verluste im Wertschöpfungsnetzwerk zu vermeiden? Welche Serviceleistungen sind zukünftig von großer Bedeutung und welche Partner eignen sich für zukünftige Kooperationen? Werden Unternehmen in relevanten Beschaffungsmärkten staatlich subventioniert oder lassen sich steuerliche oder zolltechnische Vorteile verstärkt nutzen?

Beantwortet werden diese Fragen durch die Analyse einzelner thematischer Schwerpunkte im Rahmen der Beschaffungsmarktforschung. Dies beginnt naturgemäß beim Produkt bzw. der Leistung, der dazu benötigten Infrastruktur und dem gesamtwirtschaftlichen

Rahmen. Im Anschluss daran erfolgen die Analyse geeigneter Lieferanten und deren jeweiliger Preissituation (Lemme 2005, S. 53f). So lässt sich ein umfassenderes Gesamtbild über das Marktgeschehen vom Einkauf entwickeln (vgl. Abbildung 3.2).

Abbildung 3.2 Thematische Schwerpunkte der Beschaffungsmarktforschung

Produkt / Leistung

- Produktwissen und -eigenschaften
- Relevante Herstellungsverfahren
- Produktbezogener Stand der Technologie
- Eingesetzte Rohstoffe
- Kenntnisse von Produktalternativen
- Rechte und Lizenzen
- Versorgungssituation und Lieferzeiten
- Neben- und Serviceleistungen

Infrastruktur

- Humankapital / Bildungsniveau / Ausbildung
- Energie- und Wasserversorgung
- Transportmöglichkeiten / Lager
- Verkehrsnetz und Verkehrssysteme
- Informations- und Kommunikationssysteme
- Entsorgung und Umweltschutz

Gesamtwirtschaftlicher Rahmen

- Konjunkturentwicklung
- Verfügbarkeit der relevanten Ressourcen (Vormaterial, Arbeitskräfte, Kapital)
- Produktionsbedingungen, Techn. Standards
- Steuern, Zölle, Subventionen

Lieferant

- Produkte / Leistungsprogramm
- Lieferprogramm (Fertigungsbreite)
- Qualitätsanspruch
- Preisverhalten
- Konditionen
- Forschung und Entwicklung
- Service
- Standort / Management / Mitarbeiter
- Fertigungsanlagen und -kapazitäten
- Bonität, Kapitalstruktur, finanzielle Mittel

Preissituation

- Preisstrukturanalysen (Material / Lohn)
- Preisniveau und Preisgestaltung
- Logistische Folgekosten

Diese Informationen unterstützen den Einkauf bei der gezielten Steuerung seiner Warengruppen, und leisten darüber hinaus einen wichtigen Beitrag zur gezielten Suche nach alternativen Lieferanten, zur Substitution von Materialien, zur Vorbereitung von Einkaufsverhandlungen sowie zur Verbesserung der Unternehmensplanung und der Beratung anderer Fachbereiche im Unternehmen.

3.1.3 Datenquellen der Beschaffungsmarktforschung

Im Zuge der Beschaffungsmarktforschung stehen dem Einkauf eine Fülle unterschiedlicher Datenquellen im Rahmen der Primär- sowie der Sekundärerhebung zur Verfügung. Bei einer Primärerhebung werden Informationen auf direktem Wege mithilfe der Befragung von Personen oder aber durch Beobachtung gewonnen. Anders bei der Sekundärerhebung. Hier wird auf bereits vorhandene Daten zurückgegriffen. Die kommerzielle Nutzung des Internets hat es inzwischen ermöglicht, dass der Einkäufer zur Beschaffungsmarktforschung vom Arbeitsplatz aus (Desk Research) tagesaktuell auf die für ihn relevanten Informationsquellen zurückgreifen kann. Dadurch hat sich die früher sehr aufwändige Sekundärerhebung im Unternehmen wesentlich erleichtert.

Auch innerhalb des Unternehmens verfügt der Einkäufer über eine Vielzahl an Informationen. Die Befragung von Kollegen mit intensivem Kontakt zu Lieferanten gibt Aufschluss über Produkte, Märkte und einzelnen Lieferanten. Denkbare Quellen sind der Vertrieb, das Produktmanagement oder das Marketing. Sie verfügen prinzipiell zu allen in Abbildung 3.2 genannten thematischen Schwerpunkten über Daten und Informationen. Insbesondere bei Unternehmen mit Vertriebsniederlassungen im Ausland bietet es sich für den Einkäufer an, diese Standorte in die Beschaffungsmarktforschung mit einzubinden. Auf diesem Weg erfährt er wichtige Informationen über interessante Lieferanten oder Alternativprodukte aus erster Hand. So ist es nicht nur für die eigene Technik von Interesse, vom Vertrieb zu erfahren, wenn direkte Wettbewerber des Unternehmens andere Materialien zur Herstellung von Produkten verwenden oder Serviceleistungen anbieten, die einen Wettbewerbsvorteil darstellen. Auch die technischen Fachbereiche aus Forschung und Entwicklung, der Produktion und des Qualitätswesens sind als Informationsgeber über Produkte und Serviceleistungen sowie Lieferanten hoch interessant. Außerdem bieten diese Quellen den Vorteil, dass der Einkäufer noch mehr über das eigentliche Beschaffungsobjekt erfährt. Beispielsweise über deren Einsatzbereich und Funktion im Endprodukt oder infrage kommende Alternativen sowie deren Vor- und Nachteile. So kann er die gemachten Erfahrungen von bereits erprobten Produktalternativen und Lieferanten im Unternehmen nutzen. Dieses Wissen unterstützt den Einkäufer dabei, den gesuchten Bedarf noch exakter und kompetenter mit Lieferanten zu kommunizieren und leistet einen wertvollen Beitrag, um die im ersten Kapitel genannten, oftmals auftretenden Spannungen zwischen ihm und den Fachbereichen abzubauen. Auf diesem Weg kann der Einkäufer sein gewonnenes Wissen über die Beschaffungsmärkte besser in die innerbetriebliche Diskussion mit einbringen und den Fachbereichen bei der Spezifizierung des Bedarfs beratend zur Seite stehen.

Auch die Fachbereiche im Unternehmen, die normalerweise keinen engen Kontakt zu Lieferanten unterhalten, sind für den Einkäufer bei der Primärerhebung von beschaffungsmarktrelevanten Informationen von Bedeutung. So besitzt die Finanzbuchhaltung oder das Controlling nicht selten wichtige Kenntnisse zu Infrastrukturen sowie zum gesamtwirtschaftlichen Rahmen. Das Controlling ist für den Einkäufer eine wichtige Informationsquelle bei der Beantwortung von Fragen zu den üblichen Kostenstrukturen im Unternehmen und innerhalb einer Branche. Wenn er weiß, wie hoch typischerweise die in Ansatz zu bringenden Gemeinkosten oder Lagerhaltungskosten in einem Unternehmen sind, erleichtert ihm dies das Verständnis der Preiskalkulation des Lieferanten. Selbst Fachbereiche wie beispielsweise der IT-Bereich können dem Einkäufer wertvolle Hinweise geben. Dies gilt beispielsweise, wenn es um die Optimierung von Abwicklungsprozessen im Unternehmen oder mit Lieferanten geht. Zudem kann der Personalbereich den Einkäufer über Lohnkostenstrukturen und -veränderungen auf dem Laufenden halten.

Die zweite zentrale Informationsquelle innerhalb der Primärerhebung sind die Lieferanten selbst. So setzen schon heute viele Unternehmen im Einkauf, neben persönlichen Interviews vor Ort oder per Telefon, schriftliche Kontaktfragebögen – teilweise auch in elektronischer Form – ein, um wichtige Daten und Informationen über aktuelle und potenzielle Lieferanten zu erhalten. Noch zu wenig wird aus meiner Sicht vom Einkauf der Kontakt zu anderen Einkäufern gesucht, um nützliche Informationen über Lieferanten und andere thematische Schwerpunkte der Beschaffungsmarktforschung zu erhalten. Dabei bieten diese Kontakte verschiedene Vorteile: Einkäufer aus anderen Unternehmen sind unvoreingenommen gegenüber den Lieferanten. Zudem öffnen sich Chancen zu Kooperationen. Darüber hinaus trägt der Austausch zu einer besseren Objektivierung der eigenen Einschätzung bei. Nicht zuletzt deshalb bieten neben Einkaufsverbänden wie z.B. dem Bundesverband Materialwirtschaft, Einkauf und Logistik e.V. (www.bme.de) und freiwilligen Einkäuferinitiativen in zunehmendem Maße auch die sog. sozialen Netzwerke des Internets die Möglichkeit, mit anderen Einkäufern ins Gespräch zu kommen. Zu nennen sind hier beispielsweise XING (www.xing.com) oder Expertenseiten, wie die Internetseite der Brainguide AG (www.brainguide.com), die dem Einkäufer eine ausgezeichnete Möglichkeit bieten, Kontakt zu anderen Einkäufern oder Wissensträgern herzustellen und von vorhandenem Wissen anderer zu profitieren.

Persönliche Kontakte bietet auch der Besuch von Messen und Ausstellungen. Hier lassen sich häufig viele Informationen über Produkte und Dienstleistungen, zu Lieferanten oder der Preisentwicklung zusammentragen. Messen bieten dem Einkäufer zusätzlich die Möglichkeit eines direkten Vergleichs und der persönlichen Kontaktaufnahme zu Lieferanten. Hier kann er die ausgestellten Produkte in ihrer Funktion und Arbeitsweise in Augenschein nehmen und deren unterschiedliche Einsatzbereiche kennenlernen. Der gemeinsam durchgeführte Besuch derartiger Veranstaltungen zusammen mit Personen aus den technischen Fachbereichen eignet sich in idealer Weise dafür, das sonst übliche Spannungsverhältnis abzubauen und miteinander ein besseres Produktverständnis zu entwickeln. Für den kurzfristig benötigten Informationsbedarf sind Messen und Ausstellungen allerdings weniger geeignet. Sie stellen an den Einkäufer hohe Anforderungen: Der Besuch muss optimal vorbereitet, die anvisierten Termine bestmöglich koordiniert und die gesammelten Daten, Informationen und Eindrücke so nachbereitet werden, dass sich daraus nachhaltig ein hoher Nutzen ziehen lässt. Ein weiterer Nachteil dieser Form der Beschaffungsmarktforschung ist, dass auf Messen in aller Regel das Verkaufspersonal der Lieferanten Auskünfte erteilt. Dabei wird der Imagepflege oft ein höherer Stellenwert beigemessen, als der objektiven Informationsweitergabe. Insbesondere im asiatischen Wirtschaftraum sind Messebesuche mit dem Ziel der Informationsbeschaffung kaum möglich, da qualifizierte Informationen über die wirkliche Leistungsfähigkeit von Unternehmen aufgrund kulturell bedingter Eigenheiten nur schwer erhältlich sind. Außerdem sind auf Messen nur selten alle relevanten Unternehmen einer Branche zu finden, da sich viele Unternehmen mehreren Branchen zuordnen und nicht auf allen für sie relevanten Messen eigene Messestände betreiben. Für kleinere Unternehmen kommt oft allein schon aus Finanzierungsgründen das Betreiben eines Messestandes ohnehin nicht in Frage. Eine gute, weltweite Übersicht über das Stattfinden von Industriemessen und welche Unternehmen dort ausstellen, bieten sogenannte Messedatenbanken wie z.B. die des Ausstellungs- und Messeausschuss der dt. Wirtschaft e.V. (www.auma.de) oder auch die der Deutsche Fachverlag GmbH (www.expodatabase.de).

Hilfreich ist für den Einkäufer im Rahmen der Primärerhebung auch die Beobachtung. Im Zuge der Geschäftskontaktpflege wird fast jeder Einkäufer von seinen wichtigen Lieferanten zu einem Besuch vor Ort eingeladen. Dabei kann eine Fülle guter Informationen gewonnen werden, wenn beispielsweise gekonnt die richtigen Fragen gestellt werden. Auf diesen Aspekt wird im Rahmen der Auditierung von Lieferanten noch näher eingegangen. Dennoch haben Lieferantenbesuche häufig den Nachteil, dass sie einen hohen zeitlichen Aufwand bedeuten. Zudem führen sie dem Einkäufer nicht immer dasjenige vor Augen, was für ihn wirklich von großem Interesse ist. Deshalb sollte bei einem Lieferantenbesuch zumindest im Vorfeld sichergestellt werden, dass der Einkäufer die Herstellung der von ihm eingekauften Waren in Augenschein nehmen kann und auskunftsfähige Ansprechpartner vor Ort mit dabei sind. Im Gegensatz zu einem im Projektgeschäft tätigen Unternehmen ist dies im Umfeld eines Seriengeschäfts recht leicht zu bewerkstelligen. Im Falle von Dienstleistungen helfen stattdessen oft Referenzen weiter, die dem Einkäufer eine direkte Kontaktaufnahme ermöglichen und ihm auf diesem Wege eine Gelegenheit bieten, sich über die Leistungsfähigkeit eines potenziellen Lieferanten oder Dienstleisters zu informieren.

Die Sekundärerhebung hat im Rahmen der Beschaffungsmarktforschung aufgrund der Kommerzialisierung des Internets mittlerweile erheblich an Bedeutung gewonnen. Neben der Informationsrecherche in allgemein zugänglichen Printmedien, wird dem Einkäufer durch das Internet ein schneller und teilweise kostenloser Zugriff auf vielfältige Informationsquellen geboten. So betreiben heute fast alle Lieferanten eine Internetseite auf der das Produktspektrum, technische Datenblätter und sonstige Produktinformationen wie z.B. Prospekte, Broschüren etc. abgerufen werden können. Oft steht hier aufgrund eines konkreten Bedarfs oder zum Zweck der Einholung von Alternativangeboten die gezielte Suche nach geeigneten Bezugsquellen mithilfe von Lieferantenverzeichnissen im Vordergrund. Solche Verzeichnisse bzw. Datenbanken werden zumeist von kommerziellen Anbietern erstellt und werden heutzutage – teilweise kostenpflichtig – fast ausnahmslos über das Internet publiziert. Der Vorteil dieser Verzeichnisse liegt in der einfachen Bedienung. So sind beispielsweise mithilfe eines Suchbegriffs die in einer Datenbank verzeichneten Lieferanten leicht zu ermitteln. Nachteilig ist, dass sich der Datenbestand in diesen Lieferantenverzeichnissen mehr oder weniger stark verändert, da der Eintrag aus kommerziellen Gründen zeitlich befristet ist und nicht alle Lieferanten sich in sämtlichen Verzeichnissen registrieren lassen. Alleine für den deutschen Markt sind im Internet mehr als 30 allgemeine oder auch auf Branchen spezialisierte Lieferantenverzeichnisse zu finden, die sich in ihrem Informationsgehalt bisweilen deutlich unterscheiden. Viele Lieferantenverzeichnisse wie beispielsweise das der Wer-Liefert-Was? GmbH (www.wlw.de), das der Hoppenstedt Publishing GmbH (www.seibt.de) oder das der ABC der deutschen Wirtschaft GmbH (www.abconline.de) bieten dem Einkäufer die Möglichkeit, die Suche auf Händler, Hersteller oder Dienstleister sowie den Standort einzuschränken. Kostenpflichtige Lieferantenverzeichnisse wie beispielsweise das der Kompass GmbH (www.kompass.com) bieten zudem nützliche Zusatzinformationen zu Mitarbeiterzahl, Umsatz, Gründungsjahr oder entsprechende Ansprechpartner. Damit erleichtern sie eine erste Einschätzung des Lieferanten bezüglich der Branchenerfahrung, der Unternehmensgröße als auch der eigenen Nachfragemacht. Zum Auffinden lokal ansässiger Lieferanten sind regionale Adressbücher wie die „Gelben Seiten“ (www.gelbeseiten.de) eine gute Informationsquelle, um z.B. Handwerksbetriebe oder in bestimmtem Umfang auch Dienstleister zu ermitteln. Für die gezielte Suche nach Dienstleistern haben Lieferantenverzeichnisse jedoch den Nachteil, dass sich Dienstleistungen schon allein aufgrund der erheblichen Leistungsvielfalt mithilfe allgemein gültiger Suchbegriffe nur schwer systematisieren lassen. Hier eignen sich Fachzeitschriften als Präsentationsmedium zur Darstellung erklärungsbedürftiger Dienstleistungen weitaus besser.

Fachzeitschriften bieten dem Einkäufer eine gute Möglichkeit, sich über die gesamte Bandbreite der Beschaffungsmarktforschung umfassend zu informieren. Dazu gehören beispielsweise das Leistungsspektrum von Lieferanten, interessante technische Neuerungen, Markt- und Preisentwicklungen, gesamtwirtschaftlichen Rahmenbedingungen oder neue fachliche oder praxiserprobte Methoden in Einkauf und Technik. Die gezielte Sammlung von Informationen mithilfe von Fachzeitschriften ist nur dann sinnvoll, wenn vorhandene Fachbeiträge regelmäßig im Einkauf ausgewertet werden, so dass sich die darin enthaltenen Informationen jederzeit abrufen lassen. So bietet schon seit vielen Jahren im deutschsprachigen Raum die monatlich erscheinende Fachzeitschrift „Beschaffung Aktuell" des Konradin Verlags R. Kohlhammer GmbH als Printmedium sowie die Online-Ausgabe (www.beschaffung-aktuell.de) wertvolle Fachinformationen für den Einkauf. Die Fachzeitschrift „technik+EINKAUF" der Verlag Moderne Industrie GmbH gibt dem Einkäufer einen guten Überblick mit stärkerem Fokus auf technischen Neuerungen oder einkaufsrelevanten Fachinformationen (www.technik-einkauf.de). Nicht zuletzt soll hier auf die alle zwei Monate publizierte, deutschsprachige Zeitschrift „All About Sourcing" der Network Press Germany GmbH sowie der dazugehörigen deutschsprachigen Online-Version (www.allaboutsourcing.de) verwiesen werden, die auch in englischer Sprache (www.allaboutsourcing.com) im Internet veröffentlicht wird.

Darüber hinaus nutzen viele Unternehmen inzwischen auch das Internet zur filmischen Darstellung ihrer Produkte. Damit stellen auch Video-Portale, wie z.B. das You-Tube-Portal (www.youtube.com) für den Einkäufer eine wichtige Informationsquelle dar, um interessante Produktdetails, deren Einsatzbereiche und Herstellungsverfahren anhand von Filmbeispielen besser zu verstehen.

Eine häufig genutzte Informationsquelle zur Beschaffungsmarktforschung stellen die Zeitschriften und Publikationen der unterschiedlichen Verbände dar, um branchenrelevante Informationen zusammen zu tragen. Deren Informationsgehalt ist stärker auf Kosten- und Kapazitätsentwicklungen sowie die Entwicklung der wirtschaftlichen Rahmenbedingungen der jeweiligen Branche fokussiert. Auch über technische Neuerungen, alternative Materialien und Herstellungsverfahren lässt sich durch diese Medien viel erfahren. Aus der Fülle der Informationen, die für den Einkauf relevanten herauszufiltern ist hierbei allerdings die größte Herausforderung. Eine gute Übersicht über viele in Deutschland registrierte Verbände bietet hier die Internetseite (www.verbaende.de).

Neben diesen Informationsquellen bieten vor allem die Veröffentlichungen der Tageszeitungen, der Wirtschaftszeitschriften oder der Informationsdienste dem Einkäufer wertvolle Informationen über aktuelle Ereignisse auf den Beschaffungsmärkten an. Diese Medien enthalten primär Informationen über Infrastrukturen, die gesamtwirtschaftliche, konjunkturelle

Entwicklung auf Märkten oder Informationen zur Preisentwicklung von Rohstoffen. Fast allesamt sind diese Informationsquellen auch im Internet abrufbar, wobei auch hier nicht unterschätzt werden darf, dass die Informationsbeschaffung mithilfe dieser Medien oft sehr zeitraubend ist. Schließlich gilt es, das Gesuchte aus der Nachrichtenflut gezielt herauszufiltern. Das Handelsblatt (www.handelsblatt.com) oder die Financial Times Deutschland (www.ftd.de) sollen hier stellvertretend für den Bereich der Tageszeitungen im deutschsprachigen Raum genannt werden. Informationsdienste wie z.B. der des EUWID Europäischer Wirtschaftdienst GmbH (www.euwid.de) enthalten für den Einkauf wichtige Informationen zu beispielsweise Kunststoffen, Papier, Recycling oder Faciltiy Management.

Eine weitere, häufig vom Einkauf genutzte wichtige Informationsquelle stellen die Informationen sogenannter Auskunfteien dar, deren Schwerpunkt auf der Bereitstellung finanzieller Unternehmensdaten liegt. So bieten beispielsweise Auskunfteien wie die Euler Hermes Kreditversicherungs- AG (www.eulerhermes.com), der Coface Rating Service (www.coface.de) oder der Verband der Vereine Creditreform e.V. (www.creditreform.de) kostenpflichtige Bonitätsauskünfte über Unternehmen an. Die Offenlegung von Verflechtungen und Beteiligungsverhältnisse von Unternehmen ist Hauptgegenstand der Auskünfte des Unternehmens Dun & Bradstreet (www.dnb.com). Nachteilig an diesen Informationen ist deren bisweilen mangelnde Aktualität, so dass diese Auskünfte für ein rechtzeitiges Risikomanagement kaum geeignet sind. Trotzdem bieten sie einen passablen Überblick über die Entwicklung des Umsatzes, der Mitarbeiteranzahl, der Zahlungsweise sowie über die Vermögensstruktur eines Unternehmens. Im Unterschied dazu ist das Manko der geringen Aktualität der Einträge bei der Recherche im Bundesanzeiger oder in überregionalen Tageszeitungen ausgeschlossen. Hier verursachen die gezielte Suche und das rechtzeitige Auffinden von Einträgen über die relevanten Lieferanten einen hohen, zeitlichen Aufwand im Einkauf. Für die Bewertung der finanziellen Lage eines Unternehmens eignen sich nicht zuletzt auch die von Unternehmen erstellten Geschäftsberichte, die vom Bundesjustizministerium im Internet veröffentlicht werden (www.ebundesanzeiger.de).

Neben den Geschäftsberichten sind die von Lieferanten herausgegebenen Haus- und Mitarbeiterzeitschriften für den Einkauf eine hoch interessante Informationsquelle. Diese Medien beinhalten viele Informationen, die weder im Internet noch in Geschäftsberichten veröffentlicht werden. Dazu zählen beispielsweise die Inbetriebnahme neuer Produktionsanlagen, die Erprobung neuer Herstellungsverfahren, die Vorstellung neuer Produkte oder Ergebnisse aus Forschungsprojekten und nicht zuletzt auch wichtige Informationen über die aktuelle Geschäftslage, die für den Einkauf von großem Nutzen sein können.

Ein zentraler Schwerpunkt der Beschaffungsmarktforschung ist die Ermittlung von marktrelevanten, konjunkturspezifischen Informationen. Zur Vorbereitung von Verhandlungen, der Prognose von Kostenverläufen oder der Entwicklung von Einkaufsstrategien sind Kenntnisse über aktuelle Preis- und Lohnkostenentwicklungen für den Einkäufer von hohem Stellenwert. Informationen zur Preisentwicklung werden dem Einkauf nicht selten auch von Lieferanten zur Verfügung gestellt, um Forderungen nach Preiserhöhungen plausibler zu begründen. Davon ist aufgrund fehlender Neutralität tendenziell abzuraten. Im Internet gibt es eine Fülle geeigneter Informationsquellen, welche die Analyse von

Preisentwicklungen heute vor keine nennenswerten Probleme stellen sollte. Hier ist an erster Stelle das Dt. Statistische Bundesamt zu nennen, welches in Deutschland für fast alle im Warenverkehr befindlichen Güter statistische Informationen sammelt, aufbereitet und im Internet veröffentlicht (www.destatis.de). Zur Recherche von Preisentwicklungen auf den Rohstoffmärkten sind vor allem jene Internetseiten zu empfehlen, die den Einkäufer über aktuelle Rohstoffpreisentwicklungen kostenfrei informieren wie z.B. die Seiten der Londoner Metallbörse (www.lme.com) oder der Westmetall GmbH & Co. KG (www.westmetall.de). Gute Quellen zur Analyse von Stahlpreisentwicklungen sind auf den Seiten der MEPS (International) Ltd. (www.meps.co.uk) oder der CRU Group (www.crugroup.com) zu finden, die darüber hinaus teilweise kostenpflichtige Prognosen über zukünftige Stahlpreisentwicklungen erstellen. Bei diesen Seiten ist für den Einkäufer das Auffinden des tatsächlich relevanten Preisindikators die größte Hürde, dennoch lassen sich hier tendenzielle Entwicklungen im Allgemeinen sehr leicht nachvollziehen. Zur Analyse der konjunkturellen Lage und der allgemein zu erwartenden wirtschaftlichen Entwicklung auf den Märkten bieten wichtige Informationen vor allem die Veröffentlichungen der Konjunkturforschungsinstitute wie z.B. das IFO Institut für Wirtschaftsforschung e.V. (www.ifo.de). Diese informiert durch die Herausgabe von Konjunkturtests und der Erstellung eines Geschäftsklimaindex sehr detailliert über die konjunkturelle Entwicklung einzelner Branchen. Darüber hinaus lassen sich im Internet sogar fertige Marktreports kostenpflichtig herunterladen. So bieten die Informationsdienste Marketresearch.com Inc. (www.marketresearch.com) bzw. Euromonitor International Ltd. (www.euromonitor.com) eine Fülle interessanter, kostenpflichtiger Informationen zu neuen Produkten, aktuellen Trends oder Branchenentwicklungen an. Auch die Feststellung von Lohnentwicklungen, die für den Einkauf bei sogenannten Outsourcing-Vorhaben oder der Nachvollziehbarkeit von Kostenkalkulationen von Bedeutung sind, lassen sich im Internet geeignete Informationsquellen finden. Hier bietet zum Beispiel die Seite der Hans-Böckler-Stiftung (www.boeckler.de) eine gute Übersicht über die in Deutschland tariflich vereinbarten Lohnstrukturen. Die Seite der Gesellschaft für Außenwirtschaft und Standortmarketing mbH (www.gfai.de) stellt die Online-Nutzung einer Datenbankrecherche bereit, um Veränderungen ausländischer Lohn- und Lohnnebenkosten zu ermitteln. Interessant ist auch die Seite des U.S. Department of Labor (www.dol.gov), die eine Vielzahl internationaler Daten zur Entwicklung von Löhnen und Produktivität veröffentlicht.

Nicht zuletzt soll an dieser Stelle auch auf die allgemeinen Suchmaschinen im Internet wie bspw. Google (www.google.de) hingewiesen werden, mit denen sich nahezu alle beliebigen für den Einkäufer relevanten Informationen gezielt auffinden lassen. Hier ist wie bei allen Suchmaschinen darauf zu achten, dass der Suchbegriff möglichst eng gefasst wird, um die Anzahl der sog. Trefferseiten überschaubar zu halten, da ansonsten zu viele Seiten ein effizientes Auffinden und eine entsprechende Auswahl nahezu aussichtslos machen. Viele für den Einkäufer interessante Checklisten, Formulare oder Vorlagen, die den Charakter von Anlehnungsbeispielen erfüllen, sind mittlerweile im Internet im Portable Document Format (pdf) vorhanden und lassen sich mithilfe entsprechender Suchbegriffe gezielt aufspüren. Verhältnismäßig neu sind für den Einkäufer sogenannte Benachrichtigungsdienste wie beispielsweise „Google Alerts", mit denen sich gezielt neue Informationen zu verschiedenen Themen automatisch per E-Mail zusenden lassen.

Von hohem Nutzen für den Einkauf sind auch die im Internet vorhandenen Einkaufsportale. Sie bieten dem Einkäufer eine Fülle von Verlinkungen zu anderen Internetseiten aus der Einkäuferwelt. Hier sind beispielsweise die Seite der Explido Sourcing & Services GmbH (www.beschaffungswelt.de) oder die des Verlag für deutsche Wirtschaft AG (www.einkaufsmanager.net) an erster Stelle zu nennen.

Bekanntermaßen verändert sich die Vielfalt der im Internet vorhandenen Informationsquellen sehr rasant, so dass die beispielhafte Erwähnung von Internetseiten immer die Gefahr nicht mehr vorhandener Aktualität beinhaltet. So wurde hier zum Zeitpunkt der Erstellung dieses Buches bewusst auf eine listenhafte Aufstellung vieler zusätzlich relevanter Internetseiten verzichtet, um diese Gefahr nicht unnötig zu erhöhen und daher nur diejenigen Seiten genannt, die im Internet schon längere Zeit „überlebt" haben. Bei Interesse stelle ich Ihnen auf Anfrage gerne eine umfassende Auflistung zur Verfügung.

Die im letzten Kapitel aufgestellte Behauptung lässt sich nunmehr leichter nachvollziehen, dass sich der Einkauf im Unternehmen zukünftig vermehrt zur Informationsdrehscheibe wandeln muss. In hohem Maße sind vom Einkauf wertvolle Informationen über Beschaffungsmärkte zu ermitteln und diese den Fachbereichen im Unternehmen zur Verfügung zu stellen sowie wertvolle Informationen von diesen Bereichen zu erhalten und diese im Rahmen der verfolgten Einkaufsstrategien in die Beschaffungsmärkte zu kommunizieren.

3.2 Ordnungsverfahren zur Strukturierung des Einkaufsvolumens

In diesem Kapitel werden die grundlegenden analytischen Verfahren zur Strukturierung des Einkaufsvolumens vorgestellt. Einzeln angewandt oder miteinander kombiniert, erlauben diese dem Einkauf eine grundsätzliche strategische Ausrichtung. Diese Ordnungsverfahren basieren auf vorhandenen internen und zu beschaffenden externen Daten und bilden eine wichtige Grundlage beim Einsatz von Portfolio-Methoden.

3.2.1 ABC-Analyse

Eine der am meist genutzten Analysemethoden im Unternehmen ist die ABC-Analyse. Sie zählt im Einkauf zu den Basiswerkzeugen und verfolgt das Ziel, Prioritäten zu setzen oder Wichtiges von weniger Wichtigem zu unterscheiden. Dadurch gelingt es, Ressourcen im Einkauf nach streng rationalen Gesichtspunkten so einzusetzen, dass sie auf diejenigen Bereiche gelenkt werden, die den höchsten Nutzen versprechen.

Zum ersten Mal wurde unter Berücksichtigung des Pareto-Prinzips der Begriff der ABC-Analyse durch H. Ford Dickie im Jahr 1951 verwendet und zur Klassifikation von Daten eingesetzt. Die ABC-Analyse basiert auf der sogenannten 80 / 20 - Regel, wonach im Allgemeinen 20% der Ursachen für 80% der Wirkungen verantwortlich sind. Im Einkauf wird mithilfe dieser Analyse das Einkaufsvolumen, nach Lieferanten oder Beschaffungsobjekten klassifiziert, um so diejenigen Volumina zu ermitteln, die den höchsten Nutzen versprechen. Hintergrund der ABC-Analyse ist die Tatsache, dass zumeist – mengenmäßig – wenige Lieferanten bzw. Beschaffungsobjekte einen – wertmäßig – hohen Anteil am gesamten Einkaufsvolumen innehaben als auch umgekehrt. Durch die Gegenüberstellung von Mengen- und Wertanteilen wird deutlich, auf welche Schwerpunkte die Konzentration der Ressourcen zu erfolgen hat, um hinsichtlich des gesamten Einkaufsvolumens den größten Nutzen beispielsweise in Form einer Kostenreduzierung zu erzielen. Graphisch veranschaulichen lässt sich dieser Zusammenhang mithilfe der sogenannten Lorenzkurve, die in einer statistischen Verteilung, aufgrund der ungleichen Verhältnisse von Mengen- und Wertanteilen den für sie typischen, konkaven Verlauf annimmt (vgl. Abbildung 3.3).

Abbildung 3.3 ABC-Verteilung

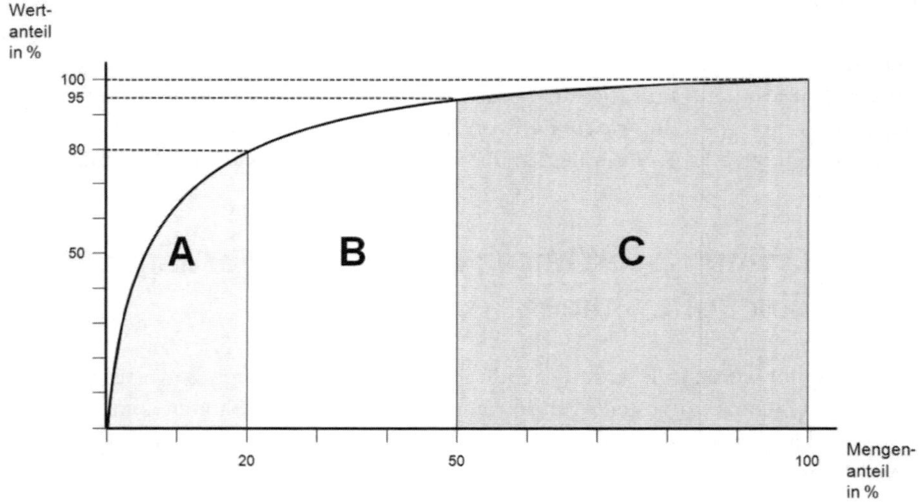

Die Lieferanten bzw. die gesamten Beschaffungsobjekte werden dabei in drei Klassen – A, B und C – eingeteilt. Auf diesem Weg lassen sich für diese Klassen unterschiedliche Kostenziele setzen, die für jede jeweils den größten Nutzen darstellt. Die Einteilung in drei Klassen ist theoretisch zwar nicht zwingend notwendig, aber in der Praxis sehr weit verbreitet. Da es sich hierbei um keine normativ festgelegte Grenzziehung handelt, soll der Nutzen der ABC-Analyse für den Einkauf im Folgenden an der gegensätzlichen, strategischen Ausrichtung der A-Klasse und der C-Klasse verdeutlicht werden. Die Lieferanten beziehungsweise die Beschaffungsobjekte der B-Klasse sind aufgrund ihrer Mittelstellung dann zweckmäßigerweise mehr der einen oder der anderen Klasse zuzuordnen.

So repräsentiert die A-Klasse auf der Basis der in der Abbildung 3.3 dargestellten Einteilung einen mengenmäßig niedrigen (20%), aber wertmäßig hohen Anteil (80%) des gesamten Einkaufsvolumens. Daher lohnt es sich für den Einkäufer bei diesen relativ wenigen

Lieferanten bzw. Beschaffungsobjekten mehr, den Schwerpunkt auf die Reduzierung der Anschaffungskosten zu setzen, da hiermit ein relativ großer, wertmäßiger Anteil des Einkaufsvolumens beeinflusst werden kann. Unterstellt man, dass der wertmäßige Anteil dieser Klasse 80% des Einkaufsvolumens beträgt, kann eine Einsparung bei den Anschaffungskosten von insgesamt 10% zu einer Reduzierung des gesamten Einkaufsvolumens in Höhe von 8% führen, und damit eine relativ große Auswirkung auf die Kostensituation im Unternehmen bewirken. Aufgrund der hohen Wertintensivität dieser Materialien, ist die Wahrnehmung von Kostenreduzierungsstrategien daher naheliegend. Dies rechtfertigt im Prinzip eine Entscheidung für eine Ein-Lieferanten-Strategie sowie Maßnahmen zur Mengenbündelung oder des Einsatz eines ressourcenintensiven Wertanalysevorhabens.

Umgekehrt verhält es sich mit der C-Klasse. Diese beinhaltet einen mengenmäßig hohen (50%), aber wertmäßig niedrigen Anteil von nicht selten ca. 5% des gesamten Einkaufsvolumens. Hier würde eine Einsparung bei den Anschaffungskosten bei allen Lieferanten bzw. allen Beschaffungsobjekten in Höhe von ebenfalls 10% zu einer Reduzierung des gesamten Einkaufsvolumens von gerade einmal 0,5% führen. Dieser Aufwand würde sich für den Einkauf kaum lohnen. Unterstellt man, dass die im Unternehmen verursachten Bestellabwicklungskosten für Bedarfsermittlung, Bestellung, Wareneingangsprüfung und Rechnungskontrolle für jeden Lieferanten oder jedes Beschaffungsobjekt gleichermaßen anfallen, kann hier durch die Verringerung des Abwicklungsaufwands mehr erreicht werden als durch Preisverhandlungen.

Wie ist nun eine ABC-Analyse durchzuführen? Im Folgenden wird anhand einer Klassifizierung von Beschaffungsobjekten die Vorgehensweise in fünf Schritten dargestellt:

Abbildung 3.4 Vorgehensweise ABC-Analyse: Schritt 1 und 2

Material-Nr.	Bedarfsmenge pro Jahr	Einstandspreis pro Stück	Einkaufsvolumen pro Jahr	Rangfolge
	(I)	(II)	Schritt 1: (I) x (II)	Schritt 2:
3001	250	145 €	36.250 €	8
3002	400	215 €	86.000 €	6
3003	240	35 €	8.400 €	10
3004	1100	245 €	269.500 €	4
3005	350	50 €	17.500 €	9
3006	900	365 €	328.500 €	3
3007	4400	315 €	1.386.000 €	1
3008	100	421 €	42.100 €	7
3009	2400	285 €	684.000 €	2
3010	450	315 €	141.750 €	5
Σ			3.000.000 €	

1. Ermittlung des Einkaufsvolumens pro Jahr

   Im ersten Schritt wird die jährliche Bedarfsmenge (I) mit dem jeweiligen Einstandspreis pro Stück (II) multipliziert und das Einkaufsvolumen pro Jahr für jede einzelne Material-Nr. ermittelt (vgl. Abbildung 3.4).

Abbildung 3.5 Vorgehensweise ABC-Analyse: Schritt 3 bis 5

Rangfolge	Material-Nr.	Einkaufsvolumen pro Jahr	%-Anteil am Einkaufsvolumen	%-Anteil kumuliert	Einteilung ABC
		(III)	Schritt 3: (III) / Σ	Schritt 4:	Schritt 5:
1	3007	1.386.000 €	46,2%	46,2%	A
2	3009	684.000 €	22,8%	69,0%	A
3	3006	328.500 €	11,0%	80,0%	A
4	3004	269.500 €	9,0%	88,9%	B
5	3010	141.750 €	4,7%	93,7%	B
6	3002	86.000 €	2,9%	96,5%	B
7	3008	42.100 €	1,4%	97,9%	C
8	3001	36.250 €	1,2%	99,1%	C
9	3005	17.500 €	0,6%	99,7%	C
10	3003	8.400 €	0,3%	100,0%	C
	Σ	3.000.000 €	100,0%		

2. Neusortierung und Berechnung der prozentualen Anteile am Gesamteinkaufsvolumen

   Im zweiten Schritt wird eine Rangfolge der einzelnen Einkaufsvolumen durch eine absteigende Sortierung(III) gebildet, wie dies in Abbildung 3.5 dargestellt ist.

3. Berechnung der prozentualen Anteile am Gesamteinkaufsvolumen

   Dieser Schritt bildet die Voraussetzung zur Kumulation der einzelnen Einkaufsvolumen.

4. Kumulation der einzelnen prozentualen Anteile

   Dieser Schritt ist notwendig, um die Aufteilung der einzelnen Klassen vorzunehmen und die jeweiligen Grenzen zu erkennen.

5. Klassifizierung der einzelnen Beschaffungsobjekte

   Auch wenn die Durchführung der ABC-Analyse keiner Norm entspricht, hat sich in der Praxis die Einteilung der einzelnen Klassen nach den in der Abbildung 3.6 genannten Wert- und Mengengrenzen weitgehend etabliert.

Abbildung 3.6 Klasseneinteilung bei der ABC-Analyse

Materialart	Wertgrenzen	Mengengrenzen
A-Material	80%	20%
B-Material	15%	30%
C-Material	5%	50%

Mit den mittlerweile in vielen Unternehmen zur Standardausrüstung gehörenden ERP-Systemen sollte die Durchführung einer ABC-Analyse auf recht einfache Weise gelingen. Wem ein solches System nicht zur Verfügung steht, kann man auf Tabellenkalkulationsprogramme wie beispielsweise EXCEL® zurückgreifen. Auch hier lassen sich alle Berechnungsschritte programmiertechnisch leicht abbilden.

In einem seriengeschäftlichen Umfeld sollte der Einsatz einer ABC-Analyse primär auf der Basis erwarteter, prognostizierter Bedarfsmengen durchgeführt und nach Ablauf einer gewissen Zeit erneut überprüft werden, um Fehlinterpretationen zu vermeiden. In einem projektgeschäftlichen Umfeld dürfte es indes Schwierigkeiten bereiten, für den Einsatz einer ABC-Analyse auf zuverlässige Bedarfsprognosen zurück zu greifen. Hier lassen sich allenfalls vergangenheitsbasierte Verbrauchswerte oder realistische Schätzwerte benutzen, welche die Gefahr von Fehleinschätzungen vergrößern.

Die ABC-Analyse eignet sich nicht nur zur Klassifizierung von Lieferanten oder Beschaffungsobjekten. Mit ihr lassen sich analog auch ganze Warengruppen eines Unternehmens nach ihrem wertmäßigen Anteil am gesamten Einkaufsvolumen einordnen. So kann für jede Warengruppe eine grundlegende, einkaufsstrategische Ausrichtung formuliert werden, ob dem Ziel einer Kostenreduzierung oder einer Aufwandsreduzierung den Vorzug zu geben ist.

Der Einsatz dieser Methode zur Analyse der Lieferantenstruktur lässt ebenfalls grundsätzliche Strategien erkennen. So ist es bei den A-Lieferanten für den Einkauf sinnvoll, den vorhandenen Wettbewerb auszunutzen oder diesen gezielt aufzubauen, um Konditionen vorteilhafter zu gestalten. Hier ist es von enormer Bedeutung, Lieferanten sorgfältig auszuwählen, wenn das erwartete Bedarfsvolumen dazu tendiert, den Lieferant in die Klasse der A-Lieferanten einzuordnen. Daher gilt es Abhängigkeiten so weit wie möglich zu vermeiden oder zumindest den qualitativ besten bzw. kostengünstigsten Lieferanten im Vorhinein auszuwählen. Im Unterschied zu C-Lieferanten ist hier der personelle Aufwand zu rechtfertigen, Lieferanten regelmäßig zu besuchen, diese zu bewerten oder detaillierte Preisstrukturanalysen durchzuführen, um beispielsweise sich abzeichnende Insolvenzrisiken frühzeitiger wahrzunehmen.

Bei der Zusammenarbeit mit C-Lieferanten kommt es in erster Linie darauf an, Abwicklungsprozesse so einfach wie möglich zu gestalten. Hier kann es aufgrund einer hohen

Anzahl einzelner Materialien vorteilhaft sein, deren Vielfalt durch Standardisierung zu verringern und damit geringe Bestellmengen tendenziell zu vermeiden. Im Idealfall können Bestellungen direkt durch den Bedarfsträger z.B. über sogenannte elektronische Katalog-Systeme ausgelöst werden, da die Reduzierung von Preisen hier weniger bedeutend ist, aber ein geringerer Bestellaufwand im Unternehmen, zusätzliche Freiräume schafft, die für höherwertige Tätigkeiten genutzt werden können.

Auch zur Ableitung einer primär zu verfolgenden Lagerhaltungsstrategie eignet sich der Einsatz der ABC-Analyse. So bietet es sich an, eine hohe Lagerhaltung bei wertintensiven Beschaffungsobjekten – A-Materialien – tendenziell zu vermeiden, um die damit verbundenen Kapitalbindungskosten im Unternehmen so gering wie möglich zu halten. Bei den weniger wertintensiven C-Materialien können Lagerkosten eher vernachlässigt werden. Hier ist es manchmal vorteilhafter, ausreichende Mengen im Lager zu bevorraten und dabei mit wenigen Bestellungen im Unternehmen einen geringeren Abwicklungsaufwand zu verursachen. Die so eingesparte Arbeitszeit kann dann im Einkauf sinnvoll dazu verwendet werden, sich für die A-Materialien mehr Zeit für Beschaffungsmarktforschungsaktivitäten zu nehmen, eine Analyse der Kostenstruktur durchzuführen oder den benötigten Materialbedarf intensiv mit den Lieferanten abzustimmen und damit die Voraussetzung zu schaffen, diese Materialien kostengünstiger einzukaufen oder weniger zu bevorraten.

So dient die ABC-Analyse im Einkauf als erste Orientierung zu einem differenzierten Umgang mit Beschaffungsobjekten bzw. Lieferanten und zur Bildung von Prioritäten. Der Einsatz dieser Methode ist ebenfalls dazu geeignet, die Konzentration auf Materialien zu lenken, die bspw. aufgrund ihrer Wiederbeschaffungszeit, ihrer zu erwartenden qualitativen Veränderungen oder ihrer Auswirkungen auf den Produktionsprozess im Falle eines Fehlens logischerweise eine höhere Aufmerksamkeit im Einkauf beanspruchen. Detaillierte Einkaufsstrategien oder verbindliche Richtlinien lassen sich allein mithilfe dieser Methode nicht nachvollziehen, dazu sind weitere Analysen notwendig und ergänzende Überlegungen durchzuführen.

3.2.2 XYZ-Analyse

Diese Methode wird im Einkauf zur Bewertung der Planbarkeit des Bedarfs eingesetzt und klassifiziert Materialien anhand ihrer jeweiligen Verbrauchsstruktur. Grundlage der XYZ-Analyse sind Verbrauchsdaten aus der Vergangenheit, die Rückschlüsse auf die Vorhersagegenauigkeit eines Materials zulassen. Um zu erkennen, ob der zukünftige Materialverbrauch konstant, zyklisch oder sporadisch verläuft und sich damit mehr oder weniger planbar verhält, werden die einzelnen Materialien wie bei der ABC-Analyse in drei Klassen eingeteilt. Die Namensgebung der XYZ-Analyse kommt dabei nicht von ungefähr. Sie ist wie die ABC-Analyse ein Ordnungsverfahren zur Materialklassifizierung und wird auf der Basis der Anfangsbuchstaben der Klasseneinteilung gelegentlich auch als RSU-Analyse bezeichnet, wobei R für regelmäßig, S für saisonal und U für unregelmäßig steht.

Zur Durchführung der XYZ-Analyse sind folgende Schritte erforderlich:

1. Ermittlung der Verbrauchsdaten

   Für die zu untersuchenden Materialien werden die jeweiligen Verbrauchsmengen mithilfe der verbuchten Lagerentnahmen oder Verbrauchsdaten aus der Produktion im Betrachtungszeitraum, üblicherweise für ein Jahr, zusammengestellt. Alternativ dazu können für den Einsatz dieser Methode auch die jeweiligen Bestellmengen und Bestellzeitpunkte im gleichen Zeitraum verwendet werden. So wurden für das obige Berechnungsbeispiel die schon aus der ABC-Analyse bekannten Bestellmengen der Materialien Nr. 3001 – 3004 entsprechend ihrem jeweiligen Bestellzeitpunkt aufgegliedert (vgl. Abbildung 3.7).

Abbildung 3.7 Berechnungsbeispiel einer XYZ-Analyse: Verbrauchsdaten

Monat	Jan	Feb	Mrz	Apr	Mai	Jun	Jul	Aug	Sep	Okt	Nov	Dez
Berechnung	(X_1)	(X_2)	(X_3)	(X_4)	(X_5)	(X_6)	(X_7)	(X_8)	(X_9)	(X_{10})	(X_{11})	(X_{12})
Resultat												
Material-Nr.												
3001	18	21	23	17	22	21	20	22	21	24	23	18
3002	23	36	32	38	19	47	35	31	36	44	37	22
3003			60			60			60			60
3004	110		410			120			160			300

2. Berechnung eines durchschnittlichen Verbrauchswertes

   Zur späteren Berechnung einer Klassifizierungsmessgröße – des sogenannten Variationskoeffizienten – muss für jedes Material auf Basis der Lagerentnahmen ein Durchschnittswert der Verbrauchsdaten berechnet werden. Alternativ erfolgt die Berechnung des durchschnittlichen Bestellmengenwerts auf Basis erfolgter Wareneingangsbuchungen. Dieser Wert ist notwendig zur Berechnung der durchschnittlichen Schwankungen. So wurden für dieses Beispiel folgende Berechnungsschritte durchgeführt (vgl. Abbildung 3.8):

   - Schritt 1: Berechnung der im Betrachtungszeitraum gelieferten Menge
   - Schritt 2: Ermittlung der Anzahl der Wareneingangsbuchungen
   - Schritt 3: Berechnung des arithmetischen Mittels (Durchschnittsverbrauchswert)

Abbildung 3.8 XYZ-Analyse: Berechnung des durchschnittlichen Verbrauchswertes

Schritt:	1:) Summe	2:) Einzelwerte	3:) Mittelwert
Berechnung	Σ (X_{1-n})	*Anzahl* (n)	(A) / (B)
Resultat	(A)	(B)	(C)
Material-Nr.			
3001	250	12	20,8
3002	400	12	33,3
3003	240	4	60,0
3004	1100	5	220,0

3. Ermittlung der Standardabweichung und des Variationskoeffizienten

Im nächsten Schritt sind für die vorhandenen Verbrauchswerte bzw. Bestellmengen die jeweiligen Standardabweichungen innerhalb des Betrachtungszeitraums zu ermitteln. Die Standardabweichung beschreibt dabei einen Wert, wie stark die durchschnittliche Schwankung der einzelnen Verbrauchswerte gegenüber einem Durchschnittswert innerhalb dieses Zeitraums ausfällt. Diese sind für jedes Material einzeln zu ermitteln und erfolgt nach folgender Formel (vgl. Abbildung 3.9).

Abbildung 3.9 Formeln zur Standardabweichung und Variationskoeffizienten

Standardabweichung: $s = \sqrt{\frac{1}{n}\sum_{i=1}^{n} x_i^2 - \bar{x}^2}$ ⇨ Variationskoeffizient: $\frac{s}{\bar{x}}$

Aus der Standardabweichung und dem ermitteltem Durchschnittswert wird anschließend der Quotient aus beiden Werten gebildet, um den Variationskoeffizienten zu ermitteln. Dieser Wert zeigt auf, wie stark die einzelnen Verbrauchswerte bzw. Bestellmengen prozentual zum Durchschnittswert schwanken. Auch wenn die Formel recht kompliziert aussieht, sollen im Folgenden die Berechnungsschritte im Einzelnen erläutert werden (vgl. Abbildung 3.10).

Abbildung 3.10 XYZ-Analyse: Standardabweichung und Variationskoeffizient

Schritt:	4:) Potenzieren aller Einzelwerte $(X_{1-n})^2$											
Berechnung	$(X_1)^2$	$(X_2)^2$	$(X_3)^2$	$(X_4)^2$	$(X_5)^2$	$(X_6)^2$	$(X_7)^2$	$(X_8)^2$	$(X_9)^2$	$(X_{10})^2$	$(X_{11})^2$	$(X_{12})^2$
Resultat												
Material-Nr.												
3001	324	441	529	289	484	441	400	484	441	576	529	324
3002	529	1.296	1.024	1.444	361	2.209	1.225	961	1.296	1.936	1.369	484
3003			3.600			3.600			3.600			3.600
3004	12.100		168.100			14.400			25.600			90.000

Schritt:	5:) Summe	6:)	7:)	8:) Varianz s^2	9:) Stand.-Abw. s	10:) Var.-Koeff.	Klassifizierung
Berechnung	$\Sigma (X_{1-n})^2$	(D) / (B)	$(C)^2$	(E) - (F)	*Wurzel* (G)	(H) - (C)	
Resultat	(D)	(E)	(F)	(G)	(H)	ERGEBNIS	
Material-Nr.							
3001	5262	438,5	434,0	4,5	2,11	10,2%	X
3002	14134	1.177,8	1.111,1	66,7	8,17	24,5%	Y
3003	14400	3.600,0	3.600,0	0,0	0,00	0,0%	X
3004	310200	62.040,0	48.400,0	13.640,0	116,79	53,1%	Z

- Schritt 4: Potenzieren aller Einzelwerte
- Schritt 5: Bildung der Summe aller potenzierten Einzelwerte
- Schritt 6: Berechnung des arithmetischen Mittels aller potenzierten Einzelwerte
- Schritt 7: Potenzieren des arithmetischen Mittels
- Schritt 8: Berechnung der Varianz durch Differenz der Mittelwerte
- Schritt 9: Berechnung der Standardabweichung durch Wurzelbildung der Varianz
- Schritt 10: Ermittlung des Variationskoeffizienten

4. Sortierung der Materialien

   Die analysierten Materialien sind aufsteigend nach ihrem Variationskoeffizienten zu sortieren.

5. Klassifizierung der einzelnen Beschaffungsobjekte

   Für die sortierten Materialien müssen nun die Klassengrenzen bezüglich der Größe des Variationskoeffizienten festgelegt werden, wie z.B. für:

- X-Materialien: Variationskoeffizient zwischen: 0% - 15%
- Y-Materialien: Variationskoeffizient zwischen: 16% - 50%
- Z-Materialien: Variationskoeffizient zwischen: 50% - und mehr

Analog zur ABC-Analyse basiert die Einteilung der Klassen auch bei dieser Analyse nicht auf einer Norm. Dennoch lassen sich die Ergebnisse der XYZ-Analyse in vergleichbarer Weise visualisieren (vgl. Abbildung 3.11). Je nach unternehmensspezifischer Verbrauchsstruktur lässt sich aus der Gegenüberstellung des Mengenanteils und des Variationskoeffizienten der typische konvexe Verlauf der Verteilungskurve darstellen.

Abbildung 3.11 Visualisierung der Ergebnisse einer XYZ-Analyse

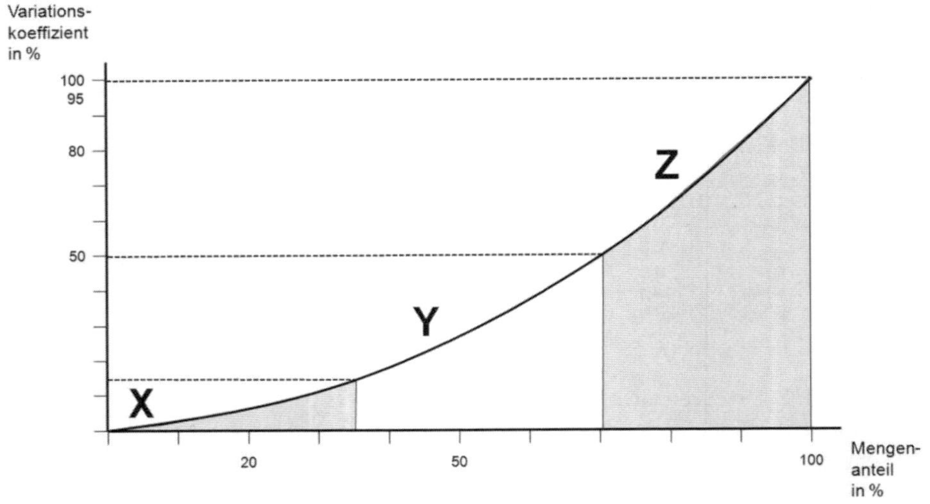

Ursprünglich wurde die XYZ-Analyse dazu verwendet, Dispositionsverfahren zur Bevorratung von Material zu entwickeln. Mit ihr können entsprechende Bereitstellungsstrategien für Materialien abgeleitet werden. So sind X-Materialien mit regelmäßigem Verbrauch gut prognostizierbar. Sie beinhalten ein geringes Bestandsrisiko, so dass sich Sicherheitsbestände weitgehend minimieren und einfache Bestellverfahren einsetzen lassen. X-Materialien eignen sich insbesondere für eine weitgehend bestandslose Bereitstellung, wie z.B. eine Just-in-Time-Belieferung oder der Einsatz von Kanban – Systemen. Im Unterschied dazu erfordern Materialien mit stärkeren Bedarfsschwankungen höhere Sicherheitsbestände und flexiblere Dispositionsverfahren, so dass hier andere Bereitstellungsstrategien verfolgt werden müssen, um das Bestandsrisiko zu reduzieren. Diese werden im Handlungsfeld „Koordination" näher erläutert werden.

Auch zur Wahl des Dispositionsverfahrens lässt sich eine XYZ-Analyse heranziehen. So sind Lieferanten für X-Materialien nach strengeren Kriterien hinsichtlich Zuverlässigkeit, Qualität und Flexibilität auszuwählen. Eine hohe Verfügbarkeit dieser Materialien und hohe Lieferflexibilität der Lieferanten sind für die Wertschöpfung im Unternehmen von grundlegender Bedeutung und sprechen für eine deterministische, exakte Bedarfsrechnung, um Fehlmengen zu vermeiden. Umgekehrt verhält sich die Sachlage bei den Z-Materialien. Aufgrund der geringen Prognostizierbarkeit dieser Materialien, sind hier vor allem verbrauchsgesteuerte, stochastische Bedarfsrechnungen zu bevorzugen. So tendieren diese Materialien eher zu einer größeren Bevorratung.

Diese Ordnungsverfahren eignen sich für eine erste Bestimmung der grundsätzlichen Ausrichtung einer Einkaufsstrategie. Allerdings bleiben bei diesen Verfahren wichtige

Kriterien zur Ableitung fundierter Einkaufsstrategien unberücksichtigt. Dazu zählen beispielswiese die Marktstellung des Unternehmens, die Bedeutung des Materials für das Endprodukt oder die technische Komplexität, um nur einige Beispiele zu nennen. Daher müssen weitere Analysen durchgeführt und geeignete Verfahren verwendet werden, um Einkaufsstrategien noch gezielter zu entwickeln.

3.3 Portfolio-Analysemethoden

Ursprünglich wurde die Portfolio-Theorie zu Beginn der 50er Jahre von dem amerikanischen Ökonom Harry M. Markowitz entwickelt. Er analysierte das Investitionsverhalten von Anlegern an Kapitalmärkten, um auf der Basis bestimmter Annahmen gezielte Aussagen über deren Investitionsverhalten abzuleiten. Ziel der Portfolio-Theorie ist es, Handlungsanweisungen zur bestmöglichen Kombination von Anlagealternativen zur Bildung eines optimalen Portfolios zu geben. Diese Theorie wurde Anfang der 60er Jahre vom Marketing im Unternehmen aufgegriffen und zur Entwicklung von Produkt-Markt-Strategien sowie zur optimalen Verteilung von Ressourcen verwendet.

Portfolio-Analysen geben in einer zumeist zwei-dimensionalen Darstellung einen Überblick über die Marktsituation von Produkten, Kunden, Wettbewerbern oder, was den Einkauf anbelangt, von Beschaffungsobjekten bzw. Lieferanten. Sie werden eingesetzt, um daraus entsprechende Schlussfolgerungen zur strategischen Neuausrichtung der Analyseobjekte zu ziehen (Bruhn 2007, S. 69). Durch die Gegenüberstellung eines zumeist kaum zu beeinflussenden, unternehmensexternen und eines beeinflussbaren, unternehmensinternen Schlüsselfaktors sowie deren jeweiliger Ausprägungsstärke werden unterschiedliche Konstellationen voneinander abgegrenzt. Diese bilden den Ausgangspunkt zur Entwicklung unterschiedlicher Normstrategien. Auf dieser Basis erfolgt dann die Zuordnung und Ausarbeitung konkreter, strategisch geeigneter Maßnahmen, die zum Zeitpunkt ihrer Verabschiedung demnach als richtig zu bezeichnen sind.

In der betrieblichen Praxis werden inzwischen unterschiedliche Portfolio-Analysen im Einkauf verwendet, die sich nach der Art der von ihr verwendeten Schlüsselfaktoren und den von ihr gebildeten vier bzw. neun Handlungsfelder unterscheiden. Die Entwicklung eines Portfolios verläuft dabei in fünf grundlegenden Schritten:

- Schritt 1: Auswahl der geeigneten Portfolio-Darstellung als 4- oder 9-Felder-Matrix.

  Hier sei angemerkt, dass die 9-Felder-Matrix eine differenziertere Auseinandersetzung mit mehreren unterschiedlichen Konstellationen zwar gestattet, aber den polarisierenden Charakter einer 4-Felder-Matrix untergräbt. Aus meiner Sicht erschweren 9-Felder-Matrizen die Abgrenzung geeigneter Normstrategien unnötig, so dass im Folgenden lediglich 4-Felder-Darstellungen vorgestellt werden.

- Schritt 2: Auswahl der Portfolio-Objekte

  Zur Entwicklung eines Portfolios kommen im Einkauf sowohl materielle und nichtmaterielle Güter als auch Warengruppen oder Lieferanten zum Einsatz. Darüber hinaus lassen sich durch die Anordnung von Endprodukten in einem Portfolio wichtige Schlüsse zur Entwicklung von Einkaufsstrategien ableiten.

- Schritt 3: Festlegung der Schlüsselfaktoren

  Eine Gegenüberstellung unternehmensinterner und -externer Schlüsselfaktoren ist in vielen in der Praxis eingesetzten Portfolios sehr häufig vorzufinden, aber nicht unbedingt zwangsläufig. Der Einsatz zweier unternehmensexterner bzw. -interner Schlüsselfaktoren ist aus meiner Sicht ebenfalls sinnvoll.

- Schritt 4: Positionierung der Portfolio-Objekte

  Für die Positionierung der Portfolio-Objekte werden geeignete, möglichst überschneidungsfreie Kriterien benötigt, welche die Schlüsselfaktoren möglichst gut beschreiben. Hierbei stellt sich die Schwierigkeit der objektiven Gewichtung dieser Kriterien zur Entwicklung einer weitgehend realistischen Gesamtbeurteilung. Zumeist kommen hier Scoring-Modelle, wie beispielsweise die der Nutzwertanalyse zum Einsatz. Diese wird im vierten Kapitel im Abschnitt des Handlungsfelds „Kreditor" näher erläutert.

- Schritt 5: Ableitung von Strategien

  Für die Gestaltungsbereiche des Einkaufs sind anschließend geeignete Handlungsempfehlungen in Form von Normstrategien zu entwickeln und gegebenenfalls deren Durchsetzbarkeit mithilfe weiterer Schlüsselfaktoren zu verifizieren. Daher werden in der Praxis nicht selten mehrere Portfolios miteinander kombiniert, die die Ableitung dezidierter Strategien besser ermöglichen.

Im Folgenden werden unterschiedliche einkaufsrelevante Portfolios erläutert. Vorab wird jedoch zum besseren Verständnis das Produktlebenszyklus-Modell vorgestellt.

3.3.1 Produktlebenszyklus-Modell

Dieses Modell bildet das theoretische Fundament des im Anschluss zu erläuternden Marktanteils-Marktwachstums-Portfolios und dient als Basismodell für die Positionierung von Produkten. Dabei sind die grundsätzlichen, strategischen Maßnahmen im Einkauf für Produktionsmaterialien logischerweise auch immer im Zusammenhang mit den im Unternehmen hergestellten Endprodukten zu sehen.

In der Literatur gibt es mehrere Versionen des Produktlebenszyklus-Modells. Diese unterscheiden sich durch die Einteilung der jeweiligen, einzelnen Phasen. Die folgende Abbildung zeigt das häufig eingesetzte Modell mit den vier Phasen der Einführung, des Wachstums, der Reife und der Degeneration (vgl. Abbildung 3.12).

Abbildung 3.12 Produktlebenszyklus-Modell

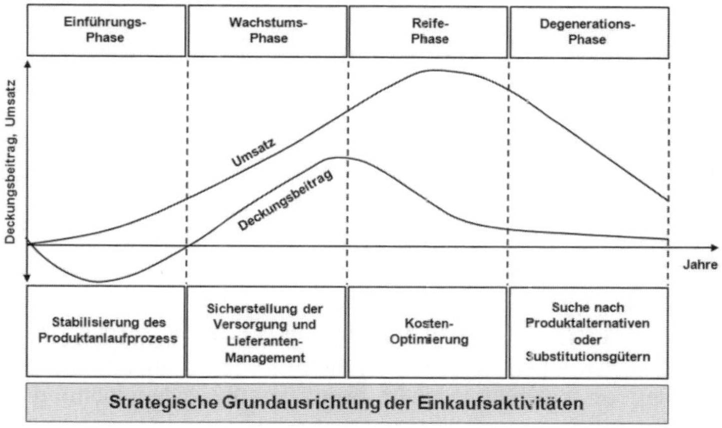

Zur Entwicklung einer passenden Produkt-Marktstrategie muss zunächst festgestellt werden, in welcher Phase sich das untersuchte Produkt befindet. In der Einführungsphase eines Produkts ist aufgrund des erst langsam steigenden Umsatzes in Verbindung mit den oftmals hohen Einführungs- und Vorlaufkosten mit einem negativen Einnahmeüberschuss im Unternehmen zu rechnen. Hier zeigt sich, ob im Unternehmen das im ersten Kapitel beschriebene Dilemma von Kosten und Ausgaben frühzeitig überwunden wurde und der Einkauf dazu in der Lage ist, den Produktanlaufprozess in der Wertschöpfungskette zu stabilisieren oder etwaige Änderungen zügig umzusetzen. Gelangt das Produkt nach erfolgreicher Markteinführung in die Wachstumsphase steigt dessen Umsatz rasch an und es wird in der Regel erstmals im Unternehmen die Gewinnschwelle erreicht. Hier ist es für den Einkauf von vordergründiger Bedeutung, die ansteigende Nachfrage durch Abstimmung der zur Materialversorgung erforderlichen Produktionskapazitäten in der Wertschöpfungskette rechtzeitig abzusichern.

In der Reifephase wird das Umsatzmaximum erreicht und erste Anzeichen für eine Sättigung des Marktes deuten sich an. Diese Phase verstärkt zur Kostenoptimierung zu nutzen und die für das Unternehmen hervorragende Stellung zur Verbesserung der Konditionen einzusetzen, bestimmt in hohem Maße die Handlungsalternativen im Einkauf. In der Degenerationsphase geht der Umsatz (weiter) zurück und der Kunde weicht auf andere Produkte aus. Für den Einkauf steht jetzt die Suche nach Produkt-Alternativen oder geeigneten Substitutionsgütern im Vordergrund. Gegebenenfalls muss er sich um ausreichende Kapazitäten zur Aufrechterhaltung der Ersatzteilversorgung bemühen.

In der Realität laufen diese Zyklen vom zeitlichen Verlauf her sehr unterschiedlich ab. Eindeutige Phasenübergänge sind selten zu identifizieren. So kann ein Abschwung in der Reifephase konjunkturell bedingt sein oder aber den Beginn der Degenerationsphase bedeuten. Ebenso wenig hat sich der S-förmige Verlauf empirisch bestätigen lassen. Außerdem hat sich gezeigt, dass Produkte unterschiedliche Kurvenverläufe nehmen können (Simon 2002, S.238). Jedoch können Produktmodifikationen zu einer gezielten Verlängerung des Produktlebenszyklus beitragen. Hierbei muss der Einkauf frühzeitig involviert sein, um geeignete Strategien zur Auswahl von Lieferanten und technischen Lösungen zu forcieren.

Die Übertragbarkeit des Produktlebenszyklus-Modells zur Ableitung von Einkaufsstrategien ist nicht so ohne weiteres möglich, da beispielsweise das Verhalten möglicher Wettbewerber, die Entwicklung des Marktanteils und des technischen Fortschritts unberücksichtigt bleiben. Der Nutzen dieses Modells ist in erster Linie ein strategischer Rahmen zur Grundausrichtung der Einkaufsaktivitäten. Demnach ist die Dringlichkeit von Maßnahmen zur Kostenoptimierung in der Reifephase vermutlich höher zu bewerten als in der Wachstumsphase. Hier steht für den Einkauf die Absicherung ausreichender Produktionskapazitäten in der Wertschöpfungskette im Vordergrund. So ist in der Degenerationsphase die Durchführung von Beschaffungsmarktaktivitäten bisweilen zielführender als die Durchführung langwieriger, wertanalytischer Maßnahmen.

3.3.2 Marktanteils-Marktwachstums-Portfolio

Dieses Portfolio stützt sich auf die Erkenntnisse des Produktlebenszyklus-Modells unter Einbeziehung des sogenannten Erfahrungskurveneffekts. Entwickelt wurde es erstmalig in Anlehnung an die von Markowitz erarbeitete Portfolio-Theorie von der Boston Consulting Group in den 60er Jahren. Bei diesem Portfolio werden durch die Gegenüberstellung des relativen Marktanteils auf der Abszisse und des Marktwachstums auf der Ordinate vier Felder gebildet, die in ihren jeweiligen Ausprägungsformen – niedrig bzw. hoch – zur Positionierung der Produkte eines Unternehmens dienen. Aus dieser Einordnung lassen sich anschließend zweckmäßige Produkt-Markt-Strategien ableiten (vgl. Abbildung 3.13).

Abbildung 3.13 Marktanteils-Marktwachstums-Portfolio

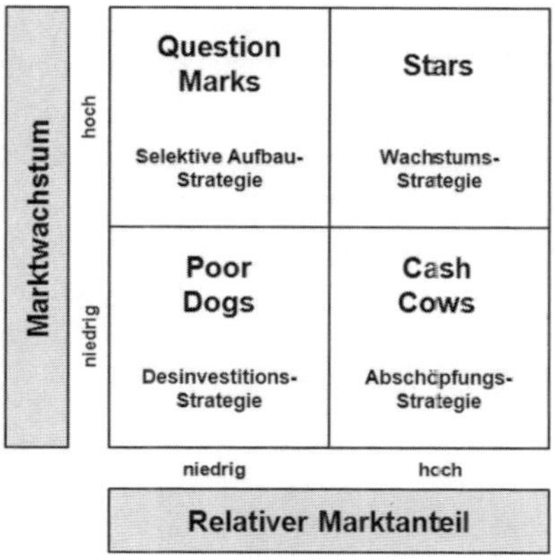

Zur Berechnung des relativen Marktanteils wird der eigene Marktanteil eines Produkts mit dem Marktanteil des stärksten Wettbewerbers in Relation gesetzt. Das jeweilige Marktwachstum wird aufgrund konjunktureller Daten ermittelt und beide Werte zur anschließenden Positionierung des Produkts im Portfolio verwendet. Die Felder dieser Matrix sind bei der Entwicklung von Einkaufsstrategien von hohem Interesse, da sie ein strategisches Umfeld abbilden, das sich mit den vom Einkauf verfolgten Strategien im Einklang befinden sollte. Benannt sind diese Felder nach den Originalbezeichnungen der Boston Consulting Group:

- Question Marks

  Diese Produkte befinden sich in einem Markt, bei denen das Unternehmen über einen geringen, relativen Marktanteil in einem stark wachsenden Markt verfügt. Die Produkte werden erst kurze Zeit verkauft oder sind schon mehrere Jahre auf dem Markt, werden aber noch nicht akzeptiert. Wird die Marktakzeptanz erreicht, entwickeln sich diese Produkte zu Stars. Bei Nichterreichen werden sie zwangsläufig zu Poor Dogs. Bestehen indes gute Aussichten für das Produkt, einen größeren Marktanteil zu erreichen, sollte hier aus Sicht des Unternehmens investiert werden. Andernfalls muss hinterfragt werden, ob zum Beispiel fehlende Produkteigenschaften oder nicht vorhandene Alleinstellungsmerkmale ein Zurückziehen aus diesem Markt nahelegen, um weitere Kosten zu vermeiden. Für den Einkauf ist es notwendig, die Positionierung dieser Produkte im Auge zu behalten, um beispielsweise die Sinnhaftigkeit langfristig zu verfolgender Einkaufsstrategien zu beurteilen oder Beschaffungsmarktforschungsaktivitäten gezielt auf vorhandene Potenziale zu lenken, die das Risiko von Fehlinvestitionen verringern.

– Stars

Diese Produkte mit einem hohen Marktanteil in einem stark wachsenden Markt sind die Gewinnträger der Zukunft. Obwohl der Gewinn aus diesen Produkten noch nicht sehr hoch ist, sollte hier in den Ausbau vorhandener Produktionskapazitäten investiert werden. Ebenso ist zu prüfen, ob die Produktpalette um andere Produkte ergänzt oder neue Kunden gewonnen werden, um die Marktposition zu halten bzw. zu verbessern. Mit steigendem Marktanteil wird die Position gegenüber dem Wettbewerb stärker, so dass eine Marktführerschaft angestrebt werden kann. Aus Sicht des Einkaufs sind auf der Beschaffungsseite deshalb jene Wertschöpfungsketten weiterzuentwickeln, die eine hohe Verfügbarkeit der benötigten Materialien auf längere Sicht gewährleisten.

– Cash Cows

Diese Produkte sind im Markt erfolgreich eingeführt, sie haben für das Unternehmen einen hohen Marktanteil und befinden sich auf einem nur noch schwach wachsenden oder sogar stagnierenden Markt. Derartige Produkte werfen Profit ab und schaffen im Unternehmen die finanziellen Ressourcen für Neuentwicklungen. Cash Cows sollten „gemolken" werden, es sollten also möglichst keine Produktveränderungen durchgeführt und die weitere Marktentwicklung sorgfältig beobachtet werden. Hier kann der Einkauf stärker als der Wettbewerb auf Mengenvorteile für die hierzu benötigten Materialien zurückgreifen und die Umsetzung von Kostenreduzierungsstrategien stärker vorantreiben. So kann er mit dazu beitragen, aus der Position dieser Produkte zusätzliche Gewinne abzuschöpfen.

– Poor Dogs

Produkte dieser Gruppe haben kein großes Marktpotenzial mehr, da der Markt schrumpft oder andere Produkte beziehungsweise neue Lösungen an deren Stelle getreten sind. Für Unternehmen empfiehlt es sich, diese Produkte aus dem Markt zu nehmen, also zu desinvestieren und hierbei finanzielle Ressourcen zur Entwicklung neuer Produkte einzusparen. Für den Einkauf bedeutet dies, rechtzeitig sein Wissen über die Beschaffungsmärkte in den Prozess der Produktneuentwicklung einzubringen oder die Lieferfähigkeit von Ersatzteilen innerhalb der Wertschöpfungskette abzusichern.

Für die Entwicklung dezidierter Einkaufsstrategien ist dieses Portfolio weniger geeignet, da die unternehmensspezifische Situation auf den jeweiligen Beschaffungsmärkten hierbei unberücksichtigt bleibt. Anstelle der benötigten Materialien befinden sich lediglich die vom Unternehmen hergestellten Endprodukte im Fokus dieser Methode. Daher müssen zur Ableitung von Einkaufsstrategien für Beschaffungsobjekte, Lieferanten oder Warengruppen geeignetere Schlüsselfaktoren in einem Portfolio verwendet werden, von denen im Folgenden detailliert die Rede sein wird.

3.3.3 Einkaufsvolumen-Versorgungsrisiko-Portfolio

Im Einkauf ist dieses Portfolio in der betrieblichen Praxis eine der am meist genutzten Portfolio-Analysen und ebenso unter den Begriffen Beschaffungsgüter-Portfolio bzw. Einkaufs- oder Materialportfolio relativ weit verbreitet. Die Entwicklung dieses Ansatzes geht zurück auf die McKinsey-Unternehmensberatung, die Mitte der 80er Jahre anhand der Schlüsselfaktoren Einkaufsvolumen und Versorgungsrisiko ein Portfolio zur Entwicklung von Einkaufsstrategien konzipierte (vgl. Abbildung 3.14).

Abbildung 3.14 Einkaufsvolumen-Versorgungsrisiko-Portfolio

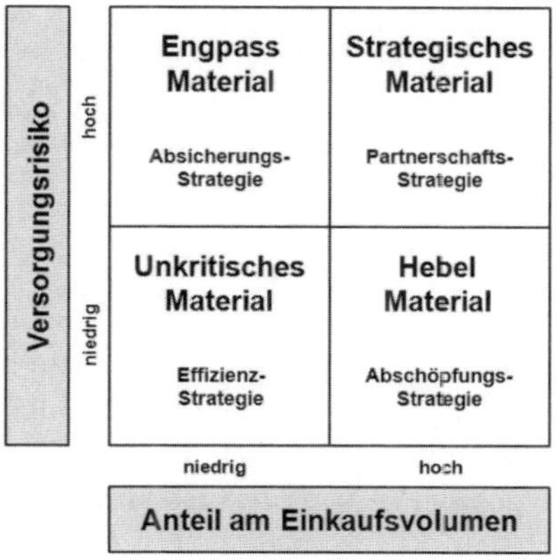

Die dabei entstehende Einteilung differenziert zwischen strategischen Materialien, Hebel- und Engpassmaterialien sowie unkritischen Materialien, aus denen sich im Einkauf sogenannte Normstrategien für Materialien als auch für Warengruppen ableiten lassen.

Zur strategischen Positionierung der zu beschaffenden Materialien dient einerseits der Anteil, den ein bestimmtes Material am gesamten Einkaufsvolumen darstellt. Hierbei wird zur Einordnung der Materialien auf die Ergebnisse einer ABC-Analyse zurückgegriffen, die für A-Materialien und den Teil der höherwertigen B-Materialien einen hohen Anteil am Einkaufsvolumen implizieren. Im Gegensatz zu den C- und geringwertigen B-Materialien, die nur einen niedrigen Anteil am Einkaufsvolumen des Unternehmens ausmachen.

Andererseits ist für jedes Material das jeweilige Versorgungsrisiko zu analysieren, um eine endgültige Positionierung im Portfolio vornehmen zu können. Hierbei stellt sich die Schwierigkeit nicht nur das aktuelle, sondern auch das zukünftige Versorgungsrisiko ausreichend und ausgewogen zu beurteilen. Dies macht den Einsatz sogenannter Scoring-Verfahren wie beispielsweise das der Nutzwertanalyse erforderlich. Wesentliche Kriterien, die sich nach ihrer Herkunft in unternehmens- oder marktbedingte Kriterien einteilen lassen, können zur Beurteilung des Versorgungsrisikos herangezogen werden. Eine umfassende Übersicht relevanter Beurteilungskriterien ist in Abbildung 3.15 dargestellt.

Abbildung 3.15 Beurteilungskriterien zum Versorgungsrisiko

Unternehmensbedingte Beurteilungskriterien	Marktbedingte Beurteilungskriterien
• Technische Anforderungen an das Produkt • Standardisierungsgrad des Beschaffungsobjekts • Kosten für Lieferantenwechsel • Möglichkeiten der Substitution oder Eigenfertigung • Änderungshäufigkeit und -aufwand • Anzahl freigegebener Lieferanten • Hohe Qualitätsanforderungen • Hoher Prüfungsaufwand • Zukünftige Bedarfsentwicklung • Ungenauigkeit der Bedarfsprognose • Bedarfsschwankungen	• Beschaffungsmarkt-Struktur: -Größe, -Volumen • Konkurrenzsituation: Zahl der Lieferanten im Markt • Kapazitätsauslastung: des Lieferanten, der Branche • Verfügbarkeit von Vormaterialien und Rohstoffen • Erwartete Marktpreisentwicklung • Markteintrittsbarrieren: Know-How, Kapital, Gesetze • Komplexität des Fertigungsverfahren • Erforderliches technisches Lieferanten - Know-How • Stabilität der technologischen Entwicklung • Image des Unternehmens als Abnehmer • Logistische Komplexität: Wiederbeschaffungszeiten • Umweltrisiken: Politische Stabilität

Besonders kritisch sind hierbei die unternehmensbedingten Ausprägungen eines hohen Versorgungsrisikos. Diese führen für das Unternehmen faktisch zu hausgemachten Quasi-Monopolsituationen, die sich in aller Regel als hartnäckiger und langlebiger erweisen, als marktbedingte Gründe für ein Versorgungsrisiko. Daher sollten Einkaufsstrategien immer auch darauf abzielen, nicht notwendige Versorgungsrisiken für zugekauftes Material zu verringern.

Für die einzelnen strategischen Felder dieses Portfolios sind folgende grundlegenden, normativen Strategien und zugehörige Maßnahmen demnach zu empfehlen:

Unkritisches Material: Bei diesen Materialien steht – strategisch gesehen – die Erhöhung der Effizienz der Bestellabwicklung im Vordergrund. Hier ist der Wettbewerb unter den Lieferanten groß und die Komplexität der Materialien zumeist eher gering. Aufgrund des geringen Einkaufsvolumens sind Chancen zur nachhaltigen Kostenreduzierung tendenziell weniger vorhanden. Im Umgang mit diesen Materialien bieten sich im Einkauf primär die folgenden Maßnahmen an:

- Reduzierung der Bestellabwicklungskosten durch e-Procurement
- Verringerung des Materialverbrauchs
- Ausbau der Verwendung von Standard- und Normteilen
- Bündelung durch Sammelbestellungen
- Bündelung des Bedarfs mehrerer Standorte
- Aufbau von Einkaufskooperationen
- Outsourcing an Beschaffungsdienstleister
- Vermeidung / Verringerung von Termin-, Rechnungs- oder Qualitätskontrollen
- Reduzierung der Anzahl an Lieferanten
- Einsatz von Katalogsystemen

- Ausgabentransparenz und Budgetierung
- Rechnergestützte Bestellungen oder direkt durch den Bedarfsträger
- Einsatz von Firmenkreditkarten (sog. Purchasing Cards)
- Keine oder nur geringe eigene Beschaffungsmarktforschungsaktivitäten

Hebelmaterial: Für diese Materialien ist die Ausgangssituation im Unternehmen zur Abschöpfung von Kostensenkungspotenzialen besonders günstig. Demnach lautet hier die Normstrategie: Nutzen des Marktpotenzials. Der Wettbewerb im Beschaffungsmarkt ist ebenfalls groß und bedeutet ein niedriges Versorgungsrisiko. Aufgrund des hohen Einkaufsvolumens ergeben sich demnach größere Chancen zur nachhaltigen Kostenreduzierung oder die Verpflichtung des Lieferanten zur Übernahme von operativen Abwicklungsprozessen, wie beispielsweise die der Lagerhaltung. Bei dieser Positionierung von Materialien sind durch den Einkauf folgende Maßnahmen wahrzunehmen:

- Forcierung des Wettbewerbs unter Lieferanten
- Ausnutzen der Konkurrenzsituation durch aggressive Preisverhandlungen
- Einsatz von elektronischen Auktionen
- Offenlegung der Kalkulation von Lieferanten („Open Book")
- Intensivierung des internationalen Einkaufs (Global Sourcing)
- Senkung der Kapitalbindungskosten durch vorteilhafte Zahlungsbedingungen
- Verlagerung der Lagerhaltung und Materialdisposition auf Lieferanten
- Abwälzen von Qualitätssicherungsmaßnahmen
- Einfordern von Garantie- und Gewährleistungszugeständnissen

Engpassmaterial: Diese Materialien zeichnen sich für das Unternehmen bei einem geringen Einkaufsvolumen durch ein hohes Versorgungsrisikos aus. Von Bedeutung ist hierbei als normstrategische Forderung die Absicherung einer reibungslosen Materialversorgung. Der direkte Wettbewerb unter Lieferanten ist gering und kann aufgrund des niedrigen Einkaufsvolumens daher nur schwer stimuliert werden. Vielfach entwickeln sich Materialien für auslaufende Produkte zu Engpassmaterialien aufgrund bestehender Verpflichtungen zur Lieferung von Ersatzteilen. Kostensenkende Maßnahmen sind daher weniger von Bedeutung. Für diese sehr ungünstige Situation können durch den Einkauf folgende Maßnahmen ergriffen werden:

- Aufbau höherer Sicherheitsbestände
- Großzügige Bestellmengen
- Abschluss langfristiger Lieferverträge
- Passive Preisverhandlungen und Preiszugeständnisse an Lieferanten
- Einkauf der Materialien bevorzugt im näheren lokalen Umfeld (Local Sourcing)
- Aufbau eines engen Beziehungsmanagements zum Lieferanten (Lieferantenpflege)
- Entwicklung von Lieferanten zu Vorzugslieferanten
- Anfrage und Durchführung von Paketvergaben
- Neuspezifizierung des Materials durch technische Änderung (Wertanalyse)
- Forcieren wertanalytischer Maßnahmen im Unternehmen
- eventuell: Suche nach Alternativen oder Substitutionsgütern im globalen Umfeld

Strategisches Material: Diesem gebührt im Einkauf die höchste Aufmerksamkeit. Hier ist die Sicherstellung der Versorgung für das Unternehmen schon allein aus strategischen Gründen zwingend notwendig. Im Unterschied zu Engpassmaterial wiegen Versorgungsrisiken hier deutlich schwerer. Gleichzeitig müssen vom Einkauf Wege beschritten werden, die die Wirtschaftlichkeit bzw. die Kostenvorteilhaftigkeit für strategisches Material absichern. Für den Einkauf ergeben sich hier nur wenige Handlungsspielräume, die daher eine partnerschaftliche Zusammenarbeit mit dem Lieferanten nahelegen und folgende Maßnahmen eröffnen:

- Exakte Bedarfsplanung zur Vermeidung selbstverschuldeter Versorgungsengpässe
- Gemeinsame Durchführung preis- und wertanalytischer Maßnahmen
- Längerfristige Lieferverträge
- Enge Kooperation durch Lieferantenpartnerschaften
- Lieferantenentwicklung
- Nachhaltiges Risikomanagement und Notfallplanung
- Intensivierung der Beschaffungsmarktforschung
- Aufbau oder Intensivierung einer Eigenfertigung („Make“ statt „Buy“)
- Übernahme des Lieferanten (Vertikale Integration)

Mithilfe dieses Portfolios lassen sich erste Handlungsanweisungen erarbeiten und grundsätzliche Stoßrichtungen im Hinblick auf die analysierten Materialien ableiten. Bei der Strategieformulierung für komplette Warengruppen stößt dieses Portfolio jedoch an seine Grenzen. Auch die unternehmensspezifische, technologische Bedeutung des Lieferanten oder seine Marktstellung werden durch die hier zugrundeliegenden Schlüsselfaktoren nur unzureichend berücksichtigt. Daher kann die Entwicklung dieses Portfolios nur ein erster Schritt zu einer ausgewogenen Strategiebildung sein, die durch weitere Portfolio-Überlegungen oder andere analytische Methoden zu ergänzen sind.

3.3.4 Lieferanten-Portfolio

Aufbauend auf den Positionierungen in einem Einkaufsvolumen-Versorgungsrisiko–Portfolio kann durch die Bildung eines Lieferantenportfolios sozusagen eine dritte Betrachtungsebene in die Ausgestaltung einer Einkaufsstrategie für Materialien mit aufgenommen werden. Dies unterstützt eine ausgewogenere Formulierung einer Einkaufsstrategie.

Bei diesem Portfolio werden als Schlüsselfaktoren der Anteil am Umsatzvolumen des Lieferanten, welches in Kapitel 3.1.1 als relative Nachfragemacht beschrieben wurde sowie das lieferantenspezifische Versorgungsrisiko verwendet (vgl. Abbildung 3.16). Durch die Berücksichtigung eines lieferantenspezifischen Schlüsselfaktors kann zusätzlich die Umsetzbarkeit der im Beschaffungsgüter (Einkaufsvolumen-Versorgungsrisiko)-Portfolio entwickelten materialbasierten Normstrategien überprüft werden.

Während die Ermittlung des wertmäßigen Anteils am Umsatzvolumen des Lieferanten noch relativ leicht zu bewerkstelligen ist, stellt die Ermittlung eines lieferantenspezifischen Versorgungsrisikos die größere Schwierigkeit dar. Ist der Anteil am Umsatzvolumen ausreichend groß, wird der Lieferant diesem Umsatzvolumen in aller Regel einen hohen Stellenwert beimessen, da für ihn das Unternehmen ein wichtiger Kunde darstellt. Das Risiko einer Nichtbelieferung ist deswegen als eher gering einzustufen. Zur Ermittlung der Intensität des Versorgungsrisikos sind neben den schon in Abbildung 3.15 genannten Beurteilungskriterien auch die Wettbewerbsintensität unter den Lieferanten oder die wirtschaftliche Situation des Lieferanten mit zu berücksichtigen.

Abbildung 3.16 Lieferanten-Portfolio

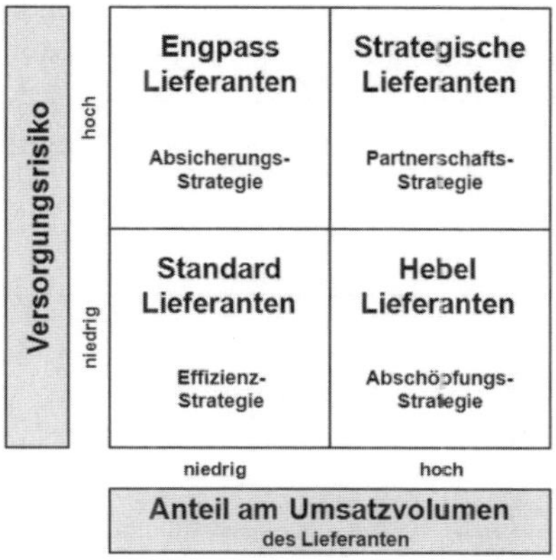

Die eigene Bedeutung des Unternehmens für den Lieferanten ausschließlich am erreichten Anteil des Umsatzvolumens abzuleiten, wäre jedoch unzureichend. So wird die Bedeutung des Unternehmens ebenso maßgeblich dadurch beeinflusst, inwieweit die eingekauften Beschaffungsobjekte für den Lieferanten eine hohe technische oder logistische Hürde darstellen, die zu einem späteren Zeitpunkt zu einer Ausweitung seines Umsatzes mit anderen Kunden beitragen kann. Im gleichen Zusammenhang ist der Referenzwert des Unternehmens für den Lieferanten von Bedeutung. Stellt die Zusammenarbeit mit dem Unternehmen für den Lieferanten einen Image-Gewinn dar, so wird er der Geschäftsbeziehung einen hohen Stellenwert beimessen, da er diese Zusammenarbeit zur Gewinnung neuer Kunden vermarkten kann. So ist der Austausch von Know-how in einer reibungslosen Zusammenarbeit für den Lieferanten regelmäßig von großer Relevanz und verbessert die Wertschätzung des Unternehmens. Auch kleinere, für den Lieferanten preislich attraktive Umsatzvolumina oder kleinere Mengenvolumina, die eine sinnvolle Ergänzung seiner Kapazitätsauslastung darstellen, erhöhen die Wertschätzung und Bedeutung des Unternehmens. So müssen beispielsweise preisunempfindlichere Engpassmaterialien nicht zwangsläufig mit einem hohen Versorgungsrisiko einhergehen, wenn der Lieferant durch diese einen attraktiven Deckungsbeitrag erzielen kann. Außerdem ist eine hohe eigene Zahlungsmoral beziehungsweise eine gute Bonität des Unternehmens ein zusätzlicher Faktor, die eigene Attraktivität in der Wahrnehmung des Lieferanten zu steigern.

Neben der Analyse der unternehmensspezifischen Kriterien, dürfen zur Einschätzung des Versorgungsrisikos auch die lieferantenspezifischen Kriterien nicht außer Acht gelassen werden. So ist die jeweilige Kapazitätsauslastung des Lieferanten bei der Analyse des Versorgungsrisikos von großer Relevanz. Auch kann eine schlechte Bonität des Lieferanten diesen veranlassen, Aufträge auch dann anzunehmen, die er unter normalen Umständen ablehnen würde. Hierbei ist für das Unternehmen das Risiko, dass der Lieferant auf Dauer seinen Lieferverpflichtungen nicht nachkommen wird, deutlich höher zu bewerten.

Zur besseren Einschätzung des lieferantenspezifischen Versorgungsrisikos dürfte hier die Positionierung des eigenen Unternehmens in der Wahrnehmung des Lieferanten mithilfe des sogenannten Kunden-Portfolios zusätzliche Einsichten liefern. Durch eine Gegenüberstellung des relativen Geschäftswertes – des reversen Einkaufsvolumens – sowie einer selbst-kritischen Einschätzung der eigenen Attraktivität, lassen sich mögliche Rückschlüsse auf das potenzielle Verhalten des Lieferanten ableiten (vgl. Abbildung 3.17).

Abbildung 3.17 Kunden-Portfolio

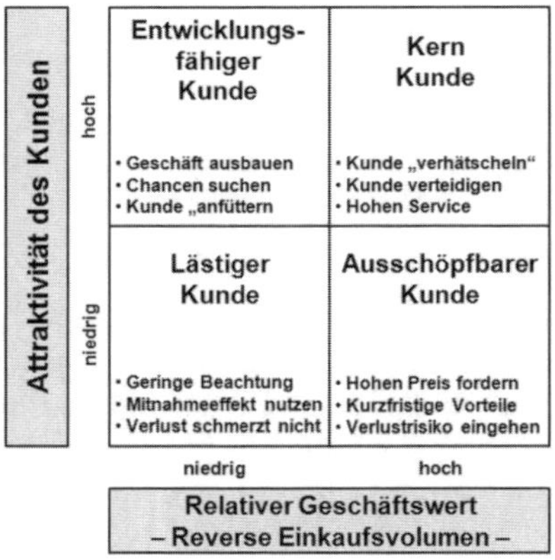

Für den Lieferanten ist das Unternehmen demnach ein Kern-Kunde, wenn bei einem hohen relativen Geschäftswert die Zusammenarbeit dem Lieferanten zusätzlich einen hohen Nutzen stiftet. Der Lieferant wird das Unternehmen gegenüber seinem Wettbewerb verteidigen, dem Unternehmen einen hohen Service bieten und es nicht zulassen, dass andere Lieferanten an seiner Stelle die Geschäftsbeziehung übernehmen. Eine Gefahr liegt in diesem Fall darin, dass der Lieferant sogenannte „Kampfpreise" abgibt, die er dem Unternehmen nicht auf Dauer bieten kann. Da ist die Position des Unternehmens als entwicklungsfähiger Kunde in der Wahrnehmung des Lieferanten deutlich entspannter. Aufgrund des geringeren Geschäftswertes ist für den Lieferanten der Konkurrenzdruck des eigenen Wettbewerbs hier nicht so groß, so dass er in der Zusammenarbeit mit dem Unternehmen, neue Chancen zur Verbesserung und Ausbau der Geschäftsbeziehung suchen kann. Kritisch ist für ein Unternehmen die Stellung als ausschöpfbarer Kunde. Hier stellt ein hoher relativer Geschäftswert für das Unternehmen keine Absicherung dar, wettbewerbsfähige Konditionen zu erhalten und zur Sicherstellung einer langfristigen Versorgung. Als lästiger Kunde ist die Situation für ein Unternehmen äußerst kritisch, insbesondere wenn der Lieferant beispielsweise Engpassmaterial liefert und dem Geschäft nur geringe Wertschätzung beimisst. Hier schmerzt der Verlust der Geschäftsbeziehung den Lieferanten weitaus weniger als dem Unternehmen.

Für die Ableitung einzelner Einkaufsstrategien sind im Wesentlichen die schon im Rahmen des Einkaufsvolumen-Versorgungsrisiko–Portfolios aufgezeigten Strategien analog auf das Lieferantenportfolio zu übertragen. Mit Ausnahme der Situation für Engpassmaterial führt der Einkauf von strategischem Material bei strategischen Lieferanten, Hebelmaterial bei Hebellieferanten oder unkritischem Material bei Standardlieferanten zu einer übereinstimmenden und ausgewogenen Positionierung in beiden Portfolien. Dies unterstreicht einmal mehr die Wahrnehmung der Normstrategie für diese Materialien. Da bei Lieferanten nicht selten mehrere Materialien eingekauft werden, ergeben sich in der Praxis ebenso Konstellationen außerhalb dieses Optimums. Hier ist zu prüfen, ob deren Konstellation für das Unternehmen als kritisch oder tragbar einzustufen ist. Aufschluss über die Realisierbarkeit einer Normstrategie ergibt sich aus der Kombination beider Portfolien (vgl. Abbildung 3.18).

Abbildung 3.18 Kombiniertes Beschaffungsgüter und -quellen-Portfolio

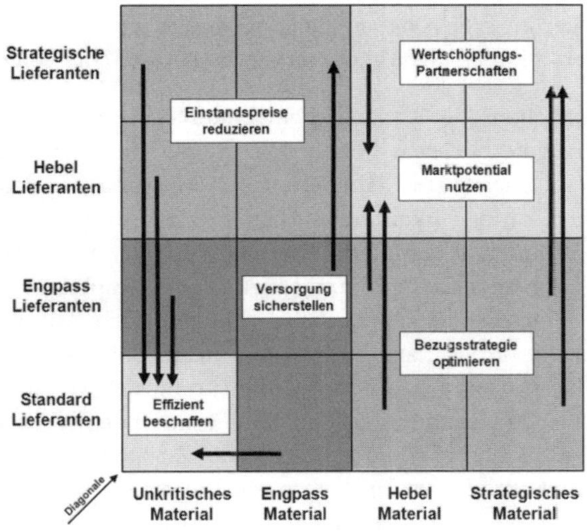

In den Fällen einer ungleichgewichtigen Positionierung außerhalb der Diagonalen können in diesem kombinierten Beschaffungsgüter- und -quellen-Portfolio, wertvolle Hinweise für eine zukünftige Verlagerung von Materialien und einer zweckmäßigen Ausrichtung des Gesamtportfolios abgeleitet werden.

Aus Einkaufssicht sollte ein Unternehmen die in dieser Darstellung heller markierten Felder vorzugsweise anstreben. Umgekehrt gilt es, die dunkler dargestellten Felder möglichst zu vermeiden, da hier das Gefährdungspotenzial bezüglich der Versorgungssicherheit am höchsten ist. Wird unkritisches Material neben den Standardlieferanten auch von anderen Lieferanten bezogen, liegt hier sehr stark die Vermutung nahe, dass die Auswahl der Lieferanten weniger nach strategischen Aspekten, als nach situativen Gesichtspunkten entschieden wurde. So werden strategische Lieferanten auch unkritisches Material liefern, sind aber für diese Wertschöpfung eher ungeeignet bzw. „überqualifiziert". Hierbei kann von hohen Prozesskosten ausgegangen werden, da der strategische Lieferant vermutlich die gleichen aufwändigen Prozesse bedient, wie bei der Lieferung von strategischem Material. Daher muss das Unternehmen für unkritisches Material tendenziell mehr als notwendig zahlen. Eine Verlagerung von unkritischem Material auf Standardlieferanten ist deshalb generell anzustreben, zumal dies neben einer Reduzierung von Einstandspreisen in aller Regel zu einer höheren Prozesseffizienz führt.

Der Bezug von Engpassmaterial bei Standardlieferanten lässt darauf schließen, dass es sich bei diesem Material um Spezialmaterial handelt, welches ein geringwertiges Einkaufsvolumen verkörpert und aufgrund von fehlendem Wettbewerb nicht von anderen Lieferanten gekauft wird. Hier kann durch die Überarbeitung der Spezifikation oder die Herabsetzung von überzogenen Qualitätsansprüchen der Weg für mehr als einen Lieferanten frei gemacht und so das Versorgungsrisiko verringert werden. Alternativ ist zu prüfen, ob sich Engpassmaterialien auf strategische Lieferanten verlagern lassen oder ob Engpasslieferanten zu strategischen Lieferanten entwickelt werden können, um so das Versorgungsrisiko zu entschärfen. Eine Verlagerung von Engpassmaterial auf Hebellieferanten kann aufgrund der Geringwertigkeit des Einkaufsvolumens tendenziell ausgeschlossen werden.

Der Einkauf von Hebelmaterialien oder strategischem Material bei Engpass- oder Standardlieferanten einzukaufen wäre höchst fahrlässig. Bei diesen Konstellationen wird im Falle von Hebelmaterialien die Chance zur Reduzierung von Materialkosten oder im Falle von strategischem Material die Möglichkeit zur Zusammenarbeit mit Lieferanten stark eingeschränkt. Bei einer Positionierung in diesen Feldern ist eine Optimierung der Bezugsstrategie erforderlich, um vorhandene Chancen und Möglichkeiten mit besser dafür geeigneten Lieferanten zu nutzen. Bei den Hebelmaterialien geht es primär darum, einen umsatzschwächeren Hebellieferanten zu finden, der diesem Einkaufsvolumen einen höheren Stellenwert beimisst und eine größere Chance zur Verbesserung der Konditionen bietet. Das Gleiche gilt auch für die Konstellation, Hebelmaterial von strategischen Lieferanten einzukaufen. Bei strategischem Material sollte eine intensive Zusammenarbeit auf einem Gleichgewicht der Kräfte aufbauen. Dieses für das Unternehmen sehr wichtige und wertintensive Material sollte nicht in einseitiger Abhängigkeit eines Engpass- oder Standardlieferanten bezogen werden.

So kann primär für Materialien die Kombination dieser Portfolien einen wichtigen Beitrag zur Ableitung ausgewogener Einkaufsstrategien leisten. Dennoch sind die Schlussfolgerungen aus diesen Portfolien für die Bildung einheitlicher Warengruppenstrategien oftmals nur unzureichend, da innerhalb eines Warengruppen-Portfolios sehr unterschiedliche und uneinheitliche Lieferanten-Materialkombinationen vorzufinden sind, welche die Entwicklung einer einheitlichen Warengruppenstrategie im Einkauf erschweren.

3.3.5 Ableitung von Warengruppenstrategien

Bisher wurden Materialien auf der Grundlage der Positionierung im Einkaufsvolumen-Versorgungsrisiko–Portfolio grundsätzlich Normstrategien zugewiesen. In einem weiteren Schritt müssen diese nun in einer ganzheitlichen Warengruppenstrategie näher konkretisiert und ausgestaltet werden. Aus der Sicht eines wertschöpfungsorientierten Einkaufs steht dabei die Gestaltung der Art und Weise der Zusammenarbeit zwischen Unternehmen und Lieferant – der sog. Supplier Relation – innerhalb einer Warengruppe im Mittelpunkt der strategischen Ausrichtung. Hierbei lassen sich vier Schwerpunkte charakterisieren, die für eine strategische Entwicklung innerhalb einer Warengruppe relevant sind. Diese sind: Lieferantenbasis, Materialstruktur sowie vertikale und horizontale Kooperationsintensität (Appelfeller/Buchholz 2005, S. 9f). So sind je nach Positionierung im Portfolio Entscheidungen zu treffen, wie die generelle Zusammenarbeit mit Lieferanten in einer Warengruppe zu führen ist. Optionen sind beispielsweise eine langfristige, enge und vertrauensvolle Zusammenarbeit oder eine kurzfristige, preisfokussierte und wettbewerbsorientierte, um nur einige mögliche Beispiele zu nennen. Auf Basis der vorhandenen, spezifischen Merkmalsausprägungen einer Warengruppe, die im Rahmen der Warengruppendossiers größtenteils erfasst wurden, erfolgt die Ableitung von Einkaufsstrategien. Idealerweise zielen diese auf eine messbare Veränderung der vorhandenen Warengruppenmerkmale ab (vgl. Abbildung 3.19).

Abbildung 3.19 Ausprägungen einer Warengruppe

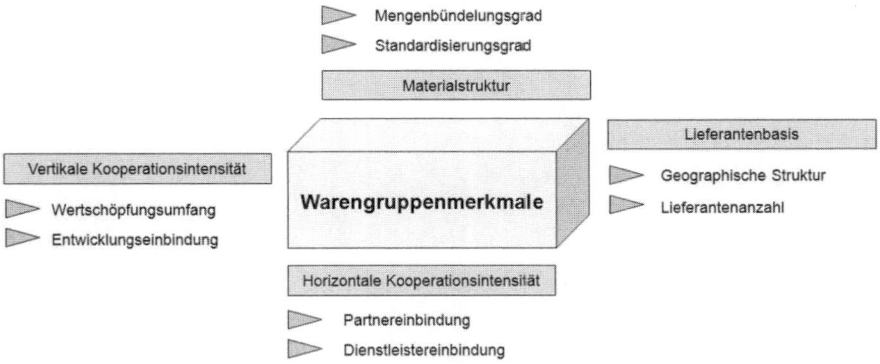

Zur Ableitung von Einkaufsstrategien sind für alle relevanten Warengruppen deren zu erzielende Merkmalsausprägungen festzulegen. So ist auf der Grundlage der Materialklassifizierung eines Einkaufsvolumen-Versorgungsrisiko-Portfolios beispielsweise die zukünftige geographische Struktur der Lieferantenbasis, also die angestrebte, regionale Verteilung der Lieferanten sowie deren optimale Anzahl innerhalb der Warengruppe Inhalt einer Einkaufsstrategie. Ebenso können durch die jeweilige Zuordnung einer Normstrategie, Aussagen zur vertikalen Kooperationsintensität getroffen werden. Dabei geht es darum, ob eine frühzeitige Einbindung von Lieferanten in den Produktentwicklungsprozess zweckmäßig erscheint oder wie der Wertschöpfungsumfang der Lieferanten in der Warengruppe aussehen sollte, um primär kritische Abhängigkeiten zu vermeiden, die das Versorgungsrisiko vergrößern. Auch die Materialstruktur einer Warengruppe kann inhaltlicher Bestandteil einer Warengruppenstrategie sein. So lässt sich zum Erreichen von Kostenreduzierungen der Standardisierungsgrad in einer Warengruppe gezielt erhöhen oder zur Ausnutzung von Kostendegressionseffekten, Bedarfsmengen bündeln. Außerdem können Unternehmen im Einkauf kooperieren, um Preisvorteile zu erzielen oder die Materialversorgung kostengünstiger und effizienter auf Beschaffungsdienstleister übertragen. So können eigene Materialbedarfe mit weiteren Bedarfen anderer Unternehmen beziehungsweise mit denen eines Beschaffungsdienstleisters gebündelt werden und so zur Verringerung des Versorgungsrisikos oder zur Verbesserung der Kostensituation im Unternehmen führen.

Eine Übersicht, welche Merkmalsausprägungen sich auf der Grundlage einer portfoliobedingten Materialklassifizierung bzw. Normstrategie für eine Warengruppenstrategie zuordnen lassen, zeigt die Abbildung 3.20. Im Telegrammstil werden die jeweiligen, einkaufsstrategischen Stoßrichtungen skizziert, die idealerweise zu einem messbaren Bestandteil einer Warengruppenstrategie gehören. (Appelfeller/Buchholz 2005, S. 111ff).

Abbildung 3.20 Warengruppenstrategien auf der Basis von Warengruppenmerkmalen

Warengruppen - Strategien	Strategisches Material	Hebel Material	Engpass Material	Unkritisches Material
Geographische Struktur	globale oder lokale Strukturen sind sinnvoll, wegen des Mengenvolumens sind kurze Transportwege und eine enge logistische Anbindung jedoch zu bevorzugen	Aufbau globaler Strukturen bietet beste Nutzung von Chancen zur Kostenreduzierung, aber hohe Abhängigkeit muss vermieden werden	Ausdehnung der Struktur, kann zu neuen Lieferanten beitragen, aber Lieferanten können aufgrund des geringen Einkaufsvolumens nur geringe Anreize geboten werden	primär lokale Strukturen, da kurze Transportwege hohe Effizienzgewinne bedeuten, Reduzierung von Kosten steht weniger im Vordergrund
Lieferanten-Anzahl	primär Single-Sourcing, da vom Lieferanten oft hohe Investitionen zu tätigen sind wie z.B. Maschinen und Anlagen, spezielle Werkzeuge (beiderseitige Abhängigkeit)	primär viele Lieferanten zur Aufrechterhaltung des Wettbewerbs oder Single-Sourcing mit kurzen Vertragslaufzeiten	mehrere Lieferanten bieten Vorteile, aber Spezifität der Materialien ist problematisch, langfristige Verträge, Lieferantenpflege und Sicherheitsbestände bieten größere Vorteile	wenige Lieferanten, da Preise geringe Bedeutung haben und Effizienzgewinne große operative Abwicklungsvorteile verschaffen
Einbindung in Entwicklung	frühzeitige Einbindung des Lieferanten zur Reduzierung der Gesamtkosten und intensive Nutzung des Lieferanten Know-Hows	keine Einbindung, um Abhängigkeiten zu Lieferanten zu vermeiden	unbedeutend aufgrund geringen Einkaufsvolumens und zur Vermeidung von Abhängigkeiten, allenfalls denkbar zur Entwicklung zu einem Vorzugslieferanten	keine Einbindung zur Vermeidung unnötiger Abhängigkeiten – Lieferant ist ausschließlich Teilefertiger
Umfang Wertschöpfung	hohe Wertschöpfungstiefe und hohe Systemumfänge stehen im Mittelpunkt	geringe Wertschöpfungstiefe zur Verhinderung von Abhängigkeiten steht im Vordergrund der Geschäftsbeziehungen	Geschäftsbeziehungen mit hohem Einkaufsvolumen sind nicht relevant Ausweitung der Zusammenarbeit führt zu Entstehen von strategischem Material	keine Einbindung in Entwicklungsprozesse, da Gefahr von Abhängigkeiten bei geringem Einkaufsvolumen entstehen würden
Grad der Standardisierung	Standardisierung von Material kann sinnvoll sein (Plattform-Strategie), wichtiger: Erreichen einer hohe Prozessstabilität	Standardisierung und Verwendung von Gleichteilen bieten große Vorteile zur Verbesserung der Nachfragemacht und zur Erhöhung des Mengenvolumens	Standardisierung teilweise schwierig aber: Reduzierung der technischen Komplexität durch „Entfeinerung" Einsatz einer Wertanalyse oder Materialsubstitution	Standardisierung sollte primär zur Reduzierung von Prozesskosten beitragen, aber besitzt nur geringe Kostenrelevanz aufgrund des geringen Einkaufsvolumens
Mengen-Bündelung	hohe technische Komplexität und heterogene Materialien bieten nur geringes Potential zur Mengenbündelung und erhöhen die Abhängigkeit vom Lieferanten	große Vorteile zur Verbesserung der Nachfragemacht aufgrund niedriger Spezifität der Materialien und Erhöhung des Mengenvolumens	aufgrund Bedarfsstrukturen oft schwierig, aber sinnvoll zum Aufbau von Nachfragemacht	Bündelungsvorteile vorhanden, aber aufgrund vorhandenem Wettbewerb nur geringe Relevanz
Partner-Einbindung	Informationsaustausch mit Partnern ist aufgrund des Wettbewerbs schwierig oder nicht beabsichtigt, die Spezifizität der Materialien erschwert den Partnerverbund	gute Eignung für Partnereinbindung, jedoch schwierige Identifikation passender Materialien, teilweise nur geringer Zusatznutzen bei überragendem Mengenvolumen	Partnerverbund problematisch, da möglicherweise ein Kampf um begrenzte Ressourcen entsteht, aber: mögliche Chancen zur Entwicklung von Nachfragemacht	problematisch, da nur geringe Kostenrelevanz, geringes Potential für unternehmensübergreifende Reduzierung von Prozesskosten
Dienstleister-Nutzung	enge Zusammenarbeit mit Lieferanten spricht gegen die Einschaltung eines „zusätzlichen" Dienstleisters und zusätzlich Gefahr des Know-How Abflusses vermeiden	gute Eignung für Einbindung eines Dienstleisters, schwierige Identifikation geeigneter Materialien aber zusätzliche Nutzung des Know-Hows des Dienstleisters	Dienstleister bietet Chance für Aufbau neuer Lieferanten, aber kritisch hinsichtlich der Absicherung des Versorgungsrisikos über einen Dienstleister, da Anreize nur gering	gute Chancen zur Prozessoptimierung und Bündelung mithilfe von Dienstleistern

3.3.6 Dienstleistungsportfolio

Bisher wurden zur Ableitung von Einkaufsstrategien analytische Methoden erläutert, die in erster Linie für materielle Güter geeignete Lösungsansätze darstellen. Die Übertragbarkeit dieser Ansätze auf den Bereich der Dienstleistungen bereitet indes Schwierigkeiten, da sich die Eigenschaften dieser Beschaffungsobjekte von denen materieller Güter maßgeblich unterscheiden. So kann hier aufgrund eines fehlenden, objektiv messbaren Qualitätsmaßstabs eine vom Einkauf realisierte Kostenreduzierung für immaterielle Güter immer auch mit einer für den Einkauf häufig nicht erkennbaren Reduzierung des Leistungsumfangs einhergehen. Auch lassen sich Dienstleistungen naturgemäß nicht lagern und entziehen sich aufgrund der Individualität der jeweiligen Kundenwünsche der Möglichkeit einer Standardisierung oder des überbetrieblichen Vergleichs. Daher müssen hier zur Formulierung von Einkaufsstrategien geeignetere Gestaltungsmerkmale verwendet werden.

So sehr sich Dienstleistungen von materiellen Gütern unterscheiden, so inhomogen sind diese auch untereinander. Die im letzten Kapitel erörterten Informationsasymmetrien sind hier tendenziell stärker ausgeprägt, als im materiellen Bereich und je nach Dienstleistung auch von unterschiedlicher Stärke. So ist zum Beispiel bei einer Reinigungsdienstleistung der für den Kunden nicht erkennbare Vorbereitungsaufwand („Hidden Actions") des Dienstleisters vermutlich eher gering, Abhängigkeitsverhältnisse („Hidden Intentions") sind prinzipiell weniger relevant und die fachlichen Eigenschaften des Dienstleisters („Hidden Characteristics") sind für den Kunden am Ergebnis der Reinigungsleistung relativ leicht und zeitnah zu messen. Umgekehrt verhält es sich bei der Dienstleistung der Unternehmensberatung. Hier kann der Vorbereitungsaufwand vom Kunden selten ausreichend wahrgenommen oder eingeschätzt werden. Es entstehen hier stärkere Abhängigkeitsverhältnisse, da sich dieser Dienstleister in die spezifische Situation des Unternehmens einarbeiten muss. Außerdem werden die Befähigung des Dienstleisters und die Qualifikation seines Personals dem Beratenen in manchen Fällen erst nach Jahren bewusst, wenn er feststellt, ob die Beratung für ihn erfolgreich war oder nicht.

Auch ist der dem Einkauf zur Verfügung stehende relevante Markt für Dienstleistungen in vielen Fällen weniger global als vielmehr lokal geprägt. Dies hat zur Folge, dass Maßnahmen im Einkauf, die auf eine Forcierung des Preiswettbewerbs hinauslaufen, hier tendenziell schwerer greifen, da sich die Dienstleister leichter austauschen können. Außerdem ist das Unternehmen nicht selten maßgeblich am Erfolg des Dienstleisters mit beteiligt, da er die einzukaufende Dienstleistung so spezifizieren muss, dass das erreichte Ergebnis mit dem gewollten Ergebnis übereinstimmen kann.

Ein weiterer Unterschied besteht darin, dass der Bedarf einer Dienstleistung für den Einkauf vielfach nicht planbar ist. Bei vielen Dienstleistungen handelt es sich dabei um Leistungen, die nicht zum Leistungsumfang der Endprodukte des Unternehmens gehören. Die zumeist schwer zu quantifizierende Größenordnung und der oft nicht vorhersehbare Zeitpunkt des Bedarfs erschweren die Formulierung geeigneter Einkaufsstrategien für diese Beschaffungsobjekte. Alle diese Restriktionen sind zusätzlich zu beachten, wenn auch für den Dienstleistungsbedarf geeignete Einkaufsstrategien entwickelt werden sollen.

So lassen sich mithilfe der Schlüsselfaktoren Planbarkeit und Komplexität Dienstleistungen im sogenannten Dienstleistungsportfolio positionieren und aus dieser Einordnung Schwerpunkte für mögliche Normstrategien ableiten, die eine Durchführung relevanter Maßnahmen nach sich ziehen. Darüber hinaus lassen sich Dienstleistungen auch danach unterscheiden, welcher Marktmechanismus im Markt existiert und inwieweit es dem Einkauf im Zuge der Beschaffungsmarktforschung möglich ist, sich einen objektiven Überblick über die Preisstruktur der Dienstleister zu verschaffen und Preistransparenz herzustellen (vgl. Abbildung 3.21).

Abbildung 3.21 Dienstleistungsportfolio

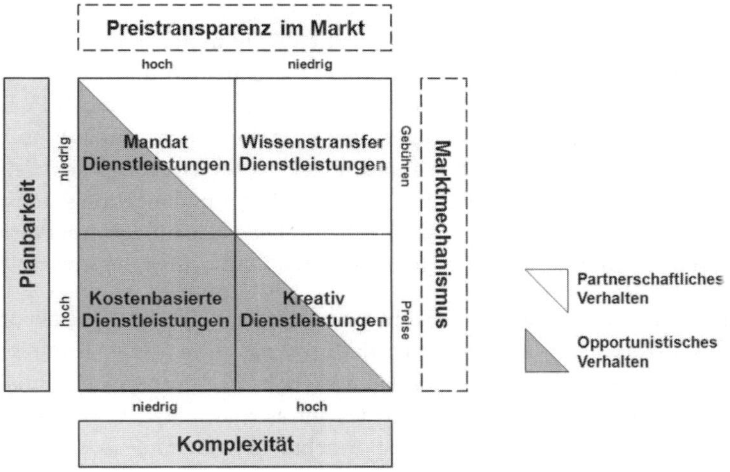

Die Komplexität einer Dienstleistung ist im Wesentlichen dadurch gekennzeichnet, dass die Leistungsinhalte sehr heterogen ist. Es gibt also nur wenige Leistungsstandards und allgemein akzeptierte Qualitäts- oder Gütekriterien, die zu einer objektiven Vergleichbarkeit der Lieferanten und ihrer Leistungen beitragen. Komplexe Dienstleistungen zeichnen sich durch eine sehr unternehmensspezifische, individuell geprägte Leistungsbeschreibung aus. Sie ähneln im „materiellen Sinne" unternehmensspezifischen Beschaffungsobjekten und sind daher nicht mit anderen, identisch benannten Dienstleistungen vergleichbar. Außerdem ist die Arbeitsweise des Dienstleisters für das Unternehmen überwiegend schwerer verständlich und nur selten komplett nachvollziehbar, da die Erbringung der Dienstleistung auf dem eigens dafür entwickelten Know-how des Dienstleisters basiert.

Die Planbarkeit einer Dienstleistung beschreibt die Tatsache, dass der Einkauf den Dienstleistungsbedarf aus Vergangenheits- oder Erfahrungswerten relativ gut ableiten kann. Oder es gibt vertragliche Vereinbarungen mit Dienstleistern, welche die Bedarfszeitpunkte und -volumina über den vereinbarten Zeitraum festlegen.

Eine hohe Preistransparenz bedeutet, dass die tatsächlich erbrachte Leistung vom Unternehmen vergleichsweise gut nachvollzogen oder die entsprechende Leistungsvergütung aufgrund vorhandener Vergütungs- und Honorarordnungen leicht überprüft werden kann. Im umgekehrten Fall niedriger Preistransparenz wird der vereinbarte Preis zwischen Dienstleister und Unternehmen weniger von den dabei entstehenden Kosten zuzüglich eines Gewinnaufschlags bestimmt, als vielmehr von dem Wert, welcher die Dienstleistung für das Unternehmen verkörpert.

Auch wenn im Zuge staatlicher Liberalisierungstendenzen gebührenspezifische Marktordnungen immer mehr abgenommen haben, gibt es nach wie vor Märkte, insbesondere für Dienstleistungen, die nicht auf dem Preismechanismus von Angebot und Nachfrage basieren. Im Rahmen dieses Portfolios ist die strikte Trennung zwischen preis- und gebührenbasierten Marktmechanismen relativ schwierig, da es einerseits Dienstleistungen gibt, deren Entgelte in der Praxis trotz bestehender Gebührenordnung verhandelbar sind, wie z.B. im Falle der HOAI (Honorarordnung für Architekten und Ingenieure). Andererseits werden vom Unternehmen Dienstleistungen erworben, zu denen es Preise gibt, die aber faktisch nicht oder nur schwer verhandelbar sind und so von ihrem Wesen her mehr einer Gebühr entsprechen. So sind Preise und Intervalle für Wartungsdienstleistungen für den Einkäufer in der Regel nicht wirklich verhandelbar, um Gewährleistungsansprüche nicht zu verlieren. Auf diese Weise lassen sich für Dienstleistungen im Portfolio vier Felder beschreiben, die unterschiedliche Stoßrichtungen für Normstrategien implizieren.

Für den Einkäufer sicherlich am leichtesten wahrzunehmen ist der Einkauf kostenbasierter Dienstleistungen. Diese zeichnen sich dadurch aus, dass deren Komplexität tendenziell niedrig ist und sich bei hoher Planbarkeit eine hohe Preistransparenz erzielen lässt. Hierzu zählen insbesondere Dienstleistungen des infrastrukturellen Gebäudemanagements wie beispielsweise Reinigungs-, Umzugs-, Bewachungs-, Empfangs- oder Catering-Dienstleistungen. In diesem Portfolio-Quadranten sind Dienstleistungen regelmäßig sehr lohnintensiv und von ihrer geographischen Struktur her überwiegend lokal geprägt. Innerhalb des Unternehmens leiden diese Dienstleistungen oft unter dem sogenannten „Experten-Syndrom“, d.h. es gibt viele Personen im Unternehmen, die mitreden wollen, wenn es um die Qualität der Ausführung oder um die Spezifikation der zu erbringenden Leistung geht. Nicht selten übernehmen Dienstleister auch soziale Verpflichtungen, wie beispielsweise die Übernahme ehemaliger Mitarbeiter. Dies macht es schwer, Entscheidungen im Einkauf ausschließlich nach strategischen oder rein kaufmännischen Gesichtspunkten zu treffen. Diese Dienstleistungen haben meist nur einen minimalen Bezug zum Kerngeschäft des Unternehmens, sind aber in Bezug auf ihre Außenwirkung bisweilen nicht zu unterschätzen, wie z.B. die Durchführung öffentlichkeitswirksamer Dienstleistungen, wie z.B. das Catering- oder Dienstleistungen im Empfangsbereich oder der Telefonzentrale des Firmengebäudes. Trotz dieser Besonderheiten kann als Normstrategie für diese Dienstleistungen gelten, den Wettbewerb zu forcieren und Entscheidungen in Abhängigkeit des Einkaufsvolumens primär nach Kostenaspekten oder der Vereinfachung von Prozessabläufen zu treffen.

Dazugehörige Maßnahmen sind insbesondere:

- Erstellung von Standardleistungsverzeichnissen
- Optimierung der Leistungsbeschreibung zur Kostenreduzierung
- Reduzierung der „Variantenvielfalt" von Dienstleistungen im Unternehmen
- Bündelung gleichartiger Dienstleistungen auf einen General-Dienstleister
- eventuell: Aufbau oder Intensivierung der Eigenerstellung („Make" statt „Buy")
- Intensivierung der Beschaffungsmarktforschung
- Optimierung der internen Prozessketten
- Ausschreibungen über elektronische Plattformen
- Verlagerung kompletter Geschäftsprozesse (Business Process Outsourcing)

Dem gegenüber sind Mandat-Dienstleistungen ebenfalls durch eine niedrigere Komplexität und hohe Preistransparenz gekennzeichnet. Allerdings ist deren Planbarkeit deutlich geringer. In vielen Fällen sind Preise zudem schwer verhandelbar oder basieren auf Gebührenordnungen. Diese Dienstleistungen eignen sind sowohl für ein opportunistisches als auch partnerschaftliches Verhalten. Als typische Dienstleistungen dieser Art sind im Unternehmen notwendige Dienstleistungen wie bspw. Steuerberatungsleistungen, Versicherungsleistungen, Rechtsberatung oder die Erstellung von Gutachten aber auch Wartungs- und Instandhaltungsleistungen zu nennen, auch wenn bei letzterem teilweise eine hohe Planbarkeit gegeben ist. Hier ist die geographische Struktur der Lieferanten weniger lokal geprägt und aufgrund der jeweiligen Spezialisierung auch sehr unterschiedlich. Oft verfügen die jeweiligen Fachbereiche des Unternehmens über zum Teil weitreichende Kenntnisse des relevanten Beschaffungsmarktes für diese Dienstleistungen, die vielfach nicht zum Kerngeschäft des Unternehmens gehören. Hier sind die Spielräume zur Kostenreduzierung sehr gering, so dass für Mandat-Dienstleistungen die Normstrategie lautet, Leistungspakete zu erhöhen. Hierzu sind folgende Maßnahmen von Bedeutung:

- Festlegung von Arbeitspaketen auf Basis zugrundeliegender Stundensätze
- Dienstleisterreduzierung und Erhöhung der Chancen für Synergieeffekte
- Leistungsoptimierung
- Nutzenanalyse
- Bonus- / Malusvereinbarungen

Eine weitere Kategorie von Dienstleistungen sind Kreativ-Dienstleistungen, wobei hier ebenfalls opportunistische wie auch partnerschaftliche Formen der Zusammenarbeit auftreten. Diese Leistungen zeichnen sich durch eine hohe Komplexität aus und werden weitgehend über Marktpreise entgolten. Aufgrund oftmals langfristiger Zusammenarbeit ist das Entstehen eines derartigen Bedarfs relativ gut planbar. Typische Dienstleistungen dieser Kategorie sind sowohl Werbungs-, Marketing- oder IT-Dienstleistungen als auch die Erbringung von Bauleistungen. Charakteristisch für diese Dienstleistung ist die gemeinsame Erbringung kostenbasierter Leistungsbestandteile als auch Leistungsbestandteile, die auf dem Ergebnis schöpferischer Tätigkeit beruhen. So ist beispielsweise bei einer Werbeagenturleistung das Motto und die Konzeption der Werbekampagne das Resultat einer schöpferischen, kreativen Leistungserbringung, während die Verbreitung der Werbebotschaft mithilfe von Print- oder elektronischen Medien verstärkt nach Kostengesichtspunkten durchgeführt wird. Anders als kostenbasierte Leistungen ist die Vergleichbarkeit dieser Dienstleistung schon allein aufgrund unterschiedlicher Bedarfsträger im Unternehmen vielfältiger und komplexer sowie in hohem Maße personenabhängig. Die Auswahl eines neuen Dienstleisters ist zumeist kein Garant für eine bessere Qualität. Hier sind die „Hidden Actions" und die „Hidden Characteristics" viel ausgeprägter und begreiflicherweise ist der Bezug zum Kerngeschäft größer. Da rein kostenorientierte Strategien hier weniger zielführend sind, kann als Normstrategie für Kreativ-Dienstleistungen die Stoßrichtung in einer Differenzierung der Leistung liegen. Aufbauend auf dieser Strategie sind hierzu im Einkauf folgende Maßnahmen geeignet:

- Abschluss von Rahmenverträgen mit Mindestvolumen
- Ausschreibung großer Einzelprojekte
- Steuerung der Leistungsvergabe über Budgets
- Vereinheitlichung von Servicelevel über sog. SLA's (Service Level Agreements)
- Lieferantenpflege bei hohem Dienstleister Know-how (z.B. Spezialsoftware)
- Leistungssplitting (Aufteilung kreativer und kostenbasierter Leistungsbestandteile)

Im Unterschied zu den Kreativ-Dienstleistungen sind Wissenstransfer-Dienstleistungen rein schöpferischer Natur und ebenfalls sehr komplex. Sie zeichnen sich durch eine niedrige Preistransparenz aus und sind in ihrer Entstehung schwerer vorhersehbar. Diese Leistungen werden zwar nicht über Gebühren entgolten, jedoch ist die Preisvereinbarung weit weniger von vorhandenem Angebot und Nachfrage, als vielmehr von den Wertvorstellungen des einkaufenden Unternehmens geprägt. Typische Beispiele für solche Dienstleistungen sind Beratungs-, Engineering- oder Schulungsleistungen, die für das Unternehmen eine hohe Bedeutung haben, da sie Wissen transferieren und häufig zu Eingriffen oder Veränderungen im Unternehmen führen. Insbesondere bei Beratungsleistungen ist die Wirksamkeit der eingeleiteten Maßnahmen oft erst zu einem viel späteren Zeitpunkt ersichtlich und im Falle von sich daraus entwickelnden Reorganisationen zusätzlich mit einer starken, risikobehafteten Hebelwirkung ausgezeichnet, wenn aufgrund organisatorischer Veränderungen wichtiges Know-how verloren geht. In diesem Dienstleistungsbereich ist die Beziehung zwischen Berater und Beratenem häufig durch eine langfristige Zusammenarbeit gekennzeichnet. Der Aufbau eines spezifischen Wissens durch den Berater setzt daher die Substituierbarkeit dieses Dienstleisters deutlich herab. Informationsasymmetrien sind bei dieser Kategorie von Dienstleistungen am stärksten ausgeprägt und das Entstehen sowie ein mögliches Ausnutzen von Abhängigkeitsverhältnissen nur schwer vermeidbar. So ist es im Zuge einer Beratungsleistung häufig der Fall, dass sich Berater ihre neuen Projekte im Laufe eines Beratungsauftrags bisweilen selber generieren oder in Nischen auch operative Aufgaben übernehmen. Da in dieser Kategorie die Zusammenarbeit zwischen Fachbereich und Dienstleister naturgemäß sehr eng ist, liegt der normstrategische Schwerpunkt im Einkauf in erster Linie in der fachlich-methodischen Unterstützung der Fachbereiche im Dienstleisterauswahl- und -abwicklungsprozess. Folgende Maßnahmen kommen hier verstärkt zum Tragen:

- Aufbau einer Vorzugslieferantenliste auf Basis von Dienstleisterbewertungen
- Definierte Vergabeverfahren (Konzeptwettbewerb, Präsentation)
- Klare Zieldefinitionen mithilfe von Stakeholder-Analysen

- Definition von Skill-Level auf Basis von Referenz- und Erfahrungswerten
- Vereinbarung von Tagessätzen
- Budgetsteuerung
- Nutzung von Synergien durch sogenanntes Co-Consulting

3.3.7 Bewertung der Portfolioanalyse-Methoden

Zusammenfassend bleibt festzustellen, dass der Einsatz von Portfolios auf einfache Weise erlaubt, die Position des Unternehmens bezüglich der relevanten Beschaffungsmärkte einzuordnen und so die Entwicklung differenzierter Einkaufsstrategien ermöglicht. Die leicht verständliche Handhabung trägt dazu bei, dass die vom Einkauf verfolgten Strategien und entsprechenden Maßnahmen leichter im Unternehmen zu kommunizieren sind. Dies schafft eine höhere Transparenz für das unterschiedliche Handeln im Einkauf. Durch die Berücksichtigung sowohl quantitativer als auch qualitativer Größen sowie der Gegenüberstellung unternehmensinterner (beeinflussbarer) und unternehmensexterner (nicht beeinflussbarer) Schlüsselfaktoren wird ein umfassendes Gesamtbild erzeugt, welches zu einer hohen Ausgewogenheit der ausgewählten Einkaufsstrategie führt.

Problematisch hingegen ist die Ermittlung qualitativer Informationen, um beispielsweise Versorgungsrisiken, Machtverhältnisse oder Komplexitäten einzuschätzen, da sie auf subjektiven Einschätzungen basieren. Gleiches gilt für die Festlegung von Grenzwerten, die für die Positionierung von Beschaffungsobjekten maßgeblich sind. Trotz der Vorzüge einer leichten Veranschaulichung ist es fragwürdig, ob eine Konzentration auf zwei Schlüsselfaktoren ausreicht, um eine Normstrategie zuzuordnen und aufgrund dessen die richtigen Maßnahmen im Einkauf zweifelsfrei zu bestimmen. Zudem ist die Portfolio-Technik in erster Linie eine Abbildung des Ist-Zustands. Die daraus abgeleiteten Strategien und Maßnahmen müssen in Bezug auf zukünftige Entwicklungen und sich verändernde Rahmenbedingungen immer wieder neu angepasst werden. Daher ist die Eignung von Portfolioanalysen insbesondere zur Entwicklung langfristiger Strategien problematisch.

Dennoch ist die Portfolioanalyse trotz aller Einwände eine sehr anschauliche Methode zur Analyse strategischer Zusammenhänge. Sie zwingt zur Erarbeitung fundierter Annahmen und Hypothesen über die zukünftige Entwicklung und die Wahrnehmung geeigneter Maßnahmen im Einkauf. Entsprechende Messmethoden machen die Umsetzung von Strategien im Unternehmen verständlich und ermöglichen ein frühzeitiges Eingreifen, wenn die zu erreichenden Planwerte verfehlt werden oder die Gefahr besteht, dass die angestrebte Wirkung der Maßnahmen aus dem Ruder zu laufen droht.

An dieser Stelle ein kurzes Zwischenfazit: In diesem Kapitel wurde im Rahmen der strategischen Analyse zur Steuerung von Warengruppen die dazu vom Einkauf zu ermittelnden Daten erläutert. Sie stellen die Ausgangssituation der strategischen Analyse dar. Auf dieser Grundlage wurden mithilfe von Ordnungsverfahren zur Klassifizierung des Einkaufsvolumens und des Einsatzes von Portfolioanalyse-Methoden zweckmäßige Einkaufsstrategien verabschiedet, die vom Einkauf nunmehr durch geeignete Maßnahmen umzusetzen sind und mit Kennzahlen in einem System ausgewertet werden können.

Die Vielfalt möglicher Maßnahmen im Einkauf kann auf unterschiedlichen Handlungsfeldern zum Einsatz gebracht werden, um die Schnittstelle des Unternehmens zum Beschaffungsmarkt aus der Sichtweise eines Wertschöpfungsmanagements optimal zu gestalten. Daher sollen im folgenden Kapitel diese Handlungsfelder im Einzelnen vorgestellt werden.

4 Handlungsfelder des Einkaufs

Der Einkauf eines Unternehmens verfügt über eine Vielfalt unterschiedlich wirkender Maßnahmen, um die Zusammenarbeit mit Lieferanten nach Maßgabe der jeweiligen warengruppenspezifischen Einkaufsstrategie zu gestalten. Diese Maßnahmen lassen sich hinsichtlich ihrer Wirkung unterschiedlichen Handlungsfeldern zuordnen, deren Schwerpunkt beispielsweise in einer Reduzierung der entstehenden Kosten, der Verkürzung von Reaktionszeiten oder der Verbesserung der Lieferantenbeziehung liegt.

Auch wenn nicht jede Maßnahme singulär einem Handlungsfeld zugeordnet werden kann und sich vielfältige Redundanzen ergeben, so lassen sich schwerpunktmäßig fünf Handlungsfelder charakterisieren. Sie erlauben eine grundlegende Einteilung der einkäuferischen Maßnahmen und mit etwas Kreativität lassen sich die Namen der Felder alle mit dem Buchstaben „K" beginnen. Vergleichbar einem Hexahedron stehen dabei die Felder: Kapital, Kreditor und Koordination im Zentrum des einkäuferischen Handelns und beeinflussen sich gegenseitig. Damit die Wahrnehmung geeigneter Maßnahmen dem Einkauf möglich ist, wird dazu ein entsprechendes Know-how benötigt, um so letztlich Krisen weitgehend zu vermeiden (vgl. Abbildung 4.1).

Abbildung 4.1 Die Handlungsfelder im Einkauf

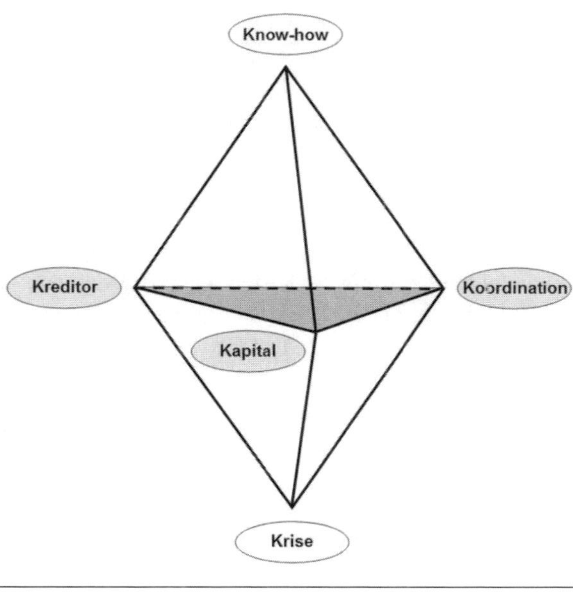

- Handlungsfeld „Kapital"

  Zu diesem Handlungsfeld zählen diejenigen Maßnahmen, die im Rahmen der Zusammenarbeit mit den Fachbereichen oder Lieferanten primär eine Verbesserung der Kapitalsituation des Unternehmens bewirken – beispielsweise durch eine Reduzierung der Kosten oder durch eine Erhöhung der Liquidität. Diese Maßnahmen konzentrieren sich im Wesentlichen auf die Optimierung der jeweiligen Bedarfsmengen, der Reduzierung der Beschaffungsobjektkosten, der Gestaltung der Zahlungskonditionen sowie der Vermarktung wiederverwertbarer Produktionsreststoffe.

- Handlungsfeld „Kreditor"

  Zu diesem Handlungsfeld gehören alle Maßnahmen, die zur Erhöhung der Leistungsfähigkeit der Lieferantenstruktur beitragen und daher mittelbar oder beispielsweise bei Handelswaren unmittelbar den Erwartungen der Kunden des Unternehmens gerecht werden sollen. Oftmals stiften leistungsfähige Wertschöpfungsketten einen erheblichen Beitrag, die Erwartungen der Kunden in punkto Qualität, Kosten, Flexibilität sowie Service und Image zu erfüllen. So ist es eine strategische Aufgabe des Einkaufs, die Zusammenarbeit mit den jeweiligen Lieferanten auf Basis der eigenen Interessen zu managen. Dabei trägt der Einkauf beispielsweise dazu bei, die Anzahl, die geographische Struktur oder auch die Einbindung des Lieferanten in die eigenen Prozessabläufe zu steuern.

- Handlungsfeld „Koordination"

  Hier sind alle einkaufsrelevanten Maßnahmen von Interesse, die eine Reduzierung des Prozessaufwands oder eine Erhöhung der Prozessleistung bewirken und auf die Material- und Informationsflüsse zwischen dem Unternehmen und seinen Beschaffungsmärkten gerichtet sind. Der Maßnahmenbeitrag des Einkaufs zum unternehmerischen Produktbereitstellungsprozess sowie die frühzeitige Integration des Einkaufs im Rahmen des Produktentwicklungsprozesses stehen im Mittelpunkt dieses Handlungsfeldes.

- Handlungsfeld „Krise"

  Alle Maßnahmen, die auf eine Absicherung von Wertschöpfungsketten abzielen, werden diesem Handlungsfeld zugeordnet. So leistet der Einkauf einen wichtigen Beitrag dazu, das Interesse des Unternehmens nach kostengünstiger und sicherer Versorgung sowie bestmöglicher Qualität langfristig und nachhaltig zu wahren. Hierzu zählen Maßnahmen, die das Risiko von Versorgungsengpässen oder unerwarteten Kostensteigerungen in der Wertschöpfungskette mindern.

- Handlungsfeld „Know-how"

  In diesem Handlungsfeld stehen solche Maßnahmen im Mittelpunkt, die auf den Erhalt, den Ausbau oder die bestmögliche Nutzung einkäuferischen Fach- und Methodenwissens hinauslaufen. Sie bewirken, dass die Sicherstellung des künftigen Unternehmenserfolgs durch den Einkauf nachhaltig und kontinuierlich erfolgt.

In den folgenden Kapiteln wird mit Bezug auf diese Handlungsfelder im Einzelnen erläutert, welche Möglichkeiten der Einkauf zur Analyse unterschiedlicher Handlungsoptionen wahrnehmen kann, welche konkreten Maßnahmen dem Einkauf dabei zur Verfügung stehen und wie sich die jeweilige Wirkung dieser Maßnahmen mithilfe von Kennzahlen ermitteln lässt.

5 Handlungsfeld „Kapital"

Kostenführerschaft und dadurch eine hohe Kapitalrendite – dies ist das langfristige Ziel, das der Einkauf – auch in Zusammenarbeit mit Lieferanten - durch die Wahrnehmung unterschiedlicher Maßnahmen in diesem Handlungsfeld erzielen will. Hauptaufgabe des Einsatzes einkäuferischer Maßnahmen ist dabei die Vermeidung und Minimierung künftig entstehender Kosten im Rahmen der Wertschöpfungskette oder auch die Verbesserung der eigenen Liquidität. In diesem Feld werden die Maßnahmen zusammengefasst, die eine Nutzung von Kostenpotenzialen bewirken, der in Kapitel 2.3.2 erläuterten Kostenziele („Economies of Cost"). Mit diesen Maßnahmen werden dann in unterschiedlicher Weise Mengeneffekte („Economies of Scale") oder Umfang- sogenannte Verbundeffekte („Economies of Scope") sowie wertschaffende Effekte („Economies of Value") ausgelöst. Aus kommerzieller Sicht lassen sich Kosten und damit die Inanspruchnahme von Kapital im Unternehmen aufgrund der jeweils bezogenen Bedarfsmengen, der den Beschaffungsobjekten zugrundeliegenden Spezifikationen, der bestehenden Entgeltvereinbarungen sowie der Verwertung von Produktionsreststoffen oder Überbedarfen beeinflussen. Aufbauend auf dieser Struktur werden für die folgenden Schwerpunkte geeignete Analysemethoden vorgestellt, Maßnahmen charakterisiert und Kennzahlen definiert, um Kostenpotenziale gezielt zu nutzen.

5.1 Steuerung des Bedarfs

Zur Steuerung des Materialbedarfs besitzt der Einkauf unterschiedliche Möglichkeiten, angefangen von der Vermeidung nicht notwendiger Bedarfe, über die sinnvolle Bündelung von Bedarfsmengen innerhalb des Unternehmens bis hin zur Vergrößerung von Bedarfsmengen durch Zusammenlegung mit anderen Unternehmen im Rahmen einer Einkaufskooperation. Nicht zuletzt wird dadurch die Verhandlungsposition des Unternehmens gestärkt, da größere Bedarfsmengen zu Kostendegressionseffekten beim Lieferanten führen und infolgedessen niedrigere Materialpreise bewirken.

Eine wichtige Voraussetzung zum Einsatz dieser Maßnahmen ist, dass der Einkauf in die mittel- bis langfristige Bedarfsplanung des Unternehmens mit eingebunden ist. So ist er in der Lage, frühzeitig die Vorteile langfristig wirkender Maßnahmen abzuschätzen. Beispielsweise rechnen sich internationale Einkaufsaktivitäten erst ab einem bestimmten Einkaufsvolumen. Oder die Überarbeitung bestehender Spezifikationen ist nur dann sinnvoll, wenn die zeitliche Dauer des Bestehens eines Bedarfs und das damit verbundene Erzielen einer Kostenreduzierung den Umstellungsaufwand rechtfertigt.

5.1.1 Analyse des Bedarfs

Die Planung des Materialbedarfs wird in der Regel in Mengeneinheiten, beispielsweise in Stück-, Liter- oder Gewichtseinheiten vorgenommen, insbesondere wenn die Beschaffungsobjekte weitgehend homogen sind. Im Falle einer einzukaufenden Leistung oder einer geplanten Anlageinvestition erfolgt die Planung des relevanten Bedarfs oftmals in Geldeinheiten auf der Basis genehmigter Investitionsbudgets.

Verhältnismäßig leicht gestaltet sich die Bedarfsplanung in einer Serienfertigung. Der voraussichtliche Bedarf an Fertigerzeugnissen erfolgt auf der Grundlage einer Abschätzung des erwarteten Verkaufsvolumens durch den Vertrieb. Dieser stellt den Primärbedarf im Unternehmen dar. Aufbauend auf dieser Prognose wird mithilfe von Stücklisten oder Rezepturen der zur Herstellung der Fertigerzeugnisse benötigte Sekundärbedarf ermittelt. Unter Berücksichtigung vergangenheitsbasierter Erfahrungswerte wie beispielsweise durchschnittlich auftretende Ausschussmengen wird ein sogenannter Bruttobedarf errechnet. Von diesem Bedarfsvolumen werden vorhandene Lagerbestandsmengen abgezogen, um daraus den Nettobedarf zu ermitteln. Dieser Bedarf weist schließlich die benötigten Bedarfsmengen aus, die vom Einkauf für den zugrundeliegenden Planungszeitraum zu beschaffen sind. Diese Form der Bedarfsplanung wird auch als deterministische Bedarfsplanung bezeichnet, da die Planung letztlich von der Vertriebsplanung des Unternehmens determiniert wird. Ist die Absatzprognose des Vertriebsbereichs weitgehend zuverlässig, gilt dies für die Bedarfsmengenplanung im Einkauf gleichermaßen. Dies ist tendenziell eher der Fall, wenn im Vertrieb auf aktuelle Absatzstatistiken oder fundierte Erfahrungswerte zurückgegriffen werden kann. Hier kann der Einkauf mit seinem Wissen über eine anzunehmende, zukünftige Entwicklung der Rohstoffkosten oder der zu erwartenden Auslastung von Lieferantenkapazitäten wertvolle Hilfestellung im Planungsprozess leisten. In der Unternehmenspraxis stellte bisher der Absatz oft den limitierenden Faktor im Planungsprozess dar. Im Zuge der Globalisierung und der damit verbundenen rasant angestiegenen Nachfrage nach Rohstoffen ist es heute jedoch zunehmend mehr der Fall, dass Versorgungsengpässe auf den Rohstoffmärkten als limitierender Faktor auftreten und die frühzeitige Einbindung des Einkaufs in die Vertriebsplanung daher zwingend erforderlich machen.

Schwieriger gestaltet sich die Bedarfsplanung bei Produktneuanläufen. Hier ist die Gefahr relativ groß, dass der tatsächlich benötigte Bedarf nur unzureichend durch den Vertrieb prognostiziert wird, da Vergangenheitswerte nicht existieren. Darüber hinaus ist in vielen Unternehmen eine steigende Tendenz zu beobachten, bei Neuprodukten eher pessimistische Einschätzungen über den zu erwartenden Bedarf vorzunehmen. Dies liegt daran, dass der Vertrieb bestrebt ist, seine eigenen Verkaufsprognosen nicht zu unterschreiten. Eine sicherlich leicht nachvollziehbare Herangehensweise, die jedoch auf der Beschaffungsseite das Risiko von Versorgungsengpässen zusätzlich erhöht.

Für Unternehmen ist in einem projektgeschäftlichen Umfeld und bei Vorliegen eines festen Auftragsbestands die Ermittlung des Primärbedarfs unter Auflösung bekannter Stücklisten für den jeweiligen Planungszeitraum relativ leicht möglich. Schwierigkeiten bereiten hier allenfalls noch nicht entwickelte Projektkomponenten und die in diesem geschäftlichen Umfeld häufig auftretenden konstruktionstechnisch-bedingten Änderungen. Hier ist die Ermittlung des Sekundärbedarfs unter Berücksichtigung des Lagerbestands in vergleichbarer Weise möglich, wie im Falle eines Seriengeschäfts.

Eine höhere Hürde stellt in diesem Umfeld die Bedarfsplanung für noch nicht fest erteilte Projektaufträge im Planungszeitraum dar. Da sich hier Erfahrungswerte der Vergangenheit nur bedingt eignen, wird der jeweilige Auftragsstatus durch den Vertrieb mithilfe von Wahrscheinlichkeitsbewertungen eingeschätzt und Stücklisten entsprechend unter Vorbehalt aufgelöst. Für den Einkauf verbleibt in diesem Fall lediglich die Sicherstellung benötigter Kapazitäten bei Lieferanten, die dann im Auftragsfall beansprucht werden.

Für viele Materialbedarfe, wie beispielsweise für Hilfs- und Betriebsstoffe sowie Gemeinkostenmaterial erfolgt deren Planung nicht mithilfe von Stücklisten, sondern durch Fortschreiben von vergangenheitsbasierten Verbrauchswerten. Im Unterschied zur bereits erläuterten deterministischen Bedarfsermittlung wird bei der hier angewendeten stochastischen Bedarfsermittlung in der unternehmerischen Praxis häufig ein linearer Zusammenhang zur Absatzplanung bzw. Umsatzentwicklung unterstellt. Für einige Warengruppen, wie z.B. produktionsbedingte Betriebsstoffe zu denen u.a. Kühl- und Schmiermittel gehören, mag dieser Zusammenhang in der Praxis tendenziell vorhanden sein. Bei Gemeinkostenmaterial, wie z.B. Büroartikel, ist dieser Zusammenhang eher hypothetischer Natur. Für solche „personengebundenen" Materialien kann die Entwicklung der Personalplanung oftmals bessere Annahmen über den zu erwartenden Bedarf ermöglichen, als die Analyse der Absatzplanung.

Neben diesen beiden Verfahren zur Planung des Bedarfs werden im Leistungsbereich wie beispielsweise der Entwicklung einer neuen Werbestrategie oder bei Anlageinvestitionen, etwa der Neuanschaffung einer Maschine, nicht selten Budgets freigegeben, die für den Fachbereich eine monetäre Obergrenze darstellen und so eine Grundlage zur Bedarfsplanung für den Einkauf bilden.

5.1.2 Maßnahmen zur Bedarfssteuerung

Zur Reduzierung von Materialkosten bieten sich dem Einkauf eine Vielzahl unterschiedlicher Maßnahmen an. Diese sollen im Folgenden näher erläutert und deren Einsatzbereich aufgezeigt werden.

5.1.2.1 Nachfragereduzierung

Eine besonders wirkungsvolle Maßnahme zur Kostenvermeidung stellt für den Einkauf die Nachfragereduzierung dar. Wie wäre es, wenn im Unternehmen im Extremfall gar nichts mehr eingekauft werden muss und sich das Geschäft trotzdem in vollem Umfang betreiben lässt? Diese Vorstellung ist für einige Warengruppen aufgrund der technischen Entwicklung mittlerweile gar nicht mehr so abwegig. So kann beispielsweise durch eine konsequente Umstellung hin zu einem papierlosen Büro der Bedarf an Büroartikeln auf ein

Minimum zurückgeführt werden, wenn alle geschäftliche Korrespondenz auf elektronischem Wege stattfindet. Kosten für aufwändige Geschäftsreisen zu Besprechungsterminen im Unternehmen lassen sich durch den Einsatz von Videokonferenzen enorm verringern. Auch technisch bedingte Möglichkeiten der Nachfragereduzierung lassen sich ebenfalls nutzen, wie beispielsweise der Einsatz von Maschinen mit geringeren Energie- oder Betriebsmittelverbräuchen. Selbst wenn Maßnahmen zur Nachfragereduzierung überwiegend bei Warengruppen bzw. Materialien zum Einsatz kommen, die nicht ins Endprodukt eingehen, können technisch bedingte Änderungen von Produktionsmaterialien durch Einsatz einer Wertanalyse (vgl. Kap. 5.2.2.1) auch in der Absicht vorgenommen werden, eine Reduzierung des Materialeinsatzes durch Vermeidung oder Rückführung von Materialabfällen zu erzielen.

Wie lassen sich solche Maßnahmen durch den Einkauf in sinnvoller Weise initiieren? Hier kann im Unternehmen vielfach der Einsatz von Budgetvorgaben ein erster Schritt sein, nicht notwendige Kosten zu vermeiden. Problematisch wäre es, wenn der Einkauf hierbei als internes Kontrollgremium fungiert und darüber im Unternehmen entscheiden muss, wer eine Dienstreise mit welchem Komfortanspruch durchführen darf oder welche Büroartikel der einzelne Mitarbeiter als seinen Bedarf meldet. Daher stellt hier die Budgetierung dieser Kosten ein wirkungsvolles Instrument zur Nachfragereduktion für solche Warengruppen dar. So wird es vermieden, dass sich die Kosten unkontrolliert erhöhen. Insbesondere durch die Entwicklung elektronisch unterstützter Bestellvorgänge im Rahmen des E-Commerce wird durch den Einsatz budgetierter Prozesskonzepte ein überplanmäßiges Aufblähen der Kosten von vornherein vermieden. Auf derartige Maßnahmen wird später im Rahmen des Handlungsfelds „Koordination“ noch näher eingegangen.

Darüber hinaus wird eine Nachfragereduzierung schon allein dadurch unterstützt, dass der Kostenverbrauch solcher Warengruppen durch sogenannte Kostenstellenberichte transparent gemacht wird. Dadurch kann im Unternehmen das Kostenbewusstsein bei allen Mitarbeitern geschärft und die Bereitschaft erhöht werden, unnötige Bedarfe gezielt zu vermeiden. Auch der Einsatz von Anreizsystemen wie z.B. Prämien zur Motivation für kostenvermeidendes Verhalten der Mitarbeiter, unterstützt diese einkäuferische Maßnahme. In gleicher Weise wirkt sich der verstärkte Einsatz kostengünstiger Substitutionsprodukte aus. Hier ist der Einkauf aufgefordert, sein Wissen über Produktalternativen und vorhandene Beschaffungsmärkte gezielt bei der Spezifizierung von Bedarfen im Unternehmen einzubringen und so der Entstehung überhöhter Kosten entgegen zu treten.

5.1.2.2 Bündelung von Bedarfen

Ist dem Einkauf der zu erwartende Bedarf im Unternehmen bekannt, so bietet sich die Zusammenfassung des Bedarfs durch Abschluss eines Rahmenvertrags mit dem Lieferanten an. Hierbei werden mehrere Einzelaufträge zu einem umfangreicheren Sammelauftrag gebündelt und darüber hinaus die grundsätzlichen Gesichtspunkte der Zusammenarbeit vertraglich geregelt (vgl. Abbildung 5.1).

Abbildung 5.1 Inhalte eines Rahmenvertrags (Beispiele)

Allgemeines

- Vertragspartner
- Rechtsform der Unternehmen
- Inhalt der Zusammenarbeit (Präambel)
- Vertragstyp und Vertragsgegenstand
- Anwendbares Recht

Erstellung der Leistung / des Produkts

- Herstellungsverpflichtung
- Definition des Leistungsumfangs
- Rechte, Unterlagen, Änderungen Geheimhaltung
- Informationspflichten
- Herstellungseinschränkungen / -unterbrechungen

Lieferung der Leistung / des Produkts

- Bestellungen
- Lieferungen, Reserve- und Auslaufmengen
- Abnahme
- Preise, Konditionen, Preisgleitklauseln
- Bezahlung, Zahlungsmodalitäten
- Lieferfristen
- Regelungen über Verpackung und Entsorgung
- Bonusregelungen

Haftung und Gewährleistung

- Haftung, Gewährleistung, Gewährleistungsumfang
- Klauseln bei Nichterfüllung
- Schadensersatz, Wandlung, Minderung
- Produkthaftung, Versicherungsnachweise
- Exklusivitätsvereinbarung, Schutzrechte

Laufzeiten, Vertragsstrafen, Kündigung

- Vertragslaufzeit
- Verzugs-, Vertrags- und Konventionalstrafen
- Kündigung, Kündigungsfristen, Vertragsende
- Konditionen für eine Vertragsverlängerung
- Möglichkeiten der Absicherung bei Insolvenz

Sonstige Bestimmungen

- Wettbewerbsrechtliche Regelungen
- Vertragsabwicklung
- Änderung des Vertrags
- Salvatorische Klausel
- Gerichtsstand, Vorgehen in Streitfällen
- Geheimhaltungsvereinbarung
- Ausschluss von AGBs
- evtl. Ausschluss des UN-Kaufrechts

Durch die Zusammenfassung gleichartiger Materialbedarfe über einen längeren Zeitraum kann der Lieferant größere Lose fertigen, die für ihn den Fixkostenanteil einer Mengeneinheit reduzieren und so die Grundlage für eine Preisreduzierung eröffnen, wie dies bereits in Kapitel 2.3.2 dieses Buches erläutert wurde. Zu diesem Schritt wird der Lieferant umso mehr bereit sein, wenn sich das einkaufende Unternehmen dazu verpflichtet, die gesamte Menge des Rahmenvertrags verbindlich abzunehmen. Diese Festlegung innerhalb eines Rahmenvertrags versetzt den Lieferant in die Lage, seinerseits die dazu benötigten Materialbedarfe ebenfalls gebündelt zu beschaffen. Dies trägt zu einer weiteren Kostenreduzierung in der Wertschöpfungskette bei. Hierin unterscheiden sich die in der Praxis eingesetzten Rahmenvertragskonzepte signifikant. So werden vom Einkauf häufig Rahmenverträge eingesetzt, die bezüglich der vertraglichen Abnahmemenge einen unverbindlichen Charakter aufweisen und vielfach auch als Mengen- bzw. Wertkontrakt bezeichnet werden. Verbindliche Rahmenverträge werden häufig auch als Lieferpläne oder Rahmenlieferverträge bezeichnet.

Als weiterer positiver Effekt einer Volumenbündelung ist neben dem Fixkostendegressionseffekt der sogenannte Erfahrungskurven-Effekt zu nennen, der auch als „Boston-Effekt" bezeichnet wird. Dieser empirisch belegte Effekt besagt, dass sich bei einer Verdoppelung der Ausbringungsmenge die realen Stückkosten um 20 – 30% reduzieren. Daher unterstützt der Abschluss von Rahmenverträgen diesen Effekt, der sich u.a. dadurch erklären lässt, dass sich durch die Wiederholung von Tätigkeiten individuelle und kollektive Lerneffekte einstellen, welche die Produktivität erhöhen und sich nicht nur allein auf den Fertigungsbereich beschränken (Bea 2004, S. 132f). Daher ist es nur konsequent, in

Rahmenverträgen konstante Preisreduzierungsvorgaben zu vereinbaren, die den Lieferanten dazu bringen, die erzielten Kostenreduzierungen wenigstens teilweise an das Unternehmen weiterzugeben. Dieser Effekt lässt sich bei unternehmensspezifischen Warengruppen vertraglich leichter realisieren und ist auch im Zuge einer Standardisierung von Materialien relevant. Hierzu an anderer Stelle mehr.

Auch wenn es im Hinblick auf sich abzeichnende Bedarfsrückgänge riskant sein kann, dass sich der Einkauf zur Abnahme der im Rahmenvertrag vereinbarten, gesamten Bedarfsmenge verpflichtet, stellt der Abschluss einer Bonusvereinbarung hier ein sinnvoller Kompromiss dar. Für die als sehr realistisch anzusehende Bedarfsmenge verpflichtet sich der Einkauf zur verbindlichen Abnahme dieser Menge innerhalb eines bestimmten Zeitraums. Darüber hinaus gehende Mehrbedarfe werden dann über eine Bonusregelung im Nachhinein vergütet. Eine weitere Kompromisslösung anstelle eines festen Abnahmezeitpunkts stellt die Vereinbarung eines verlängerten Abnahmezeitraums dar. Dieser definiert bis wann die vereinbarte Rahmenvertragsmenge vom Unternehmen abgenommen werden soll. Der Einsatz von Rahmenverträgen ist bei lieferantenspezifischen Warengruppen generell unproblematischer, da der Lieferant über mehrere Abnehmer verfügt und sich so das Risiko von Versorgungsengpässen für das Unternehmen relativiert.

Neben den bereits erwähnten kostenreduzierenden Effekten bieten Rahmenverträge zusätzlich den Vorteil, dass sich aufgrund der langfristigen und umfassenden vertraglichen Bindung die Versorgungssicherheit erhöht und der Lieferant auf kurzfristig auftretende Bedarfsspitzen schneller reagieren kann. Daher bietet sich der Abschluss von Rahmenverträgen insbesondere dann an, wenn bei wichtigen Kostenfaktoren innerhalb der Vertragslaufzeit Preissteigerungen erwartet werden, wie z.B. höhere Rohstoff- oder Lohnkosten. Nicht zuletzt wird auch die Verhandlungsposition des Einkaufs gestärkt, da sich aufgrund einer größeren Bedarfsmenge vorteilhaftere Konditionen leichter aushandeln bzw. einfordern lassen. Diese Hebelwirkung ist bei Rahmenverträgen für unternehmensspezifische Warengruppen ausgeprägter als bei lieferantenspezifischen Warengruppen, da hier der Einkauf als alleiniger Abnehmer der Ware auftritt.

Dennoch sind mit dem Abschluss von Rahmenverträgen auch Nachteile verbunden. Durch die Zusammenfassung von Bedarfen wird verhindert, dass der Einkauf auf kurzfristig auftretende Überangebote im Beschaffungsmarkt reagieren kann oder sich situativ günstigere Konditionen aufgrund von Spotkäufen erzielen lassen. Um das Risiko einer zu engen, für den Einkauf unvorteilhaften Bindung zu reduzieren, bietet sich hier die Vereinbarung von Preisgleitklauseln an. Darin wird festgelegt, wie die Vertragspartner mit Preisentwicklungen während der Vertragslaufzeit umgehen wollen. Ein weiterer Nachteil von Rahmenverträgen ist aus der Sicht des Unternehmens das zumindest temporäre Eingehen eines Abhängigkeitsverhältnisses zum Lieferanten. Dadurch werden kurzfristige Lieferantenwechsel tendenziell erschwert und bleiben etwaige Chancen zur Kostenreduzierung ungenutzt.

Der Einsatz von Rahmenverträgen bietet trotz des damit verbundenen höheren Steuerungsaufwands eine wichtige Grundlage zur Optimierung von Prozessabläufen oder der

Konsolidierung von Lieferanten. Auf diese Aspekte soll im Rahmen der Erläuterung von Maßnahmen, die in den Handlungsfeldern „Koordination“ und „Kreditor“ zum Einsatz kommen, näher eingegangen werden.

5.1.2.3 Vergrößerung von Bedarfen durch Kooperation

Die Vergrößerung des eigenen Bedarfs stellt eine weitere Steuerungsmaßnahme dar. Realisiert werden kann dies beispielsweise durch Einkaufskooperationen innerhalb des eigenen Unternehmens oder über Unternehmensgrenzen hinweg. So können beispielsweise Bedarfe innerhalb von Konzernen gebündelt und über den Einkauf gesteuert werden. Erfolgreiche Kooperationen über Unternehmensgrenzen hinweg finden sich unter anderem bei Krankenhäusern, die sich zu Einkaufsgemeinschaften zusammenschließen und so günstigere Preise bei den Pharma-Unternehmen oder Herstellern medizinischer Geräte erreichen. Durch eine solche Kooperation lässt sich die Verhandlungsposition des Einkaufs enorm verbessern und zusätzliche Synergie-Effekte realisieren. Zudem entsteht ein weiterer Mehrwert dadurch das Marktwissen und technische Know-how, das aus unterschiedlichen Bereichen bzw. verschiedenen Unternehmen zusammenkommt, von dem alle Teilnehmer einer Kooperation gleichermaßen partizipieren.

Für eine Einkaufskooperation innerhalb des Unternehmens sind in der Praxis oft mehrere Gestaltungsmöglichkeiten vorzufinden. Diese reichen von einem sogenannten „Lead-Buyer-Konzept“ über ein Materialgruppenmanagement bis hin zu einem sogenannten „Shared Services-Ansatz“ (Hess 2010, S. 355f). Für wichtige, kostenintensive Warengruppen übernimmt beim Lead-Buyer-Konzept der Organisationsbereich mit dem größten Einzelbedarf im Unternehmen die fachliche Führung. Seine Aufgabe besteht darin, kleinere gleichartige Bedarfe anderer Bereiche mit zu verhandeln und die Einkaufsstrategie für alle Beteiligten zu erarbeiten. Demgegenüber ist die Erarbeitung einer Einkaufsstrategie im Materialgruppenmanagement Aufgabe eines Teams aus unterschiedlichen, innerbetrieblichen Bedarfsträgern, während die Verhandlung der Konditionen üblicherweise durch einen Teamsprecher erfolgt. Für weniger bedeutsame Warengruppen übernimmt im Shared-Service-Ansatz eine zentrale Organisationseinheit die Gestaltung der Einkaufsstrategie für alle Bedarfsträger und die Verhandlung der Konditionen mit den jeweiligen Lieferanten. Warengruppen für diesen Ansatz sind oftmals Commodities wie beispielsweise Büroartikel, Verbindungselemente oder auch IT-, Gebäude- oder Reisedienstleistungen.

Die freiwillige Zusammenarbeit zweier oder mehrerer unabhängiger Unternehmen zum Zwecke der gemeinsamen Beschaffung ist die traditionelle Form einer Einkaufskooperation. Dabei reicht der Grad der Kooperation von einer losen Zusammenarbeit der beteiligten Unternehmen bis hin zur Gründung einer eigenen Einkaufsgesellschaft. Aufgrund kartellrechtlicher Vorschriften ist diese Art der Zusammenarbeit zumeist nur für kleinere oder mittlere Unternehmen von Bedeutung. Rechtlich gesehen, besteht hierbei eine Anmeldepflicht, die eine kartellrechtliche Prüfung zur Folge hat. In aller Regel werden Unternehmen Einkaufskooperationen gestattet, wenn sich dadurch die Wettbewerbsfähigkeit aller Beteiligten verbessert, aber gleichzeitig der Wettbewerb auf dem Beschaffungsmarkt nicht wesentlich beeinträchtigt wird und die Zusammenarbeit keine über den Einzelfall hinausgehende Verpflichtung beinhaltet. So wird vermieden, dass Großunternehmen eine Einkaufskooperation bilden und dadurch eine marktbeherrschende Stellung ausüben (Büsch 2007, S. 161f).

Wenn die beteiligten Unternehmen eine vergleichsweise ähnliche Leistungsfähigkeit besitzen und weitgehend identische Materialien einkaufen, wie beispielsweise Operationsbesteck bei Krankenhäusern, liegen insgesamt günstige Voraussetzungen zur Bildung einer Einkaufskooperation vor. Außerdem sollten sich die Unternehmen idealerweise durch eine sich ähnelnde Unternehmenskultur auszeichnen und sich möglichst nicht in Konkurrenz untereinander befinden, indem sie auf den gleichen Absatzmärkten aktiv sind.

Oft können auch langjährige Lieferanten wichtige Hilfestellung beim Aufbau einer Einkaufskooperation in der Wertschöpfungskette leisten, insbesondere wenn sie für ihre unterschiedlichen Kunden gleichartige Materialien zukaufen und sich diese nicht im direkten Wettbewerb untereinander befinden. Da Lieferanten oftmals über enge, persönliche Kontakte zu den Einkaufsabteilungen ihrer Kunden verfügen, erleichtert dies ein Zusammenkommen und eine erste Sondierung und Abwägung der Interessen im Vorfeld. Aufgrund der Vielfältigkeit der jeweiligen Absatzmärkte bietet vor allem der Maschinenbau hierfür gute Voraussetzungen. Darüber hinaus schaffen Einkaufsverbände, regionale Einkäuferinitiativen sowie die sozialen Netzwerke, wie beispielsweise XING, mittlerweile eine gute Basis zur Kontaktaufnahme bei der Anbahnung einer Einkaufskooperation.

Eine Einkaufskooperation bietet den Beteiligten viele Vorteile. Dazu gehören natürlich die bereits erwähnten attraktiveren Konditionen, die aufgrund größerer gemeinsamer Einkaufsvolumina erzielt werden können. Das Erfahrungswissen der Kooperationspartner mit Lieferanten ist für alle beteiligte Unternehmen von hohem Interesse, um eigene Marktforschungsaktivitäten aufeinander abzustimmen, Informationen untereinander auszutauschen und sich miteinander im Rahmen eines Benchmarks zu vergleichen. Zudem verringert sich durch eine Kooperation die Anzahl der Lieferantengespräche und Verhandlungsprozesse, da die Partner nicht mehr nur für sich alleine verhandeln. Schließlich wird im Rahmen einer Kooperation der Aufbau gemeinsamer, elektronischer Abwicklungsplattformen für alle Beteiligten rentabler. Dadurch können Doppelarbeiten vermieden werden und zusätzlich lassen sich Transportkapazitäten kostengünstiger und effizienter von allen Kooperationspartnern gemeinsam nutzen.

Demgegenüber sind jedoch einige Schwierigkeiten im Rahmen einer Einkaufskooperation augenfällig. So ist der enorme Abstimmungsaufwand nicht zu unterschätzen, erst recht, wenn die kooperierenden Unternehmen unterschiedliche Materialbezeichnungen und Warengruppenschlüssel verwenden. Ist die technische Komplexität einer Warengruppe recht hoch, wie z.B. bei Getrieben, Motoren oder Pumpen, so stellt die Abstimmung der unterschiedlichen Anforderungen und Erwartungen der Kooperationspartner eine große Herausforderung dar, um gemeinsame Bedarfsplanungen und Rahmenverträge zu verabschieden. Besonders kritisch ist dies, wenn der gemeinsame Bedarf der Kooperationspartner, die Produktionskapazitäten des Lieferanten übersteigt und zwangsläufig Verteilungsprobleme entstehen, welche die Kooperationsatmosphäre belasten.

Verständlicherweise werden auch die Lieferanten versuchen, das Zustandekommen einer Einkaufskooperation zu erschweren. Denn legen die Kooperationspartner ihren Bedarf lediglich zusammen, ohne dabei auf andere Lieferanten auszuweichen, entsteht dem aktuellen Lieferant durch diese Art der Bedarfsbündelung kein zusätzlicher Mengenzuwachs. Deshalb wird er bei ausreichender Verhandlungsstärke versuchen, Preiszugeständnisse verständlicherweise zu vermeiden oder einzelne Kooperationspartner durch bilaterale Absprachen zu bevorzugen, um den Kooperationswillen zu unterlaufen und so die Kooperation insgesamt zu beschädigen. Demgegenüber ist die Bündelung von Bedarfen bei Wechsel des Lieferanten für alle Beteiligten ungleich schwieriger. So müssen die Kooperationspartner geeignete Auswahlkriterien entwickeln und sich auf einen gemeinsamen Lieferanten verständigen. Für einige Unternehmen bedeutet dies, ihren bisherigen Lieferanten zu wechseln. Dies ist in der Praxis bei eher unbedeutenden Warengruppen noch vorstellbar, aber bei kostenintensiven, wichtigen Warengruppen schwierig. So beschränkt sich die Einkaufskooperation nicht selten auf das Zusammenlegen von Bedarfen und ist dabei ständig der Gefahr ausgesetzt, von Lieferanten unterlaufen zu werden.

Demnach ist das freiwillige Zusammengehen von Unternehmen in einer Kooperation eine eher langfristige Option, um entsprechende Einkaufserfolge auch bei kostenintensiven Warengruppen zu erzielen, die den oft erheblichen Abstimmungsaufwand rechtfertigen. Dies ist dann der Fall, wenn das Einkaufsvolumen bei Hebelmaterialien keine hohe Nachfragemacht gegenüber Lieferanten darstellt. Häufig kann es für viele klein- und mittelständische Unternehmen sinnvoll sein, eine eigenständige Einkaufsgenossenschaft zu gründen oder sich einer solchen Organisation anzuschließen. Im Gesundheitswesen ist diese Form der Zusammenarbeit für viele Warengruppen schon gängige Praxis. Nicht zuletzt haben sich in den letzten Jahren viele Unternehmen als sogenannte Beschaffungsdienstleister etabliert, indem sie sich auf bestimmte Warengruppen spezialisiert haben und so die Bedarfe vieler Unternehmen bündeln. Der damit einhergehende geringere Prozessaufwand im Einkauf soll im Handlungsfeld „Koordination" näher erläutert werden.

5.1.3 Kennzahlen zur Bedarfssteuerung

Wie lassen sich nun die dargestellten Maßnahmen zur Bedarfssteuerung mithilfe von Kennzahlen sichtbar machen?

Die Entwicklung von Kennzahlen zur Nachfragereduzierung bedarf einiger Vorüberlegung und ist aus meiner Sicht primär nur für diejenigen Warengruppen sinnvoll, bei denen die Fachbereiche im Unternehmen den Verbrauch direkt beeinflussen. Demnach sind Produktionsmaterialien bzw. Handelswaren dafür ungeeignet, da hier der Verbrauch vom Absatzmarkt determiniert wird. Bei Einmalbedarfen wie bspw. bei Investitionsgütern würde sich eine Nachfragereduzierung entweder im Verzicht auf die Investition oder in einer geringeren Ausnutzung des zur Verfügung stehenden Budgets niederschlagen. Da sich Budgets – nicht selten großzügig bemessen – als Berechnungsgrundlage (Bezugsgröße) für Verbrauchsverhalten weniger eignen, ist die Bildung einer Kennzahl für Nachfragereduzierung daher lediglich für die sonstigen Betriebsstoffe von Bedeutung. Dagegen spricht jedoch, dass in den meisten Unternehmen die Kostenrelevanz dieser Warengruppen aus Sicht des gesamten Einkaufsvolumens häufig von nachrangiger Bedeutung ist.

Da es sich hier um personenbedingte bzw. kostenstellenrelevante Verbrauchsverläufe handelt, ist es naheliegend, den Verbrauch einer Kostenstelle in Relation zu den dort tätigen Mitarbeitern zu setzen. So kann ein durchschnittlicher wertmäßiger Verbrauch pro Mitarbeiter auf Kostenstellenbasis eine Kennzahl zur gezielten Steuerung einer Nachfragereduzierung für z.B. die sonstigen Betriebsstoffe sein und so das Kostenbewusstsein im Unternehmen verschärfen. Damit dieses Kostenbewusstsein entwickelt werden kann, sollte diese Kennzahl halb- oder vierteljährlich in Form eines Zeitreihenvergleichs gebildet werden (der Betrachtungszeitraum wird in Relation zu einem Bezugszeitraum gesetzt). Um Verzerrungen im Vergleich verschiedener Zeiträume zu vermeiden, ist eine solche Kennzahl um einen Korrekturfaktor zu bereinigen, der die durchschnittliche Preisentwicklung der Warengruppe widerspiegelt. Auch die Schwankungen der personellen Kapazität einer Kostenstelle durch Urlaub und Krankheit müssen demnach berücksichtigt werden. Was gegen die Bildung einer solchen Kennzahl spricht, ist die Tatsache, dass die Fachbereiche im Unternehmen aufgrund ihrer Aufgabenstellung eine unterschiedliche Bedarfsstruktur aufweisen, die einem bereichsübergreifenden Quervergleich entgegensteht. Für eine wertmäßige Darstellung des Kostenstellenverbrauchs mithilfe einer Kennzahl spricht, dass der Einsatz kostengünstiger Substitutionsgüter dabei gefördert wird, dies jedoch eine warengruppenspezifische Steuerung erschwert. Beispielsweise würde ein wertmäßiger Verbrauchsrückgang in der Warengruppe Reiseleistungen mit einem Anstieg des Verbrauchs in der Warengruppe Telekommunikationsleistungen kompensiert werden.

Eine mengenmäßige Erfassung des Verbrauchs hätte im Vergleich zur genannten wertmäßigen Erfassung zwar den Vorteil, dass Preiseffekte nicht berücksichtigt werden müssen. Nachteilig wäre jedoch, dass eine derartige Erfassung des Verbrauchs lediglich auf Artikelebene sinnvoll ist. Aufgrund der oft hohen Anzahl verbrauchsgesteuerter Materialien im Unternehmen wäre dies aber kaum praktikabel. Zudem würde eine solche Steuerung tendenziell falsche Anreise setzen, weil dadurch die Generierung von Bündelungseffekten oder das Ausnutzen vorhandener Preisstaffeln weniger lohnenswert wäre.

Zusammenfassend bleibt festzustellen, dass Kennzahlen zur warengruppenspezifischen Steuerung einer Nachfragereduzierung viele Schwierigkeiten aufweisen, so dass die Entwicklung einer solchen Kennzahl lediglich für Unternehmen im nicht-produzierenden Bereich von Interesse ist.

Dagegen gehören Kennzahlen zur warengruppenspezifischen Steuerung der Bündelung von Bedarfen heute in den meisten Unternehmen zum Standard eines Einkaufskennzahlensystems. Sie eignen sich prinzipiell für alle Warengruppen, mit Ausnahme der für Anlagen und Investitionsgüter, die im Unternehmen eine repetitive Bedarfsstruktur aufweisen. Der Einsatz von Kennzahlen zu Rahmenverträgen hat im Einkauf einen doppelten Nutzen, indem sowohl Bündelungspotenziale aufgezeigt werden, als auch die Qualität der Bedarfsplanung bewertet werden kann.

So zeigt die Kennzahl „Rahmenvertragsquote" (vgl. Abbildung 5.2) den Bündelungsgrad in der Warengruppe auf und lässt – insgesamt oder auf Lieferantenebene – weitere, zusätzliche Bündelungspotenziale erkennen.

Abbildung 5.2 Kennzahl: Rahmenvertragsquote

$$\textbf{Rahmenvertragsquote} = \frac{\text{durch Rahmenverträge abgedecktes Einkaufsvolumen}}{\text{Einkaufsvolumen}}$$

*) auf Gesamt-, Warengruppen- oder Lieferantenebene

Eine weitere Kennzahl ist die der „Rahmenvertragsnutzungsquote" (vgl. Abbildung 5.3).

Abbildung 5.3 Kennzahl: Rahmenvertragsnutzungsquote

$$\textbf{Rahmenvertrags-Nutzungsquote} = \frac{\text{aus Rahmenverträgen abgerufenes Einkaufsvolumen}}{\text{in Rahmenverträgen vereinbartes Einkaufsvolumen}}$$

*) auf Gesamt-, Warengruppen-, Material- oder Lieferantenebene

Sie zeigt auf, wie im Unternehmen vorhandene Rahmenverträge tatsächlich genutzt werden und ist in mehrfacher Weise sinnvoll. Zum einen ist diese Kennzahl ein guter Indikator für die Qualität der Bedarfsplanung im Unternehmen, wobei auch externe Markteinflüsse zu Bedarfsänderungen führen. Zum anderen zeigt eine unterjährige Auswertung z.B. auf Quartalsebene mögliche Potenziale zur Verbesserung bestehender Konditionen auf, wenn eine sich abzeichnende Bedarfsentwicklung über das im Rahmenvertrag vereinbarte Mengenvolumen hinausläuft. Außerdem bietet diese Kennzahl für den Einkauf eine gute Möglichkeit zu erkennen, ob rahmenvertragsrelevante Bedarfe an bestehenden Rahmenvereinbarungen vorbei in Auftrag gegeben bzw. bestellt wurden („Maverick Buying"). So gibt diese Kennzahl, vor allem was den letztgenannten Aspekt betrifft, Aufschluss über die Organisationsdisziplin – also darüber, ob Aufträge an bestehenden Einkaufsprozessen vorbei an Lieferanten vergeben werden. In Unternehmen mit dezentralen, nach Profit-Center organisierten Einkaufsbereichen ist dies häufig festzustellen, da oft versucht wird, trotz existierender Rahmenverträge mit Lieferanten bessere Konditionen zu erreichen. Dagegen ist prinzipiell nichts einzuwenden. Das Vorgehen untergräbt allerdings die Autorität der für die Rahmenvertragsvereinbarungen zuständigen Einkaufsverantwortlichen, und erschwert es ihm, die bestmöglichen Konditionen für das Unternehmen zu erzielen.

Des Weiteren kann in vielen Fällen davon ausgegangen werden, dass sich Bündelungseffekte auch durch eine Zunahme der durchschnittlichen Bestellmenge darstellen lassen. Im Unterschied zu einer wertmäßigen Analyse des durchschnittlichen Bestellwertes hat diese Kennzahl den Vorteil, dass Preisveränderungseffekte nicht zum Tragen kommen. Allerdings ist hier bei einem Vergleich unterschiedlicher Zeitpunkte (IST zu Vorjahr) der Einfluss der Bedarfsentwicklung zu berücksichtigen und durch einen Korrekturfaktor auszugleichen, der diese Entwicklung widerspiegelt. So wäre demnach eine weitere Kennzahl zur Transparenz von Bündelungseffekten die Entwicklung der durchschnittlichen Bestellmenge (vgl. Abbildung 5.4).

Abbildung 5.4 Kennzahl: Durchschnittliche Bestellmenge

$$\text{Durchschnittliche Bestellmenge} = \frac{\text{Gesamtmenge}}{\text{Anzahl Bestellpositionen}}$$

*) auf Materialebene

Abschließend sei an dieser Stelle noch eine Kennzahl zu Steuerung von Maßnahmen zur Bedarfsvergrößerung mithilfe von Kooperationen genannt. Die sogenannte „Einkaufskooperationsquote" gibt Aufschluss über das in Einkaufskooperationen eingebrachte Einkaufsvolumen (vgl. Abbildung 5.5). Nachteilig an dieser Kennzahl ist, dass sie lediglich eine ex-post–Betrachtung ermöglicht. Anders ausgedrückt: Erst im Nachhinein kann festgestellt werden, wie hoch das in Kooperationen eingebrachte Einkaufsvolumen ist. Zur Intensivierung von Einkaufskooperationen wäre es vorteilhafter, wenn als Bezugsgröße ein Einkaufsvolumen charakterisiert werden könnte, welches sich zum Einsatz in einer Einkaufskooperation bestmöglich eignet z.B. unspezifisches Material.

Abbildung 5.5 Kennzahl: Einkaufskooperationsquote

$$\text{Einkaufskooperations-Quote} = \frac{\text{in Einkaufskooperation verlagerte Einkaufsvolumen}}{\text{Einkaufsvolumen}}$$

*) auf Gesamt- oder Warengruppenebene

5.2 Steuerung der Spezifikation der Beschaffungsobjekte

Einer der wirkungsvollsten Hebel zur Optimierung der Kosten liegt in der Veränderung der Spezifikation der Beschaffungsobjekte. Wie bereits in Kapitel 1.2.3. aufgezeigt, wird über den größten Teil der später entstehenden Kosten eines Beschaffungsobjekts im Zuge der Festlegung der Spezifikation entschieden. So trägt nicht nur die frühzeitige Einbindung des Einkaufs innerhalb der Produktentwicklung dazu bei, Kosten von vornherein zu vermeiden. Vielmehr ist aufgrund des technischen Fortschritts auch die Veränderung einer bestehenden Spezifikation eine Option, um die Kosten auch im Nachhinein zu reduzieren. Eine detaillierte Analyse der Kostenstruktur eines Beschaffungsobjekts hilft dabei, vorhandene Kostenreduzierungspotenziale zu erkennen oder die Kostenvorteilhaftigkeit einer bestehenden Spezifikation bewusst in Frage zu stellen. Dies schafft im Einkauf die Voraussetzung, dass Lieferanten in die Lage versetzt werden, ihre Preise und Konditionen für Beschaffungsobjekte geänderten Kostenstrukturen anzupassen.

5.2.1 Analyse der Kostenstruktur

Die Verhandlungsposition eines Unternehmens lässt es leider nicht immer zu, dass der Einkauf gegenüber den Lieferanten eine Offenlegung der Preiskalkulation durchsetzen kann. Deshalb sollte der Einkauf sich im Rahmen der Preisstrukturanalyse selbst ein Bild von der möglichen Kostenstruktur der Beschaffungsobjekte und des Gewinnanteils der Lieferanten machen. Ein weiterer Ansatz ist die Berücksichtigung aller Kosten die während der Nutzungsdauer der Beschaffungsobjekte entstehen und ein Gesamtkostenszenario abbilden. Fließt dieses Szenario ebenfalls in die Analyse der Kostenstruktur mit ein, ergeben sich häufig weitere Anhaltspunkte zur Kostenoptimierung. Diese Analyse der sogenannten „Total Cost Of Ownership" beziehungsweise der „Life-Cycle-Costs" soll im Anschluss erläutert werden.

Gemessen am Aufwand ist die Analyse der Kostenstruktur eines Beschaffungsobjekts im Einkauf nicht zu unterschätzen. Daher sollte eine Analyse der Kostenstruktur primär nur für die kostenintensiven Beschaffungsobjekte in Betracht kommen und zusätzlich sichergestellt sein, dass sich hinreichend auswertbare Kostendaten zusammentragen lassen. Dies ist aufgrund der Immaterialität und der „versteckten Eigenschaften" bei Dienstleistungen schwierig und bei Einmalbedarfen oft aus zeitlichen Gründen kaum möglich. Wenn im Beschaffungsmarkt unter den Lieferanten hoher Wettbewerbsdruck herrscht, kann auf die Durchführung von Kostenanalysen weitgehend verzichtet werden, da sich vom Einkauf qualifizierte Alternativangebote einholen lassen. Verfügt der Lieferant über eine starke Monopolstellung, ist der Nutzen von Kostenanalysen zweifelhaft, wenn sich mögliche Forderungen des Einkaufs kaum durchsetzen lassen. Am sinnvollsten ist der Einsatz von Kostenanalysen, wenn ein vorhandenes Abhängigkeitsverhältnis zum Lieferanten ein kurzfristiges Ausweichen auf Alternativen nicht zulässt und vom Einkauf eine Lösung gefunden werden muss, wie die langfristige Zusammenarbeit gestaltet werden kann.

5.2.1.1 Preisstrukturanalyse

Mithilfe der Preisstrukturanalyse verschafft sich der Einkauf einen Einblick in die Kostenstruktur des jeweiligen Beschaffungsobjekts. Bei dieser Analyse werden zunächst alle Kostenarten, die für das zu analysierende Beschaffungsobjekt von Bedeutung sind, ermittelt und bewertet. So ist es in der unternehmerischen Praxis im Rahmen einer Vollkostenbetrachtung üblich, die Stückkosten eines Produkts auf der Basis der Addition aller relevanten Einzel- und Gemeinkosten nach dem folgenden Kalkulationsschema zusammen zu stellen (vgl. Abbildung 5.6). Die Differenz zwischen diesen Stückkosten und dem Verkaufspreis des Beschaffungsobjekts stellt den Gewinn des Lieferanten dar.

Die Analyse der einzelnen Kostenbestandteile stellt hohe Anforderungen an den Einkauf. Noch verhältnismäßig einfach gestaltet sich dabei die Ermittlung der Einzelkosten. Diese Kosten stehen in unmittelbarem Zusammenhang mit der Herstellung eines Beschaffungsobjekts und lassen sich diesem auch direkt zurechnen. Dazu muss der Einkauf den materiellen Einsatz und den fertigungstechnischen Aufwand des Lieferanten bei der Herstellung der einzelnen Produktkomponenten feststellen. Zudem sind die relevanten Marktpreise, die entsprechenden Lohnstrukturen sowie gegebenenfalls die Maschineneinsatzzeiten des Lieferanten in Erfahrung zu bringen, um die Einzelkosten vollständig zu ermitteln.

Abbildung 5.6 Kalkulationsschema Preisstrukturanalyse Vollkostenbasis

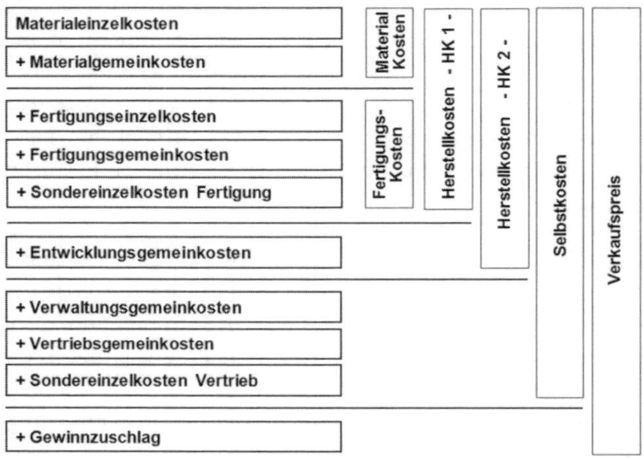

Bei der Ermittlung der Materialeinzelkosten muss der Einkauf die Menge und die Art der eingesetzten Materialien durch Zerlegung des Beschaffungsobjekts bestimmen. Durch Zählen, Wiegen oder Abmessen lassen sich die eingesetzten Materialmengen ermitteln. Um die Bruttoeinsatzmenge zu berechnen, muss zusätzlich zur Nettoeinsatzmenge ein üblicher Anteil für Ausschuss oder Abfall berücksichtigt werden. Zur Bewertung dieser Bruttoeinsatzmengen werden im Einkauf mithilfe der Beschaffungsmarktforschung Marktpreise analysiert. Hierzu geben amtliche Preisstatistiken, Markt-, Waren- und Terminbörsenberichte oder auch die Lieferanten für Vormaterialien wichtige Auskünfte. Da einige Marktpreise im Laufe der Zeit starken Schwankungen unterliegen, kommt der Einkauf oft nicht umhin, auf Durchschnittspreise zurückzugreifen. Unter Berücksichtigung von Rückvergütungen an den Lieferanten für etwaige Ausschuss- oder Abfallmengen im Zuge einer Wiederverwertung lassen sich so die Materialeinzelkosten ermitteln.

Die Analyse der Fertigungseinzelkosten gestaltet sich für den Einkauf weitaus schwieriger und aufwändiger. Um die Berechnung dieser Kosten vorzunehmen, muss er über die zeitliche Dauer, die zur Produktion einer Mengeneinheit benötigt wird, genauso informiert sein wie über die Fertigungslöhne, die für die Herstellung einer Mengeneinheit gezahlt werden. Dazu muss der Preisstrukturanalytiker den Fertigungsprozess und die Arbeitsabläufe detailliert kennen. Dies macht vielfach einen Besuch beim Lieferanten vor Ort notwendig. Von Vorteil ist es hierbei, wenn im eigenen Unternehmen ähnliche Produktionsprozesse durchgeführt werden und die Produktion bzw. die Arbeitsvorbereitung dem Einkauf wichtige Hinweise geben kann, mit welchen Fertigungszeiten im Normalfall zu rechnen ist. Bei der Bewertung der so ermittelten Fertigungszeiten ist als Erstes die Qualifikation der für den Arbeitsablauf üblicherweise in Frage kommenden Arbeiter zu bestimmen. Anschließend können auf der Basis der relevanten, branchenüblichen oder tarifären Stundenlohnsätze, die Fertigungseinzelkosten einer Mengeneinheit berechnet werden. Durch Veröffentlichungen von Verbänden, Gewerkschaften sowie amtlichen Statistiken oder durch Nachfrage in der Personalabteilung lassen sich die vom Einkauf benötigten Lohnkosteninformationen dazu ermitteln.

Darüber hinaus sind die Sondereinzelkosten der Fertigung und des Vertriebs zu berechnen. Bei den Sondereinzelkosten der Fertigung handelt es sich beispielsweise um Kosten für Werkzeuge, Modelle oder Vorrichtungen, für die vom Einkauf entsprechende Standzeiten und Ausbringungsmengen zu ermitteln sind. Diese Kosten sind dem Beschaffungsobjekt ebenfalls direkt zurechenbar, auch wenn sie im Hinblick auf die jeweilige Bezugsmenge anteilig aufzuteilen sind. In Verträgen mit Lieferanten werden deshalb oft Ausbringungsmengen oder Standzeiten für Werkzeuge vereinbart, auf deren Basis eine Regelung getroffen wird, welcher Vertragspartner beispielsweise für Ersatz- oder Neuinvestitionen verantwortlich ist. Zu den Sondereinzelkosten des Vertriebs zählen die Kosten für Verpackung, Transport und Versicherungen als auch die anfallenden Kosten für Vertreterprovisionen. Auch für diese Kosten lässt sich deren Anteil am Beschaffungsobjekt relativ leicht ermitteln oder beispielsweise im Zuge der Angebotserstellung vom Lieferanten bei sogenannten „frei-Haus"-Anfragen gesondert ausweisen.

Im Gegensatz dazu stehen die Gemeinkosten eines Beschaffungsobjekts nicht in direktem Zusammenhang mit dessen Herstellung. Derartige Kosten fallen beim Lieferanten an, um die Produktionsbereitschaft zur Herstellung der Produkte sicherzustellen. Die Ermittlung dieser Kosten stellt im Rahmen der Preisstrukturanalyse den größten Ungenauigkeitsfaktor dar, da sie größtenteils auf Schätzungen beruhen. Hierzu zählen die Material- und Fertigungsgemeinkosten sowie die anteiligen Gemeinkosten für Verwaltung und Vertrieb. Mithilfe der innerbetrieblichen Kostenrechnung werden in vielen Unternehmen die anfallenden Gemeinkosten über Verrechnungssätze oder Bezugsgrößen mehr oder weniger willkürlich auf die hergestellten Produkte verteilt. Vielfach üblich ist ein prozentualer Zuschlag auf einen entsprechenden Basiswert, wie dies im Folgenden erläutert wird.

Bei den Materialgemeinkosten handelt es sich um Kosten, die im Unternehmen aufgrund der Beschaffung von Materialien, deren Lagerung, Konservierung und Prüfung oder innerbetrieblicher Transporten entstehen. Hierbei machen die Lagerkosten häufig den größten Anteil aus. Um Materialgemeinkosten zuverlässig einzuschätzen, muss sich der Einkauf daher bei einem Lieferantenbesuch vor Ort über die Größe, die technische Ausstattung und Modernität des Lagers informieren. Oft werden stattdessen Kostenstatistiken von Verbänden oder amtliche Statistiken zu Hilfe genommen, um eine möglichst realitätsnahe Kostenabschätzung vorzunehmen. Aus den jährlichen Veröffentlichungen des Statistischen Bundesamts von Daten über Kostenstrukturen in der Wirtschaft, lassen sich unter anderem Vergleichswerte für eine Preisstrukturanalyse ableiten. So bedient sich beispielsweise der Verband der deutschen Maschinen- und Anlagenhersteller (VDMA) bei der jährlichen Veröffentlichung eines sogenannten Kennzahlenkompasses Kosteninformationen aus Umfragen seiner Mitgliedsunternehmen, die es ermöglichen, auf Durchschnittswerte zur Ermittlung der Gemeinkosten zurückzugreifen (vgl. Abbildung 5.7).

Abbildung 5.7 Gemeinkostenzuschlagssätze Maschinenbau nach VDMA (Stand: 2009)

Gemeinkostenzuschlagssatz	in % von – bis	Zuschlagsbasis
• Materialgemeinkostenzuschlagssatz	7,7 – 15,2	Materialeinzelkosten
• Fertigungsgemeinkostenzuschlagssatz auf Handarbeit	72,4 – 89,9	Fertigungseinzelkosten
• Fertigungsgemeinkostenzuschlagssatz auf mechanische Bearbeitung	101,8 – 116,1	Fertigungseinzelkosten
• Fertigungsgemeinkostenzuschlagssatz auf Innenmontage	96,7 – 113,8	Fertigungseinzelkosten
• Entwicklungsgemeinkostenzuschlagssatz	11,9 – 16,4	Herstellkosten
• Verwaltungsgemeinkostenzuschlagssatz	9,8 – 13,1	Herstellkosten
• Vertriebsgemeinkostenzuschlagssatz	13,3 – 19,2	Herstellkosten

Demnach betragen die Materialgemeinkosten im Maschinenbau durchschnittlich mehr oder weniger etwa 10% der Materialeinzelkosten und werden im Rahmen einer Preisstrukturanalyse auf diesen Basiswert zugeschlagen. Daher wird diese Art der Vorgehensweise sinngemäß auch als Zuschlagskalkulation bezeichnet. Aufgrund einer geringeren Teilevielfalt sind in einer Serienfertigung diese Materialgemeinkosten jedoch deutlich niedriger, da sich die Lagerhaltung leichter auf Vorlieferanten übertragen lässt oder anteilige Fixkosten bei größeren Bestellmengen pro Stück geringer ausfallen.

Der oftmals größte Gemeinkostenanteil eines Produkts ist auf die Gemeinkosten im Fertigungsbereich zurückzuführen. Diese entstehen beispielsweise aufgrund von Abschreibungs-, Zins-, Instandhaltungs-, Raum- und Energiekosten sowie durch Kosten für Hilfs- und Betriebsstoffe sowie Werkzeugkosten und Gehälter und werden auf dieser Basis auf die Fertigungseinzelkosten zugeschlagen. Diese Vorgehensweise ist bei einem hohen Mechanisierungsgrad einer Fertigung sehr unzutreffend. Daher ist es zur Ermittlung der Fertigungsgemeinkosten vorteilhafter, diese Kosten eines Beschaffungsobjekts aufgrund ihrer Inanspruchnahme der im Unternehmen eingesetzten maschinellen Anlagen mithilfe einer Maschinenstundensatzrechnung differenzierter zu analysieren. Dies setzt voraus, dass dem Einkauf die beim Lieferanten eingesetzten Maschinen bzw. Anlagen und deren Kostenstruktur bekannt sind und er die Dauer der Inanspruchnahme durch das jeweilige Produkt richtig einschätzen kann. Waren früher Lieferantenbesuche und entsprechende Zeitaufnahmen vor Ort die einzige Möglichkeit, diese Kosten zu analysieren, so stehen dem Einkauf mittlerweile vielfältige Kostenanalyse- bzw. Simulationssoftwareprogramme zur Verfügung. Mithilfe der folgenden Formeln lassen sich Maschinenstundensätze wie folgt berechnen (vgl. Abbildung 5.8).

Abbildung 5.8 Formeln zur Berechnung von Maschinenstundensätzen nach VDMA

Maschinenstundensatz $= \frac{K_A + K_Z + K_I + K_R + K_E}{PB}$

- Kalkulatorische Abschreibung $K_A = \frac{\text{Wiederbeschaffungskosten}}{\text{Nutzungsdauer in Jahren}}$
- Kalkulatorische Zinsen K_Z = 0,5 x Wiederbeschaffungskosten x Zinssatz in %
- Kalkulatorische Instandhaltung K_I = Wiederbeschaffungskosten x Instandhaltungssatz in %
- Kalkulatorische Raumkosten K_R = Flächenbedarf in qm² x Verrechnungssatz x 12
- Kalkulatorische Energiekosten K_E = Energiebedarf in KW/h x Kosten pro Energieeinheit x Ausnutzungsgrad in %
- Planbeschäftigung **PB** = Arbeitstage pro Jahr x Arbeitsstunden pro Tag

Für die Berechnung muss der Einkauf zunächst den Wiederbeschaffungswert bzw. die Anschaffungskosten und den Auslastungsgrad der jeweiligen Maschine kennen. Neben der Auskunft durch den Lieferanten kann ein Teil der benötigten Informationen zum Platz- und Energiebedarf, den Anschaffungskosten sowie den üblicherweise anfallenden Instandhaltungskosten einer Maschine vom Maschinenhersteller bezogen werden. Nicht zuletzt ist auch das hauseigene Controlling eine wichtige Informationsquelle, erst recht wenn im Unternehmen vergleichbare Maschinen eingesetzt werden. So kann dieser Bereich dem Einkauf realistische Vergleichswerte über die typische Nutzungsdauer oder den ortsüblichen Flächenverrechnungssatz einer Maschine bereitstellen. Mit dem Wissen um das beim Lieferanten praktizierte Schichtmodell sowie die recht leicht aus öffentlichen Quellen zu ermittelnden Kosten für Energie und ortsübliche Zinsen sind demnach alle notwendigen Informationen benannt, die zur Berechnung einer Maschinenstunde erforderlich sind. Die Fülle der benötigten Angaben erklärt einmal mehr den erheblichen Aufwand, den eine Preisstrukturanalyse für den Einkauf bedeutet. Dies gilt umso mehr, wenn beim Lieferanten mehrere Maschinen für ein Produkt zum Einsatz kommen.

Mit Ausnahme einiger energieintensiver Anlagen, wie beispielsweise einer Gießerei oder chemischer Anlagen, beinhaltet in der unternehmerischen Praxis die kalkulatorische Abschreibung nicht selten gut die Hälfte aller oftmals relevanten Maschinenkosten. Vor dem Hintergrund, dass eine vom Einkauf durchgeführte Preisstrukturanalyse immer nur zu einer mehr oder weniger realistischen Einschätzung der tatsächlichen Produktkostenstruktur beitragen kann, lässt sich in diesem Zusammenhang der Maschinenstundensatz näherungsweise auch mithilfe der zweifachen kalkulatorischen Abschreibung nach der folgenden Faustformel bestimmen (vgl. Abbildung 5.9).

Abbildung 5.9 Faustformel zur Berechnung des Maschinenstundensatzes

$$\text{Maschinenstundensatz} = \frac{2 \times K_A}{PB}$$

Dieses pragmatische Vorgehen ist meiner Meinung nach auch deswegen zu rechtfertigen, da die tatsächlichen Maschinenkosten von verschiedenen Faktoren beeinflusst werden. Dazu gehört beispielsweise, welche konkrete Art der Abschreibung praktiziert wird, ob beim Kauf öffentliche Zuschüsse in Anspruch genommen wurden oder welche Instandhaltungsintervalle praktiziert werden.

Auf Basis der Summe der Material und Fertigungskosten – den sogenannten Herstellkosten – lassen sich die Kosten für Verwaltung und Vertrieb sowie etwaige Entwicklungskosten per Zuschlag berechnen. Auch hier wird man sich mit einer groben Abschätzung mithilfe von Vergleichswerten begnügen müssen, da sich eine exakte produktspezifische Zuordnung dieser Gemeinkosten im Rahmen der Preisstrukturanalyse kaum durchführen lässt.

Abschließend ist noch die Frage nach dem angemessenen Gewinn des Lieferanten zu beantworten. Diese Frage kann nicht für alle Produkte, Lieferanten und Branchen mit einem festen Prozentsatz beantwortet werden und ist je nach Marktsituation sehr unterschiedlich. Dennoch lassen sich hier einige wichtige Anhaltspunkte charakterisieren. Handelt es sich um eine monopolähnliche Marktstruktur, werden die Gewinnspannen der Lieferanten generell höher ausfallen, als in wettbewerbsintensiven Strukturen. Ist die Größe der Bestellmenge hoch, wird der Gewinn des Lieferanten pro Mengeneinheit geringer sein, als bei einer Kleinbestellung. Hat der Lieferant in Folge einer geringen Marktnachfrage freie Produktionskapazitäten, wird dies ebenfalls zu einer niedrigeren Gewinnspanne führen, als im Fall weitgehend ausgelasteter Kapazitäten. Oft beanspruchen Lieferanten, die sich in der Vergangenheit durch eine hohe Qualität, kurze Lieferzeiten oder guten Service ausgezeichnet haben, tendenziell einen höheren Gewinn, als Lieferanten, die das Fehlen dieser Leistungen durch einen niedrigen Preis kompensieren. Des Weiteren werden Lieferanten, die aufgrund ihres Herstellungsprozesses oder ihres Produktprogramms höhere wirtschaftliche Risiken eingehen, in aller Regel höhere Gewinne fordern. So kann die Entwicklung und Einführung neuer, innovativer Produkte ein höheres Risiko beinhalten als die Nachahmung von Produkten. Dies spiegelt sich in den Gewinnspannen technologieführender Lieferanten konsequenterweise wider.

Die Feststellung der Gewinnspanne ist für den Einkauf von großer Bedeutung, wenn er im Hinblick auf anstehende Verhandlungen eine Prognose über die Realisierbarkeit von Preisreduzierungen vornehmen oder die Vorteilhaftigkeit des Einholens von Vergleichsangeboten abschätzen möchte. Gleichzeitig ermöglicht das Wissen um die Preisstruktur eines Beschaffungsobjekts eine Beurteilung, ob die vom Lieferanten kalkulierten Kosten gerechtfertigt sind beziehungsweise ob die von ihm erhobenen Preisforderungen im Zuge marktbedingter Kostenerhöhungen als angemessen betrachtet werden können. Eine große Bedeutung hat die Preisstrukturanalyse bei der Verwendung und Überprüfung sogenannter Preisgleitklauseln. Sie unterstützen den Einkauf dabei, mit dem Lieferanten eine Preisbasis zu vereinbaren, welche die Anpassung von Kostenveränderungen einvernehmlich regelt. Auch die bessere Einschätzung der Größenordnung von Kostenreduzierungsvorhaben wird durch diese Analyse unterstützt. So kann beispielsweise beurteilt werden, ob sich die Kostenstruktur eines Produkts durch Einsatz neuer Lieferanten aus sogenannten Niedriglohnländern nachhaltig beeinflussen lässt. Hierbei sind dann weitere Kosten zu berücksichtigen, die im Rahmen einer Gesamtkostenbetrachtung zu ermitteln sind.

5.2.1.2 Deckungsbeitragsrechnung

Eine weniger aufwändigere Methode zur Ermittlung von Kostenreduzierungspotenzialen, stellt im Einkauf die Deckungsbeitragsrechnung dar (vgl. Abbildung 5.10). Diese Form der Preisstrukturanalyse konzentriert sich ausschließlich auf den variablen Anteil der Kosten eines Produkts, der direkt durch dessen Herstellung beim Lieferanten verursacht wird. Demnach ist der Deckungsbeitrag die Differenz zwischen dem Verkaufspreis und den gesamten variablen Kosten eines Produkts. Er stellt daher den Beitrag dar, den das Produkt zur Deckung der fixen Kosten und der Gewinnvorstellungen des Lieferanten stiftet.

Abbildung 5.10 Kalkulationsschema Preisstrukturanalyse Teilkostenbasis

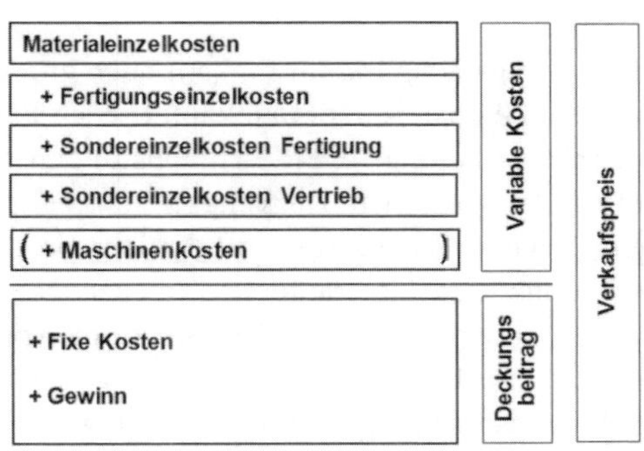

So ist der Einsatz dieser Analyse unter anderem von Bedeutung, um Preisforderungen der Lieferanten aufgrund von Kostensteigerungen nachzuvollziehen bzw. zu relativieren. Von zusätzlichem Nutzen ist diese Analyse, um die sogenannte Preisuntergrenze eines Produkts festzustellen. So darf unterstellt werden, dass ein Lieferant nur dann bereit ist, zu einem Verkaufspreis zu liefern, der mindestens die für ihn entstehenden Kosten abdeckt. Dieser Preis kann aus kurzfristigen Gründen manchmal unterboten werden (Dumpingpreise). Auf Dauer würde dies jedoch dazu führen, dass der Lieferant bei einer Preisstellung unterhalb der Preisuntergrenze monetäre Verluste erleidet. Zur Berechnung der Preisuntergrenze dürfen daher lediglich die Material-, Fertigungs- und Sondereinzelkosten eines Produkts berücksichtigt werden.

Mit dem Wissen um den Deckungsbeitrag eines Produkts ist der Einkauf mithilfe der sogenannten Preis-Mengen-Formel in der Lage eine Preisprognose durchzuführen, die auf einer Veränderung der nachgefragten Bedarfsmenge basiert (vgl. Abbildung 5.11).

Abbildung 5.11 Preis-Mengen-Formel

$$\underset{\text{pro Stück}}{\text{Neuer Preis}} = \underset{\text{pro Stück}}{\text{Variable Kosten}} + \frac{\underset{\text{pro Stück}}{\text{Deckungsbeitrag}} \times \text{Alte Bedarfsmenge}}{\text{Neue Bedarfsmenge}} \qquad 7 + \frac{3 \times 500}{1000} = 8{,}50$$

Bei dieser Formel wird unterstellt, dass der vom Lieferanten erzielte Deckungsbeitrag trotz unterschiedlicher Bedarfsmengen konstant bleibt. Ob diese Annahme in der Praxis immer zutreffend ist, darf indes bezweifelt werden. Jedoch hilft diese Formel einen preislichen Rahmen zu ermitteln, der die Bildung eines realistischen Verhandlungsziels im Sinne eines Grenzwertes erlaubt. Ein Zahlenbeispiel gefällig? Die Ausgangssituation sei folgendermaßen: Angenommen, bei einer Abnahmemenge von 500 Stück beträgt der Verkaufspreis eines Produkts 10 Euro. Daraus resultiert bei variablen Kosten von 7 Euro ein Deckungsbeitrag in Höhe von 3 Euro. Würde sich nun die Bedarfsmenge des Unternehmens auf 1000 Stück erhöhen, wäre nach dieser Formel der zu erwartende neue Verkaufspreis für dieses Produkt 8,50 Euro.

Daneben kann die Deckungsbeitragsrechnung im Einkauf auch zur kurzfristigen Potenzialermittlung verwendet werden. Hier ist es in der einkäuferischen Praxis weniger kritisch, ob in die Berechnung des Deckungsbeitrags die Maschinenstundensatzkosten als variable Kostenfaktoren einfließen und der errechnete Deckungsbeitrag geringer ausfällt. Die Deckungsbeitragsrechnung gibt gewissermaßen Auskunft darüber, ob es sich für den Einkauf lohnt, den Preiswettbewerb unter den Lieferanten zu intensivieren. So darf unterstellt werden, dass das Erzielen eines hohen Deckungsbeitrags für potenzielle Lieferanten einen hohen Anreiz bietet, neu in diesen Markt einzutreten. Demnach ist es naheliegend, dass sich mithilfe der Deckungsbeitragsrechnung eine Priorisierung vornehmen lässt, welche Beschaffungsobjekte hohes Kostenreduzierungspotenzial besitzen, um diese im Einkauf beispielsweise häufiger anzufragen und vorteilhaftere Konditionen erzielen. Dabei sollte der Einkauf vor allem die Entwicklung der gesamtwirtschaftlichen Situation im Auge behalten. Schließlich lassen sich in Phasen konjunkturellen Abschwungs preisliche Zugeständnisse leichter bei einem hohen Deckungsbeitrag machen. Nicht minder bedeutend ist die Tatsache, dass es auch für das Unternehmen selbst attraktiv sein kann, bei Vorliegen hoher Deckungsbeiträge eine Eigenfertigung dieses Bedarfs in Erwägung zu ziehen.

Zur Ermittlung weitreichender Kostenreduzierungspotenziale sind die bislang vorgestellten Methoden zur Ermittlung der Preisstruktur jedoch nur bedingt geeignet. Weitreichenderes Potenzial bietet die Einbeziehung aller mit dem Beschaffungsobjekt zusammenhängenden Kosten, die im Folgenden näher erläutert wird.

5.2.1.3 Gesamtkostenanalyse: TCO und LCC

Bei der Kostenanalyse darf nicht nur der Einkaufspreis betrachtet werden. Selbst wenn dieser niedrig ist, bedeutet dies keineswegs, dass ein Beschaffungsobjekt im Unternehmen – über den gesamten Lebenszyklus betrachtet – auch die niedrigsten Kosten verursacht. Beim Kauf von Maschinen und Anlagen übersteigen die nachlaufenden Betriebskosten den Einkaufspreis oft um ein Vielfaches (Brown 1979, S. 109). Aus der Sicht des Einkaufs ist es deshalb notwendig, bei manchen Kaufentscheidungen auch die Gesamtkosten im Auge zu behalten, also eine Gesamtkostenanalyse durchzuführen. Unter diesem Begriff werden in der Praxis unterschiedliche kostenrechnerische Modellansätze bezeichnet, denen die Berücksichtigung aller relevanten Kosten im Vorfeld einer Beschaffungsentscheidung gemeinsam ist. Ein populäres Beispiel hierfür sind Bürodrucker, die immer wieder günstig angeboten werden. Kostspielig ist hier nicht das Gerät selbst, sondern der benötigte Toner. Dessen Preis und Verbrauch bestimmen hinterher, welche Kosten über den gesamten Lebenszyklus des Druckers tatsächlich angefallen sind. Vor einer Kaufentscheidung sollten in einem solchen Fall also nicht nur die Drucker selbst und ihre Funktionalitäten verglichen werden, sondern auch die Tonerpreise.

Erstmalig wurde das Konzept der Gesamtkostenanalyse Mitte der 80er Jahre zur Beurteilung alternativer Investitionsvorhaben im IT-Bereich von der Unternehmensberatung der Gartner Group entwickelt, welches unter dem Begriff der Total Cost Of Ownership (TCO) zum Einsatz kam. So werden unter dem Begriff TCO alle Einkaufs- und Folgekosten betrachtet, die entlang der gesamten Wertschöpfungskette im Unternehmen entstehen (Degraeve 2004, S.3).

Heute wird die TCO-Methode überwiegend für Produkte eingesetzt, um alle mit der Bereitstellung eines Beschaffungsobjekts anfallenden, offenen und versteckten Kosten soweit wie möglich aufzuzeigen, die während des Produktlebenszyklus entstehen. Im Unterschied dazu ist der Fokus der Life-Cycle-Costing (LCC)-Analyse auf Investitionen gerichtet. Hierbei werden alle vor- und nachlaufenden Kosten in die Analyse einbezogen, die mit dem Erwerb, dem Besitz und dem Betreiben eines Investitionsgutes während der gesamten Lebenszeit im Unternehmen anfallen. Im Unterschied zur Preisstrukturanalyse ist der Kostenfokus der TCO- bzw. der LCC-Analyse weitaus umfassender, um so weitreichendere Kostenoptimierungspotenziale aufzuzeigen und auszuschöpfen, die in der Wertschöpfungskette über mehrere Lieferantenstufen hinweg entstehen. Hierbei sind vor allem folgende Kostenschwerpunkte von Bedeutung (vgl. Abbildung 5.12).

Abbildung 5.12 Kostenschwerpunkte unter TCO- und LCC-Gesichtspunkten

Kosten des Materialflusses für ...	Kosten des Bestellprozess für ...	Kosten des Fertigungsprozess für ...	Kosten der Vermarktung für ...
• Wareneingangsabwicklung	• Beschaffungsmarktforschung	• Materialausnutzung	• Fehlmengenausgleich
• Wareneingangskontrolle	• Verhandlungsführung	• Ausschuss	• verfehlte Liefertermine
• Warenausgangsabwicklung	• Vertragsabschluss	• Nacharbeit	• geringe Lieferperformance
• Umpacktätigkeiten	• Bedarfsermittlung	• Fehlmengen	• Garantie und Kulanz
• Verpackungsentsorgung	• Bestellübermittlung	• Kapazitätsinanspruchnahme	• Service – Dienstleistungen
• Transport und Spedition	• Terminverfolgung	• Instandhaltung	• Produktrücknahme
• Transporthilfsmittel	• Reklamationen	• Produktionsplanung	• Ersatzteilverfügbarkeit
• Kleinladungsträger (KLT)	• Rechnungsprüfung	• kalk. Abschreibungen	• Desinvestition (Entmarktung)
• Lagerhaltung	• Zahlungsabwicklung	• kalk. Zinsen	
• innerbetriebliche Logistik	• Lieferantenbesuche	• Qualitätssicherung	
• Rücksendungen	• Lieferantenbewertung	• Prüfmittel – Equipment	
• Materialbeistellungen	• Stammdatenpflege	• Abfallbeseitigung	

Diese Übersicht ist primär als Checkliste zu verwenden, da neben den reinen Beschaffungsobjektkosten eine Vielzahl relevanter Kosten wie z.B. die des Materialflusses, des Bestellprozesses, des Fertigungsprozesses oder der Vermarktung in die Gesamtkostenbetrachtung mit einfließt. Daher ist der Einsatz der Gesamtkostenanalyse aus Einkaufssicht allenfalls für die kostenintensivsten Beschaffungsobjekte zu rechtfertigen, deren zukünftiges Bedarfsaufkommen weitgehend absehbar ist. Oftmals werden unter Einbindung der Lieferanten in cross-funktionaler Zusammenarbeit Kostenschwerpunkte definiert, um mithilfe von Workshops neue Lösungen zu erarbeiten, die zu einer Kostenoptimierung beitragen.

Wie sind diese Kosten nun genau zu analysieren? Hier eine allgemeingültige, praktizierte Vorgehensweise vorzustellen, wäre wenig zweckmäßig. Einerseits lassen sich die dazu benötigten Kostendaten mithilfe des Controllings oder des betrieblichen Rechnungswesens oftmals nur schwer und mit erheblichem Aufwand ermitteln. Andererseits gibt es bisher noch keine Berechnungsmethode, die branchenunabhängig ein systematisches oder standardisiertes Vorgehen beinhaltet. Einer Studie zufolge, kommen heute in der Praxis ca. 20 Modelle zur Anwendung, die sich hinsichtlich der berücksichtigten Kostenkategorien teilweise deutlich voneinander unterscheiden (Ragona 2002, S. 25). Als Orientierungshilfe sollen hier vielmehr Schwerpunkte zur Datensammlung und -berechnung aufgezeigt werden. Sie geben einen Einblick, welche Kostenfaktoren innerhalb einer Gesamtkostenbetrachtung von hoher Relevanz sind. Die folgende Abbildung 5.13 spiegelt das Ergebnis einer empirischen Untersuchung wider, welche die Verwendung verschiedener Kostenkategorien und -treiber in der Praxis aufzeigt (Gleich 2010, S. 183ff). Demnach wird bei der Beschaffung von Rohmaterial der damit verbundene Kostentreiber: Kontrollkosten im Rahmen der Analyse der Qualitätskosten bei 33% der befragten Unternehmen mit berücksichtigt.

Abbildung 5.13 Kostenkategorien und Kostentreiber unter TCO - bzw. LCC-Aspekten

Hauptkostenkategorie	Kostentreiber	Investitions-güter	Rohmaterial	Baugruppen Montage	Komponenten Fertigung	Verpackung	Service	Reparatur
Beschaffungskosten	Preis	82%	48%	73%	81%	73%	60%	50%
	Kosten für Umbau	32%	7%	13%	25%	0%	7%	13%
	Setup / Installation	18%	7%	13%	19%	9%	27%	13%
Betriebskosten	Personal	46%	19%	33%	44%	45%	47%	38%
	Werkzeuge	39%	11%	20%	19%	18%	27%	13%
	Betriebsstoffe / Energie	32%	37%	0%	13%	9%	7%	0%
	Raumkosten	18%	7%	20%	13%	18%	0%	6%
Qualitätskosten	Kontrollkosten	14%	33%	67%	38%	27%	13%	25%
	Ausschusskosten	18%	33%	87%	63%	36%	13%	19%
Logistikkosten	Fracht / Transport	18%	56%	87%	50%	64%	7%	25%
	Zölle	7%	15%	33%	19%	18%	0%	0%
	Verpackung	4%	11%	20%	13%	9%	0%	6%
Wartung- und Instandhaltungskosten	Personal	32%	0%	13%	13%	9%	53%	38%
	Ersatzteile	46%	48%	7%	13%	36%	40%	50%
	Sonderwerkzeuge	18%	4%	7%	6%	18%	7%	56%
	Servicekosten	25%	0%	0%	6%	0%	40%	19%
	Stillstandskosten	39%	15%	7%	19%	18%	33%	25%
Lagerhaltungskosten		4%	40%	17%	29%	18%	0%	8%

Aus pragmatischer Sicht ist es von Vorteil, die Kostenkategorien in Kostenblöcke zu gliedern. Mögliche Blöcke sind beispielsweise Material, Forschung und Entwicklung, Fertigung und Montage, Verwaltung und Vertrieb, Logistik sowie Qualitätssicherung. Dies erleichtert die Zuordnung von fachlichen Verantwortlichkeiten, so dass sich Kostenoptimierungspotenziale leichter identifizieren und umsetzen lassen. Durch die Bewertung des mengenmäßigen und zeitlichen Aufwands der relevanten Kostentreiberindikatoren können diese Daten mithilfe der Preisstrukturanalyse zu Kostengrößen transformiert werden. Diese bilden anschließend die Grundlage zur Bewertung alternativer Lösungsmöglichkeiten und zur Abschätzung von Optimierungspotenzialen, welche unter Berücksichtigung des Umsetzungsaufwands dann sukzessive zu realisieren sind. Eine Übersicht zu den üblicherweise verwendeten Kostentreiberindikatoren enthält die folgende Abbildung 5.14.

Abbildung 5.14 Kostentreiberindikatoren bei der TCO-Analyse

Kostenblöcke (TCO – Struktur)	Kostenkategorien	Kostentreiberindikatoren
Material	• z.B. Stahl • z.B. Kunststoffe	• Rohstoffeinsatz • Ausschuss und Abfallquote, Wiederverwertungsquote
Forschung und Entwicklung	• Design • Konstruktion • Forschung	• Anzahl und Art von Tests, Testdesign • Anzahl Änderungen • Prüfaufträge (Labor)
Fertigung und Montage	• Montage • Produktionsvorbereitung • Werkzeugwechsel	• Montagezeiten • Anzahl Werkzeugwechsel, Rüstzeitenkonzept • Werkzeugproduktivität, Werkzeugaufbau
Verwaltung und Vertrieb	• Einkauf • Vertrieb • Qualitätswesen • Rechnungswesen	• Anzahl Bestellvorgänge, Bestellpositionen • Stunden Anwendungsberatung • Anzahl Qualitätskontrollen • Anzahl Buchungen
Logistik	• LKW – Transport • Luft- / Wassertransport • Materialwirtschaft • interne Transportkosten	• Anzahl LKW – Transporte, Transportmittelauslastung • Anzahl Container, Auslastungsgrad, Luftfrachtlieferungen • Anzahl Lagerstufen, Anzahl Lagerzugriffe • Länge bzw. Häufigkeit der Transportwege
Qualitätssicherung	• Ausschuss • Neueinbau • Nacharbeit	• Anzahl Nacharbeitsstunden • Produktkomplexität • Komplexität Werkzeug

Trotz der hohen Bindung personeller Ressourcen und der Schwierigkeit einer umfassenden Darstellung aller relevanten Kosten ist der Nutzen der TCO-Analyse vielfältig. So trägt sie dazu bei, die Kostentransparenz im Lieferantennetzwerk zu verbessern und Kostentreiber aufzuzeigen. Mit dem Wissen über wesentliche Kostenkomponenten lassen sich Qualitätsverbesserungsprozesse wie z.B. TQM oder Kaizen unternehmensübergreifend steuern. Nicht zuletzt wird der Einkauf dabei unterstützt, geeignete Lieferantenstrategien fundierter zu entwickeln, die Lieferantenauswahl und -bewertung umfassender durchzuführen oder Angebotsvergleiche umfänglicher zu erstellen.

Als Universalinstrument zur Potenzialermittlung bleibt der Einsatz der TCO-Analyse jedoch von beschränktem Nutzen. So sind die Gesamtkosten oft situationsspezifisch und variieren auf der Basis vieler einzelner Faktoren. Dies führt in Anbetracht der Änderungsanfälligkeit einzelner Kostengrößen zu eingeschränkter Datenaktualität. Aufgrund des Fehlens geeigneter Kalkulationssysteme zur Prozessrechnung von Organisationsabläufen ist diese Methode daher zum Teil auf qualifizierte Schätzungen angewiesen. Dabei läuft der Einsatz dieser Methode stets Gefahr, lediglich die Kostenseite von Wertschöpfungsprozessen in den Vordergrund zu stellen. Die Ermittlung des Leistungsbeitrags bzw. des Nutzens der analysierten Beschaffungsobjekte bleibt oftmals unberücksichtigt oder gestaltet sich über den gesamten Produktlebenszyklus hinweg als aufwendig und schwierig. Daher stellt sich die Frage, wie sich qualitative Merkmale wie bspw. die Liefertreue, der technische Support von Lieferanten oder produktimagerelevante Aspekte in der Bewertung der Gesamtkosten berücksichtigen lassen. So dürfte es unstrittig sein, dass eine hohe Ausprägung dieser Leistungsmerkmale, ein zusätzliches Entstehen von Kosten vermeidet. Einige Berechnungsmodelle tragen diesem Umstand Rechnung, indem auf der Basis einer nutzwertanalytischen Betrachtung solche Merkmale mit in die Analyse einfließen. Wobei hier eine gewisse Willkürlichkeit in der Bewertung dieser Merkmale nicht zu verhindern ist.

Eine andere Perspektive der Analyse aller relevanten Gesamtkosten verfolgt die LCC–Methode. Sie ähnelt in der Durchführung der TCO-Methode, Kostentreiber zu identifizieren bzw. zu bewerten und damit Auswahlentscheidungen bei Investitionsgütern auf der Grundlage langfristiger Kostenüberlegungen zu generieren. Am Beispiel des Investitionsvorhabens zur Beschaffung eines Druckluftsystems soll die Vielfalt der in Betracht zu ziehenden LCC-Kostenfaktoren verdeutlicht werden (vgl. Abbildung 5.15).

Abbildung 5.15 LCC-Kostenfaktoren eines Investitionsvorhabens am Beispiel eines Druckluftsystems

Anschaffungs- bzw. Investitionskosten
- Kosten bevor Inbetriebnahme
- Kosten für Komponenten und Ersatzteile
- Kosten für Planung der Anlage
- Kosten des Einkaufsprozess
- Kosten für Qualifizierung und Schulung
- Kosten für Prozessleittechnik

Installationskosten
- Kosten für Montage und Inbetriebnahme
- Kosten für Austausch von Komponenten
- Kosten für zu beziehende Fremdleistungen

Instandhaltungskosten
- Kosten für normale Wartungsarbeiten
- Kosten für Reinigung und Schmierung
- Kosten für vorbeugende Instandhaltung
- Sonderkosten für Nachtarbeitszulagen

Energiekosten
- Direkte Energiekosten (Preis x Verbrauch)
- Indirekte Energiekosten (z.B. Kühlung)

Bedienungskosten
- Personalkosten für Normalbetrieb
- Kosten für Prozessleittechnik

Qualitätskosten
- Kosten von Qualitätseinbußen
- Kosten für Qualitätssicherung
- Kosten aufgrund Qualitätseinbußen
- Kosten für Qualitätsmanagement

Umweltkosten
- Kosten für Umwelt- und Arbeitsschutz
- Kosten für Lärmschutzmaßnahmen
- Kosten für Unfälle

Außerbetriebnahmekosten
- Kosten für Demontage
- Kosten für Entsorgung von Anlagenteilen
- Kosten zur Gebäude - Wiederherstellung

Ausfall- und Stillstandskosten

Im Unterschied zur TCO-Methode bleiben die Kosten des Bestellprozesses oder Transaktionskosten wie beispielsweise Kosten der Lieferantenentwicklung oder der Verhandlung und Pflege von Verträgen, bei dieser Methode unberücksichtigt. Der Schwerpunkt dieses Ansatzes hat indes einen stärkeren technischen Bezug unter Einbeziehung der Leistungsmerkmale der zu bewertenden Investitionsalternativen wie beispielsweise Energieverbrauch oder Wartungshäufigkeiten. So eignet sich der Einsatz der LCC-Methode primär zur Durchführung eines Angebotsvergleichs und weniger zur Erfassung und Beeinflussung laufender Kosten. Da solche Investitionsvorhaben in vielen Unternehmen einen Einmalcharakter besitzen, ist die Erarbeitung sämtlicher Kostenfaktoren unter Aufwandsaspekten aus der Sicht des Einkaufs kaum zu rechtfertigen. Gefördert mit öffentlichen Mitteln haben hier staatliche Institutionen wie z.B. die Deutsche Energie-Agentur GmbH (www.dena.de) inzwischen eine Reihe von Publikationen zur Berechnung der LCC-Kosten für eine Vielzahl von technischen Anlagen veröffentlicht. So ist es dem Einkauf mit Blick auf die Gesamtkosten möglich, fundierte Einkaufsentscheidungen zu treffen, die zu einer kostenoptimalen Spezifikation der Beschaffungsobjekte führen.

5.2.2 Maßnahmen zur Beeinflussung der Kostenstruktur

Für die Gestaltung der Spezifikation sind im Unternehmen traditionell der Vertrieb und die Entwicklung zuständig. Ihre Aufgabe ist es, die Art und Beschaffenheit der Beschaffungsobjekte zu spezifizieren. Während der Vertrieb primär für die Marktfähigkeit der Produkte verantwortlich ist, liegt die Aufmerksamkeit der Entwicklungsabteilung auf der Konzeption eines innovativen und funktionierenden Produktdesigns (Hess 2010, S. 196). Über diese Aufgabenstellung werden die Leistungsmerkmale des Produkts und konsequenterweise auch die technischen Vorgaben der zum Einsatz kommenden Beschaffungsobjekte fixiert. Häufig ist es dabei der Fall, dass die Festlegung des Lieferanten entweder direkt oder indirekt über die Vorgabe von Spezifikationen erfolgt. Auch bei den nichtproduktionsbedingten Warengruppen überwiegt vielfach die Sichtweise, dass der Fachbereich am besten weiß, was er für seine Arbeit benötigt. Einkaufsrelevante Gesichtspunkte bleiben so häufig unberücksichtigt. Nicht selten unterstützt das Verkaufsverhalten der Lieferanten dieses Vorgehen „durch die Hintertür“.

Aufgrund der eingangs dargestellten neuen Herausforderungen im globalisierten Wettbewerb, gestaltet sich diese Vorgehensweise zunehmend schwieriger. Daher ist der Einkauf heute mehr denn je gefordert, frühzeitig unvorteilhafte Entwicklungen bei der Festlegung von Spezifikationen bzw. Liefer-und Leistungsumfängen zu erkennen. So gilt es, vor allem sich anbahnende Abhängigkeiten von Lieferanten zu vermeiden, mögliche Bündelungschancen zu nutzen sowie überzogene Qualitätsstandards aufzuzeigen. Dadurch kann die Gefahr drohender Versorgungsengpässe, steigender Prozesskosten oder zunehmender Teilevielfalt im Unternehmen reduziert werden.

Wie sollte eine fortschrittliche Einkaufsorganisation aufgestellt sein, um Fehlentwicklungen bei der Festlegung von Spezifikationen vorzubeugen? Welche Maßnahmen sind aus Sicht des Einkaufs von Interesse und welchen Beitrag kann der Einkauf zu Gestaltungfragen leisten? Im Hinblick auf das bereits erwähnte Dilemma von Kosten und Ausgaben ist hier eine frühzeitige Einbindung des Einkaufs zwingend erforderlich. Bewährt haben sich Einkaufsorganisationen, die in Form eines Projekteinkaufs in die bedeutenden Produktentwicklungsprojekte eingebunden sind und so rechtzeitig Einfluss auf die Fixierung der Liefer- und Leistungsumfänge nehmen können. Sinnvoll sind zudem auch fachbereichsübergreifende, cross-funktionale Teams, die den Einkauf bei der Analyse und Optimierung von Beschaffungsobjekten unterstützen. Deshalb sollen im Folgenden Maßnahmen erläutert werden, die zu einer angemessenen Qualität, einer handhabbaren Teilevielfalt oder einem optimalen Liefer- und Leistungsumfang in den zu beschaffenden Warengruppen führen.

5.2.2.1 Wertanalyse

Welche Qualität ist angemessen? Bei dieser Frage sind die an der Produktentwicklung beteiligten Bereiche im Unternehmen nur selten einer Meinung. So wird der Technik ein Produkt selten zu sicher, dem Vertrieb selten zu attraktiv und dem Einkauf selten zu kostengünstig sein. Letztlich wird sich die Qualität eines Produktes jedoch danach richten, was der Kunde dafür zu zahlen bereit ist bzw. ob das Produkt für den Kunden den Preis wert ist. Dieser Wert definiert sich für den Kunden über den Nutzen, den ein Produkt stiftet, in dem es bestimmte Funktionen erfüllt.

Diese differenzierte Sichtweise auf den Wertbegriff stellt das Kernelement der Wertanalyse dar, die 1948 in den USA von Lawrence D. Miles bei General Electric als Methode zur Kostensenkung und Qualitätsverbesserung entwickelt wurde. Aufgrund des kriegsbedingten Materialmangels war man zu dieser Zeit gezwungen, auf Ersatzmaterialien auszuweichen. Dabei stellte man in vielen Fällen fest, dass diese Materialien gegenüber den bisher eingesetzten Werkstoffen kostengünstiger und diesen qualitativ überlegen waren. Aus diesen Erfahrungen wurde eine systematische Vorgehensweise entwickelt, die es durch die Konzentration auf Produktfunktionen ermöglicht, vorhandene Lösungen gezielt in Frage zu stellen, um bessere, d.h. wertvollere Lösungen zu finden.

War es früher eine Folge des Mangels, sich mit neuen Lösungen zu beschäftigen, so sind heute die Gründe zum Einsatz der Wertanalyse vielfältig. Signifikante Preisentwicklungen von Rohstoffen, das Aufkommen neuer Werkstoffe und Technologien sowie zunehmende Schwierigkeiten mit monopolistischen Lieferanten sind nur einige Beispiele, welche die Frage aufwerfen: „Würden wir unter Berücksichtigung des heute technisch Machbaren die bestehende Spezifikation genauso gleich wieder festlegen?" Dies zu beantworten, gelingt leichter, wenn im Zentrum der Diskussion das steht, was eine Spezifikationen zum Ausdruck bringt: eine beabsichtigte Funktion zu realisieren. So ermöglicht dieser Denkansatz eine Loslösung vom bisherigen und schafft Raum zum Auffinden völlig neuer Lösungsansätze (Arnolds 2010, S. 125).

In der Wertanalyse werden die verschiedenen Funktionen eines Produkts nach ihrer Art und ihrer Bedeutung unterteilt. So wird auf der einen Seite nach Haupt-, Neben- und unnötigen Funktionen sowie auf der anderen Seite nach Gebrauchs- und Geltungsfunktionen unterschieden. Hauptfunktionen eines Produkts sind für die Erfüllung der Hauptaufgabe eines Produkts unbedingt erforderlich. Nebenfunktionen sind demnach gegeben, wenn diese Funktion die Hauptaufgabe dieses Produkts unterstützt und unnötige Funktionen, wenn keines von beiden gegeben ist. Unnötige Funktionen haben für den Kunden weder Gebrauchs- noch Geltungsfunktionen und können daher getrost eliminiert werden, wenn dem technisch nichts im Wege steht. Bisher nötige Funktionen können im Laufe der Zeit auch unnötig werden. Dies geschieht beispielsweise durch Veränderungen in der Kundenstruktur oder eine veränderte Wahrnehmung der Geltungsfunktion. Aus Kostengründen kann auf diese leicht verzichtet werden. Ebenso ist zu prüfen, ob der Nutzen, den Geltungsfunktionen stiften – seien sie Haupt- oder Nebenfunktion eines Produkts – vom Markt ausreichend honoriert wird. Ist dies nicht der Fall, weil das Produkt demnach zu teuer ist, so ist die Frage zu klären, ob die Aufrechterhaltung dieser Funktionen weiter erforderlich ist. Bei Gebrauchsfunktionen, die für den Einsatzzweck bzw. die Tauglichkeit des Produkts verantwortlich sind, ist abzuwägen, ob aufgrund der technologischen Entwicklung qualitativ bessere oder kostengünstigere Lösungen möglich sind, die sowohl für die Haupt- als auch für die Nebenfunktion zum Einsatz kommen.

Die Anwendung der Wertanalyse ist in Deutschland durch die DIN 69910 standardisiert und dient der einheitlichen Anwendung in Wirtschaft, Wissenschaft und Verwaltung. Ihr Kernstück ist ein sechsstufiger Arbeitsplan, wie die folgende Abbildung 5.16 darstellt.

Abbildung 5.16 Arbeitsplan Wertanalyse in Anlehnung an DIN 69910

Stufe	Arbeitsplan - Bezeichnung	Aufgabe	Aufgabeninhalt
1	Projekt vorbereiten	1	Objekt auswählen
		2	Ziel setzen
		3	Team bilden
		4	Projektablauf planen
2	IST-Zustand analysieren	5	Produkt beschreiben
		6	Funktionen beschreiben und gliedern
		7	Kosten ermitteln
3	IST-Zustand bewerten	8	Funktionserfüllung bewerten
		9	Kostenziele ermitteln
4	Alternativen entwickeln	10	Alternative Lösungen suchen
		11	Relevante Lösungen spezifizieren
5	Alternativen prüfen	12	Relevante Lösungen technisch prüfen
		13	Relevante Lösungen wirtschaftlich prüfen
6	Lösung realisieren	14	Neue Lösung auswählen und umsetzen
		15	Team loben

Die erste Stufe eines Wertanalyse-Vorhabens beinhaltet die Vorbereitung des Projekts. Zunächst wird ein geeignetes Beschaffungsobjekt als Wertanalyse-Objekt ausgewählt, bei dem hohe Rationalisierungspotenziale erwartet werden können. Daher ist auf Basis einer ABC-Analyse der Fokus primär auf die wertmäßigen A-Objekte (strategische Materialien) zu legen, deren zukünftiger Bedarf und vorhandene Kostenstruktur den zu leistenden Aufwand rechtfertigt. Bei geringen Bedarfen, die von monopolistischen Bezugsquellen bezogen werden (Engpassmaterialien), kann es zudem sinnvoll sein, eine vorhandene Spezifikation durch Wertanalyse neu zu gestalten, um neue alternative Bezugsquellen zu nutzen.

Um auf ein bereites Expertenwissen zurückgreifen zu können, ist ein cross-funktionales Team aus Mitarbeitern unterschiedlicher Fachbereiche zweckmäßig. Hier sollten schwerpunktmäßig der Vertrieb, die Entwicklung, die Produktion, der Einkauf und die Materialwirtschaft im Projekt vertreten sein. Aus pragmatischer Sicht ist die Teilnahme des Controllings bzw. des Qualitätswesens sehr empfehlenswert. So stellt das Qualitätswesen aufgrund seiner Aufgabenstellung im Unternehmen ein kritisches Gegengewicht zu technischen Fragen im Sinne eines „Advocatus Diaboli“ dar, während das Controlling über die notwendigen Kostendaten verfügt. Absolut notwendig ist die Festlegung eines gemeinsamen „smarten" Ziels, welches aus der Sicht des Einkaufs in erster Linie eine definierte Kostenreduzierung bedeutet. Empfehlenswert ist ein Projektleiter, der in strittigen Fragen die Funktion einer neutralen Entscheidungsinstanz übernimmt und die Unterstützung der Unternehmensleitung besitzt – eine zwingende Voraussetzung zum Erfolg eines Wertanalyse Vorhabens. Darüber hinaus ist ein Zeitplan zu verabschieden, welches die Projektdauer, sowie die finanziellen und personellen Kapazitäten plant und koordiniert. Zu empfehlen ist hier eine Projektdauer von insgesamt ca. drei bis sechs Monaten, um die Gefahr zu reduzieren, dass ein Wertanalysevorhaben zu sehr an Dynamik verliert.

In der zweiten Stufe sind alle im Unternehmen vorhandenen Daten über das Wertanalyseobjekt zusammenzutragen. Dazu gehören beispielsweise Zeichnungen, Stücklisten, Fertigungspläne, Ausschussdaten, Reklamationen von Kunden, Daten aus der Lieferantenbewertung sowie Qualitäts- und Prüfvorschriften. Im Mittelpunkt steht hier die Bildung einer Funktionskosten-Matrix, in der den Funktionsträgern eines Produkts – beispielsweise den einzelnen konstruktiven Elementen – Funktionen zugewiesen werden. Diese werden gemeinsam im Team gegliedert und nach ihrer Bedeutung bewertet. Anschließend sind diesen Funktionen Kosten zu zuordnen, um eine Bewertungsgrundlage zu entwickeln. Diese gibt Auskunft, ob die durch die Funktion verursachten Kosten in einem vertretbaren Verhältnis zueinander stehen. Problematisch ist es, wenn von einem Wertanalyseobjekt mehrere Funktionen erfüllt werden, so dass eine eindeutige Kostenzuordnung hierbei erschwert wird. In diesem Fall ist anhand der Bedeutung der Funktionen eine Aufteilung der Kosten eines Funktionsträgers vorzunehmen (vgl. Abbildung 5.17).

Abbildung 5.17 Funktionskosten-Matrix (am Beispiel eines Bühnenscheinwerfers)

Funktionsträger	Funktionen der Funktionsträger								Funktionsträgerkosten
Funktionsbeschreibung	Lichtkegel erzeugen		Befestigung ermöglichen		Vor Umwelt schützen		Ansprechende Optik		
Funktionsart	Gebrauchsfunktion		Gebrauchsfunktion		Gebrauchsfunktion		Geltungsfunktion		
Funktionsbedeutung	Hauptfunktion		Nebenfunktion		Nebenfunktion		Nebenfunktion		
	%	€	%	€	%	€	%	€	€
Leuchtmittel	100	20							20
Gehäuse			30	60	40	80	30	60	140
Streuscheibe	20	10			40	20	40	20	30
Reflektor	80	60	20	15					75
Funktionskosten		90		75		100		80	265

In der dritten Stufe der Wertanalyse werden die ermittelten Funktionen und Kosten der Funktionskosten-Matrix einer kritischen Prüfung unterzogen. Dabei werden die IST-Funktionen anhand der Kundenanforderungen an das Produkt bewertet und verglichen.

So lassen sich kostenverursachende unnötige Funktionen oder vorhandene Schwächen in der Erfüllung der Funktion erkennen. Zusätzlich können Funktionen ermittelt werden, die dem Produkt fehlen. Bei bestehenden Funktionen kann geprüft werden, ob sie aufgrund ihrer technischen Dimensionierung die Erwartungen unter- oder übererfüllen. So müssen Werkstoffe beispielsweise hinsichtlich ihres Einsatzzweckes nur bestimmte Druckkräfte aushalten. Dies kann dazu führen, vorhandene Werkstoffe schwächer zu dimensionieren, um so den Materialeinsatz oder das Gewicht des Produkts zu reduzieren. Sinnvoll ist es, anschließend Kostenziele zu setzen, die sich an den niedrigsten Kosten orientieren, um die Funktion zuverlässig zu erfüllen.

In der vierten und insofern wichtigsten Stufe der Wertanalyse sollen im Team neue Alternativen entwickelt werden. Hierzu bieten sich der Einsatz sogenannter Kreativitätstechniken wie beispielsweise Brainstorming o. Ä. an, deren Einsatz sich durch eine Vielzahl sog. wertanalytischer Fragen unterstützen lässt. So lauten die wichtigsten Fragen:

- Funktion
  - Kann die Funktion durch ein anderes Bauteil mit übernommen werden?
  - Kann auf einzelne Teilfunktionen verzichtet werden?
  - Kann die Funktion durch andere Verfahren erfüllt werden?
  - Ist die Funktion für die Mehrzahl der Kunden notwendig?
  - Was macht die Konkurrenz?
- Funktionsbedingte Eigenschaften
  - Ist ein „Entfeinern" von Toleranzen zulässig?
  - Können funktionsbedingte Anforderungen herabgesetzt werden?
  - Ist eine andere Oberflächenbeschaffenheit oder -behandlung zulässig?
  - Sind funktionsbedingte Eigenschaften überdimensioniert?
- Konstruktive Gestaltung
  - Können durch veränderte Formgebung Materialkosten reduziert werden?
  - Können einzelne Bauteile von Lieferanten günstiger bezogen werden?
  - Können Bauteile aus dem bestehenden Sortiment verwendet werden?
  - Zeigt das Bauteil Übergröße im Vergleich zu ähnlichen Bauteilen?
  - Ist es vorteilhaft, wenn ein Bauteil aus mehreren Teilen zusammengesetzt wird?
- Normung
  - Kann ein Bauteil durch ein Normteil ersetzt werden?
  - Kann für das Bauteil eine industrielle Normung vereinbart werden?
  - Kann das Teil von einem Normteil–Lieferanten kostengünstiger bezogen werden?
  - Kann das Rohmaterial normiert werden?
- Material
  - Ist eine Umstellung auf ein anderes Material oder andere Materialgüte möglich?
  - Kann der Materialverbrauch durch kleine Abmessungen verringert werden?

- Lässt sich Abfall durch andere Verfahren verringern oder anderweitig verwerten?

■ Einkauf

- Kann der Einkaufspreis durch andere Konditionen gesenkt werden?
- Sind die Einkaufspreise nachvollziehbar oder gerechtfertigt?
- Gibt es kostengünstigere Lieferanten?
- Macht der Lieferant Vorschläge zur Kostensenkung?
- Ist Eigenfertigung wirtschaftlicher?

■ Fertigung / Qualitätssicherung

- Gibt es für das Bauteil andere Fertigungsverfahren oder Produktionsmittel?
- Ist das Werkzeug entsprechend ausgelastet?
- Können Rüst- oder Stillstandzeiten vermieden werden?
- Sind andere Werkzeuge vorteilhafter?
- Können Operationen oder Verfahren gekürzt werden oder sogar entfallen?
- Werden seitens der Qualitätskontrolle höhere Anforderungen gestellt als erforderlich?
- Können durch Änderung der Stückzahlen und Lieferfristen Mehrkosten vermieden werden?
- Können Kosteneinsparungen durch Änderung der Lagerung, des Transportmittels und -wegs oder der Verpackung erzielt werden?
- Lohnt sich der Einsatz von Mehrwegverpackungen?

Das Ziel dieser Stufe ist idealerweise, mehrere alternative Lösungen zu erarbeiten, die im fünften Schritt in den einzelnen Fachbereichen einer technisch wirtschaftlichen Analyse unterzogen werden. In der abschließenden sechsten Stufe wird dann die zukünftige Lösung ausgewählt und ein Zeitplan zur Umsetzung erarbeitet. Das anschließende Lob des Teams schafft die grundlegende Basis, sich weiteren wertanalytischen Projekten im Unternehmen anzunehmen. So lässt sich der reine (normierte) Ablauf einer Wertanalyse beschreiben.

In der unternehmerischen Praxis erweist sich die Durchführung einer Wertanalyse weitaus schwieriger, stellt sie doch bisherige Lösungen gezielt in Frage. Da es sich hier um das „Bohren dicker Bretter" handelt, ist der Widerstand verständlicherweise hoch. Bei rein auf Kostenreduzierung ausgerichteter Zielsetzung stellt sie insbesondere hohe Anforderungen an die Bereitschaft zur Mitarbeit und vorhandene Ressourcen im Vertrieb und in der Technik, neue Lösungen technisch zu prüfen und Stammdaten zu überarbeiten. Ganz zu schweigen davon, dass durch Wertanalyse-Projekte Schwachstellen oder Fehler aufgezeigt werden, was den Willen zur Mitarbeit und Offenheit beeinträchtigt. Daher ist es von hoher Bedeutung, wie ein solches Projekt im Unternehmen in Angriff genommen und wie dieses von der Unternehmensleitung unterstützt wird.

Ein pragmatischer Ansatz stellt die Einrichtung einer sogenannten „Ideentafel" im Unternehmen dar, woran auf freiwilliger Basis von allen Mitarbeitern sichtbar für alle Kollegen

Verbesserungsvorschläge angebracht werden können, die zu einer Kostenreduzierung beitragen. Da es sich bei den Wertanalyseobjekten, oftmals um die kostenintensivsten Kaufteile handelt, ist deren Hebelwirkung auf die Materialkosten enorm. Dies wirkt sich auf die Bereitschaft im Unternehmen, die Ideengeber an der Kosteneinsparung partizipieren zu lassen, positiv aus.

Eine weitere, nicht zu unterschätzende Herangehensweise an wertanalytische Vorhaben ist die frühzeitige Einbindung von Lieferanten. Auf diesen Aspekt soll an anderer Stelle dieses Buches im Handlungsfeld „Koordination“ näher eingegangen werden.

5.2.2.2 Standardisierung

In vielen Unternehmen hat sich im Zuge der absatzmarktbedingten Zunahme der hergestellten Produktvarianten die Teilevielfalt im Einkauf enorm erhöht. Dadurch gehen Bündelungseffekte leicht verloren. Parallel vergrößern sich der Arbeitsaufwand und die Komplexität zur Sicherstellung der Versorgung. Im Interesse des Unternehmens ist es daher notwendig, der Zunahme der Teilevielfalt im Einkauf durch Standardisierung und Normierung wirkungsvoll entgegen zu treten. So soll gezielt das Entstehen einer zu großen Teilevielfalt von vornherein verhindert oder die Anzahl vorhandener Kaufteile im Nachhinein reduziert werden.

Ersteres findet vielfach in Unternehmen mit einer großen Produktvielfalt wie beispielsweise in der Fahrzeugbranche statt. Durch eine gezielte Entwicklung oder Rückgriff auf Gleichteile ist das Unternehmen bestrebt, die vorhandene Teilevielfalt im Unternehmen schon im Rahmen der Produktneuentwicklung nicht weiter auszudehnen. Standardisierungsstrategien wie z.B. Plattform-, Standardteile- oder Komponentenstrategien zielen darauf ab (Wannenwetsch 2007, S. 442). Diese Strategien sind umso wirkungsvoller, je mehr sich die Produktentwicklung und der Einkauf einer gemeinsamen Zielsetzung zur Standardisierung unterordnen und Kennzahlen verwendet werden, welche deren Wirkung aufzeigen.

Eine andere Herangehensweise ist die gemeinsame Verabschiedung einer verbindlichen Regelung zwischen den neuteileentwickelnden Fachbereichen und dem Einkauf auf der Basis eines bewusst aufwändig gestalteten Genehmigungsprozesses zur Freigabe neuer Kaufteile. Diese Regelung sollte zum Ziel haben, vorhandene Teile bevorzugt auf deren Eignung zur Mehrfachverwendung zu prüfen. Alternativ kann das Ziel sein, diese Teile mehr und mehr durch ein Set mehrfachverwendeter Teile zu ersetzen bzw. die Freigabe neu zu entwickelnder Teile an entsprechende Auflagen zu knüpfen. Hier bietet sich der Einsatz sogenannter Bauteilevorzugslisten an, deren Einrichtung mit den heutigen Möglichkeiten von CAD-Systemen keine hohe, technische Hürde mehr darstellt. Vielfach jedoch eine emotionale, da vor allem der Konstruktionsbereich in seiner Kreativität bei der Entwicklung neuer Teile eingeschränkt wird, aber sinnvollerweise gebremst werden muss.

Doch auch rückblickend ist es für den Einkauf von hohem Interesse, die einmal vorhandene Teilevielfalt zu reduzieren. Bei diesen Teilen sind vor allem Zeichnungsteile, werkzeuggebundene Teile oder Teile von bereits vorhandenen, eigenen Werkzeugen zu nennen, die im Fokus von Standardisierungsmaßnahmen stehen sollten (Hess 2010, S. 201). Aufgabe des Einkaufs ist es, diese Warengruppen bzw. diejenigen Kaufteile zu identifizieren und bei diesen Teilen weitestgehend auf DIN- und Normteile oder auf Branchen- oder Lieferantenstandards zurückzugreifen. Wobei letztere immer auch mit der Gefahr einer zunehmenden Abhängigkeit von Lieferanten verbunden ist.

Die Vorteile von Standardisierungsvorhaben sind in der Tat vielfältig. So reduziert eine verringerte Teilevielfalt nicht nur die Entwicklungskosten und -zeiten sondern vereinfacht aufgrund der geringeren Spezifität insbesondere bei Normteilen auch deren Bestellabwicklung im Einkauf. Dies hat zur Folge, dass sich Sicherheitsbestände aufgrund einer höheren Umschlagshäufigkeit leichter senken lassen und sich die Lagerhaltungskosten verringern. So kann infolgedessen eine langfristigere Ersatzteilversorgung leichter realisiert werden. Der größte Vorteil sollte sich aufgrund der besseren Möglichkeit zur Bedarfsbündelung jedoch in einer Kostenreduzierung der vorhandenen Teile verwirklichen lassen.

Vor allem bei Hebelmaterialien ist daher der Nutzen von Standardisierungsvorhaben oft enorm, da sich Kostenreduzierungen bei diesen Materialien tendenziell leichter erzielen lassen und damit den innerbetrieblichen Aufwand eines solchen Vorhabens auch rechtfertigen. Zudem wird die Nachfragemacht des Unternehmens gestärkt. Darüber hinaus sollten solche Vorhaben auch mit Blick auf die vom Unternehmen eingesetzten Vormaterialien vorangetrieben werden. Hier ist die Abhängigkeit von marktbeherrschenden Lieferanten besonders hoch und damit die Gefahr von Versorgungsengpässen noch stärker vorhanden. So wurde in den letzten Jahren die Teilevielfalt von Rohstoffen wie bspw. bei Stahlsorten oder Kunststoffgranulaten zum Teil auch durch die Produktpolitik der Lieferanten in erheblichem Maße abgebaut. Schwieriger gestalten sich solche Strategien im Einsatz bei unkritischen Materialien, da hier weniger Kostenreduzierungseffekte als vielmehr Prozesskostenreduzierungen im Vordergrund stehen, von denen primär der Einkauf profitiert. Da jedoch in diesen teile-intensiven Warengruppen das sogenannte Fehlteile-Risiko besonders hoch sein kann, lohnen sich solche Vorhaben aufgrund der dadurch erzielbaren höheren Versorgungssicherheit bzw. niedrigeren Fehlmengenkosten. Vor allem im Maschinenbau dienen Standardisierungsvorhaben in vielerlei Hinsicht diesem Zweck.

In diesem Fall sind die Nachteile von Standardisierungen bei unkritischen Materialien nicht so gravierend. So stößt die Mehrfachverwendung von Teilen bisweilen an technische Grenzen, wobei der Aufwand Teile derart zu konstruieren nicht unerheblich ist, da die technischen Anforderungen mehrerer Produktlösungen in einer Spezifikation zum Ausdruck gebracht werden müssen. So kann die Verwendung von Standards aus technischer Sicht bisweilen als innovationshemmend empfunden werden oder zu Akzeptanzproblemen führen. Vor allem, wenn bei Markenprodukten durch für den Kunden wahrnehmbare, mehrfach verwendete Teile vorhandene Differenzierungspotenziale geschmälert werden. Daher ist der Einsatz von Standardisierungsmaßnahmen für Unternehmen, deren grundsätzliche Ausrichtung mehr auf einer Kostenoptimierungs- als auf einer Differenzierungsstrategie aufbaut, von größerer Bedeutung.

5.2.2.3 Bestimmung der optimalen Fertigungstiefe („Make-or-Buy“)

Eine dritte Säule zur Beeinflussung der Kosten durch die Gestaltung der Spezifikation geht dem Aspekt der Bestimmung der optimalen Fertigungstiefe nach. Hier ist generell zwischen einer kurz- bzw. langfristigen Tragweite dieser Entscheidung – Eigenfertigung oder Fremdbezug („Make-or-Buy") – zu unterscheiden. Unter kurzfristigen Gesichtspunkten ist diese Entscheidung bei freien Eigenfertigungskapazitäten in Abhängigkeit der variablen Kosten (Grenzkosten) oder bei Engpasssituationen unter zusätzlicher Berücksichtigung vorhandener Opportunitätskosten, wie z.B. des entgangenen Gewinns, zu treffen (Arnolds 2010, S. 265ff). Da diese Entscheidungssituation aufgrund der kurzfristigen Dimension weniger eine langfristig, strategische Wirkung beinhaltet, soll hier mit Blick auf Kostenführerschaft der Fokus auf die langfristige Dimension gelegt werden.

So ist der Aspekt der langfristigen Bestimmung der optimalen Fertigungstiefe bei der Festlegung des Leistungsumfangs von Beschaffungsobjekten unter mehreren Gesichtspunkten von Interesse. Vor allem, da die Vorteile der einen Alternative die Nachteile der anderen Alternative bedeuten. Unter Kostenaspekten ist eine hohe eigene Fertigungstiefe im Unternehmen immer auch mit der Konsequenz dadurch bedingter Fixkosten für Personal und Maschinen verbunden. Diese entwickeln sich in Phasen des konjunkturellen Abschwungs oder starker Bedarfsschwankungen zu einer zusätzlichen Belastung der Kostenstruktur und damit zu Lasten der Wettbewerbsfähigkeit. Spezialisierungsvorteile von Lieferanten bleiben vielfach ungenutzt. Außerdem verursacht die Eigenfertigung vergleichsweise höhere interne Prozessaufwände für Mensch und Material und zieht tendenziell höhere Kapitalbindungskosten für Vormaterialien nach sich. Dem gegenüber ist der Vorteil einer hohen Fertigungstiefe eine größere Unabhängigkeit von Lieferanten und dem Erhalt eines eigenständigen entwicklungs- und produktionstechnischen Know-how im Unternehmen.

Demnach stellt sich die Frage nach der optimalen Fertigungstiefe vor allem bei unternehmens- bzw. beziehungsspezifischen Produktionsmaterialien. Vielfach lassen sich diese aufgrund eines höheren Leistungsumfangs dann als Hebel- oder strategisches Material einordnen und sind deshalb für die langfristige Kostensituation im Unternehmen von hoher Bedeutung. Daher kommt dem Einkauf bei der Festlegung der optimalen Fertigungstiefe im Unternehmen eine wichtige Rolle zu. Er ist es, der die Auswahl der infrage kommenden Lieferanten vorantreibt und nachher das Management dieser organisiert. Dabei müssen vor allem die internen Kosten und die Leistungsfähigkeit der Lieferanten ausreichend transparent dargestellt werden, um eine objektive Entscheidung zu ermöglichen (Büsch 2007, S. 163). Neben der Analyse der Bedarfsstruktur sind zudem Leistungsumfänge und neu zu schaffende Schnittstellen genau zu definieren, da sich die Spezifität der Beschaffungsobjekte durch den Abbau eigener Fertigungstiefe erhöht und somit die Abhängigkeit von Lieferanten zunimmt.

Hier langfristig ausschließlich nach Kostenaspekten zu entscheiden, wäre grob fahrlässig. Vielmehr ist für ein Unternehmen hier die Frage nach der Bedeutung im Sinne der Wertigkeit der zu verlagernden Wertschöpfung ausschlaggebend. Daher sind hier Kriterien wie das Vorhandensein einer Kernkompetenz oder eine langfristige Wettbewerbsfähigkeit genauer zu analysieren. Generell gilt dabei der Grundsatz, dass eine Wertschöpfung, die eine Kernkompetenz darstellt oder auf einem nachhaltigen Kostenvorteil basiert, eigengefertigt werden sollte (Schuh 2008, S.124).

So liegt eine Kernkompetenz dann vor, wenn das Unternehmen bei bestimmten Produkten oder Prozessen über eine einzigartige – im Unternehmen entwickelte – Technologie verfügt oder durch die Eigenherstellung ein hoher Kundenwert generiert wird. Zu einer objektiven Messung kann hierbei als Indikator der kostenmäßige Aufwand für Forschung & Entwicklung verwendet werden oder auf Auswertungen zu Kundenzufriedenheitsmessungen zurückgegriffen werden. Außerdem zeichnet sich eine Kernkompetenz auch dadurch aus, dass das Unternehmen über eine qualitativ höhere Leistungsfähigkeit verfügt, die von der Konkurrenz oder neu infrage kommender Lieferanten nur schwer zu imitieren ist und dadurch Zugang zu verschiedenen Märkten schafft (Boutellier 2003, S. 458ff). Liegt hierbei jedoch nur eine Eigenschaft vor, so ist demnach von einem Outsourcing oder der Erhöhung des Leistungsumfangs bei dieser Wertschöpfung abzusehen. Eine Bewertung der Kernkompetenz von einer zu verlagernden Wertschöpfung kann daher nur fachbereichsübergreifend erfolgen.

Von einem nachhaltigen Wettbewerbsvorteil kann auch dann die Rede sein, wenn die Eigenfertigung kostengünstiger ist als der Fremdbezug oder wenn ausreichende Potenziale zur Verbesserung der Kostenstruktur ungenutzt sind und daher noch ausgebaut werden können. Tendenziell ist heute der Trend zum Fremdbezug oder zur Erhöhung des Leistungsumfangs bei vorhandenen Beschaffungsobjekten in Unternehmen größer als früher. So erleichtert die fortschreitende Entwicklung der Informatik und des Internets die Koordination operativer Abläufe zu Lieferanten. Durch die wachsende Dynamik der technologischen Entwicklung ist heute der kernkompetenzbasierte Technologievorsprung von Unternehmen von kürzerer, zeitlicher Dauer. Nicht zuletzt wird es durch die fortschreitende Globalisierung für viele Unternehmen – teilweise auch auf staatlichen Druck hin – zunehmend wichtiger, über geeignete Lieferanten in den für sie relevanten Absatzmärkten zu verfügen. Dies macht eine Überprüfung der Bedeutung der eigenen Wertschöpfung und der Analyse vorhandener Kernkompetenzen in regelmäßigen Abständen notwendig.

Aufgrund der Spezialisierungsvorteile von Lieferanten sind neben den Produktionsmaterialien vor allem Dienstleistungen wie Facility-Dienstleistungen sowie Verwaltungstätigkeiten wie die Lohn- und Finanzbuchhaltung oder der IT-Service in vielen Unternehmen in den Fokus von Outsourcingvorhaben gerückt. Derartige Dienstleistungen gehören in vielen Unternehmen – von einigen Ausnahmen mal abgesehen – vielfach nicht zur unternehmerischen Kernkompetenz und lassen sich oft kostengünstiger zukaufen. Wobei auch hier eine reine Kostenbetrachtung leicht zu falschen Ergebnissen führt. So sind im Vorfeld eines Outsourcing-Projekts neben den eigenen Kosten der Leistungserstellung und den Kosten der Leistungserbringung durch den potenziellen Dienstleister darüber hinaus immer auch die beschäftigungspolitischen Auswirkungen, die Umsetzungsdauer und der sich erhöhende Logistik- und Koordinationsaufwand eines solchen Vorhabens zu berücksichtigen (Gabath 2008, S. 67).

Neben derartigen Dienstleistungen ist es für manche Unternehmen auch von Bedeutung, die Einkaufsfunktion teilweise oder als Ganzes oder einzelner Warengruppen des Beschaffungsprogramms auf andere Unternehmen zu übertragen. Diese Form der Ausgliederung von Einkaufsvorgängen soll im Handlungsfeld „Koordination" näher erläutert werden.

5.2.3 Kennzahlen zur Steuerung der Kostenstruktur

Im Unterschied zu den im vorherigen Abschnitt erläuterten Maßnahmen zur Bedarfssteuerung, wird die Durchführung von Maßnahmen zur Steuerung der Kostenstruktur zumeist durch cross-funktionale, fachübergreifende Teams wahrgenommen. Daher ist der Einkauf auch nur bedingt in der Lage, den Erfolg derartiger Maßnahmen allein zu gewährleisten. Erschwerend kommt hinzu, dass sich diese Maßnahmen oft über einen längeren zeitlichen Horizont erstrecken und teilweise warengruppenübergreifenden Charakter besitzen. Jedoch führt der Erfolg dieser Maßnahmen als deren Ergebnis zu einer verbesserten Kostenstruktur des Unternehmens.

Aus Sicht des Einkaufs kann die Maßnahme einer Wertanalyse durch folgende Kennzahlen gesteuert werden (vgl. Abbildung 5.18).

Abbildung 5.18 Kennzahlen zur Wertanalyse

Verbesserungsvorschläge Wertanalyse	=	$\frac{\text{Anzahl vom Einkauf eingebrachter Verbesserungsvorschläge}}{\text{Anzahl eingebrachter Verbesserungsvorschläge}}$ *) auf Gesamt-, Warengruppen- oder Projektebene
Teilnahme an Wertanalyse-Meetings	=	$\frac{\text{Teilnahme des Einkaufs an Wertanalyse-Meetings}}{\text{Anzahl aller Wertanalyse-Meetings}}$ *) auf Gesamt-, Warengruppen- oder Projektebene
Angebotsquote	=	$\frac{\text{Anzahl eingeholter wertanalyse-basierter Lieferantenangebote}}{\text{Gesamtzahl aller eingeholter Lieferantenangebote}}$ *) auf Gesamt-, Warengruppen- oder Projektebene

Demnach ist die Steuerung derartiger Maßnahmen mithilfe dieser Kennzahlen zwar quantitativ möglich, erlaubt jedoch keine Bewertung der Qualität der vom Einkauf eingebrachten Verbesserungsvorschläge. In gleicher Weise ist die Kennzahl zur Teilnahme an Meetings zu bewerten. Die Gefahr bei dieser Kennzahl ist jedoch, dass die reine Anwesenheit des Einkaufs in den Vordergrund gestellt wird. Auch die Angebotsquote kann die Aktivität des Einkaufs widerspiegeln, doch nicht deren Gehalt. Hinzu kommt, dass eine systemtechnisch gestützte Erfassung der zur Bildung dieser Kennzahlen notwendigen Informationen in vielen Controllingsystemen zumeist nicht vorhanden ist, so dass diese Informationen durch die Projektleitung manuell zusammengetragen werden müssen und damit die Gefahr der Datenmanipulation und Fehlinterpretation vergrößert.

Im Gegensatz dazu sind Kennzahlen zur Steuerung von Standardisierungsprojekten tendenziell leichter zu bilden, da hiermit ein Rückgang der Teilevielfalt bezweckt wird und sich diese Entwicklung in der Bedarfsstruktur des Unternehmens widerspiegelt. Hierbei ist jedoch eine Abgrenzung zwischen aktiven und nicht-aktiven Kaufteilen vorzunehmen. Als „aktive Kaufteile" gelten in der Regel die Teile, die innerhalb eines Betrachtungszeitraums mindestens einmal bestellt wurden. So wird deutlich, welche Kaufteile im Betrachtungszeitraum durch Standardisierung entfallen sind (vgl. Abbildung 5.19).

Abbildung 5.19 Kennzahl: Aktive Kaufteile (Standardisierung)

$$\text{Aktive Kaufteile} = \frac{\text{Anzahl aktiver Kaufteile}}{\text{Anzahl aller Kaufteile}}$$

*) auf Gesamt-, Warengruppen- oder Lieferantenebene

Eine andere Messung der Standardisierungsvorhaben ist die anteilige Messung standardisierter Kaufteile insgesamt oder in einer Warengruppe. Wobei hier ein zusätzliches Kennzeichen in den Materialstammdaten vorhanden sein muss, um eine Abgrenzung vornehmen zu können (vgl. Abbildung 5.20).

Abbildung 5.20 Kennzahl: Standardisierungsquote

$$\text{Standardisierungsquote} = \frac{\text{Anzahl standardisierter Kaufteile}}{\text{Anzahl aller Kaufteile}}$$

*) auf Gesamt- oder Warengruppenebene

Darüber lassen sich auch die auf die Veränderung der Teilestruktur und -vielfalt abzielenden Maßnahmen zur Optimierung der Fertigungstiefe durch eine Kennzahl zur Teilefluktuation darstellen, indem die Entwicklung der Anzahl aller Kaufteile durch einen Periodenvergleich dargestellt wird. Um darüber hinaus auch die sogenannten Insourcing-Entwicklungen sichtbar zu machen, empfiehlt es sich auch hier – wie bereits erläutert – eine Abgrenzung zwischen aktiven und inaktiven Kaufteilen vorzunehmen. Dies zeigt den Rückgang nicht mehr fremdbezogener Kaufteile auf (vgl. Abbildung 5.21).

Abbildung 5.21 Kennzahl: Teilefluktuation (Optimierung der Fertigungstiefe)

$$\text{Teilefluktuation} = \frac{\text{Anzahl aktiver Kaufteile (Periode n)}}{\text{Anzahl aktiver Kaufteile (Periode n-1)}}$$

*) auf Gesamt-, Warengruppen- oder Lieferantenebene

Das Ergebnis solcher Maßnahmen zur Optimierung der Fertigungstiefe sollte sich außerdem in einer geänderten Kostenstruktur der Herstellkosten bemerkbar machen. Der Anteil der um die Materialkosten durch Subtraktion bereinigten Herstellkosten in Relation zu den gesamten Herstellkosten zeigt an, wie hoch der Anteil eigenerstellter Wertschöpfung am Gesamtwertschöpfungsumfang ist (vgl. Abbildung 5.22).

Abbildung 5.22 Kennzahl: Fertigungstiefe

$$\text{Fertigungstiefe} = \frac{\text{Herstellkosten - Materialkosten}}{\text{Herstellkosten}}$$

*) auf Gesamt- oder Verkaufsproduktebene

5.3 Steuerung der Liquidität

Dass der Gewinn im Einkauf liegt, wurde mit Blick auf die große Hebelwirkung, die ein hoher Materialkostenanteil für viele Unternehmen verursacht, schon an anderer Stelle dieses Buch erwähnt. Eine weitere hanseatische Kaufmannsweisheit besagt, dass der Lieferantenkredit der beste Kredit sei. So fällt die Nutzung dieses Kredits umso stärker ins Gewicht, je höher das Einkaufsvolumen eines Unternehmens ist. Die vorteilhafte Gestaltung der Entgeltvereinbarungen mit Lieferanten gewinnt für den Einkauf dabei mehr und mehr an Bedeutung, um die Liquidität des Unternehmens zu verbessern. Den eigenen Vorteil dabei auf Kosten der Lieferanten zu suchen, wäre aus Sicht des Unternehmens zwar einerseits erstrebenswert, würde aber andererseits zu Recht die Frage aufwerfen: „Warum finanziert häufig das schwächste Glied in der Kette, nämlich der Lieferant, den größten Teil der Supply Chain, damit am Ende doch die Kosten dafür beim Kunden anfallen?“ (Rast 2008, S.153). Da dies letztendlich zu Lasten der Wettbewerbsfähigkeit der eigenen Wertschöpfung geht, muss die Frage nach der Steuerung der Liquidität vermehrt im Zusammenhang mit der gesamten Supply Chain eines Unternehmens gesehen werden. Deshalb werden im Zuge der vielfach gesunkenen Eigenkapitalquoten und zunehmender Probleme bei der Kreditvergabe vor allem für klein- und mittelständische Unternehmen neue Formen der Finanzierung immer wichtiger. So reicht es heute allein nicht mehr aus, dass der Einkauf die Entgeltvereinbarungen mit Lieferanten ausschließlich nur zu seinem Vorteil gestaltet, sondern dabei den Blick auf die gesamte Wertschöpfungskette im Auge behält.

Um dies zu verdeutlichen, sollen die Zahlungsströme in der Wertschöpfungskette anhand der jeweiligen Geldumschlagsdauer eingehender betrachtet werden (vgl. Abbildung 5.23). So umfasst die „Cash-to-Cash Cycle Time“ (CCC), d.h. die Geldumschlagsdauer eines Unternehmens den Zeitraum vom Zahlungsausgang an den Lieferanten bis zum Zahlungseingang vom Kunden. Sie beschreibt demnach die durchschnittlich benötigte Zeit, um eine in Rohmaterial investierte Währungseinheit in eine vom Kunden kassierte Währungseinheit umzuwandeln (Stewart 1995, S.43).

Abbildung 5.23 Unternehmensübergreifende Analyse der Geldumschlagsdauer

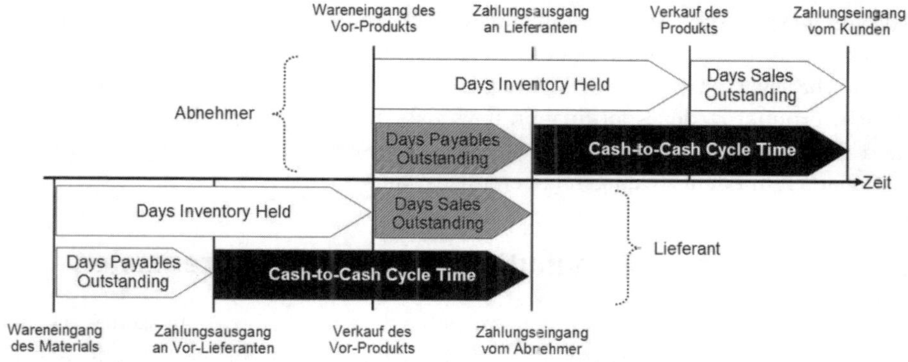

Diese Zeitdauer der Kapitalbindung kann vom Einkauf in zweierlei Weise verkürzt werden. So kann er zum einen im Rahmen des Bestandsmanagement Verantwortung für niedrigere durchschnittliche Lagerbestände übernehmen, wodurch sich die Zeitspanne der „Days Inventory Held" (DIH), also die durchschnittliche Lagerhaltungsdauer, verringert. Solche Maßnahmen, die zur Veränderung des Materialflusses beitragen, werden später im Handlungsfeld „Koordination" näher erläutert.

Variante zwei ist die Verlängerung bzw. die Ausdehnung des Zahlungsziels mit dem Lieferanten. Dabei verlängert sich die „Days Payables Outstanding" (DPO), d.h. die Zeitdauer, in der die Verbindlichkeit im Unternehmen offen ist, mit der Folge einer verkürzten Geldumschlagsdauer. Analog gilt dies für den Vertrieb des Unternehmens, wenn es ihm gelingt, den Zahlungseingang des Kunden zu beschleunigen und sich dadurch die Zeitdauer der „Days Sales Outstanding" (DSO) verkürzt.

Eine vom Einkauf erreichte Verlängerung seiner DPO-Zeitdauer und der daraus resultierenden Reduzierung der Geldumschlagsdauer wirkt sich für den Lieferanten nachteilig aus, da sich dessen DSO-Zeitdauer und damit seine Geldumschlagsdauer verlängert. Dies hat für ihn eine Erhöhung seiner Finanzierungskosten zur Folge, die er notwendigerweise in seiner Preiskalkulation mit berücksichtigen muss. Demnach ist die Veränderung der Zahlungskonditionen für beide Unternehmen ein sogenanntes „Nullsummenspiel".

Ideal wäre es, wenn sich die DSO, also die durchschnittlichen Tage an denen eine Forderung im Unternehmen offen ist, und die DPO, also die durchschnittlichen Tage an denen eine Verbindlichkeit im Unternehmen offen ist, gleichen würden. Die Praxis sieht leider anders aus. Laut der Veröffentlichung eines führenden europäischen Credit-Management-Serviceanbieters aus dem Jahr 2009 betrug der durchschnittliche Forderungseingang im

B2B–Bereich 49 Tage, während das durchschnittliche Zahlungsziel bei 30 Tagen lag (Instrum Justitia 2009, S. 20). Daher müssen neue Lösungen entwickelt werden, welche die Zusammenarbeit mit Lieferanten zu einem besseren Ergebnis für beide Geschäftspartner werden lassen. Der gestalterische Hebel basiert unter anderem auf den unterschiedlichen Kostenstrukturen der Unternehmen innerhalb einer Wertschöpfungskette. So bieten diese unterschiedlichen internen Kosten sowie Konditionen für Fremdkapital, Waren und Dienstleistungen aus der Sicht des Einkaufs erhebliche Potenziale zur Verbesserung der eigenen Kosten im Unternehmen. Mit diesem Denkansatz beschäftigt sich eine noch relativ junge wirtschaftswissenschaftliche Richtung, das sogenannte Supply Chain Financing, dessen Schwerpunkt in der Koordination bzw. Synchronisation der Material-, Informations- und Finanzflüssen von Unternehmen liegt. Dies setzt jedoch eine enge, langfristige Zusammenarbeit mit dem jeweiligen Lieferanten voraus.

5.3.1 Analyse von Liquiditätsverbesserungspotenzialen

Aufschluss über das vorhandene Liquiditätspotenzial bietet eine Analyse des eigenen Rechnungs- und Zahlungsverhaltens im Unternehmen. In Zusammenarbeit mit dem Finanzbereich sowie dem Rechnungswesens kann sich der Einkauf einen Überblick verschaffen, wie im Unternehmen bestehende Zahlungsvereinbarungen genutzt werden oder wie sich der durchschnittliche Rechnungsbelegfluss im Vergleich zu den Fristen der Lieferantenkredite darstellt. Von Interesse sind dabei die Kreditorenstammdaten, die Bestell- und Wareneingangsdaten sowie Daten aus der Buchhaltung. So ist aus den Kreditorenstammdaten ersichtlich, welche Zahlungsvereinbarungen mit Lieferanten bestehen. Die Bestelldaten beinhalten, zu welchen Konditionen die Waren bestellt wurden. Aus den Wareneingangsdaten lässt sich entnehmen, zu welchen Zahlungsvereinbarungen die gelieferten Waren in Rechnung gestellt wurden. Aus den Daten der Buchhaltung kann analysiert werden, zu welchen Konditionen und innerhalb welcher Fristen die Rechnungen beglichen wurden. Dabei lassen sich bei der Inanspruchnahme von Lieferantenkrediten folgende Fristen unterscheiden (vgl. Abbildung 5.24).

Abbildung 5.24 Fristen des Lieferantenkredits

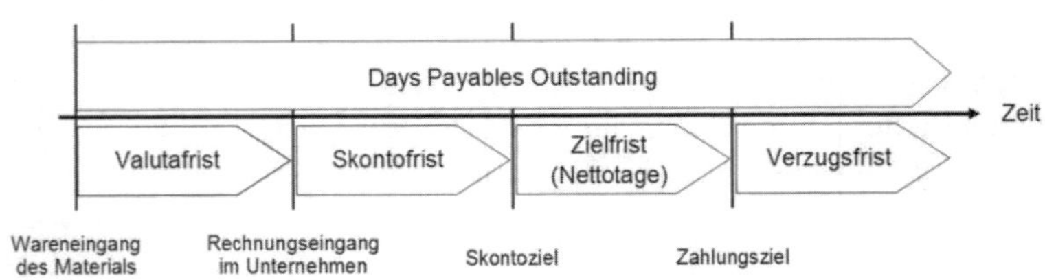

Nicht selten ist es in Unternehmen der Fall, dass Rechnungen zu spät bezahlt werden und dadurch vereinbarte Preisnachlässe aufgrund von Skonto ungenutzt bleiben. Die Gründe dafür sind vielfältig. Oft sind aufgrund der im Unternehmen üblichen Prozesszeiten für

Rechnungskontrolle und -freigabe die mit den Lieferanten vereinbarten Skontofristen zu kurz. Häufig ist es auch der Fall, dass mit Lieferanten unterschiedliche Zahlungsvereinbarungen bestehen, die zu erhöhtem Prozessaufwand führen, wenn Unstimmigkeiten zu klären sind. Dabei ist das Aufwand-Nutzen-Verhältnis zur Klärung von Skontodifferenzen gerade bei vielen geringwertigen Bestellungen mehr als bedenklich. Vor allem bei einer sogenannten „Ab Werk"-Vereinbarung verstreicht leicht die Skontofrist, während sich die Ware noch auf dem Transportweg befindet. Noch einmal schwieriger ist es, wenn Rechnungen in Fremdwährung zu begleichen sind und aufgrund unvorteilhafter Zahlungsziele Kursverluste entstehen. Demnach muss es das Ziel sein, eine Datenbasis zu errichten, die pro Lieferant nur eine Zahlungsvereinbarung zulässt.

Was muss getan werden? Als erstes ist zunächst zu klären, wie die Verhandlungsposition des Unternehmens im Vergleich zum jeweiligen Lieferanten aussieht. Hat der Einkauf eine Chance, die Zahlungsbedingungen neu zu verhandeln und was ist Usus in den einzelnen Branchen? So sind auf Basis einer ABC-Analyse vor allem die Lieferanten mit einem hohen Einkaufsvolumen bzw. einer hohen Anzahl von Bestellungen zu ermitteln, da sie hohe Liquiditätspotenziale besitzen. Außerdem ist eine Einschätzung über die vermutliche Dauer der Zusammenarbeit vorzunehmen. Lassen sich mit dem Lieferanten gemeinsame Vorhaben zur Reduzierung der Kapitalkosten realisieren? Hat der Lieferant womöglich unvorteilhafte Konditionen, die für das einkaufende Unternehmen unnötige Kostennachteile bedeuten? Können diese Nachteile durch ein gemeinsames Auftreten kompensiert werden? Diese Fragen sind im Hinblick auf einen längerfristigen, unternehmensübergreifenden Finanzierungsansatz von großer Bedeutung.

Als nächstes ist im Unternehmen die übliche Dauer vom Rechnungseingang bis zur Buchung festzustellen. So soll verhindert werden, dass Skontofristen und Zahlungsziele vereinbart werden, die sich nicht einhalten lassen. Auf dieser Grundlage ist anschließend zu klären, auf welche Weise eine Optimierung der Zahlungskonditionen erreicht werden soll. Wird eine Erhöhung des Skontosatzes oder ein späterer Abfluss von liquiden Mitteln angestrebt? Die Beantwortung dieser Frage hängt allein von der Finanzstrategie des Unternehmens ab. Liegt hierbei der Fokus auf einer Kostenreduzierung, so wird die Anhebung des Skontosatzes von größerem Interesse sein. Dabei ist jedoch zu beachten, dass dies die Chancen zur Ausweitung von Zahlungszielen begrenzt. Liegt der Fokus hingegen auf einer Reduzierung der Kapitalbindung, so wird eine Verlängerung des Zahlungsziels Vorrang besitzen. Hier gilt als Faustformel, dass die Erhöhung des Skontosatzes um einen Prozentpunkt einem Zahlungsziel von 50 Tagen entspricht.

5.3.2 Maßnahmen zur Verbesserung der Liquidität

Sind im Rahmen einer solchen Analyse Potenziale zur Verbesserung der Liquidität ermittelt worden, so hat das Unternehmen mehrere Möglichkeiten, diese zu nutzen. Mit relativ geringem Aufwand lässt sich dabei die Optimierung der Zahlungsprozesse in Angriff nehmen oder mit etwas höherem Aufwand, eine Verbesserung der Zahlungskonditionen vorantreiben. Darüber hinaus kann der Einkauf mit Lieferanten Finanzierungsallianzen eingehen, um diese an vorteilhafteren Konditionen partizipieren zu lassen. Schließlich können vom Einkauf unterschiedliche Kostenstrukturen dazu genutzt werden, in der langfristigen Zusammenarbeit mit Lieferanten beiderseitige Kostenvorteile zu generieren.

5.3.2.1 Optimierung der Zahlungsprozesse und -konditionen

Noch heute werden in mehr als 60% der Fälle Rechnungen in Papierform versendet (Vocelka 2011, S.5). So ist eine Standardisierung von Zahlungsprozessen erstrebenswert, um verfrühte oder verspätete Bezahlungen möglichst zu vermeiden. Die fortschreitende Digitalisierung von Belegflüssen und der verstärkte Einsatz elektronischer Workflows unterstützen diese Vorhaben im Unternehmen. Zudem kann der Einkauf mit Lieferanten vertraglich vereinbaren, dass Frühlieferungen keinen Einfluss auf die Zahlungsvereinbarungen ausüben. Solche Lieferungen werden dann so gehandhabt als seien sie zum vereinbarten Zeitpunkt geliefert worden. In vielen Unternehmen wurden Mengen- und Preistoleranzen zur Reduzierung von Durchlaufzeiten eingeführt, um so eine aufwändige Klärung von Unstimmigkeiten zu vermeiden. In gleicher Weise wirkt sich ein Verzicht auf etwaige Skontosätze bei weniger wertintensiven Warengruppen aus, stattdessen sind hier Verlängerungen der Zahlungsziele bisweilen attraktiver.

Bei entsprechender Verhandlungsstärke lassen sich bestehende Zahlungs- und Lieferbedingungen (Incoterms) neu aushandeln und an den Branchendurchschnitt anpassen. Darüber hinaus können neue Leitlinien erarbeitet werden, welche z.B. grundsätzlich die Vermeidung von Anzahlungen vorsehen oder diese im Falle von Investitions- und Anlagegütern konsequenter Weise sozusagen „Zug um Zug“ erlauben. So sehr diese Maßnahmen dazu beitragen, die Liquidität im Unternehmen zu verbessern, so wenig sind sie jedoch dazu geeignet, das dargestellte „Nullsummenspiel“ aufzulösen. So wird der Lieferant jede Verlängerung seiner Geldumschlagsdauer im Rahmen seiner Produktkalkulation berücksichtigen müssen. Daher sind andere Finanzierungsalternativen notwendig.

5.3.2.2 Aufbau von Finanzierungsallianzen

Welcher Einkäufer kennt sie nicht, die kleinen, flexiblen Lieferanten, die kurzfristige Bedarfsspitzen auffangen und auch noch am Wochenende „Gewehr bei Fuß stehen“? In produzierenden Unternehmen ist es zudem nicht selten der Fall, dass ehemalige Lohnfertigungslieferanten mehr und mehr dazu gedrängt werden, sich die dazu benötigten Materialien bei Vorlieferanten selbst zu beschaffen. Das einkaufende Unternehmen hat dabei den Vorteil, auf sogenannte Materialbeistellungen und den damit anfallenden logistischen Aufwand verzichten zu können. Auch aus rechtlicher Sicht wird die Haftung auf den Lieferanten verlagert. Aber wie gut sind dabei die Einkaufskonditionen, über die der Lieferant verfügt? Wie groß ist seine Kapitalausstattung, um entsprechend in finanzielle Vorleistung zu gehen?

Hier bietet es sich an, mit dem Lieferanten eine Finanzierungsallianz aufzubauen. Solche Allianzen zeichnen sich dadurch aus, dass ein Unternehmen gemeinsam mit seinen Lieferanten am Markt auftritt und Ware bezieht. Für die daran Beteiligten wird neben einer Prozessoptimierung auch eine Reduzierung der Produktkosten angestrebt (Mohr 2010, S. 127f). So eröffnet eine Allianz vor allem kleineren Unternehmen einen Zugang zu neuen Beschaffungsmärkten. Darüber hinaus können die oft deutlich besseren Zahlungskonditionen des größeren, einkaufenden Unternehmens auf die kleineren Lieferanten ausgeweitet werden. So lassen sich durch eine gemeinsame Abstimmung und Bündelung der Bedarfe Einsparungen erzielen, von denen letztlich das einkaufende Unternehmen aufgrund insgesamt niedrigerer Material- und Finanzierungskosten in der Wertschöpfungskette partizipiert.

Doch nicht nur für kleinere Lieferanten ist eine Allianz interessant. Generell prädestiniert sind hierfür vor allem die strategischen Lieferanten, die langfristig an das Unternehmen gebunden sind. So sind für den Einkauf grundsätzlich alle Lieferanten von Bedeutung, die ein hohes Einkaufsvolumen aufweisen oder bei denen das von ihnen gelieferte Produkt kurzfristig nicht substituiert werden kann. Auch diejenigen Lieferanten, die an gemeinsamen Produktentwicklungen beteiligt sind und daher vielfach in finanzielle Vorleistung treten müssen, kommen für eine Finanzierungsallianz in Frage.

Eine entsprechende Liquidität und Vorfinanzierungskraft vorausgesetzt, kann das einkaufende Unternehmen als alleiniger Käufer auftreten und die Ware anschließend an seine Lieferanten weiterveräußern oder direkt den Vorlieferanten dazu veranlassen, das Material an den Lieferanten zu liefern. Häufig schließt das Unternehmen einen Rahmenvertrag mit dem Vorlieferanten ab, aus dem die Lieferanten ihren Bedarf im Umfang der vereinbarten Menge abrufen können. So lässt sich die Weitergabe der verbesserten Materialpreise und Zahlungskonditionen transparent gestalten. Vor allem der Einsatz des Internets ermöglicht es inzwischen, Rechnungs- und Zahlungsprozesse nahezu synchron zu gestalten. So betreiben Finanzinstitute elektronische Plattformen oder arbeiten mit Providern zusammen. Sie übernehmen Vor- und Zwischenfinanzierungen, welche die Liquidität in der Wertschöpfungskette verbessern (vgl. Abbildung 5.25).

Abbildung 5.25 Supply Chain Financing unter Einbindung einer Transaktionsplattform

So stellt sich der abgebildete Prozess wie folgt dar: Nach dem Wareneingang und der Rechnungsprüfung gibt das Unternehmen den Betrag zur Auszahlung frei. Der Lieferant

sieht auf der gemeinsam genutzten Plattform die Freigabe und kann nach einer weiteren Prüfung durch das Finanzinstitut über diese Summe verfügen. Am Tag der eigentlichen Fälligkeit wird der Betrag dann vom Unternehmen an das Finanzinstitut überwiesen (Rast 2008, S. 145). So bietet die Deutsche Bank seit 2001 eine elektronische Lösung zur Durchführung des Rechnungs- und Zahlungsverkehrs „db-eBills“ an, auf der inzwischen mehrere hundert Kunden ihre finanziellen Transaktionen durchführen.

5.3.2.3 Unternehmensübergreifendes Cash-to-Cash-Management

Arbeiten Unternehmen und Lieferanten eng zusammen, können im Rahmen eines unternehmensübergreifenden Cash-to-Cash-Management beide Unternehmen ihre Liquidität verbessern und so ihre Cash-Flow-Leistung maximieren. Ist der Wille zur Kooperation und zur Auskunft über Finanzkennzahlen auf beiden Seiten vorhanden, lassen sich Optimierungsansätze bei den Lagerhaltungs- und Kapitalkostensätzen finden. Dabei wird der von einem Geschäftspartner erzielte Nutzen in Form einer Preisanpassung an den anderen Geschäftspartner weitergegeben.

Hat der Lieferant einen geringeren Lagerhaltungskostensatz als das einkaufende Unternehmen, so kann sich eine Reduzierung der Liefermengen bei einer höheren Lieferfrequenz auf der Kostenseite für beide Seiten positiv auswirken. Da der Lieferant seine Bestände zu Herstellungskosten bilanzieren kann, hingegen das Unternehmen diese Bestände zum Bezugspreis bilanzieren muss, wird die Kapitalbindung auf Seiten des Unternehmens demzufolge höher ausfallen. Daher ist eine Lagerung beim Lieferanten folglich attraktiver. Dagegen steht jedoch das Interesse des Lieferanten nach einer kurzen Geldumschlagsdauer. Würde das Unternehmen seine Bestellmengen mit Wissen um den günstigeren Lagerhaltungssatz des Lieferanten geringer dimensionieren können, hätte dies ein Anstieg der Lieferfrequenz sowie der Logistikkosten zur Folge. Demgegenüber stehen nunmehr die fortan geringeren Kapitalbindungskosten. Verstehen sich beide Unternehmen als Partner, wird der Einkauf einer Stückpreiserhöhung des Lieferanten in der Höhe seiner für ihn gestiegenen und anteilig verrechneten Kapitalbindungskosten leichter zustimmen können. Die folgende Abbildung 5.26 verdeutlicht diesen Zusammenhang.

Abbildung 5.26 Kostensituation bei unterschiedlichen Lagerhaltungskostensätzen

Lieferant					**Unternehmen**
Herstellungskosten		70 €		100 €	Anschaffungskosten
Lagerhaltungskostensatz	x	15%	x	20%	Lagerhaltungskostensatz
Lagerhaltungskosten für 60 Tage	x	60 / 365	x	60 / 365	Lagerhaltungskosten für 60 Tage
Kostennachteil	=	1,72 €	=	3,28 €	Kostenvorteil

Dieser Zusammenhang ist bei unterschiedlichen Kapitalkostensätzen gleichermaßen gegeben. Hat das Unternehmen einen geringeren Kapitalkostensatz als der Lieferant, lässt sich auch hier die gleiche Logik anwenden. Durch eine Reduzierung des Zahlungsziels aufgrund frühzeitigerer Bezahlung verkürzt sich die Geldumschlagsdauer des Lieferanten. Dies beinhaltet für den Lieferanten eine höhere Reduzierung der Kapitalbindungskosten als der Anstieg der Kapitalbindungskosten auf Seiten des Unternehmens. Ist der Lieferant nunmehr bereit, seine Preise aufgrund dieser Kostenentlastung zu reduzieren, hat das Unternehmen dann einen Nutzengewinn, wenn dieser Preisnachlass die gestiegenen Kapitalbindungskosten aufwiegt.

So lassen sich im Rahmen einer partnerschaftlichen Gestaltung der Geschäftsbeziehung die Kosten in der Wertschöpfungskette für beide Seiten reduzieren.

5.3.2.4 Nutzung alternativer Finanzierungsformen

Gerade im Bereich des Einkaufs von Anlage- und Investitionsgütern sowie Dienstleistungen verfügt der Einkauf über ein sehr umfassendes Instrumentariums alternativer Finanzierungsformen. Diese belasten die Liquiditätslage im Unternehmen, im Gegensatz zur Vollfinanzierung, weitaus weniger. So sollte vom Einkauf anstelle eines Neukaufs auch immer die Alternative des Gebrauchtkaufs überprüft werden. Hierbei handelt es sich zwar nicht um eine alternative Finanzierungsform, aber um eine liquiditätsschonende Alternative anstelle einer teuren Neufinanzierung.

Eine der am häufigsten eingesetzten Finanzierungsform beim Einkauf von Beschaffungsobjekten ist das Leasing. Hierbei wird das Anlagegut beispielsweise von einem Kreditinstitut (als Leasinggeber) beschafft und finanziert und gegen Zahlung eines vereinbarten Leasingentgelts dem Unternehmen (als Leasingnehmer) zur Nutzung überlassen. Dies hat den Vorteil, dass zur Finanzierung kein teurer Bankkredit aufgenommen werden muss. Daher bietet diese Art der Finanzierung insbesondere in Phasen hoher Kapitalmarktzinsen enorme Kostenvorteile. Außerdem können die Leasingraten als Betriebsausgaben im laufenden Geschäftsjahr voll abgesetzt werden und sich so zusätzliche Steuervorteile erzielen lassen. Im Unterschied zur Miete eines Beschaffungsobjekts werden hierbei die Wartungs- und Instandhaltungskosten vom einkaufenden Unternehmen übernommen. So sind für das Leasing Anlagegüter wie z.B. Produktionsmaschinen, Büroausstattungen, IT-Hardware und vor allem Fahrzeuge sehr geeignet, die auch in gebrauchtem Zustand wieder leicht zu veräußern sind oder gegen Zahlung einer Restschuld vom Unternehmen übernommen werden können. Im Unterschied dazu ist für Beschaffungsobjekte, die nur für einen kurzen Zeitraum im Unternehmen benötigt werden, die Miete vorteilhafter. Viele Unternehmen haben sich inzwischen darauf spezialisiert, Maschinen, Fahrzeuge usw. zu vermieten und ersparen dem Unternehmen so Wartungs- und Instandhaltungskosten.

Im Einkauf kostenintensiver Anlagen, Dienstleistungen als auch Beschaffungsobjekten haben sich seit den 80er Jahren zur Finanzierung vielfach Betreibermodelle durchgesetzt. Diese Modelle bezeichnen Projekte, in denen Unternehmen die Produktion für eine bestimmte Zeitdauer teilweise oder gesamt auf einen Lieferanten (Betreiber) übertragen und danach als Kunde gegenüber diesem auftritt. Bei der klassischen Form dieser Finanzierung liegt die Verantwortung für die Bereitstellung und Finanzierung von Sachgütern und Dienstleistungen in den Händen des Lieferanten, der für den Betrieb einer Anlage verantwortlich ist (Hintze 1998, S.38). So erfuhr Mitte der 90er Jahre ein Betreibermodell der

Volkswagen AG erstmalig weltweites Aufsehen. Im Werk Puebla in Mexiko wurde von VW beschlossen, dass die Lieferanten ihre Teile am Montageband selbst verbauten und die Zahlung dafür erst bei der Qualitätsfreigabe des gesamten Fahrzeuges erhielten. So übernehmen Dienstleister heute beispielsweise den kompletten Betrieb eines Gebäudes oder dessen Energieversorgung in Form eines sogenannten Energie-Contracting oder haben sich darauf spezialisiert, die komplette Lagerhaltung oder die Transportlogistik eines Unternehmens durchzuführen. Verbleiben die Anlagen zum Vertragsende, wie in vielen Fällen bei Betreibermodellen üblich, auch weiterhin beim Betreiber, so bietet das den Vorteil, dass nach Ende der Gewährleistungsdauer keine teuren Ersatzteillieferungen oder Reparaturen anfallen. So können Unternehmen sich vermehrt auf ihre Kernkompetenzen konzentrieren und profitieren davon, dass Spezialisten eher in der Lage sind, Dienstleistungen kostengünstiger zu erbringen.

5.3.3 Kennzahlen zur Steuerung der Liquidität

Zur Steuerung der Liquidität bietet sich mit Blick auf die ausschließlich vom Einkauf gestaltbaren Zahlungsströme die Messung der Skontoquote an. Sie zeigt das von den Lieferanten gewährte, insgesamt im Unternehmen vorhandene Skontopotenzial an (vgl. Abbildung 5.27).

Abbildung 5.27 Kennzahl: Skontoquote

$$\text{Skontoquote} = \frac{\text{Summe der gewährten Skonti}}{\text{Einkaufsvolumen}}$$

*) auf Gesamt-, Warengruppen- oder Lieferantenebene

Darüber hinaus ist es mit Wissen um diese Skontoquote möglich, weiteres, zusätzliches Skontopotenzial zu erkennen. Der Vergleich mit Branchendurchschnittswerten zeigt an, ob eine Steigerung der Skontoquote möglich ist.

Von weitaus größerem Interesse ist es, inwieweit die eingeräumten Skontofristen im Unternehmen auch tatsächlich genutzt wurden. Dies wird durch die Skontonutzungsquote dargestellt (vgl. Abbildung 5.28).

Abbildung 5.28 Kennzahl: Skontonutzungsquote

$$\text{Skontonutzungsquote} = \frac{\text{Summe der erhaltenen Skontoerträge}}{\text{Summe der gewährten Skonti}}$$

*) auf Gesamt-, Warengruppen- oder Lieferantenebene

Diese Kennzahl stellt das Verhältnis zwischen den Skontoerträgen und den eingeräumten Skonti dar. Auch wenn diese Kennzahl durch den Einkauf nur mittelbar beeinflusst werden kann, so zeigt die Skontonutzungsquote an, inwieweit weitere Maßnahmen zur Prozessverbesserung initiiert werden müssen, um bereits eingeräumte Skontovereinbarungen auch zu nutzen.

Liegt der Fokus der einkäuferischen Maßnahmen vermehrt auf der Sicherung der Liquidität, ist es von Bedeutung, die Entwicklung der Zahlungsfrist durch die Messung des Kreditorenziels im Auge zu behalten (vgl. Abbildung 5.29).

Abbildung 5.29 Kennzahl: Kreditorenziel

$$\text{Kreditorenziel in Tagen} = \frac{\text{Durchschnittlicher Bestand an Kreditorenverbindlichkeiten} \times 365}{\text{Einkaufsvolumen}}$$

*) auf Gesamt-, Warengruppen- oder Lieferantenebene

Diese Kennzahl sagt aus, wie viele Tage eine Verbindlichkeit aus Lieferungen und Leistungen im Unternehmen durchschnittlich besteht. Auch hier lassen sich, wie bei der Ermittlung der Skontoquote, durch Vergleich mit Branchenwerten mögliche Potenziale zur Verlängerung von Zahlungszielen erkennen.

Sollen indes Maßnahmen zur Ausweitung von Zahlungszielen ausgewertet werden, so bildet sich dazu die Bildung einer Kennzahl zur Entwicklung der Nettotage an (vgl. Abbildung 5.30).

Abbildung 5.30 Kennzahl: Entwicklung Nettotage

$$\text{Entwicklung Nettotage} = \frac{\text{Kreditorenziel (Periode n)}}{\text{Kreditorenziel (Periode n-1)}}$$

*) auf Gesamt-, Warengruppen- oder Lieferantenebene

Im Gegensatz zur Skontonutzungsquote ist die Einflussnahme auf die Entwicklung der Nettotage ausschließlich durch den Einkauf gegeben und wird nicht unwesentlich durch die Höhe der Skontoquote mit beeinflusst. Diese Kennzahl spiegelt ebenso die Liquiditätslage des Unternehmens wider, da Zahlungsziele bisweilen auch aufgrund von Zahlungsschwierigkeiten ausgenutzt oder überschritten werden. Darüber hinaus lassen sich die eingeleiteten Maßnahmen eines Cash-to-Cash-Managements, die eine Veränderung des Kreditorenziels zur Folge haben, anhand der Entwicklung der Nettotage nachvollziehen.

Maßnahmen zur Wahrnehmung von Finanzierungsallianzen lassen sich am besten mit der Finanzierungsallianzquote darstellen (vgl. Abbildung 5.31).

Abbildung 5.31 Kennzahl: Finanzierungsallianzquote

$$\text{Finanzierungsallianzquote} = \frac{\text{Gemeinsam mit Lieferanten verhandeltes Einkaufsvolumen}}{\text{Einkaufsvolumen}}$$

*) auf Gesamt-, Warengruppen- oder Lieferantenebene

Diese Kennzahl stellt auf Lieferantenebene dar, wie hoch der Anteil des Einkaufsvolumens ist, der gemeinsam mit Lieferanten verhandelt wurde und lässt so weitere Optimierungspotenziale erkennen, die sich mittelbar in einer Verbesserung der Materialkosten niederschlagen sollten.

Eine weitere Kennzahl, die sich prozessseitig mit dem Einsatz von Finanzierungsallianzen in Verbindung bringen lässt, ist die eBilling-Quote (vgl. Abbildung 5.32). Sie zeigt auf Lieferantenebene an, wie weit eine Synchronisation der Material- und Zahlungsflüsse realisiert werden konnte. Auch wenn diese Kennzahl gedanklich dem Handlungsfeld „Koordination" zugerechnet werden muss, soll diese aufgrund der Nähe zu zahlungsstromrelevanten Vorgängen schon an dieser Stelle vorgestellt werden.

Abbildung 5.32 Kennzahl: eBilling-Quote

$$\text{eBilling-Quote} = \frac{\text{Über „e-Billing" – Plattformen abgewickeltes Rechnungsvolumen}}{\text{Einkaufsvolumen}}$$

*) auf Gesamt-, Warengruppen- oder Lieferantenebene

Schließlich seien beispielhaft zwei Kennzahlen für die Nutzung alternativer Finanzierungsformen aufgeführt. Hier ist zum einen die Leasingnutzungsquote zu nennen (vgl. Abbildung 5.33).

Abbildung 5.33 Kennzahl: Leasingnutzungsquote

$$\text{Leasingnutzungsquote} = \frac{\text{Über Leasing finanziertes Einkaufsvolumen}}{\text{Einkaufsvolumen}}$$

*) auf Gesamt- oder Warengruppenebene

Mit dieser Kennzahl kann aufgezeigt werden, wie hoch das anteilige Einkaufsvolumen ist, bei der diese Finanzierungsform zum Einsatz kommt. Hier kommen als Bezugsgröße vor allem Warengruppen für Investitionsgüter in Betracht. Kritisch anzumerken ist, dass diese Kennzahl keine Aussage über die Vorteilhaftigkeit der Leasingalternative zulässt. Dies macht ein Vergleich des (durchschnittlichen) Leasingzinssatzes mit dem aktuellen Kapitalzinssatz notwendig.

Zum anderen soll hier die Kennzahl: Betreibermodell-Einsatzquote dargestellt werden (vgl. Abbildung 5.34).

Abbildung 5.34 Kennzahl: Betreibermodell-Einsatzquote

$$\text{Betreibermodell-Einsatzquote} = \frac{\text{Über Betreibermodelle realisiertes Einkaufsvolumen}}{\text{Einkaufsvolumen}}$$

*) auf Gesamt- oder Warengruppenebene

Diese Kennzahl lässt sich relativ leicht anhand des Einkaufsvolumens ableiten, welches auf die Betreiber (Lieferanten) von Betreibermodellen entfällt. Da solche Finanzierungsmodelle bewusst gewählt werden, um sich auf die Kernkompetenzen im Unternehmen zu konzentrieren, ist diese Kennzahl zudem ein guter Gradmesser inwieweit das Einkaufsvolumen vor allem für deren Nutzung verwendet wird.

5.4 Verwertung von Entsorgungsobjekten

Vor dem Hintergrund einer zunehmenden Verknappung natürlicher Ressourcen, steigender Umweltbelastung und einer immer größer werdenden Sensibilität der Öffentlichkeit, wird der richtige Umgang mit Produktionsreststoffen, Abfällen oder Überbedarfen (Entsorgungsobjekten) für den Einkauf immer wichtiger. Diese Bedeutung lässt sich schon allein an der Anzahl der in den letzten Jahren verabschiedeten Gesetze und Verordnungen ableiten, die den Umgang mit den vom Unternehmen in Verkehr gebrachten Materialien festlegen. Primäres Ziel dabei ist, die Entstehung von Entsorgungsobjekten möglichst zu vermeiden und so einen hohen Nutzungsgrad der eingekauften Waren zu erzielen. Im Rahmen der Erläuterungen zur Wertanalyse wurde diese Option einer Kostenreduzierung bereits dargestellt. Da sich die Entstehung von Entsorgungsobjekten aufgrund des unternehmerischen Planungs- und Fertigungsprozesses naturgemäß nicht gänzlich vermeiden lässt, sollen im Folgenden geeignete Maßnahmen eines kapitalschonenden Umgangs mit Entsorgungsobjekten aufgezeigt werden. Auch wenn der Einkauf – von einigen Ausnahmefällen wie z.B. der Entsorgung ausgedienter Büroeinrichtungsgegenstände mal abgesehen – nur selten die Ursache des Aufkommens von Entsorgungsobjekten darstellt, so ist seine Nähe zum Beschaffungsmarkt der naheliegende Grund, um sich mit Fragen der Verwertung von Entsorgungsobjekten auseinanderzusetzen.

5.4.1 Analyse von Entsorgungspotenzialen

Unter Kosten-Nutzen–Aspekten gilt es, anhand von Inventurauswertungen, Reichweiten- und Verwendungsanalysen, Aufzeichnungen, Statistiken o.ä. die Mengenvolumen der üblicherweise im Unternehmen anfallenden Entsorgungsobjekte zu ermitteln. So ist beispielsweise herauszufinden: Wo und wann fallen solche Objekte an? Wo und in welchen

Mengen werden sie wie im Unternehmen gelagert? Und welche gesetzlichen Auflagen müssen dabei berücksichtigt werden? Hierbei ist der Einkauf vor allem auf die Unterstützung der Fachbereiche, allen voran der Fertigung und des Lagers, angewiesen.

Dabei ist zwischen verschiedenen Arten der Entstehung eines sogenannten Entsorgungsbedarfs zu unterscheiden. So werden im Unternehmen im Zuge der Weiterverarbeitung vor allem in der Produktion regelmäßige Entsorgungsbedarfe entstehen, deren Umgang auch mit Blick auf die gültige Gesetzeslage vom Einkauf zielgerichtet geplant werden kann. Ferner entstehen Entsorgungsbedarfe häufig im Lagerbereich, da eingelagerte Materialien Alterungsprozessen unterliegen, durch unsachgemäße Lagerung unbrauchbar werden oder aufgrund von Haltbarkeitsfristen oder konstruktionsbedingter Änderungen nicht mehr verwendet werden können oder einfach überzählig sind. Des Weiteren lassen sich Entsorgungsbedarfe anhand der im Unternehmen geplanten Ersatzinvestitionen feststellen, wenn z.B. auszumusternde Maschinen und Anlagen durch neue ersetzt werden sollen. Mit dem Wissen über die gezahlten Preise der Beschaffungsobjekte bzw. der originären Rohstoffe, der möglichen Erträge eines Recyclings oder der Kenntnis der im Unternehmen bilanzierten Restvermögenswerte, lässt sich somit das Entsorgungsvolumen des Unternehmens in etwa darstellen.

Um auf Basis des Entsorgungsvolumens das relevante Entsorgungspotenzial aufzuzeigen, sind vom Einkauf und den jeweiligen Fachbereichen die eventuell anfallenden Kosten für Umarbeitungs-, Recycling- oder Transportmaßnahmen u.a. zu ermitteln. Diese bilden die Entscheidungsgrundlage, ob sich Entsorgungsobjekte wie beispielsweise Behälter oder Paletten ohne zusätzliche Kosten wiederverwenden lassen oder unter Inkaufnahme zusätzlicher Kosten durch Umarbeitungs- bzw. Wiederaufbereitungsmaßnahmen weiterverwenden lassen. Von diesen Fällen abgesehen, bilden die übrigen Entsorgungsobjekte gewissermaßen das Entsorgungspotenzial des Unternehmens ab. Hier ist unter Berücksichtigung gesetzlicher Auflagen zu entscheiden, welche Maßnahmen zur Nutzung dieses Potenzials eingesetzt werden können.

5.4.2 Maßnahmen zur Steuerung von Entsorgungsobjekten

Relativ leicht gestaltet sich die Entsorgung bei lieferanten- oder unspezifischen Warengruppen. Oftmals sind Lieferanten dazu bereit, einmal gelieferte – unveränderte und unbeschadete – Beschaffungsobjekte zurückzunehmen, wenn diese noch zum Inhalt seines Verkaufsproduktprogramms gehören. Im Rahmen einer langjährigen Geschäftsbeziehung geschieht dies nicht selten auf dem Weg der Kulanz, wobei Abschläge in Höhe von circa 5-10% des ursprünglich gezahlten Einkaufspreises durchaus üblich sind (Arnolds 2010, S. 325). Eine andere Möglichkeit stellt der Verkauf an andere Unternehmen dar, welche die gleichen Beschaffungsobjekte beziehen. Allerdings sind hier Gewährleistungs- und Garantiefristen zu beachten, die den Verkauf an andere Unternehmen bisweilen erschweren. Dazu kommt, dass der Einkäufer in aller Regel nicht erwarten kann, dass der Lieferant ihm weitere Kunden benennt, die als potenzielle Käufer hierfür infrage kommen.

Bei unternehmens- oder beziehungsspezifischen Warengruppen stellt der Verkauf der Entsorgungsobjekte oftmals die einzige attraktive Möglichkeit der Verwertung dar, da der Lieferant im Normalfall für diese Waren keine weiteren Kunden besitzt. Für den Fall, dass es sich dabei um Ersatzteile handelt, räumen Unternehmen ihren Kunden häufig Vorzugskonditionen ein, wenn diese bereit sind, die zu entsorgenden Waren in ihren Bestand zu übernehmen. Der Verkauf an andere Abnehmer scheidet in aller Regel aus. Neben entsprechenden Exklusivitätsvereinbarungen mit Lieferanten, gibt es oft gute Gründe solche Waren nicht unverändert zu veräußern, da diese das entwicklungstechnische Know-how des Unternehmens beinhalten.

Wurden die Entsorgungsobjekte während des Verarbeitungsprozesses in ihrer Substanz nicht verändert, sind Lieferanten für Materialabfälle häufig potenzielle Abnehmer. Sie haben oft die Möglichkeit der Wiederverwertung, Umformung oder Aufbereitung. Für die Unternehmen lassen sich beim Verkauf an den Lieferanten vielfach bessere Preise erzielen, als beim Verkauf an darauf spezialisierte Händler. Bei vielen wertvollen metallischen Reststoffabfällen werden diese im Zuge der Verrechnung abzüglich einer Wiederaufbereitungsgebühr an den Lieferanten zurückgegeben. So lässt sich nicht selten das Risiko von Versorgungsengpässen verringern und im Falle volatiler Materialpreise bisweilen insgesamt kostengünstiger einkaufen.

Für die meisten Entsorgungsobjekte wie z.B. Altpapier oder weniger wertvolle Materialabfälle, ist der Verkauf an darauf spezialisierte Händler weit verbreitet. Bei entsprechenden Mengen lassen sich hier vom Einkauf durch Einsatz elektronischer Auktionen oft gute Konditionen verhandeln oder über sogenannte Materialbörsen Preisinformationen vergleichsweise einholen. Höchst attraktiv ist der Handel mit wiederverwertbaren Abfällen oder sogenannten Kuppelprodukten, wenn es dem Einkauf gelingt, hierfür geeignete Abnehmer zu finden. So lassen sich hier unter Umgehung der darauf spezialisierten Händler vielfach bessere Preise erzielen. Jedoch ist dies nur bei ausreichend großen Mengen ratsam und setzt im Einkauf ein entsprechendes technisches Wissen und die Kenntnis geeigneter Abnehmer voraus.

Eine Sonderform der Entsorgung stellt der Verkauf von gebrauchten Maschinen und Anlagen dar. Diese Entsorgungsobjekte fallen im Unternehmen zum einen recht unregelmäßig an. Zum anderen muss ein geeigneter Abnehmer gefunden werden. Dazu kommt, dass Alter und Zustand der Anlage den Verkaufspreis sehr stark beeinflussen und es in aller Regel kaum die Möglichkeit gibt, sich über den objektiven Wert einer Anlage zu informieren. Zur Einholung von Angeboten werden dazu vielfach Gebrauchtmaschinenhändler vom Einkauf kontaktiert, die jedoch im Gegensatz zu interessierten Abnehmern ein auf Handelsmargen-Maximierung ausgerichtetes Interesse an solchen Anlagen besitzen. Darüber hinaus stehen dem Einkauf im Internet inzwischen viele Versteigerungsplattformen wie z.B. die Surplex GmbH (www.surplex.com) zur Verfügung, um solche Anlagenverkäufe zu ermöglichen. Doch ist hier der zeitliche Aufwand aufgrund von Besichtigungen vor Ort im Einkauf nicht zu unterschätzen.

5.4.3 Kennzahlen zur Verwertung von Entsorgungsobjekten

Da das primäre Ziel der Steuerung von Entsorgungsobjekten aus der Sicht des Einkaufs dessen bestmögliche Vermarktung lautet, ist hier eine Gegenüberstellung der erzielten Verkaufserlöse mit den im Unternehmen dazu vorhandenen Buchwerten sinnvoll, die auf die Bildung einer Kennzahl Verkaufserlösquote hinausläuft (vgl. Abbildung 5.35).

Abbildung 5.35 Kennzahl: Verkaufserlösquote Entsorgungsobjekte

$$\text{Verkaufserlösquote Entsorgungsobjekte} = \frac{\text{Verkaufserlöse aus Entsorgungsobjekten}}{\text{Summe Buchwerte aus Entsorgungsobjekten}}$$

*) auf Gesamt-, Warengruppen- oder Materialebene

Der Vergleich zu den im Unternehmen vorhandenen Buchwerten lässt erkennen, ob der Einkauf für das Unternehmen einen buchhalterischen Gewinn oder Verlust realisiert hat. Eine Gegenüberstellung zum Einkaufsvolumen ist aus meiner Sicht nur dann zielführend, wenn der Einkauf regelmäßig Entsorgungsobjekte veräußert, wie z.B. bei Materialabfällen, die in Zeiten steigender Rohstoffpreise für das Unternehmen – wenn auch spekulationsgetrieben – einen Gewinn darstellen.

6 Handlungsfeld „Kreditor“

Im Mittelpunkt des Handlungsfelds „Kreditor“ steht die Gestaltung der Zusammenarbeit des Unternehmens mit seinen aktuellen und zukünftigen Kreditoren, also den Lieferanten. Aufgrund der wachsenden Spezialisierung und der damit verbundenen Konzentration auf die jeweiligen Kernkompetenzen ist heute ein einzelnes Unternehmen kaum noch in der Lage, alles für seinen Geschäftsbetrieb notwendige Know-how selbst zu entwickeln oder aufrechtzuerhalten. Neben den schon erläuterten sogenannten „internen Erfolgspotenzialen“ – wie beispielsweise der Möglichkeiten im Einkauf zur Bedarfsbündelung oder Standardisierung – werden die „externen Erfolgspotenziale“ des Beschaffungsmarktes für die Wertschöpfungsaufgabe eines Unternehmens zunehmend erfolgskritisch (Large 2006, S. 37ff). Diese Potenziale zu erkennen, einzubinden oder zu entwickeln und somit dauerhaft für das Unternehmen zu nutzen, ist die Kernaufgabe des Lieferantenmanagements. Dienten die Maßnahmen im Handlungsfeld „Kapital“ in Bezug auf das einzukaufende Beschaffungsobjekt primär der Verbesserung der Kostensituation, sind die Maßnahmen im Handlungsfeld „Kreditor“ umso mehr auf die Entwicklung von Wettbewerbsvorteilen durch Differenzierung vom Wettbewerb durch Innovationssprünge oder Qualitätsverbesserungen („Economies of Quality“) ausgerichtet. So werden im Rahmen eines Lieferantenmanagements in erster Linie neue Abläufe und Werkzeuge im Unternehmen im Umgang mit Lieferanten eingesetzt. Diese tragen dazu bei, den Wettbewerb unter Lieferanten – dort wo dies gewollt ist – aufrecht zu erhalten („Economies of Alternatives“), die frühzeitige Einbindung des Lieferanten in die Zusammenarbeit zu steuern („Economies of Development“) oder durch die aus der Zusammenarbeit gewonnen Daten und Informationen, neue Anregungen zur Verbesserung der Produkt- und Prozessqualität zu gewinnen, wie beispielsweise durch die Auswertung von Reklamationen („Economies of Complaints“).

Die größte Schwierigkeit zur Durchsetzung von Lieferantenstrategien ist meiner Meinung nach im gesamten Unternehmen die konsequente Einhaltung neuer und strategiebedingt sich ändernder Umgangsregeln mit Lieferanten. Dies ist nicht zuletzt eine Frage der im Unternehmen vorhandenen Unternehmenskultur. Denken sie beispielsweise für einen Augenblick darüber nach, wie schwierig es bisweilen ist, die Kommunikation zum Lieferanten so zu kanalisieren, dass Wettbewerbsstrategien funktionieren, die nicht unterwandert werden, wenn in die Lieferantenstruktur auch sogenannte „informelle“ Informationen fließen. Dies schließt allerdings nicht aus, dass lieferantenspezifische Maßnahmen nicht zugleich auch weitere Beiträge zur Kostenoptimierung leisten. So führt beispielsweise die Bündelung eines gesamten Materialbedarfs auf einen Lieferanten in aller Regel auch zu weiteren Kostenreduzierungen in der Wertschöpfungskette.

Aus dieser Perspektive hat die Zusammenarbeit mit Lieferanten für den geschäftlichen Erfolg des Unternehmens eine langfristige Tragweite und muss daher vom Einkauf zwangsläufig gemanagt werden. Ziel des Lieferantenmanagements ist also die Beantwortung der Frage, mit welchen Lieferanten zukünftig wie zusammengearbeitet werden soll (Arnold 2007, S. 43f). Dies kann jedoch nur mit Blick auf das einzukaufende Beschaffungsobjekt, den jeweiligen Beschaffungsmarkt als auch den relevanten Kunden des Unternehmens, d.h. den jeweiligen Absatzmärkten geklärt werden. Daher ist es so wichtig, dass der Einkauf über die eingangs erörterten Basisdaten verfügt, um diese Aufgabe in der richtigen Weise zu bewerkstelligen (s. Kap. 2.2). Dazu bedarf es zunächst einer genauen Analyse der Lieferantenstruktur, um geeignete Lieferantenstrategien im Hinblick auf die zu berücksichtigenden Kostenstrategien zu verfolgen.

Hierbei werden neben den bereits im dritten Kapitel erläuterten Ordnungsverfahren und Portfolio-Analysen weitere grundlegende Analysemethoden zur Segmentierung der Lieferantenstruktur vorgestellt. Darauf aufbauend werden im Rahmen der Maßnahmen zur Steuerung der Lieferantenstruktur zunächst die unterschiedlichen Gestaltungsaspekte von Lieferantenstrategien aufgezeigt, die warengruppenspezifisch definiert werden und so erst die Auswahl der Lieferanten und die Bewertung deren Leistung ermöglichen. Hierbei stehen dem Einkauf lieferantenspezifische Maßnahmen zur Verfügung die weit über eine bloße Forderung nach besserer Leistung hinausgehen. Sie fordern die aktive Teilnahme des Unternehmens und die Beteiligung des Lieferanten ein, wie dies beispielsweise bei Lieferantenauditierungs- und -entwicklungsmaßnahmen fast immer der Fall ist. Daran anschließend wird aufgezeigt, wie sich ein Lieferantenmanagement, über einzelne Kennzahlen einer Lieferantenbewertung hinausgehend, mit weiteren Kennzahlen transparent führen lässt.

6.1 Analyse der Lieferantenstruktur

Jedes Unternehmen verfügt im Allgemeinen über eine Lieferantenstruktur, die sich für das Unternehmen aus mehr oder weniger bedeutenden Lieferanten zusammensetzt. Bisweilen entwickelt sich die Zusammenarbeit im Laufe der Zeit so intensiv, dass bei Versorgungsengpässen de facto kein adäquater Ersatz bereitsteht. So liefern Lieferanten Module oder zum Teil von ihnen selbst entwickelte Systeme, ohne die das Produkt nicht den gewünschten Nutzen stiftet und es deswegen auch selten alternative Lieferanten dazu gibt. Zuweilen sind Vorlieferanten in der Supply Chain von so weitreichendem Interesse, dass Maßnahmen ergriffen werden, um die Zusammenarbeit je nach Strategiemix weiter aus- oder abzubauen. Nicht zuletzt gibt es aber auch – und nicht selten zu viele – kostengünstige Lieferanten, deren einziger Vorteil genau darin besteht, zeitweilig der Preiswerteste zu sein. So unterscheiden sich Lieferantenstrukturen dadurch, welche individuelle Bedeutung einzelne Lieferanten für das Unternehmen haben, welchen Wertschöpfungsumfang sie liefern und welche Stellung sie in der Wertschöpfungskette besitzen. Diese Merkmale müssen im Einkauf warengruppenweise analysiert werden, um Maßnahmen zu generieren, die mit Blick auf die Unternehmensziele zu einer optimalen Lieferantenstruktur beitragen.

6.1.1 Analyse der Bedeutung des Lieferanten

Auf der Grundlage des Einkaufsvolumen-Versorgungsrisiko-Portfolios lässt sich unmittelbar auf die Bedeutung des Lieferanten bzw. dessen Rolle für das einkaufende Unternehmen schließen (vgl. Abbildung 6.1).

Abbildung 6.1 Die Rolle des Lieferanten

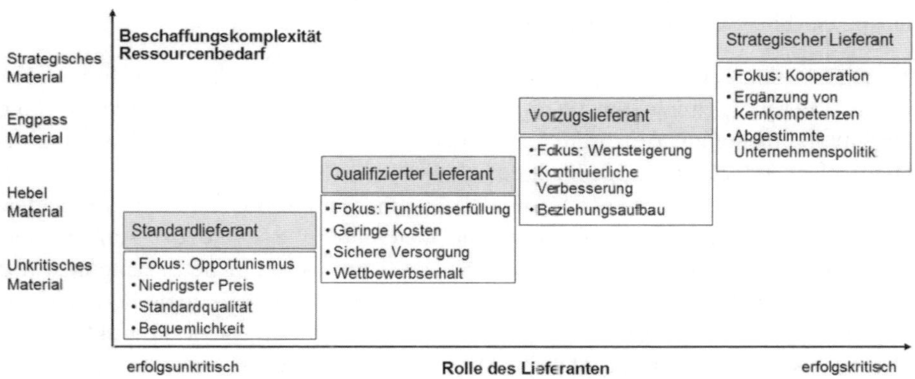

So ist der Standardlieferant für den Erfolg eines Unternehmens unkritisch. Das Verhalten des Einkaufs ist stark von Opportunismus geprägt, ausschlaggebend ist ein möglichst niedriger Preis für eine dem Standard entsprechende Materialqualität. Es handelt sich hierbei überwiegend um unternehmensspezifisches oder unspezifisches Material als auch um einen Großteil der Betriebsstoffe, ohne dabei Gefahr zu laufen, größere Abhängigkeiten zu entwickeln. Bequemlichkeit in der Abwicklung steht stattdessen im Vordergrund. Aus dieser Position ist es für den Einkauf naheliegend, mit einer kleinen Lieferantenanzahl zusammen zu arbeiten, um Bündelungseffekte zu entwickeln, die zwar zu geringeren Materialkosten führen, aber noch mehr die Voraussetzung schaffen, Prozessabläufe zu standardisieren und zu vereinfachen. Solange die qualitativen Anforderungen erreicht werden, macht ein Lieferantenwechsel aus preislichen Gründen wenig Sinn, da der Erfolgsbeitrag gering ist. Da kurze Transportwege hohe Effizienzgewinne bedeuten, ist der geographische Fokus der Lieferantenstruktur primär auf das lokale Umfeld ausgerichtet. Eine Integration des Lieferanten in die eigene Produktentwicklung ist wenig zweckmäßig, um so unnötige Abhängigkeiten zu vermeiden. Wesentliche Innovationen sollten sich in aller Regel in einem höheren Wertbeitrag und demzufolge größeren Leistungsumfang niederschlagen. Auswahl und Bewertung der Lieferanten haben in diesem Umfeld schon allein aufgrund des geringen Einkaufsvolumens einen niedrigen Stellenwert.

Qualifizierte Lieferanten haben einen etwas höheren Einfluss auf den unternehmerischen Erfolg. Auf sie entfällt ein hohes Einkaufsvolumen und demzufolge muss bei Hebelmaterial ein höheres Qualitätsniveau erreicht werden. Primär handelt es sich hierbei um unternehmens- oder unspezifisches Material. Daher ist dem Erhalt des Wettbewerbs Vorrang einzuräumen, solange eine sichere Versorgung bei niedrigsten Kosten sichergestellt ist. Aus Sicht des Einkaufs gilt es eine Balance zu finden, das Interesse bei möglichst vielen Lieferanten aufrecht zu erhalten, ohne das Bedarfsmengen zu sehr aufgeteilt werden und Bündelungsvorteile verloren gehen. Dementsprechend ist der geographische Fokus global zu sehen, weil hier die Kostenvorteile überwiegen. Diese Lieferanten sollten nicht in Produktentwicklungen eingebunden werden, um Abhängigkeiten zu vermeiden. Der Auswahl der Lieferanten ist zwangsläufig ein höherer Stellenwert beizumessen als bei den Standardlieferanten. Aufgrund der höheren Bedeutung des Geschäftsvolumens ist die Bewertung der Lieferantenleistung insofern naheliegend.

Bei Vorzugslieferanten ist der Einfluss auf den Unternehmenserfolg stärker wahrnehmbar. Sie liefern Material in geringerem Wertvolumen, zu dem es nur wenige oder keine Alternativen gibt. So bieten zwar mehrere Lieferanten Vorteile in Bezug auf die Wahrung der Unabhängigkeit, jedoch ist die Spezifität der Materialien oft hinderlich. Zumeist handelt es sich hier um lieferantenspezifisches Material. Aufgrund der dadurch kaum zu vermeidenden Abhängigkeit vom Lieferanten haben die Lieferantenpflege und der Aufbau einer guten Beziehung durch den Einkauf hohe Priorität. Faire, vertragliche Beziehungen und gegebenenfalls der Aufbau von Sicherheitsbeständen sind daher die logische Folge, um Versorgungsengpässe zu vermeiden. Was die Einbindung in die eigene Produktentwicklung betrifft, ist hier eine grundsätzliche Entscheidung zu treffen, entweder die eigene Produktentwicklung ohne eine Integration des Lieferanten vorzunehmen oder den Lieferanten zu einem Vorzugs- oder Perspektivlieferanten zu entwickeln, mit der Aussicht auf ein größeres Einkaufsvolumen. Der Fokus dieser Lieferanten ist tendenziell eher im lokalen Umfeld gegeben. So lässt sich der Beziehungsaufbau leichter realisieren, zumal aufgrund des niedrigen Geschäftsvolumens nur geringe monetäre Anreize angeboten werden können, um das Interesse an einer Zusammenarbeit zu erzeugen. Die Lieferantenauswahl besitzt einen hohen Stellenwert, da das Eingehen einer eher einseitigen Abhängigkeit langfristig nur mit einem leistungsfähigen Lieferanten störungsfrei gelingen kann. Eine Bewertung des Lieferanten ist für den Fall der Entwicklung zu einem Vorzugslieferanten notwendig und verdeutlicht umso mehr das Interesse des Unternehmens an der Entwicklung der Geschäftsbeziehung. Im anderen Fall ist es mehr als fraglich, ob sich durch die Bewertung eines Lieferanten leistungssteuernde Anreize erzeugen lassen.

Den größten Einfluss auf den unternehmerischen Erfolg haben strategische Lieferanten. Zumeist liefern sie beziehungsspezifisches oder lieferantenspezifisches Material, so dass die Zusammenarbeit mehr im Sinne einer Kooperation zu führen ist. Sich ergänzende Kernkompetenzen erleichtern dieses Bestreben, wenn die Geschäftspartner sich beiderseitig ihrer Stärken bewusst sind und eine gemeinsame Ausrichtung anstreben. Aufgrund der weitreichenden und langfristigen Bedeutung sollte der geographische Fokus nicht unnötig eingeschränkt werden, obwohl die Entwicklung einer gemeinsamen Unternehmenspolitik im lokalen Umfeld aufgrund ähnlicher kultureller Wertvorstellungen leichter zu bewerkstelligen ist. Dies schafft zusätzliche Kostenvorteile, da Transportwege kurz sind, die bei einem hohen Mengenvolumen noch stärker zu Buche schlagen. Strategische Lieferanten werden oft frühzeitig in Entwicklungsvorhaben eingebunden, um Synergien mit Blick auf die Gesamtkosten zu nutzen. Dabei ist die Konzentration auf einen Lieferanten im Sinne eines Single-Sourcing kaum zu vermeiden, vor allem wenn Maschinen, Anlagen und spezielle Werkzeuge dabei zum Einsatz kommen. Der Auswahl und Auditierung dieser Lieferanten ist mit Blick auf die langfristige Zusammenarbeit nicht nur vom Einkauf den höchsten Stellenwert einzuräumen. Daher ist eine Bewertung der Lieferantenleistung unverzichtbarer Bestandteil der Zusammenarbeit und dient nicht nur allein der Steuerung der Beziehung als vielmehr der Bildung und Abstimmung gemeinsamer Ziele.

6.1.2 Analyse des Wertschöpfungsumfangs

Eine weitere Analyse lässt sich auf Basis der jeweils erbrachten Leistungsumfänge durchführen. So lässt sich die Lieferantenstruktur auch danach segmentieren, inwieweit die Lieferanten über Produktentwicklungs- bzw. -bereitstellungskompetenzen (logistische und fertigungstechnische Fähigkeiten) verfügen, die eine stärkere Integration in die eigenen Prozessabläufe zulassen (vgl. Abbildung 6.2).

Abbildung 6.2 Segmentierung nach Leistungsumfang

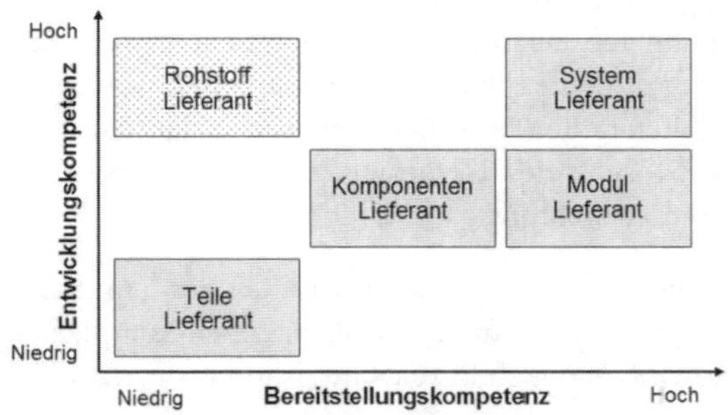

Hierbei kann zwischen Teile-, Komponenten-, Modul- und Systemlieferanten als auch Rohstofflieferanten unterschieden werden. Letztere nehmen dabei eine Sonderstellung ein, da diese sich im Allgemeinen weniger im Interesse des Unternehmens steuern lassen.

In vielen Veröffentlichungen wird dieser Zusammenhang oft in Pyramidenform dargestellt. Für klein- und mittelständische Unternehmen eignet sich dies aus meiner Sicht weniger, wenn sich die Ausrichtung eines Lieferantenmanagements primär auf den Aufbau von Systemlieferanten fokussiert, um Teile- zu Komponenten- und diese zu Systemlieferanten zu entwickeln. Dabei wird häufig impliziert, dass die Steuerung der Teilelieferanten durch Komponentenlieferanten erfolgt, deren Steuerung wiederum die Systemlieferanten wahrnehmen. Zweifelsohne ist für Unternehmen mit einem hohen Markenimage, wie bspw. im Fahrzeugbau, eine solche Ausrichtung zielführend, da Verbundeffekte („Economies Of Scope") entstehen, die eine stärkere Konzentration auf die eigenen Kernkompetenzen ermöglicht. Für klein- und mittelständische Unternehmen wäre diese Entwicklung fatal und zwangsläufig mit der Gefahr unerwünschter Abhängigkeiten verbunden. Deshalb steht für diese Unternehmen mehr ein ausgewogener Mix der Lieferantenstruktur im Mittelpunkt eines Lieferantenmanagements.

So sind Teilelieferanten primär auf die Wahrnehmung von Fertigungsaufgaben spezialisiert, bieten jedoch nur geringes Potenzial, um logistische Aufgaben mit zu übernehmen. Der Nutzen für den Einkauf besteht in der Wahrung einer hohen Unabhängigkeit und eröffnet somit Chancen zur Kostenreduzierung. Daher sollte der Wertumfang der zu liefernden Teile möglichst klein gehalten werden. Wird mit vielen Teilelieferanten zusammengearbeitet, hat dies einen hohen operativen Aufwand zur Folge, der zudem das Risiko von Versorgungsengpässen verschärft und so die Wahrnehmung strategischer Aufgaben beeinträchtigt. Hier müssen vom Einkauf Maßnahmen ergriffen werden, die ein unkontrolliertes Aufblähen der Lieferantenstruktur verhindern, wie beispielsweise durch den Einsatz von Lieferantenvorzugslisten oder Lieferantenportalen.

Komponentenlieferanten sind Lieferanten, deren Wertschöpfung in der Fertigung als auch Bereitstellung von beispielsweise montierten Baugruppen oder Komponenten besteht. Die Entwicklungskompetenz liegt jedoch weiter in der Verantwortung des Abnehmers. Hier ist die Gefahr der Abhängigkeit zwar größer, aber oft überwiegen die Vorteile, die aus dem Nutzen von Verbundeffekten herrühren. Der Einkauf wird so von operativem Prozessaufwand entlastet, da er mit Lieferanten zusammenarbeitet, welche Koordinationsaufgaben gegenüber den Teilelieferanten wahrnehmen. Vor allem für Warengruppen, die nicht das Entwicklungs-Know-how des Unternehmens charakterisieren, ist der Ausbau der Lieferantenstruktur in dieser Richtung zu empfehlen.

Diese Entwicklung einer Lieferantenstruktur kann letztlich zum Aufbau von Modullieferanten führen. Diese Lieferanten stellen für das Unternehmen komplexe Module her und übernehmen in begrenztem Umfang auch Entwicklungsaufgaben, die z.B. eine Anpassung bestehender Basiskonstruktionen an neue Varianten beinhalten kann. Hier ist das Ausmaß der Abhängigkeit schon immens und sollte sich durch die Übertragung eines hohen Prozessaufwands rechtfertigen. Modullieferanten nehmen erhebliche Wertschöpfungsumfänge wahr und tragen so dazu bei, dass sich Fixkosten im Unternehmen abbauen lassen, wenn eigene Lager- und Fertigungskapazitäten nicht weiter vorgehalten werden müssen. So verhelfen sie dem einkaufenden Unternehmen zu einer größeren Robustheit gegenüber Auslastungsschwankungen, von dem vor allem Unternehmen in einem projektgeschäftlichen Umfeld in stärkerem Maße profitieren.

Systemlieferanten liefern vormontierte, qualitäts- und fertigungsgeprüfte, teilweise einbaufertige Systeme flexibel und produktionsnah an. Dabei arbeiten sie meistens eng mit dem Abnehmer zusammen und übernehmen so für diesen wesentliche Forschungs- und Entwicklungsaufgaben sowie logistische Aufgaben (Männel 1996, S. 117). Die Bedarfsplanung erfolgt in enger Abstimmung und setzt genaue Plandaten voraus, um Kapazitäts- und Versorgungsengpässe zu vermeiden. In bestimmten Branchen der Serienfertigung wäre eine Zusammenarbeit ohne Systemlieferanten nahezu undenkbar, da Unternehmen wie beispielsweise im Fahrzeug- oder Flugzeugbau nicht mehr über das gesamte entwicklungstechnische Know-how verfügen. Vielmehr übertragen sie einen erheblichen Teil ihres Entwicklungsaufwands auf Systemlieferanten.

Im mittelständischen Bereich müssen im Rahmen einer intensiven Zusammenarbeit mit Systemlieferanten allerdings große Gefahren berücksichtigt werden. Einerseits ist der Einfluss des Abnehmers auf den Systemlieferanten oft zu gering, so dass dies leicht zu einseitigen Abhängigkeiten führt. Andererseits besteht die Gefahr, dass bei zu vielen Systemlieferanten der Erhalt einer eigenständigen entwicklungstechnischen Kernkompetenz erschwert wird. So lässt sich hier die oft geringe produktentwicklungstechnische Vielfalt leichter von Wettbewerbern adaptieren. Umso mehr, wenn Standorte über Lohnkostenvorteile verfügen oder Markengesichtspunkte für den Kunden weniger von Bedeutung sind.

Rohstofflieferanten nehmen vielfach eine Sonderstellung ein, da sie eigene technologische Entwicklungen vorantreiben, welche Grundlagen zur Entwicklung von Problemlösungen in Form von neuen Werkstoffen auf den nachfolgenden Wertschöpfungsstufen bereitstellen. So ist deren Stellung in der Wertschöpfungskette für das einkaufende Unternehmen nicht unerheblich und erfordert unter Risikoaspekten eine gezielte Auseinandersetzung mit diesen Lieferanten. Vor dem Hintergrund einer zunehmenden Rohstoffknappheit müssen künftig Lieferantenstrategien erarbeitet werden, um die Anfälligkeit von Materialversorgungsengpässen in den relevanten Wertschöpfungsketten zu verringern. Auf diesen Aspekt soll im Folgenden näher eingegangen werden.

6.1.3 Analyse der Stellung in der Wertschöpfungskette

Eine dritte Perspektive zur Segmentierung der Lieferantenstruktur ist die Analyse der Vorlieferanten in der Wertschöpfungskette. Gibt es aus der Sicht des einkaufenden Unternehmens Lieferanten, deren Stellung für das Funktionieren einer Wertschöpfungskette maßgeblich ist oder stellen Lieferanten möglicherweise Schwachpunkte dar? Anhand welcher Kriterien können diese Lieferanten identifiziert werden und welche Strategien lassen sich hier vom Einkauf in Angriff nehmen?

Die Analyse der Wertschöpfungskette ist vor allem bei Materialien von besonderer Bedeutung, die für das Unternehmen potenzielle Versorgungsengpässe darstellen. Daher stellen die Wertschöpfungsketten für Engpass- und strategisches Material einen besonderen Analyseschwerpunkt dar. Dennoch darf dies nicht dazu verleiten, Hebelmaterial und u.U. auch unkritisches Material bei der Analyse zu vernachlässigen. Infolge der jüngsten Erdbebenkatastrophe in Japan bekamen viele Lieferanten enorme Lieferprobleme, weil wichtige Sub-Lieferanten für elektronische Bauteile nicht lieferfähig waren und ganze Branchen vorrübergehend lahmgelegt wurden.

Vom Einkauf sind insbesondere die Wertschöpfungsketten genauer zu analysieren, derer sich das Unternehmen bei wichtigen Endprodukten bedient. Ein wichtiger Aspekt dabei ist die Frage, wie die jeweiligen Lieferanten ihrerseits mit wichtigen Sub-Lieferanten zusammenarbeiten. Gibt es gesellschaftliche Verflechtungen zu Sub-Lieferanten, um bei Versorgungsengpässen beispielsweise Meistbegünstigungsansprüche geltend zu machen? Werden von wichtigen Lieferanten Vormateriallagerbestände geführt und welche Reichweiten decken diese im Normalfall ab? So kann es aus der Sicht des Einkaufs notwendig werden, Lieferanten operativ zu unterstützen oder aus Kosten- oder Qualitätsgründen gezielt dazu verpflichten, nur mit bestimmten freigegebenen Vorlieferanten zusammen zu arbeiten.

Die Bedeutung eines Lieferanten lässt sich auch anhand des Leistungs- und Wertschöpfungsumfangs bemessen, den dieser in der Wertschöpfungskette zur Herstellung des Materials beiträgt. Ein wichtiger Indikator stellt demnach die Länge der Liefer- bzw. Durchlaufzeit dar. Welche Produktionsanlagen stehen hier zur Verfügung und wie ist deren aktuelle Auslastung oder welche Transportwege werden von der Wertschöpfungskette in Anspruch genommen? Sehr komplex wird die Analyse, wenn die Bereitstellung von Materialien an natürliche Produktionsressourcen geknüpft ist. So sind im Falle der Verwendung natürlicher Rohstoffe, wie beispielsweise bei pflanzlichen oder tierischen Fetten oder der Herstellung von Lebensmitteln zusätzlich Wachstumsgeschwindigkeiten oder die Wahrscheinlichkeit von Ernteausfällen mit zu berücksichtigen.

Diese Aspekte sind für den Einkauf sowohl für die Entwicklung einer Einkaufsstrategie als auch der Absicherung der Lieferfähigkeit von Wertschöpfungsketten von Bedeutung. Letztgenannter Aspekt wird später im Handlungsfeld „Krise" näher erläutert werden.

6.2 Maßnahmen zur Steuerung der Lieferantenstruktur

Unter Berücksichtigung der im Unternehmen identifizierten Kernkompetenzen, den zu beliefernden Absatzmärkten, den vorhandenen Fertigungsstandorten und den verfügbaren Lieferanten sind aufbauend auf der Analyse der Lieferantenstruktur vom Einkauf in Zusammenarbeit mit den Fachbereichen geeignete Lieferantenstrategien zu entwickeln. Damit wird hinsichtlich einzelner Warengruppen festgelegt, wie und in welchen Beschaffungsmärkten mit wie vielen Lieferanten zusammengearbeitet werden soll. Durch die Verabschiedung einer Lieferantenstrategie wird im Unternehmen die Grundlage zur Auswahl und Bewertung von Lieferanten geschaffen. Dies stellt die Voraussetzung dar, um die Zusammenarbeit mit Lieferanten mit Blick auf die verfolgten Einkaufsziele zu lenken, diese dabei zu unterstützen oder gegebenenfalls abzubauen.

6.2.1 Entwicklung von Lieferantenstrategien

Kurz gesagt: Eine allgemeingültige Vorgehensweise zur Gestaltung von Lieferantenstrategien kenne ich aus der unternehmerischen Einkaufspraxis bisher noch nicht. Daher nützt es auch wenig, wenn in manchen Einkaufshandbüchern die Forderung nach mindestens drei Lieferanten als Lieferantenstrategie ausgegeben wird. Dadurch lassen sich vorhandene Potenziale zur Verbesserung von Qualität nur selten nutzen. Da bei jeder Lieferantenbeziehung unterschiedliche Ziele und Rahmenbedingungen zu berücksichtigen sind, sollte die Gestaltung dieser Beziehung keiner „One-Size-Fits-All"-Strategie folgen, sondern einer differenzierten Betrachtung unterzogen werden. Die wichtigsten Aspekte zur Ausprägung einer Lieferantenstrategie werden im Folgenden erläutert. Daher sollen im Folgenden wichtige Aspekte bei der Bildung von Lieferantenstrategien erläutert werden, um die langfristige Zusammenarbeit mit Lieferanten für gesamte Warengruppen bis hin für einzelne

Beschaffungsobjekte auszurichten. So können bei der Ausgestaltung einer Lieferantenstrategie folgende Gestaltungsaspekte berücksichtigt werden:

- das angestrebte Beziehungsmuster zum Lieferanten
- der geographische Fokus der Lieferantenstruktur
- der zugrunde liegende Leistungsumfang
- der Ort der Leistungserstellung
- die zu steuernden Vorlieferanten
- die beabsichtigte Anzahl der Lieferanten
- die Wahl des Beschaffungswegs

Dazu werden deren einzelne Vor- und Nachteile näher erläutert und dabei aufgezeigt, für welche Warengruppen sich welche Maßnahmenbündel im Wesentlichen eignen.

6.2.1.1 Beziehungsmuster: partnerschaftlich oder opportunistisch

Ein grundlegender Aspekt bei der Gestaltung einer Lieferantenstrategie ist die Festlegung des Beziehungsmusters zum Lieferanten. Hierbei ist zwischen den beiden Extremen einer opportunistischen oder partnerschaftlichen Beziehung zu wählen. Dabei sind die Vorteile des einen Extrems zugleich die Nachteile des anderen Extrems und umgekehrt. Eine opportunistische Zusammenarbeit entspricht sehr dem traditionellen Einkauf – insbesondere wenn sich im Beschaffungsmarkt auf eine ausreichende Zahl alternativer Lieferanten zurückgreifen lässt. So sichert diese Art der Beziehung eine weitgehende Unabhängigkeit, in der sich Preise vom Einkauf leichter verhandeln und reduzieren lassen. Zugleich wird dabei das Risiko von Versorgungsengpässen auf mehrere Lieferanten verteilt.

Dagegen bietet eine partnerschaftliche Beziehung den Vorteil, dass Lieferanten eher dazu bereit sind, sich auf die individuellen Wünsche des Unternehmens einzustellen oder in die Geschäftsbeziehung zu investieren. Dadurch lassen sich Prozessabläufe vereinfachen und individuell anpassen. Umso mehr, wenn sich Lieferanten durch den Kauf spezieller Maschinen und Einrichtungen oder Software zum Datenaustausch stärker an das Unternehmen binden. In derartigen Beziehungen können Dispositions-, Lagerhaltungs- und Qualitätssicherungsaufgaben leichter auf den Lieferanten übertragen werden und zu ganz erheblichen Einsparungen und Leistungsverbesserungen führen. Dies lässt sich noch weiter steigern, wenn der Einkauf mit seinen Lieferanten Einkaufskooperationen eingeht und sich damit die Nachfragemacht gegenüber Vorlieferanten kostenwirksam erhöhen lässt. Jedoch ist eine Einbindung des Lieferanten in die eigene Produktentwicklung in beiden Beziehungsmustern kritisch und generell mit der Gefahr von Know-how-Abflüssen verbunden. Dieses Risiko ist in partnerschaftlichen Beziehungen beispielsweise durch Abschluss von langfristigen Verträgen bei weitem geringer.

Je komplexer das Beschaffungsobjekt ist, wie beispielsweise bei Systemen oder Modulen, um so eher ist deshalb ein partnerschaftliches Beziehungsmuster zu bevorzugen. Die Einbindung von Lieferanten in Wertanalyse- oder Simultaneous-Engineering-Projekte ist ohne eine partnerschaftliche Zusammenarbeit nicht zu befürworten. Auch spezielle Versorgungskonzepte wie Just-in-Time-, Kanban- oder SMI-Belieferungen oder die Einbindung in Standardisierungsvorhaben setzen eine partnerschaftliche Beziehung mehr oder weniger voraus. Denn bei schwankenden Bedarfsverläufen oder konjunkturell bedingten Kapazitätsengpässen werden partnerschaftliche Lieferanten ihre „treuen Kunden" eher bevorzugt behandeln. So lässt sich die Gefahr von Versorgungsengpässen leichter reduzieren. Hiervon haben Unternehmen in einem projektgeschäftlichen Umfeld naturgemäß größere Vorteile. Problematisch ist diese Art der Beziehung jedoch, wenn die technologische Entwicklung in einer Warengruppe sehr dynamisch verläuft. Dann besteht leicht die Gefahr, technologisch den Anschluss zu verlieren, wenn der Lieferant nicht ausreichend leistungsfähig ist. Genauso heikel ist eine partnerschaftlich bedingte Abhängigkeit von Lieferanten, wenn deren wirtschaftliche Situation kritisch ist und die Gefahr von Insolvenz oder Konkurs droht.

Wie lassen sich partnerschaftliche Lieferantenbeziehungen steuern? Eine wichtige Maßnahme ist der Abschluss mehrjähriger Verträge, in denen wesentliche Punkte der Zusammenarbeit fixiert werden (vgl. Abbildung 5.1). Nicht unwesentlich ist dabei die Marktmacht bzw. die Attraktivität des einkaufenden Unternehmens, die sich mithilfe eines Lieferantenportfolios (vgl. Abbildung 3.18) bzw. mithilfe eines Kundenportfolios (vgl. Abbildung 3.19) einstufen lässt. Sind diese Eigenschaften sehr stark ausgeprägt, lassen sich partnerschaftliche Beziehungen aus Sicht des Unternehmens leichter eingehen. Auch wenn es für die Stabilität einer Geschäftsbeziehung sicherlich vorteilhafter ist, wenn beide Partner vergleichsweise gleich stark sind. Darüber hinaus spielt, wie in allen partnerschaftlichen Beziehungen, Vertrauen eine wichtige Rolle. In der unternehmerischen Zusammenarbeit bedeutet dies, dass beide Geschäftspartner die Wahrscheinlichkeit opportunistischen Verhaltens des jeweils anderen als gering einschätzen (Marbacher 2001, S. 106ff.). Dies bezieht sich nicht nur auf die Einhaltung von Verträgen, sondern auch darauf, dass der Geschäftspartner die Leistungsbereitschaft und -fähigkeit besitzt, die vereinbarten Leistungspflichten zu erfüllen und darüber hinaus im Geiste der Vereinbarung auch das Wohl der Geschäftsbeziehung weiter fördert (Hess 2010, S. 215). Dieses Vertrauen zu entwickeln, ist vielfach die Summe gesammelter Erfahrungswerte in einer partnerschaftlichen Lieferantenbeziehung, die vor allem auf der Integrität des Geschäftspartners und dessen Verlässlichkeit basiert. So trägt ein hohes Ausmaß an Vertrauen nicht unwesentlich dazu bei, die größte Schwierigkeit in einer partnerschaftlichen Beziehung zu meistern, die Transparenz der Kostenentwicklung im Auge zu behalten und diese im Geiste einer guten Partnerschaft fair zu verhandeln.

6.2.1.2 Geographischer Fokus der Lieferantenstruktur

Ein weiterer Gestaltungsaspekt einer Lieferantenstrategie ist der geographische Fokus der Lieferantenstruktur. So ist mit Blick auf die Spezifität des Beschaffungsobjekts, der damit verbundenen Kostenstruktur, der erwarteten Entwicklung der Faktorkosten, des relevanten Fertigungsstandorts oder auch des Absatzmarktes zu entscheiden, ob der Lieferant eher im lokalen Umfeld, d.h. „Local Sourcing" oder weltweit, d.h. „Global Sourcing" ansässig sein soll. Vielfach wird bei diesen beiden Extremen auch noch zwischen einem „International Sourcing", d.h. der Bezug in ausgewählten Regionen mit Ländergrenzen und einem „National Sourcing", d.h. der Bezug in einem näheren Umfeld ohne Berücksichtigung von Ländergrenzen unterschieden. Dennoch soll im Folgenden dieser Gestaltungsaspekt anhand der beiden Extremausprägungen mit Blick auf deren jeweilige Vor- und Nachteile erläutert werden. So kann die Entscheidung für die eine oder andere Ausprägungsform sowohl unter Kosten- als auch unter Differenzierungs- sowie unter Marktzugangsaspekten getroffen werden.

Für ein Global Sourcing sind vielfach Faktorkostenvorteile ausschlaggebend. So betrugen die durchschnittlichen Lohnkosten in China und anderen asiatischen Ländern laut des Statistischen Bundesamts in den letzten Jahren gerade einmal 2-4% der durchschnittlichen Lohnkosten im Vergleich zu Deutschland. Auch kann die Inanspruchnahme staatlicher Vorteile wie beispielsweise niedrige Steuern oder hohe Subventionen die Suche nach Lieferanten im internationalen Umfeld auslösen. Zudem lassen sich Währungsrisiken leichter kompensieren, wenn Beschaffungsobjekte im gleichen Währungsraum eingekauft werden, in dem das fertige Produkt anschließend verkauft wird. Darüber hinaus verschärft ein Global Sourcing den Kostenwettbewerb unter Lieferanten und erhöht damit den Kostendruck auf bestehende Lieferantenbeziehungen. Dadurch lässt sich auch die Versorgungssituation des Unternehmens tendenziell verbessern, weil die Materialversorgung auf mehrere Lieferanten aufgeteilt wird. Dem gegenüber ist der gravierende Vorteil des Local Sourcing der zumeist erheblich geringere Prozessaufwand. So kann die Beschaffung im Ausland oftmals nicht ohne ein eigenes Einkaufsbüro vor Ort oder Warenausgangskontrollen durch neutrale Dritte bewerkstelligt werden. Zudem lassen sich Bestellvorgänge mit lokal ansässigen Lieferanten in viel kürzerer Zeit und mit weit geringerem Aufwand organisieren. Daher sind die Kosten für Transport, Verpackung und Versicherungen im lokalen Umfeld oft erheblich geringer und aufgrund der kurzen Entfernungsdistanzen müssen auch nur geringe Sicherheitsbestände im Unternehmen bevorratet werden. Dazu kommt, dass das Risiko, die bestellten Waren nicht, verspätet oder beschädigt zu erhalten, lokal weitaus geringer ist.

Neben Kostenpotenzialen sind häufig Differenzierungspotenziale für die Wahl eines Lieferantenstandorts ausschlaggebend. So bietet Global Sourcing den Vorteil, dass die Verfügbarkeit von Material und technologischen Entwicklungen nicht unnötig eingeschränkt wird. Dagegen bietet der lokale Einkauf oft den Vorteil geringerer Qualitätsprobleme. Dies ist eines der häufigsten genannten Gründe, sich für ein Local Sourcing zu entscheiden. Jedoch darf man hier die rasante technologische Entwicklung der internationalen Märkte nicht unterschätzen. Daher ist eine erneute Bewertung der Leistungsfähigkeit der Lieferanten im internationalen Umfeld oft nach spätestens 2-3 Jahren wieder erforderlich. Soll ein partnerschaftliches Beziehungsmuster realisiert werden, so lässt sich dies im lokalen Umfeld naturgemäß viel leichter bewerkstelligen, da sprachliche und kulturelle Barrieren hier deutlich niedriger sind. Zudem lässt sich so tendenziell der Gefahr des Abfluss von wichtigem Know-how besser entgegen wirken, wenn überdies ein gemeinsames Verständnis über gleichsam bekannte Normen und Standards besteht und damit eine Zusammenarbeit prinzipiell erleichtert. Auch die bereits erwähnten Versorgungskonzepte wie beispielsweise Just-In-Time-Belieferungen können in räumlicher Nähe wesentlich leichter durchgeführt werden. Hingegen fördert der Bezug im globalen Umfeld den Aufbau eines internationalen Images. Dies erschwert aber mitunter die Kontrolle zur Einhaltung ökologischer, sozialer oder ethischer Standards sowie der Rückverfolgbarkeit bei der Herstellung von Beschaffungsobjekten in den zahlreicheren Wertschöpfungsketten.

Neben diesen Aspekten kann die Geschäftsbeziehung zum Lieferanten auch die Erschließung neuer Absatzmärkte unterstützen. Hier hat der internationale Einkauf gegenüber dem Bezug vor Ort naturgemäß ein Alleinstellungsmerkmal. So müssen in einigen Märkten staatlich veranlasste, sogenannte „Local Content"-Vorschriften eingehalten werden, wenn Unternehmen beabsichtigen, ihre fertigen Produkte auch im gleichen Markt abzusetzen. Oder sie arbeiten freiwillig mit Lieferanten in einem neuen Absatzmarkt zusammen, um so ihren Bekanntheitsgrad zu steigern und dadurch den Verkauf ihrer Produkte zu beschleunigen. Nicht zuletzt lassen sich durch den Aufbau einer internationalen Lieferantenstruktur Marktkenntnisse entwickeln, die vorteilhaft für den Eintritt des Unternehmens in neue Absatzmärkte sind. Doch müssen bei allen Chancen, die sich bei der Erschließung neuer Märkte ergeben, auch hier die Risiken sorgfältig abgewogen werden. Nach wie vor sind die politischen Verhältnisse in vielen sogenannten Low Cost Countries alles andere als langfristig stabil. Dazu kommen die sprachlichen und kulturellen Unterschiede, die eine Zusammenarbeit zumindest zu Beginn einer Geschäftsbeziehung enorm erschweren. Überdies sind marktrelevante Informationen oft nur schwer zugänglich, da in vielen Schwellenländern die Bereitstellung von Informationen durch staatliche oder private Institutionen deutlich schlechter organisiert ist. Rechtsunsicherheiten und die häufig nicht vorhandene Verbindlichkeit von Verträgen beeinträchtigen vielfach die Beschaffung gerade in diesen Ländern. So ist es beispielsweise in China gesellschaftlich verpönt, Recht vor Gericht einzuklagen, da dies einem Gesichtsverlust für den anderen und auch für einen selbst gleichkommt. Aufgrund des dadurch erworbenen Rufs, Recht vor Gericht einzuklagen, werden künftige Geschäfte mit weiteren Lieferanten vor Ort massiv erschwert, wenn nicht sogar gänzlich unmöglich gemacht.

Welche Waren eignen sich unter diesen Aspekten für einen internationalen Einkauf und welche für einen Einkauf lokal vor Ort? Beschaffungsobjekte, die über hohe Lohnkostenanteile verfügen, sind für ein Global Sourcing immer wieder von Interesse. Bei einigen Technologien wie beispielsweise der Mikroelektronik oder der Optik sind Märkte in Asien heute Technologieführer. Der Einkauf sollte deshalb genau beobachten, welche Technologien sich in welche Märkte verlagern, um im internationalen Einkauf gezielt geeignete Lieferanten zu ermitteln. Sicherlich sind weitgehend standardisierte oder normierte Materialien für einen internationalen Einkauf geradezu prädestiniert. Aber auch hier gilt es, die Dynamik der Märkte im Auge zu behalten. Aus eigener Erfahrung in China war ich immer wieder aufs Neue überrascht, mit welcher Geschwindigkeit Lieferanten technologische Fortschritte realisierten. Nicht zu vergessen, dass gerade chinesische Unternehmen in den letzten Jahren ein enormes Kapitalvermögen erwirtschaftet haben oder ihnen dies – staatlich gelenkt – zur Verfügung gestellt wird, um in modernste Maschinen und Anlagen zu investieren. Mehr und mehr rücken daher auch technologisch anspruchsvollere Beschaffungsobjekte in den Blickpunkt des internationalen Einkaufs. Dabei sollte vor allem ein hohes Einkaufsvolumen mit großen Stückzahlen zusammengetragen werden, um einerseits den damit verbundenen Aufwand zu rechtfertigen und andererseits das Interesse des Lieferanten leichter zu wecken.

Local Sourcing bietet sich für alle Waren an, deren logistische Kosten im Vergleich zum Warenwert relativ hoch sind. Ein typisches Beispiel sind Verpackungsmaterialien, die aufgrund eines ungünstigen Volumen-Gewichts-Verhältnisses vorzugsweise im lokalen Umfeld eingekauft werden. Aufgrund des hohen Abstimmungsaufwands ist eine hohe Teilevielfalt und -varianz leichter lokal zu beschaffen. Die damit einhergehende flexible Anpassung von Bedarfsmengen ist hier wegen der geringen Entfernungen wesentlich leichter möglich. Neben großvolumigen Waren eignen sich für ein Local Sourcing vor allem komplexe Beschaffungsobjekte, wie beispielsweise Module oder Systembaugruppen. Ebenso tendieren kleinere Einkaufsvolumina und unregelmäßig benötigte C-Teile zu einem Einkauf vor Ort. Dies gilt umso mehr für Dienstleistungen, die primär vor Ort erbracht werden.

Unter Kostenaspekten gehen Global Sourcing-Strategien oftmals einher mit opportunistischen Geschäftsbeziehungen, während partnerschaftliche Beziehungen eher zu einem Einkauf im lokalen Umfeld tendieren. Jedoch lassen sich internationale Lieferantenbeziehungen in aller Regel nicht ohne ein Mindestmaß an Partnerschaft aufrechterhalten, um den damit verbundenen Aufwand zu rechtfertigen oder das Interesse des Lieferanten nicht aufs Spiel zu setzen.

6.2.1.3 Der Leistungsumfang

Im Rahmen der Gestaltung einer Lieferantenstrategie aus Einkaufssicht stellt sich zudem die Frage, wie groß der Leistungsumfang eines einzelnen Beschaffungsobjekts dimensioniert werden kann. Auf die Notwendigkeit zur Verlagerung von Leistungsumfängen und der damit verbundenen Bewertung des Risikos eines Verlusts von Kernkompetenzen wurde schon in Kapitel 5.2.2.3 hingewiesen. Im Unterschied dazu ist hier die Leistungsfähigkeit der vorhandenen Lieferantenstruktur entscheidend. Oft übernehmen leistungsfähige Lieferanten eines Unternehmens die Leistungsumfänge anderer Lieferanten, um größere Leistungsumfänge zu erbringen. Ziel ist es, die Anzahl der Lieferanten zu reduzieren. Dadurch verringert sich die Anzahl der vom Einkauf betreuten Lieferanten und Beschaffungsobjekte, so dass Verbundeffekte im Rahmen der sogenannten „Economies of Scope“ genutzt werden können.

Beim „Modular Sourcing“ überträgt der Abnehmer dem Lieferanten mehrere Wertschöpfungsstufen und bezieht im Gegenzug wertschöpfungsintensivere Beschaffungsobjekte, die sich fallweise als Baugruppen, Komponenten oder Module einordnen lassen. Vorreiter auf dem Gebiet des Modular Sourcing ist klassischerweise der Fahrzeugbau. So wurden Lieferanten schon früh damit beauftragt, einbaufertige Türen oder Armaturentafeln produktionssynchron anzuliefern bzw. diese Module gleich vor Ort einzubauen. Durch Modular Sourcing wird eine Hierarchie unter den Lieferanten aufgebaut, um diese effektiver zu managen. Dadurch geht die Anzahl der Direktlieferanten des Unternehmens zurück und es entsteht eine Pyramidenform in der Lieferantenstruktur, die auch als „Tier-Struktur“ bezeichnet wird (Abend 1992, S. 135). Dabei wird das Unternehmen nur noch von wenigen sogenannten „1st-Tier“-Lieferanten beliefert, die ihrerseits von mehreren „2nd-Tier“-Lieferanten beliefert werden. Diese werden dann von vielen „3rd-Tier“-

Lieferanten beliefert, die für die Herstellung der Einzelteile verantwortlich sind. Die Auswahl der „2nd-Tier“-Lieferanten erfolgt dabei durch die „1st-Tier“-Lieferanten oder wird im Rahmen der Lieferantenstrategie vom Unternehmen vorgegeben. Dieser Aspekt wird später näher erläutert. Diese Strategie setzt ein partnerschaftliches Beziehungsmuster voraus, da auf Seiten des Lieferanten oftmals hohe Investitionen in Maschinen und Werkzeuge sowie IT-Anbindung und logistische Konzepte getätigt werden. Das Gegenteil dessen wird als sogenanntes „Unit Sourcing“ bezeichnet, also der Bezug geringer Wertschöpfungsumfänge in Form von Einzelteilen. So sind die Vorteile der einen strategischen Ausrichtung gleichzeitig die Nachteile der anderen gegenteiligen Ausrichtung.

Modular Sourcing bietet den Vorteil der Konzentration auf Kernkompetenzen und der damit verbundenen Vereinfachung von Fertigungsprozessen. Dadurch lässt sich die Durchlaufzeit im Unternehmen verringern und mit deutlich geringeren Materialbeständen arbeiten. Häufig ist der Lieferant auch für die technische Weiterentwicklung seines Wertschöpfungsumfangs verantwortlich und kann sich so zu einem Entwicklungspartner des Unternehmens etablieren. Durch Modular Sourcing schafft das Unternehmen zudem Anreize, dass Lieferanten ihre Leistungsfähigkeit stetig verbessern, wenn sie sich von einem Teile- zu einem Modullieferanten weiter entwickeln können und sich das Geschäftsvolumen dadurch vergrößern lässt. Der Nachteil dabei ist, dass sich die Abhängigkeit von Lieferanten drastisch erhöht und dabei die Gefahr zunimmt, Know-how-Verluste zu erleiden. Dies ist erst recht der Fall, wenn Lieferanten ähnliche Module auch an andere Kunden oder Wettbewerber liefern und sich dadurch die Zeitdauer eines technologischen Vorsprungs verkürzt.

6.2.1.4 Ort der Leistungserstellung

Ein weiterer Gestaltungsaspekt einer Lieferantenstrategie geht der Frage nach, welcher Ort der Leistungserstellung vom einkaufenden Unternehmen bevorzugt wird. In den meisten Fällen führt der Lieferant die Erbringung seiner Wertschöpfung an seinem eigenen Standort aus. Insbesondere in einem seriengetriebenen Umfeld erhöhen sich dadurch die Transportkosten und die damit verbundenen Transportrisiken enorm, wenn der Lieferant das Unternehmen von seinem Standort aus beliefert. Die besonderen Eigenschaften der Beschaffungsobjekte können es jedoch erforderlich machen, dass der Lieferant sich in räumlicher Nähe zum Fertigungsstandort des Unternehmens ansiedelt. Eine produktionssynchrone Belieferung wie beispielsweise Just-in-Time kann oft nur durch die Einrichtung eines Auslieferungslagers in Standortnähe des Unternehmens umgesetzt werden. So machen es die Komplexität von Modulen, das Raumvolumen oder besondere qualitative Aspekte der Beschaffungsobjekte notwendig, dass der Lieferant seine Wertschöpfung in räumlicher Nähe erbringt. Vor allem die Einrichtung von Betreibermodellen macht eine Ansiedlung des Lieferanten vor Ort zwingend erforderlich. So lassen sich die räumlichen Nachteile eines Global Sourcing teilweise auffangen und führen logischerweise zu einem engeren partnerschaftlichen Beziehungsmuster. Die Ansiedlung vor Ort verläuft für die meisten Unternehmen aus Kostengründen vielfach in Form eines Insourcing ab. Dabei stellt das Unternehmen dem Lieferanten geeignete Flächen mitsamt Infrastruktur an seinem Standort oder in seinem Fertigungsbereich zur Verfügung, auf denen die Produktion oder Montage der Beschaffungsobjekte durchgeführt wird. Kapitalstarke Unternehmen, wie beispielsweise im Fahrzeugbau, gründen bisweilen sogenannte Zulieferparks, um Lieferanten dazu zu bewegen, sich vor Ort niederzulassen. Neben den Vor- und Nachteilen einer engeren Lieferantenbindung führt eine Leistungserstellung vor Ort für das Unternehmen zu einer Verringerung von Schnittstellen und senkt infolgedessen den Abstimmungsaufwand erheblich. Aufgrund der geringeren Transportrisiken lässt sich die Störanfälligkeit der Wertschöpfungsprozesse reduzieren. Dies trägt dazu bei, die eigene Fertigungstiefe abzubauen. Diese Form der Zusammenarbeit lässt sich allerdings nur durch den Abschluss langfristiger Verträge realisieren, die den Einkauf dauerhaft binden und Preisverhandlungen erschweren. Nicht selten werden diese Lieferanten jedoch im Gegenzug dazu verpflichtet, sich an den Auslastungsschwankungen des Unternehmens zu beteiligen, da sie im Prinzip einer Kostenstelle gleichkommend geführt werden.

6.2.1.5 Steuerung von Vorlieferanten

In bestimmten Fällen kann die Gestaltung einer Lieferantenstrategie soweit gehen, dass dem Lieferanten die Zusammenarbeit mit Vorlieferanten aus kosten- oder produkttechnischen Gründen vom Einkauf fest vorgegeben wird. Für diesen Fall ist es tendenziell von Vorteil, wenn der Einkauf die Preise für das von den Vorlieferanten benötigte Material bündelt und zentral verhandelt. So lassen sich Kostennachteile vermeiden, wenn sich Vorlieferanten gegenüber den Lieferanten mit Wissen um bestehende Vorgaben zu sehr monopolistisch verhalten. Diese Vorgehensweise sollte vor allem bei solchen Vormaterialien praktiziert werden, bei denen der Lieferant vorgeschriebenes Material exklusiv im Unternehmensauftrag verwendet. Dies ist ebenso zu empfehlen, wenn sich die insgesamt benötigte Bedarfsmenge des Unternehmens auf mehrere Lieferanten verteilt, so dass eine Bündelung beiderseitige Vorteile gegenüber dem Vorlieferanten verspricht. So ist bei einem Bezug von Modulen, Komponenten oder Rohmaterialien eine Vorgabe von Vorlieferanten sehr naheliegend und in der Praxis recht häufig anzutreffen. Ist die Nachfragemacht des Unternehmens dabei sehr groß und die des Lieferanten vergleichsweise eher klein, läuft diese Zusammenarbeit nicht selten auf die Form einer Finanzierungsallianz hinaus (vgl. Kapitel 5.3.2.2).

Vorgaben für Vorlieferanten sind aber auch aus anderen Gründen sinnvoll. Beispielsweise wenn es darum geht, Risiken für Unternehmen zu minimieren, indem Vorlieferanten aus der Wertschöpfungskette gezielt ausgeschlossen werden. Ist ein Lieferant beispielswiese durch den Einsatz von Kinderarbeit oder krebserregender Substanzen aufgefallen, ist sein Ausschluss für das Unternehmen enorm wichtig. Weitere Mitglieder der Supply Chain dazu zu verpflichten, nicht mit diesem Anbieter zusammenzuarbeiten, macht also Sinn. Vor allem dann, wenn sich diese Substanzen ansonsten später in Nahrungsmitteln wieder finden würden oder das Image eines Unternehmens nachhaltig beschädigen.

6.2.1.6 Lieferantenanzahl: ein Lieferant oder mehrere

Durch die Festlegung der Anzahl von Lieferanten wird darüber entschieden, von wie vielen Lieferanten ein einzelnes Beschaffungsobjekt gleichzeitig bezogen wird. Das Spektrum reicht dabei vom sogenannten „Single Sourcing“ bis zum „Multiple Sourcing“. Während beim „Single Sourcing“ ein spezifisches Beschaffungsobjekt nur bei einem Lieferanten eingekauft wird, kommen beim „Multiple Sourcing“ mehrere Lieferanten gleichzeitig zum Zug. Da sich das Unternehmen tendenziell länger bindet, setzt Single Sourcing sehr leistungsfähige Lieferanten mit ausreichenden Fertigungskapazitäten voraus. Eine Zwischenform nimmt hier das sogenannte „Dual Sourcing“ ein, bei dem Materialien auf Basis von Quotierungen bewusst von zwei Lieferanten bezogen werden. Zum besseren Verständnis der Ausprägungsformen soll auch hier anhand der Gegenüberstellung der Extremausprägungen, die Vor- und Nachteile dieser Strategie dargestellt werden.

Single Sourcing bietet den großen Vorteil, dass durch die Bündelung des gesamten Bedarfs Fixkostendegressionseffekte bestmöglich genutzt werden und so in erheblichem Maße zu einer Kostenreduzierung beitragen. Damit einher geht eine Reduzierung des Prozessaufwands, da sich reibungslos funktionierende Bestell- und Lieferprozesse infolge einer intensiveren Zusammenarbeit leichter einstellen. Weil sich außerdem Lerneffekte schneller realisieren lassen, führt diese Strategie zu einer gleichmäßigeren und höheren Anlieferqualität. Durch die Fokussierung auf einen Lieferanten wird ein starker Anreiz zum Aufbau einer partnerschaftlichen Beziehung geschaffen, da der Einkauf hier bewusst auf den Wettbewerb verzichtet. Dies erhöht die Identifikation des Lieferanten mit dem Unternehmen, zeigt ein hohes Maß an Vertrauen und fördert letztlich auch die Bereitschaft des Lieferanten für weitere Investitionen. Mithilfe des Single Sourcing lässt sich eine Intensivierung des Lieferantenmanagements bewirken, da mit weniger Lieferanten wesentlich effizienter zusammengearbeitet werden kann.

Vergleichsweise spiegelbildlich verhalten sich dazu die Vorteile des Multiple Sourcing und umgekehrt dessen Nachteile. So hat der gleichzeitige Bezug von mehreren Lieferanten den Vorteil einer größeren Unabhängigkeit von Lieferanten und erleichtert so einen Wechsel auf andere. Dadurch erhöht sich der Kosten- und Qualitätsdruck innerhalb der Lieferantenstruktur enorm und schafft eine gute Voraussetzung zur Steigerung des Preis- und Innovationswettbewerbs unter den Lieferanten. Die Aufgabe des Einkaufs konzentriert sich hierbei auf das Aushandeln vorteilhafter Konditionen. Zur Gewinnung potenzieller Lieferanten ist eine Multiple Sourcing-Strategie daher vergleichsweise attraktiver, da sich eine Geschäftsbeziehung zu neuen Lieferanten leichter aufnehmen lässt. Allerdings diskreditieren häufige Lieferantenwechsel die Wahrnehmung des Unternehmens als ein verlässlicher Geschäftspartner. Durch Multiple Sourcing lässt sich das Risiko von Versorgungsengpässen relativ gut abfedern, da jeweils mehrere Lieferanten zur Deckung des Bedarfs infrage kommen. Deshalb bietet sich diese Strategie vor allem bei schwankenden Verbrauchsstrukturen ganz besonders an. Jedoch um den Preis einer geringeren Nachfragemacht des Unternehmens, diese ist bei einem Single Sourcing nachvollziehbar größer.

Der Bezug nur von einem Lieferanten bietet sich umso mehr an, wenn dieser in die Produktentwicklung von vornherein mit einbezogen werden soll. Diese Strategie hat naturgemäß ein partnerschaftliches Beziehungsmuster zur Folge. Insbesondere in der Automobilindustrie ist der Trend zu Single Sourcing-Beziehungen schon allein aufgrund einer intensiven Entwicklungsarbeit und hoher Bedarfsmengen sehr ausgeprägt. Oft wird die

Zusammenarbeit mit dem Lieferanten im Rahmen sogenannter Life-Cycle-Verträge im Detail geregelt. Diese gehen teilweise weit über das Ende einer Serienbelieferung hinaus, beispielsweise wenn die Lieferung von Ersatzteilen ebenso zum Leistungsumfang gehört. Dies macht im Vorfeld verständlicherweise eine gründliche Analyse und Auditierung der dafür infrage kommenden Lieferanten sowie intensive Verhandlungen erforderlich, da falsche Entscheidungen nicht so leicht rückgängig zu machen sind.

Anders verhält es sich bei einer Dual Sourcing-Strategie. Unter Risikoaspekten betrachtet, zielt diese Strategie vor allem auf die Vermeidung von Versorgungsengpässen ab. Im Unterschied zu den erläuterten, vom Einkauf aktiv vorangetriebenen Single bzw. Multiple Sourcing-Strategien verfolgt diese Strategie einen passiv ausgerichteten Ansatz. So ist es für ein Unternehmen bei einer geringen Nachfragemacht sinnvoll, über eine weitere Bezugsquelle zu verfügen, wenn wichtige A-Teile wie beispielsweise Rohstoffe von dominanten Lieferanten bezogen werden. Eine Aufteilung bzw. Quotierung der Bedarfsmengen hat für einen Lieferanten dabei selten für ihn spürbare Fixkostendegressionsnachteile und rechtfertigt daher diese Strategie.

Differenzierungsstrategien auf Unternehmensebene ziehen häufig Single Sourcing-Strategien nach sich, während Kostenführerschaftsstrategien auf Einkaufsebene eine starke Tendenz zu Multiple Sourcing-Strategien erkennen lassen. Für Materialien und Warengruppen, bei denen eine Verringerung des Prozessaufwands vorteilhafter ist als eine Kostenreduzierung, ist Single Sourcing vielfach naheliegend. Dies gilt für viele C-Teile und dies vor allem für unspezifisches Material wie beispielsweise Standard- und Normteile sowie für viele Betriebsstoffe. Hier ist ein Lieferantenwechsel im Normalfall leicht durchführbar und solange die Leistungsfähigkeit des Lieferanten den Erwartungen entspricht, ist der höhere Nutzen eines geringeren Prozessaufwands dabei von größerer Bedeutung. Auch für Dienstleistungen lässt sich in der Praxis eine stärkere Tendenz zum Single Sourcing erkennen. Ein Preiswettbewerb unter mehreren Dienstleistern führt aufgrund der hier stärker ausgeprägten versteckten Leistungseigenschaften häufig zu Leistungsreduzierungen, die sich oft nur schwer wahrnehmen lassen, als zu wirklichen Kosteneinsparungen.

Bei lieferantenspezifischen Materialien ist eine Single Sourcing-Strategie zumeist unumgänglich. Auch bei unternehmensspezifischen Materialien bietet sich diese Strategie an, insbesondere wenn kostenintensive Werkzeuge oder Fertigungseinrichtungen den Bezug von weiteren Lieferanten unrentabel werden lassen. So läuft auch das Einbringen von Know-how bei der Entwicklung von beziehungsspezifischen Materialien in der Praxis oft auf ein Single Sourcing hinaus, da auch der Lieferant ein starkes Interesse daran hat, alleiniger Lieferant zu sein und das Abfließen von Know-how an seine Mitkonkurrenten unterbinden möchte. Vor allem bei strategischem Material und in Ermangelung vorhandener Alternativen auch bei Engpassmaterial tendieren Unternehmen deshalb überwiegend zu einem Single Sourcing, solange die Kapazitäten des Lieferanten den Bedarf ausreichend abdecken.

Hingegen sind bei unspezifischen und den meisten unternehmensspezifischen Materialien normalerweise alternative Lieferanten im Markt vorhanden oder können bei einem hohen

Bedarfsvolumen leicht gewonnen werden. Hier sind Multiple Sourcing-Strategien zu bevorzugen, vor allem wenn deren Wertvolumen für den Einkauf mit Blick auf eine ABC-Analyse entweder A-Teile oder teilweise auch B-Teile umfassen. Daher ist bei vielen Hebelmaterialien eine starke Tendenz zu Multiple Sourcing erkennbar. Dies gilt erst recht, wenn das Unternehmen über eine hohe Nachfragemacht verfügt und so Kostenreduzierungen nachhaltig durchsetzen kann.

6.2.1.7 Beschaffungsweg: direkter oder indirekter Bezug

Abschließend soll ein weiteres Merkmal einer Lieferantenstrategie vorgestellt werden: der direkte Bezug vom Lieferanten oder der indirekte Bezug über einen Zwischenhändler. Von einigen dominanten Herstellern wie z.B. für Rohstoffe oder Halbzeuge werden Beschaffungswege allerdings vorgegeben, die die Einschaltung eines oder mehrerer Zwischenhändlern verbindlich vorsehen. Vor allem im internationalen Einkauf, wie beispielsweise in China, ist der Bezug über Händler oft nicht zu vermeiden, umso mehr, wenn Unternehmen keine eigenen Exportlizenzen besitzen. Besteht hingegen die freie Wahl des Beschaffungsweges, müssen die jeweiligen Vor- und Nachteile bei der Ausgestaltung der Lieferantenstrategie abgewogen werden. So stellt für viele Materialien bei einem hohen Bedarfsvolumen häufig der direkte Bezug vom Lieferanten die kostengünstigere Alternative dar. Bei einem kleineren Bedarfsvolumen kann es hingegen kostengünstiger sein, einen Händler mit der Belieferung zu beauftragen, da dieser gegenüber den Herstellern ein größeres Abnahmevolumen in die Waagschale werfen kann. Oft verlangen Hersteller für geringe Mengen sogenannte Mindestabnahmemengen oder berechnen Mindermengenzuschläge, die den Bezug über einen Händler attraktiver werden lassen. So haben sich viele Handelsunternehmen auf Warengruppen wie z.B. Büroartikel, Schmierstoffe oder Laborbedarfe konzentriert und übernehmen wichtige Vertriebsaufgaben wie beispielsweise die Pflege eines entsprechenden Warensortiments, die Lagerung und den Transport von Materialien sowie zum Teil auch die Verwaltung von Kundenbeständen vor Ort. Dadurch wird die Versorgungssicherheit des Unternehmens im Allgemeinen verbessert. Durch die Zusammenfassung von Beschaffungsobjekten zu Produktkatalogen in Kombination mit dem Einsatz elektronischer Abwicklungsprozesse lässt sich der Prozessaufwand im Unternehmen erheblich reduzieren. Nicht zuletzt profitiert der Einkauf überdies von den Markt- und Produktkenntnissen des Handels, wenn dieser ihn fachkundig berät oder Empfehlungen ausspricht.

Aus Sicht einer gemeinsamen Produktentwicklung oder -modifikation ist die Zusammenarbeit mit einem Händler jedoch mit Nachteilen behaftet, da dieser sich vielfach nur im Rahmen seines Sortiments bewegen kann. Auch die direkte Einflussnahme des Unternehmens auf die Qualität und den Fertigungsprozess der eingekauften Materialien wird komplizierter. Daher kommt der Einsatz eines indirekten Beschaffungsweges allenfalls für unspezifisches oder lieferantenspezifisches Material sowie für Betriebsstoffe in Frage. Umso mehr, wenn es sich dabei um geringe Bedarfsvolumina, also C-Teile, handelt.

6.2.2 Lieferantenauswahl

Aufbauend auf der Gestaltung der Lieferantenstrategie erfolgt die Auswahl der bestgeeigneten Lieferanten. Die Gefahr von Fehleinschätzungen ist hierbei naturgemäß sehr hoch. Im Vorfeld der Geschäftsbeziehung ist daher sicherzustellen, dass der Lieferant die an ihn gestellten Erwartungen zur Lieferung oder Erbringung von Leistungen preislich, qualitativ und kapazitativ auf Dauer erfüllt. Bei unspezifischen, einfachen oder standardisierten Beschaffungsobjekten, für die es zumeist mehrere Lieferanten gibt, ist diese Gefahr eher gering. Daher reicht hier im Allgemeinen zur Auswahl eines Lieferanten ein einfacher Angebotsvergleich aus, bei dem das preisgünstigste Angebot den Zuschlag erhält.

Für neu zu entwickelnde, komplexe und technologisch anspruchsvolle Beschaffungsobjekte, bei denen nur mit einem Lieferanten zusammengearbeitet werden soll, ist eine umfassendere Vorgehensweise und ganzheitliche Beurteilung unerlässlich. Aus diesem Grund müssen mit Blick auf die Lieferantenstrategie fachübergreifend Kriterien festgelegt werden, um die von den Lieferanten angebotene Leistung, dessen Leistungsfähigkeit als auch die damit verbundenen Leistungsrisiken zu beurteilen. Da es sich hierbei um weitreichende Entscheidungen handelt, setzt dies im Unternehmen eine transparente und zeitlich aufeinander abgestimmte Vorgehensweise sowie ein faires Miteinander der betroffenen Fachbereiche voraus. Oft lässt sich hierbei in der Praxis aber das genaue Gegenteil dessen feststellen. So werden solche Entscheidungen vielfach infolge von Vorurteilen bzw. Macht- und Prestigeinteressen oder schlicht aus Zeitnot heraus getroffen. In vielen Unternehmen ist auch heute noch die Vorstellung der Vergabe von Aufträgen nach Gutsherrenart weit verbreitet mit der Vorstellung des beliebigen Austauschs des Anbieters. Die negativen Folgen aufgrund verspäteter Liefertermine, mangelhafter Qualität oder der Insolvenz des Lieferanten kennt nicht nur allein der Einkauf oft zu Genüge. Eine professionelle Vorgehensweise muss demnach Fragen beantworten wie beispielsweise: welche Kriterien sind zur Beurteilung und Auswahl der Lieferanten heranzuziehen, wie lassen sich die dazu benötigten Informationen gewinnen und wie lässt sich im Unternehmen eine professionelle Entscheidung herbeiführen. In vielen Unternehmen spiegelt dies den strategischen Lieferantenauswahlprozess wider. Dieser Prozess soll unter Federführung des Einkaufs fachübergreifend sicherstellen, dass geeignete Lieferanten bereitgestellt werden, aus denen dann nach operativen Gesichtspunkten im Bedarfsfall entschieden wird, welche Lieferanten mit der Lieferung beauftragt werden.

Um eine größtmögliche Tragweite dieses Prozesses zu verdeutlichen, soll hier im Folgenden die Vorgehensweise zur Beurteilung und Auswahl von Lieferanten mit Blick auf ein internationales Suchfeld erläutert werden. Dabei ähnelt das Vorgehen einer iterativen Prozessfolge – vergleichbar einem Trichter – bei dem zu Beginn von vielen möglichen Beschaffungsmärkten bzw. Lieferanten für einen anstehenden Bedarf ausgegangen wird, um am Ende dieses Prozesses die verfügbaren Lieferanten zu ermitteln (Koppelmann 2004, S. 210ff). So durchläuft dieser Prozess häufig mehrere Stufen, bei der auf jeder einzelnen Stufe entschieden wird, für welche Märkte eine tiefergehende Analyse der Eigenschaften durchgeführt wird (vgl. Abbildung 6.3).

Abbildung 6.3 Beschaffungsmarkt-Auswahlprozess

In einem ersten Schritt werden vom Einkauf im Hinblick auf die Lieferantenstrategie potenzielle Beschaffungsmärkte ermittelt. Dies geschieht zumeist vom Schreibtisch aus, indem Kontakt zu geeigneten Informationsquellen wie z.B. ausländische Industrie- und Handelskammern, Botschaften und Konsulaten usw. hergestellt wird. Auch Gespräche mit Lieferanten und Kollegen, Recherchen in Fachzeitschriften oder der Besuch von Messen und Ausstellungen gehören dazu. Vor allem sind hier auch die Erwartungen der Kunden mit zu berücksichtigen, was die grundsätzliche Einhaltung von Arbeits-, Umwelt- und Sicherheitsstandards in bestimmten Beschaffungsmärkten anbelangt.

Zur Beurteilung der Attraktivität eines Marktes lassen sich dabei folgende Kriterien heranziehen:

- Politische Stabilität, bürokratische Hemmnisse und politische Interventionen
- Veränderungen des Wirtschaftssystems und der Wirtschaftsordnung
- Verfügbarkeit von Kapital, Kapitalkosten, Inflationsrate und deren Entwicklung
- Streikhäufigkeit und Korruptionsniveau
- Steueraufkommen, Steuersätze und deren Entwicklung
- Rechtssicherheit und Durchsetzbarkeit von Verträgen
- Natürliche Gegebenheiten (Klima, Erdbeben)

Inzwischen steht dem Einkauf im Internet eine Vielzahl nützlicher Informationsquellen zur Verfügung, um zeitnahe Daten und Informationen zu ermitteln. Dabei sind vor allem sogenannte Länder-Rankings oder -Vergleiche von Vorteil. Sie erlauben eine recht einfache Auswertung. Die wichtigsten Internetseiten dazu sind die deutschsprachige Seite des Centrum für Supply Management GmbH (www.supply-markets.com) oder die englischsprachigen Seiten wie beispielsweise der Organisation Transparency International (www.transparency.org), die offene Seite der Weltstatistik (www.nationmaster.com) oder die Seite der Central Intelligence Agency (www.cia.gov). Bei Letzterer ist vor allem das sogenannte „World Factbook" interessant, welches eine länderspezifische Auswertung makroökonomischer Daten bereithält. Eine weitere wichtige Quelle ist der seit 1966 von der BERI (Business Environment Risk Intelligence) S.A. erstellte sogenannte BERI-Index. Dieser nicht öffentlich zugängliche Index fasst eine Vielzahl der genannten Kriterien im Rahmen einer Länderrisikoanalyse zusammen und unterstützt Unternehmen bei der Entscheidungsfindung zu längerfristigen Investments.

In einem weiteren Schritt werden potenzielle Märkte dann im Detail mithilfe sogenannter Clusterkriterien eingehender analysiert. So lassen sich die interessanten Regionen herausfiltern. In der Praxis ist hier eine trennscharfe Vorgehensweise eher unüblich, oft werden diese Stufen parallel durchlaufen. Dabei sind folgende Kriterien von Bedeutung:

- Produktivität, Faktorkosten (Lohn, Material, Energie) und deren Entwicklung
- Verfügbarkeit von Arbeitskräften und Entwicklung der Arbeitslosenquote
- Bildungsniveau
- Logistische Infrastruktur, Transportkosten und deren Entwicklung
- Kommunikationsnetz, Kommunikationskosten und deren Entwicklung
- Technologiestand und technologische Entwicklung

In Anbetracht des gesuchten Beschaffungsobjekts sind dabei unterschiedliche Analyseschwerpunkte zu bilden. So ist für ein einfaches, standardisiertes Objekt die Bedeutung eines hohen Bildungsniveaus oder Technologiestands eher vernachlässigbar, ganz anders jedoch für ein komplexes Hochleistungsprodukt. Zum Abschluss dieses Auswahlprozesses werden mithilfe von Lieferantenverzeichnissen in den interessanten Regionen die hier verfügbaren Lieferanten ermittelt und gegebenenfalls Kontakt zu diesen hergestellt.

Nun beginnt der eigentliche Lieferantenauswahlprozess, der auch hier wieder in mehreren Stufen verläuft, die sukzessive zu einer tiefergehenden Beurteilung der Leistungsfähigkeit der Lieferanten führen (vgl. Abbildung 6.4).

In aller Regel beginnt dieser Prozess mit einer Recherche am Schreibtisch. Das Ziel ist es, die im Markt verfügbaren Lieferanten herauszufinden – primär die Firmenadresse und geeignete Ansprechpartner. Je nachdem mit welchen Bezugsquellenverzeichnissen hier gearbeitet wird, lassen sich dabei schon erste Informationen zu wichtigen Firmendaten wie beispielsweise Umsatz, Mitarbeiter, Rechtsform, Gründungsjahr oder Fertigungsstandorte erhalten. So lässt sich das Feld der infrage kommenden Kontakt-Lieferanten schon von vornherein sinnvoll einschränken. Das Ergebnis dieser Recherche ist die Zusammenstellung der Lieferanten, die anschließend kontaktiert werden.

Eine einfache Methode der Informationsgewinnung ist die Befragung in schriftlicher Form. Dabei wird der Lieferant mithilfe einer sogenannten Lieferantenselbstauskunft um Auskunft gebeten, in dem er einen Fragebogen ausfüllt (Glantschnig 1994, S. 127ff). Üblicherweise werden hierbei Fragen zur allgemeinen Geschäftstätigkeit wie z.B. zu Umsatz, Anzahl der Mitarbeiter, Marktanteil, Produkt- und Produktionsprogramm sowie zu Fertigungs- und Lagerkapazitäten oder dem vorhandenen Maschinenpark gestellt. Darüber hinaus sind Referenzen über Kunden oder Zertifikate wie z.B. die DIN-ISO-Zertifikate, das ISO 14001 Umwelt-Zertifikat oder die Bestätigung des BSCI-Standards (Business Social Compliance Initiative) wertvolle Informationen auf der Suche nach interessanten Lieferanten. Fragen zur Organisationsstruktur des Unternehmens, der Möglichkeit der Übertragung elektronischer Daten oder Erfahrungen im Umgang mit Qualitätssicherungssystemen lassen sich hier aufführen.

Abbildung 6.4 Lieferanten-Auswahlprozess

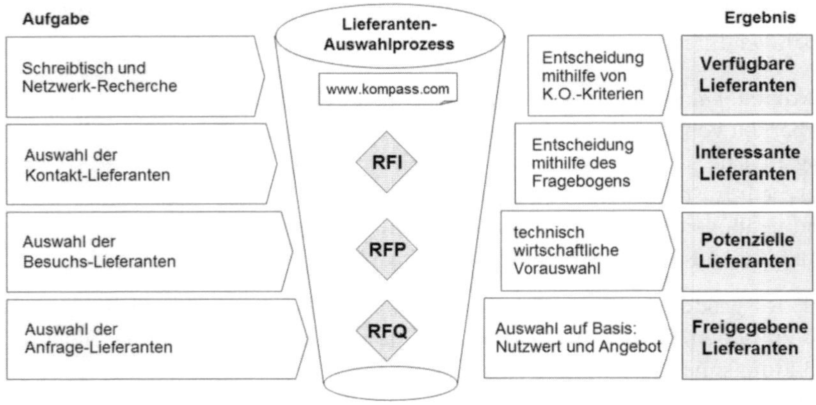

Dieser Schritt der Informationsanfrage wird vielfach auch als RFI (Request for Information) bezeichnet und mündet in die Erstellung einer sogenannten „Long List“, welche die zu besuchenden Lieferanten enthält. Wichtig ist, dass diese Selbstauskunft nicht zu umfangreich ist und sich auf Fragen konzentriert, die sich mit einem überschaubaren Aufwand beantworten lassen. Für viele Unternehmen stellt inzwischen der Einsatz einer eigenen Einkaufshomepage eine gute Möglichkeit dar, erste Informationen über den Lieferanten auf elektronischem Wege zu erhalten. Dies erleichtert die Auswertung erheblich. Namhafte Unternehmen haben hiervon in aller Regel einen größeren Nutzen, da diese für viele Lieferanten interessant sind, um eine Geschäftsbeziehung aufzubauen. Jedoch eignet sich dieses Vorgehen weniger für eine aktiv betriebene Lieferantenauswahl als vielmehr zur passiven Sammlung relevanter Informationen.

Erschwerend kommt im internationalen Umfeld hinzu, dass es sich hierbei nicht nur um eine bloße Einholung von Daten und Informationen handelt. Vielmehr muss darauf geachtet werden, wie das Unternehmen gegenüber unbekannten Lieferanten auftritt. Deshalb muss sorgfältig überlegt werden, welche Unterlagen den Lieferanten zur Verfügung gestellt werden, wenn deren Leistungsfähigkeit noch nicht absehbar ist. Dies gilt vor allem für Bauteilzeichnungen und andere Spezifikationsunterlagen, die Rückschlüsse auf das Know-how oder beabsichtigte Produktentwicklungen zulassen.

Noch mehr gilt dies im internationalen Umfeld. In vielen Low-Cost- Countries werden Lieferanten häufig mit Anfragen bombardiert, sind kapazitativ oft überlastet und befinden sich nicht selten in einer für sie komfortablen Verkäufermarktsituation. Daher ist hier der erste Auftritt des Unternehmens schon entscheidend, vergleichbar einem Bewerbungsschreiben, das das Interesse des Lieferanten erwecken soll, eine Geschäftsbeziehung aufzubauen. Unterlagen in der Landessprache oder zumindest in englischer Sprache sind daher eine Selbstverständlichkeit. Mir ist es heute immer noch unbegreiflich, dass selbst die einfachsten Regeln oft nicht beachtet werden. Dies führt dazu, dass Anfragen im Sand verlaufen – umso mehr, da sich auch der Lieferant fragen wird, ob sich der Aufbau einer Geschäftsbeziehung für ihn lohnt. Es hilft hier sehr, wenn ein direkter Zugriff auf Personen vor Ort möglich ist, da in vielen Ländern die Existenz persönlicher Kontakte notwendige Voraussetzung für das Zustandekommen einer Geschäftsbeziehung ist.

Eines der Hauptprobleme der Kontaktanbahnung ist die Glaubwürdigkeit der erhaltenen Informationen. Dies gilt vor allem, wenn der Lieferant ein hohes Interesse am Zustandekommen eines Geschäfts hat. Die Gefahr absichtlicher Fehlinformationen ist daher kaum auszuschließen. Ist die Kontaktanfrage mit der Aufforderung zur Abgabe eines ersten Angebots verbunden, nutzen dies viele Lieferanten häufig zur Abgabe niedriger Einstiegspreise. Auf diesem Weg wollen sie so ein höheres Interesse signalisieren, um schneller ins Geschäft kommen. Im Laufe der Geschäftsbeziehung werden dann für vergleichbare Beschaffungsobjekte nicht selten überhöhte Preise gefordert, welche die tatsächliche Leistungsfähigkeit des Lieferanten verschleiern (Large 2006, S.174f). Daher sollten Preisangebote keinesfalls vor einem ersten Besuch abgefragt werden. Vielmehr kommt es darauf an, sich ein objektives Bild über die Leistungsfähigkeit des Lieferanten zu machen. Am besten geschieht dies durch direkte Befragung oder Beobachtung der Mitarbeiter vor Ort. Dabei lassen sich die eigenen Erwartungen an die künftige Zusammenarbeit leicht verdeutlichen und Fragen gezielter beantworten. Auch können bei einem Lieferantenbesuch zumeist validere Informationen über die Fertigung oder die im Unternehmen praktizierten Qualitätssicherungssysteme gewonnen werden wie z.B. über die Auslastung und den Zustand von Fertigungseinrichtungen, die Höhe der Bestände in der Fertigung, die Aufbewahrung sowie der Einsatz von Mess- und Prüfmitteln oder auch das Verhalten der Fertigungsmitarbeiter.

Um sich hierbei ein umfassenderes Bild über die technische Leistungsfähigkeit des Lieferanten zu machen, werden Lieferanten häufig dazu aufgefordert, neue technische Lösungsmöglichkeiten zu erarbeiten. Dies gilt vor allem im Einsatz von strategischem Material. Dazu wird oftmals ein sogenanntes Anfragelastenheft eingesetzt, welches die technischen Anforderungen an das herzustellende Produkt sowie weitere Unterlagen zu Normenblättern und andere Richtlinien enthält. Für unternehmensspezifische Beschaffungsobjekte werden üblicherweise Zeichnungen an den Lieferanten weitergereicht. Sie enthalten die konkreten Produkt- und Materialeigenschaften sowie die einzusetzenden Fertigungsverfahren. Zur Beurteilung der Leistungsfähigkeit eines Lieferanten werden in vielen Branchen vielfach auch Muster und Proben eingesetzt. Nicht selten fertigt der Lieferant hier sogenannte Erstmuster an, die von den beteiligten Fachbereichen intensiv analysiert werden können und in die Beurteilung der Leistungskriterien mit einfließen. Dies gilt vor allem für die meisten Handelswaren sowie die vom Lieferanten hergestellten unternehmens- oder beziehungsspezifischen Produkte. Im Rahmen von Dienstleistungen lassen sich außerdem Probearbeiten vereinbaren, die oft zu neuen Lösungen beitragen. Deshalb wird dieser Prozessschritt vielfach auch als Lösungsanfrage bzw. als RFP (Request for Proposal) bezeichnet.

Damit der Lieferantenbesuch vor Ort eine fundierte Datenanalyse ermöglicht, bietet sich der Einsatz von Checklisten oder Fragekatalogen an, die anschließend in einer Lieferantendatenbank zusammengetragen und ausgewertet werden. Dabei sollten die erhaltenen Informationen in erster Linie die Beantwortung sogenannter Leitfragen ermöglichen. Sie spiegeln die Leistungsfähigkeit des Lieferanten in Bezug auf seine strategische Eignung, sein Kundenportfolio, seine operativen Fähigkeiten, seine Produkt- und Prozessentwicklung sowie seine wirtschaftliche Lage umfassend wider (Büsch 2007, S.66ff). So lassen sich geeignete Lieferantenfragebögen mithilfe der folgenden Fragen leicht entwickeln, die einer sogenannten „360 Grad-Beurteilung" recht nahe kommt:

- Strategische Eignung
  - Über welche Branchenerfahrung verfügt das Unternehmen bzw. das Management?
  - Welche Qualifikationen und persönliche Kompetenzen sind vorhanden?
  - Welche Geschäftsbereiche betreibt der Lieferant und wie sind diese organisiert?
  - Wie würde das Unternehmen in die Kundenstruktur des Lieferanten passen?
  - Wie kaufmännisch oder technisch attraktiv ist das Einkaufsvolumen für den Lieferanten?
  - Wie, durch wen und wie schnell werden Entscheidungen getroffen?
  - Welche Bedeutung hat das eigene Unternehmen für den Lieferanten?
  - Welche Erfahrungen hat der Lieferant mit dem Unternehmen bereits gemacht?
- Kundenportfolio
  - Wer sind die wichtigsten Hauptkunden des Lieferanten?
  - Welche Beziehungen bestehen zu Wettbewerbern?
  - Wie entwickeln sich die Marktanteile des Lieferanten?
  - Wie werden die Kunden vom Lieferanten behandelt?
  - Wie abhängig ist das Unternehmen als möglicher Kunde vom Lieferanten?
  - Wie flexibel ist der Lieferant bei Verhandlungen zu Konditionen?
  - Wie ist der Ruf des Lieferanten in der Branche – wie wäre die Imagewirkung einer Geschäftsbeziehung?
- Operative Fähigkeiten
  - Welche Fertigungskapazitäten hat der Lieferant in seiner Produktion?
  - Wo befinden sich die Maschinen und Anlagen?
  - Welche Qualitätssicherungssysteme setzt der Lieferant ein und reichen diese zur Sicherung der benötigten Qualität aus?
  - Lassen sich die IT-Systeme zur Integration von Prozessen verwenden (z.B. EDI)?
  - Wer sind die wichtigsten Vorlieferanten und wie werden diese gemanagt?
  - Wie zuverlässig sind die Systeme für Produktionsplanung und Logistik?
  - Wie ist die Art der Personalführung bzw. der Karriereplanung zu bewerten?
  - Wie sieht die Beziehung zu Betriebsrat und Gewerkschaft aus?

- Produkt- und Prozessentwicklung
  - Über welche Kernkompetenzen verfügt der Lieferant?
  - Ist der Lieferant führend in der Forschung oder nur Mitläufer?
  - Welche Ressourcen stehen für Forschung und Entwicklung zur Verfügung?
  - Wie gut werden Projekte in zeitlicher Hinsicht bzw. im Hinblick auf vereinbarte Budgets gemanagt?
  - Welche Strategien verfolgt der Lieferant in Bezug auf die Meldung eigener Patente?
  - Welche Fähigkeiten besitzt der Lieferant zur kontinuierlichen Verbesserung?
  - Wie groß ist die Fähigkeit oder die Bereitschaft zu Verbesserungsvorschlägen?
- Wirtschaftliche Lage
  - Wie sieht die finanzielle Entwicklung bzw. die Bonität des Lieferanten aus?
  - Wie werden potenzielle Risiken gemanagt?
  - Besitzt der Lieferant eine wettbewerbsfähige Kostenstruktur?
  - Wie sieht die Organisationsstruktur des Lieferanten aus?
  - Wie sind die Inhaberverhältnisse des Lieferanten?
  - An welchen anderen Unternehmen ist der Lieferant beteiligt?

Auf dieser Basis lassen sich diejenigen potenziellen Lieferanten auswählen, die im Rahmen einer sogenannten „Short List" zusammengestellt und zur Abgabe eines verbindlichen Angebotes eines sogenannten RFQ (Request for Quotation) aufgefordert werden. Aus Vorsichtsgründen ist auch hier im internationalen Umfeld davon abzuraten, potenziellen Lieferanten anfangs Originalzeichnungen mit realitätsgetreuen Maßen auszuhändigen. Vielmehr bietet sich der Einsatz eigens angefertigter Anfrageunterlagen an, welche näherungsweise die technischen Leistungsanforderungen des Beschaffungsobjekts beinhalten und so eine grundsätzliche Beurteilung der kaufmännischen Leistungsfähigkeit ermöglichen. Hierbei ist es wichtig, möglichst viele Informationen über die Kostenstruktur des Lieferanten zu erhalten.

Wenn im Vorfeld einer Anfrage vom Lieferanten die Bereitschaft zur Offenlegung der Kalkulation eingeholt wurde, werden dazu in vielen Branchen spezielle Anfrageformate – sogenannte QAFs (Quotation Analysis Form) – eingesetzt, welche die Lieferanten bei der Abgabe ihrer Angebote ausfüllen (vgl. Abbildung 6.5). In der unternehmerischen Praxis sind dabei je nach Branche unterschiedliche Anfrageformate im Einsatz bzw. werden vom Einkauf in Zusammenarbeit mit den Fachbereichen entwickelt.

Abbildung 6.5 Anfrageformat: QAF (Quotation Analysis Form)

	Nr. 4711-01 **Angebotsanfrage**	Seite 1/1

Anfrage Nr.		Datum:		Tel.-Nr.		Eingangsdatum:	
Firma				Fax-Nr.		Einkäufer	
Adresse				Ansprechpartner		Tel.-Nr.	
						Fax-Nr.	
				Programm Beschreibung:			
Teile-Nr.	46332504	Index:	B			Techn. Kontakt:	
Beschreibung						Tel.-Nr.	

Angebots-Nr.		**2008/401/07**					
Kalkulationsbasis vom:			**Kalkulation:**		**Werkzeugkosten/Daten:**		
Jahresbedarf:	**Max**	4.500.000	Materialeinzelkosten	0,0580 €	Preis:		220.000 €
	Min	4.000.000	(+) Materialgemeinkosten:	0,0040 €	Anzahl Werkzeuge:		5
Einsatzgewicht (g):		13 g	(=) Materialkosten:	0,0620 €	Anzahl Kavitäten:		
Fertig (g):		12,6 g	(+) Zukaufkomponenten		Teile pro Hub:		40
Werkstoff Type/Name:		EPDM	Kosten Komponenten		Entwicklungskosten:		15.000 €
			(+) Fertigungskosten:	0,0410 €	Werkzeugbaukosten:		205.000 €
Materialkosten (€/kg):		2,93	(+) Rüstkosten:	0,0010 €	Ausbringungsmenge		
Abfall (verwertbar) (€/kg)		0,02	(+) Wkzg.-Instandh-Kosten:	0,0050 €	Lebenszyklus (garantiert)		6.000.000
Abfall Gewicht (g or %):		3%	(+) Fertigungsgemeinkosten:	0,0050 €	Zeit Werkzeugbau:		15 Wochen
Maschinen Type / Größe		Jowih 80	(=) Fertigungskosten:	0,0520 €	Prozess-Abnahme		
			(+) Verwaltungs- und		Erstmustervorstellung:		4 Wochen
Abschreibung in Jahren		3	Vertriebskoten	0,0032 €	Serienlieferung:		20 Wochen
Kosten Maschinenstd. (€):		99,84 €	(+) Verpackungskosten:	0,0030 €	Kapazitäten:		
Arbeitsstunden pro Schicht		7,5	Verl. Werkbank:		Teile pro Stunde:		160
Schichten pro Woche		6	Beschichtung	0,0037 €	Teile pro Jahr:		4.320.000
Durchlaufzeit (s):		170	Wärmebehandlung	0,0045 €	Verbindl. Jahreskapazität:		5.000.000
Anzahl direkter Mitarbeiter			Entgratung	0,0030 €	Fertigungsstätte		Werk Hamburg
im Fertigungsprozess		0,25	(+) Prüfkosten:	0,0025 €	Bezugskosten:	DDU	0,1249 €
			(=) EXW Part Price:	0,1339 €		DDP	

Nebenbedingungen:
Das Angebot ist nach Maßgabe der angefragten Mengen und aller dazugehörigen Spezifikationen erstellt. Dieses Angebot ist Gegenstand aller vertraglichen Vereinbarungen. Wir behalten uns das Recht vor alle oder nur Teile des Angebots wahrzunehmen. Die Preise sind für mindestens 4 Monate gültig und garantiert. Alle Kosten sind im Angebot enthalten und bestmöglichst beschrieben. Bitte weisen Sie sämtliche Kosten-Einsparungen oder Qualitätsverbesserungen oder Alternativen im Angebot aus. Wir bitten Sie alle Alternativvorschläge in einem separaten Angebot zu offerieren. Alle Ausnahmen und Änderungen zur Zeichnung sind entsprechend zu kennzeichnen.

Naturgemäß stößt die Forderung zur Offenlegung der Kalkulation sehr häufig auf Widerstand, da sie Rückschlüsse auf den Gewinn des Lieferanten zulässt. In einer partnerschaftlichen Lieferantenbeziehung gehört eine offene Kalkulation jedoch zur Basis einer fairen Geschäftsbeziehung, vor allem weil sie vorhandene Kostenverbesserungspotenziale aufzeigt. So zeigt sich nicht selten, dass ungeeignete Maschinen, unrealistische Zeitprognosen oder überhöhte Gemeinkosten dem Angebot zugrunde liegen, die das Produkt unnötig verteuern. Zudem werden Verhandlungen dadurch spürbar erleichtert, da es nicht mehr so sehr um Preise, sondern um Kostenstrukturen und -entwicklungen geht. Wirkungsvolle Kostenhebel wie z.B. Finanzierungsmodelle oder gemeinsame Produktentwicklungen mit Lieferanten lassen sich ohne Kostentransparenz nur schwer realisieren. Die Forderung nach einem sogenannten „Open Book“ ist umso leichter zu erheben, wenn dies für beide Seiten ein hohes Geschäftsvolumen darstellt. Kann der Lieferant zudem als Hebel- oder strategischer Lieferant klassifiziert werden, ist die Offenlegung der Kalkulation oft ein K.O.-Kriterium. Das Wichtigste von allem ist jedoch der Aufbau eines beiderseitigen Vertrauens, um langfristig und fair zusammenzuarbeiten (Lührs 2010, S. 35).

Zur Freigabe eines Lieferanten ist neben einer technisch-wirtschaftlichen Bewertung, beispielsweise anhand von Produktmustern oder Leistungen auf Probe, auch die Bewertung der qualitativen Leistungskriterien notwendig. Diese Kriterien lassen sich im Allgemeinen nicht so leicht durch eine Zahl ausdrücken. Daher werden sie oft als sogenannte „weiche“ Kriterien bezeichnet. Eine vielfach in der Praxis eingesetzte Bewertungsmethode ist dabei die Nutzwertanalyse, die häufig auch als Scoring-Modell oder Punktbewertungsverfahren bezeichnet wird (vgl. Abbildung 6.6).

Abbildung 6.6 Nutzwertmatrix zur Lieferantenauswahl (Beispiel)

Entscheidungs-kriterium	Gewichtung	0% - O Punkte	30% - 1 Punkt	70% - 2 Punkte	100% - 3 Punkte	Lieferant A		Lieferant B	
Einhaltung BSCI-Standard	K.O. Kriterium	nicht gewährleistet	gewährleistet	gewährleistet	Förderung des BSCI	Punkte	Summe	Punkte	Summe
Umsatzentwicklung	2	3 Jahre hintereinander fallend	gleichbleibende Umsatzentwicklung	moderat steigende Umsatzentwicklung	steigende Umsatzentwicklung	3	6	1	2
Branchenerfahrung	3	seit 1-2 Jahren im Markt	seit 5 Jahren im Markt	seit 10 Jahren im Markt	mehr als 20 Jahre im Markt	2	6	2	6
Wettbewerberstatus	2	direkter Wettbewerber	potenzieller Wettbewerber	indirekter Wettbewerber	kein Wettbewerber	2	4	3	6
Relativer Umsatzanteil	2	< 1% Umsatzvolumen Lieferant	> 1% Umsatzvolumen Lieferant	> 3% Umsatzvolumen Lieferant	> 10% Umsatzvolumen Lieferant	0	0	1	4
Preisniveau	3	> 10% über Marktpreisniveau	< 10% über Marktpreisniveau	Marktpreisniveau	< 10% unter Marktpreisniveau	3	9	2	6
Kalkulationsverfahren	2	Keine Bereitschaft für offene Kalkulation	Offenheit zur Kalkulation	Nachvollziehbare Kalkulation	Offene Kalkulation	2	4	2	4
Entwicklungskompetenz	2	keine Entwicklungskompetenz	maßige Entwicklungskompetenz	hohe Entwicklungskompetenz	Branchenführer	2	4	2	4
Alter des Maschinenpark	2	Veralteter Stand der Technik	Mässiger Stand der Technik	Moderner Stand der Technik	Neuester Stand der Technik	1	2	3	6
Kapazitätsauslastung	2	nicht ausreichende Kapazitäten	gut ausgelastete Kapazitäten	ausreichende Kapazitäten	weitgehend ausreichende Kapazitäten	1	1	1	1
Supply Management	2	Keine Supply Chain Integration	Normale Geschäftsbeziehungen	Langjährige Geschäftsbeziehungen	Aktives Lieferantenmanagement	2	4	3	6
QS-Systeme	2	kein QS-System	QSV-Vereinbarung	DIN-ISO-Zertifizierung	Aktives Qualitätsmanagement	2	4	3	6
Risiko Management	2	keine Bestandsführung	keine Sicherheitsbestände	teilweise ausreichende Sicherheitsbestände	ausreichende Sicherheitsbestände	1	2	2	4
Bonität	1	Creditreform-Index < 299	Creditreform-Index < 200	Creditreform-Index < 150	Bonitätsindex AAA	2	2	3	3
Ausbildungsniveau Mitarbeiter	2	keine Ausbildung	mäßige Ausbildung	gute Ausbildung	qualifizierte Ausbildung	2	4	3	6
Gesprochene Sprachen	1	Deutsch	Deutsch und Englisch	Deutsch, Englisch und Spanisch	Deutsch, Englisch, Spanisch, Chinesisch	1	1	2	2
Nutzwert							53		66

Und so verläuft diese Analyse in der Praxis: Zuerst werden fachübergreifend verschiedene Entscheidungskriterien, wie beispielsweise Umsatzentwicklung, Branchenerfahrung usw. festgelegt, nach denen die Lieferanten beurteilt werden. Damit lassen sich außerdem SOLL-Zielwerte definieren, welche die eigenen Anforderungen und Erwartungen an Lieferanten widerspiegeln. Neben den harten Fakten werden auch „weiche" Entscheidungskriterien mit berücksichtigt, deren unterschiedliche Zustände mithilfe einer Beschreibung von Parametern definiert werden. Dies erleichtert die Beurteilung für alle Beteiligte spürbar und trägt zu einer objektiveren Beurteilung bei. Je mehr Kriterien dabei vereinbart werden können, umso ausgewogener lassen sich Entscheidungen dadurch treffen. Im zweiten Schritt werden diese Entscheidungskriterien untereinander gewichtet, je nachdem wie groß ihr Zielbeitrag zur verfolgten Einkaufsstrategie ist (Janker 2004, S. 125f). So erhalten Kriterien wie beispielsweise Entwicklungskompetenz oder Kalkulationsverfahren zur Beurteilung eines künftigen Systemlieferanten eine höhere Gewichtung als bei reinen Fertigungsbetrieben. Meiner Meinung nach reichen bei der Zuordnung von Gewichtungswerten im Allgemeinen drei bis fünf Abstufungen aus. Bei der Festlegung der Ausprägungsformen der Einzelwerte (Parameterzustände) empfehle ich, mit vier oder sechs Abstufungen zu arbeiten, da sie eine mittlere Bewertung ausschließt. Im dritten Schritt werden die zugordneten Punktwerte mit ihren jeweiligen Gewichtungen zu Teilnutzenwerten multipliziert und anschließend die Gesamtsumme durch Summierung der einzelnen Teilnutzenwerte gebildet. Die Alternative mit der höchsten Gesamtsumme erzielt logischerweise den höchsten Nutzenwert und wird ausgewählt.

In der abgebildeten Bewertungsmatrix weist der Lieferant A eine steigende Umsatzentwicklung auf, die mit drei Punkten bewertet wird. Lieferant B hat hingegen nur eine gleichbleibende Umsatzentwicklung, die ein Punkt bedeutet. Durch die Multiplikation dieser Einzelwerte mit dem jeweiligen Gewichtungsfaktor – hier 2 – wird pro Einzelwert eine Einzelsumme berechnet, was für den Lieferanten A: 6 Punkte und den Lieferanten B: 2 Punkte bedeutet. Dies ergibt in Addition aller Teilnutzenwerte bei Lieferant A einen Gesamtwert von 53 Punkten und bei Lieferant B von 66 Punkten. Also verspricht Lieferant B einen höheren Nutzen.

Hier ist bewusst von „versprechen“ die Rede. Denn eine anfangs richtige Entscheidung kann sich später als falsch herausstellen. Daher ist es so wichtig, dass bei der Entscheidungsfindung die betroffenen Fachbereiche intensiv mit eingebunden werden. So lassen sich prinzipiell gute Entscheidungen treffen und zudem schlechte vermeiden. Dabei ist es von Vorteil, wenn im Zuge des Lieferantenauswahlprozesses die zu erreichenden Zielwerte schon vorab definiert und fortlaufend beobachtet werden. Dazu eignen sich im Einkauf aktualisierte Lieferantendossiers, in denen die jeweiligen Zielwerte als SOLL-Werte hinterlegt und mit den erzielten IST-Werte abgeglichen werden. So wird eine fundierte Bewertung der Leistung des Lieferanten möglich. Im Zuge des Lieferantenauswahlprozesses werden bei wichtigen Lieferantenentscheidungen vom Unternehmen häufig Lieferantenaudits zur Überprüfung der Leistungsfähigkeit vor Ort durchgeführt. Im Rahmen eines effizienten Lieferantenmanagements werden solche Audits jedoch fortlaufend durchgeführt. Wie diese Maßnahmen zweckmäßigerweise durchgeführt werden, wird an anderer Stelle im Handlungsfeld „Kreditor“ näher erläutert.

Wie sieht eine solche Lieferantendatenbank aus? Welche Informationen sollte sie enthalten? Diese Fragen werden in der Praxis sehr häufig gestellt. Eine gepflegte, d.h. laufend aktualisierte Lieferantendatenbank ist eines der wichtigsten Werkzeuge im strategischen Einkauf, um bei der Fülle der erlangten Daten und Informationen die Übersicht zu behalten. Daher ist bei der Strukturierung einer Datenbank von Anfang an auf eine gute Übersichtlichkeit und hohe Datenaktualität zu achten. So sollten Lieferanten grundsätzlich nach Firmennamen oder nach einem Nachnamen in alphabetischer Reihenfolge abgelegt werden. So ist beispielsweise die „Rheinische Farbenfabrik“ unter „R“ und die „Heinrich Müller GmbH“ unter „M“ und nicht unter „H“ oder „G“ zu finden. Am besten ist es, wenn der strategische Einkäufer die Lieferantendaten seiner Warengruppen selbst pflegt. Dadurch wird sichergestellt, dass im Unternehmen weitgehend mit den Lieferanten kommuniziert und zusammengearbeitet wird, die durch die Datenbank dafür freigegeben werden. Wie eine solche Datenbank von der Feldstruktur her aussehen kann, wird auf den beiden folgenden Abbildungen 6.7 und 6.8 verdeutlicht. Sie stellt die in der Praxis recht häufig benutzten Datenfelder für die Strukturierung einer internationalen Lieferantendatenbank dar. Diese Datenfelder lassen sich nach und nach mit neuen Daten und Informationen aktualisieren, damit aus Datenbänken im Einkauf keine „Datenfriedhöfe“ entstehen.

Abbildung 6.7 Lieferantendatenbank (1)

1. Company Profile	
Company Name	
Adress	
Town / City	
Country	
Tel.-No.	
Email	
Website	
Legal Form	
Years Established	
Subsidiaries (Factories)	

2. Contact Information			
Sales Contact Person		Management Contact Person	
Name		Name	
Adress		Adress	
Tel		Tel	
Fax		Fax	
Email		Email	

3. Factory Profile			
Employees			
No. of direct staff		No. of indirect staff	
Production		Purchasing	
Quality Control		Tooling	
Others		R&D	
Premises (sqm)			
Owned		Leased	
Total Operating Space		Total Domitory Space	
Office			
Tooling Workshop		Coating / Plating	
Plastic Injection		Assembly / Packaging	
Metal Processing		Others	
Factory Revenue (USD)			
Last Year	USD	Current Year (Forecast)	USD
Sales Market			
Market Place	Percentage	Reference Customer	
Home			
Europe			
USA			
Other Countries			

4. Transport Connection			
Distances (km)			
Next Exit		Next Train Station	
Next Airport		Next Container Harbour	

5. Geographical Position					
Climate					
Earthquake Area	Yes		No		
Gale / Storm Area	Yes		No		

6. Product Category	
Listed by importance	
Product Assortment	Percentage in Total Turnover (%)

7. Production / Location				
Process			Location	
Machinery List				
Name / Description	Age	Status	Technology	Av. Utilisation Degree

8. Plant Utilisation							
	Mon	Tue	Wed	Thu	Fri	Sat	Sun
Working Days							
Shifts	1	1	1	1	1	1	1
	2	2	2	2	2	2	2
	3	3	3	3	3	3	3

9. Power Supply							
Shortage Area	Yes	No					
Shortage Season	Spring		Summer		Autumn		Winter
Shortage Days / Week	1	2	3	4	5	6	7
Emergency Generator	Yes	No	Rating (KW)				

Abbildung 6.8 Lieferantendatenbank (2)

10. Quality Assurance				
QA - Handbook	Yes		No	
SPC (Statistic Process Control)	Yes		No	
PCS (Process Capability Study)	Yes		No	
FMEA	Yes		No	
Quality Awards	Yes		No	
Material Incoming Inspection	Yes		No	
In Line Inspection	Yes		No	
End Of Line Inspection	Yes		No	
Final Random Inspection	Yes		No	
All Inspection Documented For Tracing	Yes		No	

11. Certifications						
Method	Passed	Failed	Planned	Cert. Date	Cert. By	Acc. Rg. No.

Customers 3rd Party Audit		
Customers 3rd Party Name	Audit Date	Result

12. Research & Development	
Data interfaces (CAD)	
Actual CAD-systems in usage	
Experience Simultaneous Engeneering	
Patents	

13. Purchasing / Procurement	
Value-Analysis Projects	
Purchasing Cooperations	
EDI Usage	
eProcurement	

14. Concern Belongings and Interests	
Big-Volume Owners (Name, Branch, in %)	
Owners of this Company (in %)	
Company's own Interests in Others	

15. Store and Transport	
Transport with Own Means	
Experience in Export Transport	
Experience with Customs Clearance	
Separation of Materials and Selling Goods	
Locations of Stores	

16. Customers Listed By Importance			
Customer Name	Country	Product Categories	Percentage (%)

17. Suppliers			
Main Suppliers	Country	Product Categories	Percentage (%)

18. Business Service	
Number Of Sales People	
Incoterms	
Payment Terms	
Bank Information (Name, Beneficiary, Swift)	
Export Agent, If Any (Name, Adress, Tel)	
Minimum Order Quantity Required	

19. Financial Concerns	
Actual Status of Reliability of the Company	
Actual Public Liability (Amount)	
Product Recall Insurance Policy (Amount)	
Product Liability Insurance Policy (Amount)	

20. Investments (USD)			
	This year	Next year	Next three years
Planned in Production			
Planned in Technology			
Planned in Markets			

Declaration			
I confirm that everything stated in this Supplier Application Information is correct. Details given here will be subject to a review and audit but will remain confidential.			
Name Printed		Name Printed	
Position		Position	
Signature		Signature	

In vielen klein- und mittelständischen Unternehmen werden hierzu oft sogenannte Lieferantenlisten benutzt, die ebenfalls nach außen hin als solche kommuniziert werden. Viele Lieferanten signalisieren oft starkes Interesse, auf derartigen Listen geführt zu werden. Sie versprechen sich davon nicht nur weitere Umsatzsteigerungen, sondern auch ein höheres Maß an Exklusivität in der Zusammenarbeit. Der Aufbau einer Lieferantendatenbank bildet im Einkauf vielfach die Grundlage zur Analyse der Lieferantenstruktur und erfordert zwangsläufig eine fortlaufende Bewertung der darin enthaltenen Lieferanten, die ein wesentlicher Baustein für ein effizientes Lieferantenmanagement ist. Dazu nun mehr.

6.2.3 Lieferantenbewertung

In vielen Unternehmen wird dieser Auswahlprozess nicht nur einmal, sondern im Prinzip fortlaufend durchgeführt, in dem in einem festgelegten Zeitraum die Leistung von Lieferanten bewertet wird. So sind in der Praxis in vielen Unternehmen Lieferantenbewertungen gängige Praxis, allen voran in den fortschrittlichen Unternehmen. Der bisweilen hohe personelle Aufwand einer Lieferantenbewertung ist neben anderen strategischen Aufgaben nicht zu unterschätzen, insbesondere wenn weitere Fachbereiche dabei mit eingebunden sind. Dabei erfüllt die Lieferantenbewertung zwei wichtige Funktionen: Einerseits macht sie die Leistung der Lieferanten mess- und steuerbar, so dass sich deren Leistungen steigern lassen. Andererseits schafft sie aus Einkaufssicht Fakten, die zu einer objektiveren Wahrnehmung der Leistung führen und so die Planung und Gestaltung von Lieferantenbeziehungen verbessern. Daher erübrigt sich hier die Diskussion über die Notwendigkeit zur Durchführung einer Lieferantenbewertung von selbst. Auch wenn diese Maßnahme noch in vielen Unternehmen oft einmal jährlich und häufig mit zu vielen oder nicht selten mit unbedeutenden Lieferanten durchgeführt wird, ist die Lieferantenbewertung ein zentrales Instrument eines professionellen Lieferantenmanagements, um Lieferanten zu klassifizieren und so die langfristige Zusammenarbeit zu managen.

Beim Aufbau einer Lieferantenbewertung stellt sich grundsätzlich die Frage, wie häufig, mit welchen Kriterien und mit welchen Lieferanten eine Bewertung durchgeführt werden soll. Am leichtesten kann aus meiner Sicht der letzte Aspekt beurteilt werden. Mit Blick auf die Steigerung der Leistungsfähigkeit des Unternehmens kommen hier nur die wichtigsten Lieferanten infrage. Eine ABC-Analyse des lieferantenspezifischen Einkaufsvolumens gibt hier erste Hinweise. So sollte eine Lieferantenbewertung primär mit den A-Lieferanten durchgeführt werden, die für die Leistungsfähigkeit des eigenen Unternehmens maßgeblich sind. Das schließt Lieferanten für unkritische Warengruppen daher weitgehend aus. Ein weiteres wichtiges Kriterium ist verständlicherweise auch die Steuerbarkeit des Lieferanten mit Blick auf dessen Geschäftsvolumen oder die Häufigkeit der abgewickelten Einkaufsprozesse. Aus meiner Sicht lassen sich Engpasslieferanten in Relation zu deren Geschäftsvolumen nur schwer steuern, so dass hier situativ entschieden werden muss, ob dieser Aufwand betrieben werden soll. Für Lieferanten, die sich jedoch mittelfristig zu A-Lieferanten entwickeln, sollte eine Lieferantenbewertung auf jeden Fall praktiziert werden.

Schwieriger ist die Frage zu beantworten, zu welchen Leistungskriterien Daten und Informationen im Einkauf ausgewertet werden und wie häufig eine Bewertung mit Blick auf die im Einkauf eingesetzten Informationssysteme möglich bzw. sinnvoll ist – beide Aspekte bedingen sich gegenseitig. Als Faustformel gilt aus meiner Sicht: „Monatlich – mit den wichtigsten Lieferanten“. Unter der Prämisse, dass eine Lieferantenbewertung monatlich durchgeführt werden sollte, müssen aus den vorhandenen Daten im Unternehmen Kennzahlen gebildet werden, deren Messbarkeit und Ermittlungsaufwand dies erlauben. Was die Kriterien anbelangt, lassen sich hier grundsätzlich leicht oder schwer messbare Leistungskriterien voneinander unterscheiden. „Weiche“ Kriterien sind in aller Regel schwerer messbar, so dass für eine monatliche Lieferantenbewertung deshalb nur die „harten“ Fakten in Frage kommen.

Da die Zusammenarbeit mit Lieferanten auf mehreren Handlungsfeldern stattfindet, sollten die Kriterien für eine Lieferantenbewertung möglichst viele Leistungsbereiche abdecken. Aufbauend auf der im Zuge der Lieferantenauswahl erläuterten „360 Grad-Beurteilung“ werden die für viele Unternehmen leicht messbaren Kriterien mithilfe entsprechender Kennzahlen im Einzelnen aufgeführt:

- Strategische Eignung
  - Entwicklung des Einkaufsvolumens
  - Durchschnittliche Preisentwicklung
- Operative Fähigkeiten
  - Lieferungsqualität (Reklamationsquote)
  - Lieferterminzuverlässigkeit
  - Liefermengenzuverlässigkeit
  - Lieferflexibilität
  - Lieferzeit
- Wirtschaftliche Lage
  - Bonität des Lieferanten

Wie sich bei näherem Hinsehen feststellen lässt, gehören dazu auch Kriterien, bei denen eine monatliche Ermittlung der Kennzahl einen relativ hohen Aufwand verursacht, da sich nicht alle Daten elektronisch auswerten lassen oder die monatliche Änderungsrate von Kennzahlen nicht immer neue Erkenntnisse liefert. Deswegen konzentriert sich die Auswertung von Kennzahlen auf Leistungsmerkmale, welche primär die operativen Fähigkeiten der Lieferanten bewerten. Dies setzt Materialflüsse in der Lieferantenbeziehung voraus, weshalb gerade in Produktionsunternehmen der Einsatz von Lieferantenbewertungen umso häufiger vorkommt. Beim Einkauf von Dienstleistungen sind diese Kennzahlen vielfach untauglich, da der Leistungsprozess mit Dienstleistern selten elektronisch messbare Daten bereitstellt, die sich zudem monatlich auswerten lassen. Daher ist hier zwischen Lieferantenbewertungen zu unterscheiden, die nur die elektronisch messbaren operativen Leistungsmerkmale umfassen oder aus strategischer Sicht auch die schwer messbaren „weichen“ Faktoren berücksichtigen. Daher sollen zunächst die operativen Bewertungskriterien und im Anschluss daran auch die strategischen Kriterien erläutert werden.

6.2.3.1 Operative Lieferantenbewertung

Die Auswertung der operativen Kriterien befasst sich in erster Linie mit der Lieferleistung des Lieferanten, vielfach auch als Lieferservice bezeichnet. Dieser hat zumeist einen direkten Bezug zum finanziellen Erfolg des Unternehmens, der sich letztlich am operativen Ergebnis widerspiegelt. Zu lange Durchlaufzeiten, Qualitätsmängel, verspätete oder unvollständige Lieferungen beeinträchtigen die Leistungserbringung des Unternehmens und führen zu unnötigen Prozesskosten, auf die im Einkauf schnell reagiert werden muss. Dieses leistet die operative Lieferantenbewertung. Vielfach reichen 3-5 Leistungskriterien für eine monatliche Bewertung der Lieferleistung aus. Eine hohe Leistungsfähigkeit der im Unternehmen eingesetzten Informationssysteme vorausgesetzt, lassen sich jedoch noch weitere sinnvolle Lieferantenbewertungskennzahlen bilden.

Für jede Kennzahl ist grundsätzlich eine Definition zu hinterlegen, welche Daten über den Lieferanten mithilfe der IT im Unternehmen auszuwerten sind. Zudem müssen für viele Kennzahlen eindeutige Messvorschriften festgelegt werden, welche die exakten Abgrenzungen bzw. Toleranzwerte aufzeigen, die sich aus der Anwendung der jeweiligen mathematischen Formel einer Kennzahl ergibt (Hess 2010, S.375). Wenn im Rahmen einer Lieferantenbewertung auch die dabei zu erreichenden Zielwerte mit den Lieferanten fest vereinbart werden, kann schon mit wenigen Kennzahlen ein effizientes Lieferantenmanagement monatlich durchgeführt werden.

Eine erste wichtige Kennzahl ist die Auswertung der Lieferqualität. Hier geht es im Kern darum, ob die vom Lieferanten gelieferten Beschaffungsobjekte qualitativ den vereinbarten Spezifikationen entsprechen. Eng ausgelegt bedeutet dies hier, ob eine Lieferung im Unternehmen vereinnahmt oder nicht vereinnahmt wurde. So lässt sich Lieferqualität beispielsweise am Anteil der abgewiesenen Liefermengen in Relation zu allen vereinnahmten Liefermengen definieren (vgl. Abbildung 6.9).

Abbildung 6.9 Kennzahl zur Lieferqualität

$$\text{Reklamationsquote} = \frac{\text{Anzahl abgewiesener Liefermengen (Bestellpositionen)}}{\text{Anzahl bestätigter Liefermengen (Bestellpositionen)}}$$

*) auf Lieferantenebene

So arbeiten viele Unternehmen hier häufig mit Mengenangaben, die eine genauere Berechnung der vereinnahmten bzw. abgelehnten Mengen erlauben. In vielen Fällen wird aber auch mit Bestellpositionen gearbeitet, die zu einer gröberen Bewertung führen. Die Gegenüberstellung des ermittelten IST-Wertes zu einer Bezugsgröße führt zu einem prozentualen Wert der mittlerweile in vielen Branchen als ppm-Wert kommuniziert und zur Vereinbarung von Qualitätszielen eingesetzt wird. Die Maßangabe ppm bedeutet „Parts per Million" Eine Information wie beispielsweise 4.000 ppm ist im Vergleich zu einem Prozentwert von 0,4% grundsätzlich leichter verständlich und kommunizierbar. So lassen sich mit dieser Kennzahl konkrete Zielwerte festlegen, wenn maximal zulässige Grenzwerte – in ppm-Quoten ausgedrückt – mit Lieferanten vereinbart werden. Daher ist je nach Unternehmen zu entscheiden, welche Lieferqualität als sehr gut oder weniger zufriedenstellend eingestuft wird. Im Fahrzeugbau ist die Vereinbarung von ppm-Quoten im zweistelligen Bereich oft Gang und Gäbe, während im Maschinen- und Anlagenbau ppm-Quoten von 1.000 ppm – 3.000 ppm einer Lieferqualität von 99,7% bis 99,9% entsprechen. Eine tiefergehende Analyse und Bewertung der Qualitätsursachen für die nicht vereinnahmten Lieferungen – Reklamationen – sollte nur aus konkretem Anlass oder im Rahmen einer strategischen Lieferantenbewertung erfolgen, da sie wichtige Impulse für längerfristige Qualitätsverbesserungen darstellen.

Ein weiteres wichtiges Leistungskriterium ist die Lieferzuverlässigkeit bzw. die Fähigkeit des Lieferanten zugesagte Liefertermine und -mengen einzuhalten. Dies wird mithilfe der beiden Kennzahlen Termin- und Mengentreue ausgedrückt (vgl. Abbildung 6.10).

Abbildung 6.10 Kennzahlen zur Lieferzuverlässigkeit

$$\text{Termintreue} = \frac{\text{Anzahl pünktlich vereinnahmter Liefermengen (Bestellpositionen)}}{\text{Anzahl aller bestätigten Liefermengen (Bestellpositionen)}}$$

*) auf Lieferantenebene

$$\text{Mengentreue} = \frac{\text{Anzahl vollständig vereinnahmter Liefermengen (Bestellpositionen)}}{\text{Anzahl aller bestätigten Liefermengen (Bestellpositionen)}}$$

*) auf Lieferantenebene

Bei diesen Kennzahlen sind zur Datenerhebung eindeutige Messvorschriften unerlässlich. So muss festgelegt werden, was pünktliche bzw. vollständige Lieferung bedeutet. Wie soll mit verspäteten Wareneingangsbuchungen oder zu frühen Lieferungen verfahren werden? Daher sind bei der Datenauswertung in jedem Fall Toleranzwerte festzulegen. So sind beispielsweise für einfache Schüttgüter höhere Mengentoleranzwerte akzeptabel als für hochwertige Systembaugruppen. Ebenso bereiten unterschiedliche Transportzeiten oder Liefervereinbarungen wie beispielsweise „ab Werk"- bzw. „frei Haus"-Vereinbarungen zusätzliche Abgrenzungsprobleme. Genauso wie die Vereinbarung von Teilmengen. Dadurch verändert sich im weitesten Sinne die tatsächliche Bezugsgröße, die eine Datenaktualisierung der Bestelldaten im ERP-System erforderlich macht. Die Daten zur Lieferzuverlässigkeit können in den meisten ERP-Systemen für jede einzelne Lieferung durch Gegenüberstellung der Bestell- und Wareneingangsdaten leicht ermittelt und zur Bildung dieser Kennzahlen herangezogen werden. Daher werden diese drei bisher erläuterten Kennzahlen in den meisten operativen Lieferantenbewertungssystemen fast immer verwendet.

Eine weitere operative Kennzahl ist die Lieferflexibilität. Hier soll die Fähigkeit des Lieferanten bewertet werden, inwieweit er sich den vom Einkauf vorgegebenen Lieferterminen oder Liefermengen flexibel anpassen kann. Dies wird durch eine Gegenüberstellung anhand elektronisch auswertbarer Bestell- und Auftragsbestätigungsdaten erreicht, die in den meisten ERP-Systemen inzwischen ebenso zum Standard gehört. So definiert sich die Lieferflexibilität auf Terminebene als Relation der zum vorgegebenen Bestelltermin bestätigten Auftragsbestätigungen im Verhältnis zu allen bestätigten Lieferterminen. Auf der Mengenebene gilt dies in gleicher Weise (vgl. Abbildung 6.11).

Abbildung 6.11 Kennzahlen zur Lieferflexibilität

$$\text{Terminflexibilität} = \frac{\text{Anzahl zum Bestelltermin bestätigten Liefertermine}}{\text{Anzahl aller bestätigten Liefertermine}}$$

*) auf Lieferantenebene

$$\text{Mengenflexibilität} = \frac{\text{Anzahl zum Bestelltermin bestätigten Liefermengen}}{\text{Anzahl aller bestätigten Liefermengen}}$$

*) auf Lieferantenebene

Da diese Kennzahl mit Blick auf die vom Einkauf vorgegebenen Termin- und Mengenvorgaben wesentliche Anhaltspunkte zur strukturellen Verbesserung von Lieferprozessen beisteuert, eignet sie sich nicht nur zur Lieferantenbewertung. Oft lässt sich eine schlechte Lieferflexibilität beispielsweise durch höhere Sicherheitsbestände ausgleichen oder auch durch modulare Produktlösungen kompensieren.

Wenn auch weniger zur ausschließlichen Kommunikation mit dem Lieferanten geeignet, hat die Auswertung der Lieferzeit vor allem für das Unternehmen große Bedeutung. Diese Kennzahl misst die Zeitdauer der Lieferung – vom Bestelldatum bis zum Wareneingangsdatum – für ein Beschaffungsobjekt (vgl. Abbildung 6.12). So enthalten objektspezifische Lieferzeiten wichtige Informationen zur Planung von Durchlaufzeiten im Unternehmen und zur Bestätigung von Lieferterminen an externe Kunden. Darüber hinaus lassen sich mit Wissen um Lieferzeiten, vorhandene Lagerbestände veränderten Marktsituationen leichter anpassen, um die eigene Lieferfähigkeit im Unternehmen aufrecht zu erhalten.

Abbildung 6.12 Kennzahl: Lieferzeit

Lieferzeit = Zeitspanne zwischen Bestelltermin und Wareneingang in Tagen

*) auf Materialebene

Zur Bewertung der Lieferleistung ist die Lieferzeit jedoch nur bedingt geeignet, da sie nicht nur allein vom Lieferanten beeinflusst werden kann. So spiegeln sich ebenso marktbedingte Angebots- und Nachfrageänderungen als auch die Lieferleistung der Vorlieferanten in den Ergebnissen dieser Kennzahl wider. Dennoch lassen sich mit dem Wissen um bestehende Lieferzeiten, mit dem Lieferanten Maßnahmen vereinbaren, um kürzere Lieferzeiten zu realisieren, wie beispielsweise durch Bevorratung oder durch die Beschleunigung von Produktionsprozessen.

Neben diesen Kriterien lassen sich im Unternehmen darüber hinaus auch weitere leicht messbare Lieferantendaten auswerten, die teilweise in einer operativen Lieferantenbewertung eingesetzt werden. Wobei hier der zeitliche Abstand der Erhebung nicht notwendigerweise im Monatsrhythmus erfolgt, da diese Kennzahlen einen ergänzenden Charakter besitzen.

Hier sind als erstes die Kennzahlen zur Volumen- und Preisentwicklung von Interesse. Bei der Volumenbetrachtung wird das Einkaufsvolumen einer IST-Periode mit dem Einkaufsvolumen einer Vorperiode in Beziehung gesetzt. Die Preisentwicklung überprüft auf Materialebene, ob für die Einkaufsvolumenentwicklung in erster Linie ein Mengen- oder ein Preiseffekt verantwortlich ist (vgl. Abbildung 6.13).

Abbildung 6.13 Kennzahlen zur Preis- und Volumenentwicklung

$$\text{Einkaufsvolumen Entwicklung} = \frac{\text{Einkaufsvolumen (Periode n)}}{\text{Einkaufsvolumen (Periode n-1)}}$$

*) auf Lieferanten- oder Materialebene

$$\text{Durchschnittliche Preisentwicklung} = \frac{\text{Durchschnittlicher Preis eines Beschaffungsobjekt (Periode n)}}{\text{Durchschnittlicher Preis eines Beschaffungsobjekt (Periode n-1)}}$$

*) auf Materialebene

Diese Kennzahlen zeigen dem Einkauf an, ob sich in der Zusammenarbeit mit dem Lieferanten Kapazitätsengpässe abzeichnen, wenn sich bei der Entwicklung des Einkaufsvolumens eine Tendenz nach oben abzeichnet. Die materialspezifische durchschnittliche Preisentwicklung lässt darüber hinaus Entwicklungen erkennen, die beispielsweise auf marktbedingte Änderungen von Rahmenbedingungen hinweisen oder die Preispolitik des Lieferanten widerspiegelt.

Vielfach gehört auch die Auswertung der Bonität eines Lieferanten mithilfe entsprechender Informationen zum inhaltlichen Umfang einer operativen Lieferantenbewertung. Auch hierfür gilt, dass monatliche Änderungen dieser Kennzahlen in der Praxis eher eine Ausnahme bilden. Allerdings kann es in Krisensituationen sehr wohl notwendig werden, die Bonität des Lieferanten im Rahmen der Lieferantenbewertung fortlaufend zu überwachen.

Häufig reichen diese Kennzahlen bereits aus, um eine operative Lieferantenbewertung durchzuführen. Mit welchem Anteil die einzelnen Kriterien in eine Gesamtbewertung einfließen, wird dabei in vielen Unternehmen auf der Basis einer unterschiedlichen Gewichtung entschieden wie beispielsweise bei einer Nutzwertanalyse. Dennoch müssen bei der Lieferantenbewertung wichtige grundlegende Voraussetzungen erfüllt werden, auf die später eingegangen wird.

6.2.3.2 Strategische Lieferantenbewertung

Von der operativen Lieferantenbewertung ist die strategische zu unterscheiden, in der neben den „harten" auch die „weichen" Kriterien mit berücksichtigt werden. Dadurch kann die Leistungsfähigkeit des Lieferanten wesentlich umfassender bewertet werden. Da hier – wie bereits bei der Lieferantenauswahl – die Fachbereiche mit eingebunden werden, lässt sich eine strategische Lieferantenbewertung in vielen Unternehmen oft nicht mehr als ein- bis zweimal pro Jahr durchführen. Aufgrund der Verwendung schwer messbarer Kriterien stellt sie höhere Anforderungen an die Objektivität der Messung bzw. geeignete Kriterien zu definieren, die eine Bewertung erlauben. Wie beschrieben, sind auch hier beispielhaft einige Bewertungskriterien aufgeführt, die in eine Gesamtbewertung einfließen. Diese Kriterien lassen sich zum Teil aufgrund von konkreten Messungen, oft jedoch aufgrund persönlicher Einschätzungen auswerten.

- Strategische Eignung
  - Entwicklung des relativen Umsatzanteils
  - Preisniveau im Vergleich zu Wettbewerbern
  - Branchenkompetenz und Erfahrung
- Operative Fähigkeiten
  - Bereitschaft zur Durchführung von Belieferungskonzepten
  - Kapazitätsauslastung
  - Räumliche Entfernung / Geographische Lage
  - Umgang mit Mindestbestellmengen
  - Unterstützung der Bestellabwicklung (z.B. Stammdatenpflege)
  - Ausbildungsniveau der Mitarbeiter
  - Inhalt und Übersichtlichkeit technischer Dokumentationen
  - Vorhandensein eines qualifizierten Qualitäts- oder Umweltsystems
  - Systematisches Lieferantenmanagement von Vorlieferanten
- Kundenportfolio
  - Erreichbarkeit und Reaktionszeit der Ansprechpartner
  - Zuverlässigkeit und Fairness in der Zusammenarbeit
  - Transparenz und Bereitschaft zur offenen Kalkulation
  - Auskunftsbereitschaft über den jeweiligen Auftragsstatus (Expediting)
- Produkt- und Prozessentwicklung
  - Entwicklungskompetenz
  - Elektronischer Datenaustausch
  - Unterstützung von Marketingmaßnahmen
  - Zugang zu neuen Produkt- und Prozesstechnologien
  - Alter des Maschinenparks
  - Aufwandsquote für Innovationen
  - Erfolgsrate (Handelswaren)

- Wirtschaftliche Lage
  - Umsatzrendite
  - Eigenkapitalquote

So lassen sich bei der strategischen Lieferantenbewertung oft nur wenige hart messbare Kriterien aufzeigen. Ein Kriterium ist hier die Entwicklung des relativen Umsatzanteils. Dabei wird das lieferantenspezifische Einkaufsvolumen des Unternehmens in Relation zum Gesamtumsatz des Lieferanten gesetzt und ausgewertet (vgl. Abbildung 6.14).

Abbildung 6.14 Kennzahl: Relativer Umsatzanteil

$$\text{Relativer Umsatzanteil} = \frac{\text{Lieferantenspezifisches Einkaufsvolumen des Unternehmens}}{\text{Gesamtumsatz des Lieferanten}}$$

*) auf Lieferantenebene

An dem so ermittelten Wert lässt sich auf die Bedeutung des Unternehmens in der Wahrnehmung des Lieferanten schließen, wenn auch berechtigterweise – wie bereits erläutert – weitere Kriterien ebenso mit berücksichtigt werden müssen.

Ebenfalls leicht zu messen sind die Kriterien der Aufwandsquote für Innovationen bzw. der Erfolgsquote der Zusammenarbeit. Zur Berechnung der Aufwandsquote wird die Summe aller Forschung- und Entwicklungsaufwendungen des Lieferanten in Relation zu dessen Umsatz gesetzt. Alternativ kann die Investitionsbereitschaft in gleicher Weise ausgedrückt werden, wenn alle Investitionen des Unternehmens zu dessen Umsatz gemessen werden. Bei der Erfolgsquote kann beispielsweise der Umsatz aller mit dem Lieferanten realisierten Produktlösungen für einen Zeitraum von beispielsweise 36 Monaten in Relation zum Unternehmensumsatz des gleichen Zeitraums gesetzt werden. Dadurch lässt sich ein Messwert erzeugen, der das eigentliche Ziel von Produktinnovationen auf einfache Weise quantifiziert (vgl. Abbildung 6.15).

Abbildung 6.15 Kennzahlen für Produktentwicklung und Investitionsbereitschaft

$$\text{Aufwandsquote Innovation} = \frac{\text{Summe aller F\&E – Aufwendungen (oder: Investitionen) des Lieferanten}}{\text{Umsatzvolumen des Lieferanten}}$$

*) auf Lieferantenebene

$$\text{Erfolgsquote} = \frac{\text{Umsatz neu eingeführter Produkte (im Zeitraum von x Monaten)}}{\text{Umsatz des Unternehmens (im Zeitraum von x Monaten)}}$$

*) auf Gesamtebene

Für den überwiegenden Teil schwer messbarer Kriterien müssen vom Einkauf oder dem fachbereichsübergreifenden Bewertungsteam sinnvolle Abstufungen bei der Einordnung von Zuständen gefunden werden, die eine Bewertung erleichtern und zu einem objektiveren Meinungsbild führen. Häufig wird die Abstufung eines Kriteriums durch eine Einteilung nach Schulnoten vollzogen. Besser geeignet sind jedoch präzise Formulierungen der zu beurteilenden Zustände, die am Beispiel des Kriteriums Erreichbarkeit und Reaktionszeit der Ansprechpartner erläutert wird (vgl. Abbildung 6.16).

Abbildung 6.16 Bewertungskriterium: Erreichbarkeit und Reaktionsfähigkeit

Bewertungskriterium: Erreichbarkeit und Reaktionsfähigkeit der Ansprechpartner					
0%	20%	40%	60%	80%	100%
Nicht zufriedenstellend	Mängelbehaftet Lückenhaft	Mindestanforderung erfüllt	Befriedigend Akzeptabel	Gut Überdurchschnittlich	Sehr gut Hervorragend
Ansprechpartner ist nur durch häufiges Nachfassen erreichbar, reagiert mit großer Verzögerung und mängelbehaftet	Ansprechpartner ist selten erreichbar, reagiert mit großer Verzögerung und mängelbehaftet	Ansprechpartner ist nur teilweise erreichbar, reagiert mit Verzögerung und fachkompetent	Ansprechpartner ist überwiegend erreichbar, reagiert mit Verzögerung und fachkompetent	Ansprechpartner ist fast immer erreichbar, reagiert schnell und fachkompetent	Ansprechpartner ist immer erreichbar, reagiert unverzüglich und fachkompetent

Entsprechend dieser Darstellung lässt sich für eine Vielzahl ansonsten schwer messbarer Entscheidungskriterien eine Operationalisierbarkeit herbeiführen, die idealerweise gemeinsam mit den an der Bewertung beteiligten Bereiche entwickelt wird.

Sehr komplex gestaltet sich die Lieferantenbewertung für Dienstleistungen. Dies ist darauf zurückzuführen, dass die hier ablaufenden Geschäftsprozesse nur wenige messbare Daten bereitstellen und die verdeckten Eigenschaften bei Dienstleistungen, eine zeitnahe und objektive Bewertung erschweren. So bleibt für Dienstleister oft nur eine Lieferantenbewertung in strategischer Form, bei der die Entscheidungskriterien gemeinsam operationalisiert und ein- bis zweimal im Jahr ausgewertet werden. Die Bewertungskategorien und -kriterien fokussieren sich dabei sehr stark auf die Personen, welche die Dienstleistung erbringen und das Umfeld, in dem die Dienstleistung erbracht wird. Eine Übersicht dazu enthält die Abbildung 6.17. Unbefriedigend ist die Tatsache, dass sich Leistungskriterien, die sich vor allem auf persönliche Eigenschaften konzentrieren, nur schwer operationalisieren lassen. So kann das äußere Erscheinungsbild, die Fähigkeit zur Erbringung der versprochenen Leistung und die Reaktionsfähigkeit des Dienstleisters grundsätzlich bewertet werden. In einer umfassender dimensionierten Dienstleisterbewertung werden zudem auch die sachlichen, persönlichen und zwischenmenschlichen Faktoren bewertet, die Aussagen zu Zuvorkommenheit, Sicherheit, Erreichbarkeit, Kommunikation und Kundenverständnis erlauben. Schließlich sollte auch die Leistungskompetenz in die Bewertung mit einfließen, die aufgrund der versteckten Eigenschaften in erster Linie auf den in der Zusammenarbeit mit dem Dienstleister entstandenen Erfahrungswerten basieren.

Abbildung 6.17 Bewertungskategorien und -kriterien für Dienstleister

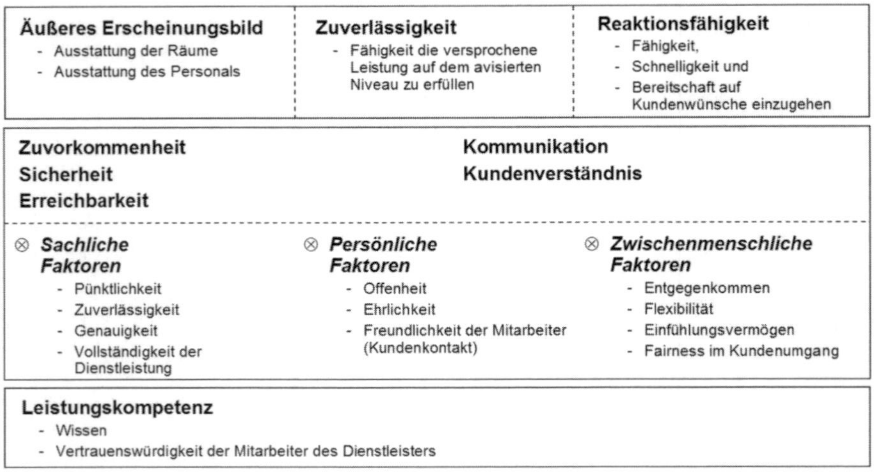

Die größte Schwierigkeit bei der Bewertung einer Dienstleistung ist das Auseinanderklaffen der vom Dienstleister erwarteten Qualität und der vom Kunden wahrgenommenen Qualität. Da auch im Dienstleistungsbereich Lieferantenbeziehungen zunehmend wichtiger werden, sind in den letzten Jahren in Wissenschaft und Praxis mehrere Ansätze entwickelt worden, die dabei helfen, die Brücke zwischen Erwartungen und Wahrnehmungen zu objektivieren. Einer der bekanntesten Ansätze ist der SERVQUAL-Ansatz, der sich aus den Wortanfängen der Begriffe „Service“ und „Qualität“ ableitet und ursprünglich dafür konzipiert wurde, die Servicefähigkeit und -bereitschaft von Mitarbeitern im Vertrieb zu steigern (vgl. Abbildung 6.18). Dieser attributive Ansatz beschreibt wesentliche Eigenschaften von Dienstleistern anhand von Bewertungskategorien, denen Servicemerkmale zugeordnet werden (Riedl 2005, S. 98f). In Anlehnung an eine Ausarbeitung von Leistungsmerkmalen für sogenannte Service-Provider erscheint mir dieser Ansatz zur Bewertung von Dienstleistungen sehr hilfreich.

- Erscheinungsbild
  - Der Dienstleister verfügt über eine moderne technische Ausstattung.
  - Die Einrichtung des Dienstleisters fällt angenehm ins Auge.
  - Die Mitarbeiter des Dienstleisters sind entsprechend gekleidet.
  - Der Dienstleister gestaltet seine Broschüren und Mitteilungen ansprechend.
- Zuverlässigkeit
  - Wenn der Dienstleister einen Termin zusagt, wird der Termin eingehalten.
  - Beim Dienstleister ist das Interesse erkennbar, ein Problem zu lösen.
  - Der Dienstleister führt Anforderungen gleich beim ersten Mal richtig aus.
  - Der Dienstleiter führt seine Dienste zum versprochenen Zeitpunkt aus.

- Reaktionsfähigkeit
  - Die Mitarbeiter des Dienstleisters können über Zeitpunkte einer Leistungsausführung Auskunft geben.
  - Die Mitarbeiter des Dienstleisters bedienen den Kunden prompt.
  - Der Dienstleister ist stets bereit, dem Kunden zu helfen.
  - Die Mitarbeiter des Dienstleisters sind nie zu beschäftigt, um auf Kundenanliegen einzugehen.
- Leistungskompetenz
  - Das Verhalten der Mitarbeiter des Dienstleisters erweckt Vertrauen bei den Kunden.
  - Die Mitarbeiter des Dienstleisters sind stets gleichbleibend höflich zu den Kunden.
  - Die Mitarbeiter des Dienstleisters verfügen über das Fachwissen zur Beantwortung von Kundenfragen.
- Einfühlungsvermögen
  - Der Dienstleister widmet dem Kunden individuell seine Aufmerksamkeit.
  - Der Dienstleister bietet seine Dienste zu Zeiten an, die dem Kunden gerecht wird.
  - Dem Dienstleister liegen die Interessen des Kunden am Herzen.
  - Die Mitarbeiter des Dienstleisters verstehen die spezifischen Bedürfnisse ihrer Kunden.

Einfach gesagt: Je mehr Merkmale auf einen Dienstleister zutreffen, desto höher ist die Serviceleistung in dieser Bewertungskategorie. Auch hier sind diese Kriterien im Hinblick auf die verfolgte Lieferantenstrategie wie bei einer nutzwertanalytischen Betrachtung zu gewichten. Für einen Gebäudereiniger ist daher eine andere Gewichtung notwendig als für ein Catering-Unternehmen. Jedoch müssen hier einige wichtige Voraussetzungen bzw. Prinzipien erfüllt werden, damit eine Lieferantenbewertung als strategische Maßnahme auch erfolgreich eingesetzt wird.

Welche Anforderungen sind an eine Lieferantenbewertung zu stellen? Wie werden diese erfüllt? So sollte eine Lieferantenbewertung die jeweilige Beschaffungssituation flexibel berücksichtigen. Demnach sind Lieferantenbewertungen primär auf Warengruppenebene durchzuführen und an den strategischen Zielen einer Warengruppe auszurichten, was durch die Auswahl und Gewichtung der Bewertungskriterien zum Ausdruck gebracht wird. Dies beinhaltet, dass Lieferanten, die mehreren Warengruppen zugeordnet werden, auch nach unterschiedlichen Kriterien mehrfach bewertet werden. Wichtig ist, dass die getroffenen Bewertungen objektiv, nachvollziehbar und personenunabhängig sind, da die Bewertungsergebnisse mit dem Lieferanten intensiv besprochen werden. Ohne eine hohe interne und externe Akzeptanz bleibt der Einsatz einer Lieferantenbewertung jedoch ohne Erfolg. Daher muss sichergestellt werden, dass die Bewertungsregeln und -prinzipien innerhalb und außerhalb des Unternehmens klar kommuniziert werden. Dies wird durch einfach verständliche und objektiv messbare Bewertungskriterien gefördert. Auf alle Fälle soll in einer Lieferantenbewertung verhindert werden, dass sich gute und schlechte Bewertungen kompensieren. Daher eignen sich hier vor allem „K.O.-Kriterien" oder „Mindestwerte“, welche verhindern, dass mit ungeeigneten Lieferanten zusammengearbeitet wird. Eine wichtige Voraussetzung ist ein vertretbares Aufwand-Nutzen Verhältnis, umso mehr da eine Lieferantenbewertung fachübergreifend durchgeführt wird. Der Aufwand einer Lieferantenbewertung wird mithilfe von Checklisten oder Bewertungsformblätter natürlich erheblich reduziert, jedoch sollten Datenauswertungen und -eingaben weitestgehend in elektronischer Form erfolgen, da dies zusätzlich zu einer höheren Datenakzeptanz im Unternehmen beiträgt. Bei strategischen Bewertungen stellen insgesamt nicht mehr als 10 bis 15 Einzelkriterien eine Orientierungsgröße dar, um diese Maßnahme nicht zu sehr zu überfrachten. Damit lässt sich eine hohe Kontinuität der Auswertung leichter sicherstellen, die bei der operativen Lieferantenbewertung für viele Unternehmen die Funktion eines Frühwarnsystems erfüllt. Um Defizite frühzeitig zu erkennen und geeignete Gegenmaßnahmen rechtszeitig anzustoßen, ist es von großer Bedeutung, Lieferanten in regelmäßigen Abständen mit den gleichen Kriterien und den gleichen Personen zu bewerten. Dabei gilt für jede Lieferantenbewertung das Prinzip der Bewertungskonsequenz. (Hofbauer 2009, S. 57ff). Dies bedeutet, dass aus der Bewertung unmittelbare Maßnahmen abgeleitet werden, vor allem, wenn diese vorab mit den Lieferanten vereinbart werden, um weit wirkungsvollere Leistungsanreize zu setzen.

Mit Blick auf die Bewertungsergebnisse einer Lieferantenbewertung ist zwischen positiven und negativen Ergebnissen zu unterscheiden, die Maßnahmen an die weitere Zusammenarbeit nach sich ziehen. Kommen wir zuerst zu den Konsequenzen positiver Bewertungsergebnisse. Sie zielen auf die Intensivierung einer Geschäftsbeziehung ab. Getreu nach dem Motto „Ein Dank ist aller Ehren wert“, sollte ein Anerkennungsschreiben an den Lieferanten nach Abschluss der Lieferantenbewertung nicht fehlen. Ob sich ein sehr guter Lieferant dazu bemüßigt fühlt, noch mehr aus sich herauszuholen, mag dahingestellt sein. Da hilft der Einsatz von Lieferantenauszeichnungen schon erheblich. Namhafte Unternehmen machen hiervon gerne Gebrauch, wenn Lieferanten auf offiziellen Veranstaltungen für ihre Zusammenarbeit mit dem Unternehmen ausgezeichnet werden und Lieferanten diese Auszeichnung namhafter Kunden für die Akquise neuer Kunden einsetzen. Doch auch weniger namhafte Unternehmen können positive Bewertungsergebnisse steigern, beispielsweise wenn dem Lieferanten verlängerte Vertragslaufzeiten oder höhere Lieferquoten in Aussicht gestellt werden. So eignet sich eine Lieferantenbewertung auch in hohem Maße dazu Lieferantenpolitik zu betreiben, indem Lieferanten Preiszugeständnisse gemacht, diesen zukünftige Single Source-Beziehungen angeboten oder diese frühzeitig in neue Entwicklungsprojekte des Unternehmens eingebunden werden. Sehr wirksam ist auch der sogenannte „Last Call“, bei dem der Lieferant nach Abschluss eines Angebotsvergleichs vom Einkauf die Chance erhält, das letzte Wort zu nutzen und damit den Auftrag zu einem genannten Preis anzunehmen oder nicht. Dass leistungsschwachen Lieferanten diese Privilegien nicht zur Motivation eingeräumt werden, versteht sich von selbst. Jedoch sollte ein negatives Bewertungsergebnis immer ein entsprechendes Feedback-Gespräch nach sich ziehen. Dies lässt sich auf Geschäftsleitungsebene noch wirkungsvoller als auf Sachbearbeitungsebene führen. Bevor verstärkte Kontrollen oder Auditierungen vor Ort weitere zusätzliche Kosten verursachen, sollte mit dem Lieferanten eine Einigung über die Kostenfrage und Lastenteilung erzielt werden. Pragmatische Ansätze im Umgang mit negativen Ergebnissen sind häufig die Vereinbarung von Vertragsstrafen oder zusätzlich geforderte Preisnachlässe, welche weiteren Leidensdruck erzeugen, vor allem wenn Lieferanten von weiteren Anfragen ausgeschlossen werden oder eine Reduzierung des Einkaufsvolumens durchgeführt wird. An diesem Punkt stellt sich jedoch die Frage, ob eine nicht funktionierende Geschäftsbeziehung durch den Aufbau eines alternativen Lieferanten abgelöst werden kann oder mangels Alternativen eine aktive Entwicklung des Lieferanten betrieben werden muss. Aus meiner Sicht stellt die Zielvereinbarung mit Lieferanten eine sehr wirkungsvolle Maßnahme dar, die Zusammenarbeit gezielt zu steuern. Durch die Vereinbarung von Zielwerten lassen sich für einen Bewertungszeitraum Konsequenzen leicht an vorab vereinbarte Maßnahmen koppeln, die den Lieferanten dazu motivieren, die vereinbarten Ziele zu erreichen und so die Lieferantenbewertung zu einem wirksamen Werkzeug im Einkauf werden lassen.

6.2.4 Lieferantenauditierung

Um frühzeitig mögliche Chancen und Risiken zu erkennen, kann eine Lieferantenbewertung vom Schreibtisch aus den Besuch des Lieferanten vor Ort naturgemäß selten ersetzen. Weniger für Dienstleistungs- als vielmehr für Produktionsunternehmen eignet sich ein Lieferantenaudit in besonderer Weise, um die Abläufe zur Herstellung der Beschaffungsobjekte vom Einkauf selbst wahrzunehmen bzw. zu erfragen. Auch wenn die Grenze zwischen einem Besuch, der primär der Beziehungspflege dient, und einem Audit recht fließend ist, sind die Unterschiede zwischen beiden Handlungen recht groß. So besteht bei einem Audit grundsätzlich immer die Gefahr, dass dies mehr einem Besuch gleichkommt, weil der Lieferant am Tag des Audits eine „Schauveranstaltung" praktiziert, die seine wahre Leistungsfähigkeit verschleiert (Riffner 2001, S. 63ff).

Um die Leistungsfähigkeit des Lieferanten zu prüfen, werden im Unterschied zu einem Besuch bei einem Audit zusätzlich Nachweise verlangt, die eine detaillierte Prüfung vorher definierter Punkte ermöglicht. Daher ist der hohe Aufwand zur Durchführung eines Audits nicht zu unterschätzen, da nicht nur der Einkauf selbst, sondern auch der Lieferant gut vorbereitet sein muss, um diese Nachweise zu erbringen. So werden in vielen Unternehmen wichtige Lieferanten in regelmäßigen Abständen auditiert, um beispielsweise die laufende Zusammenarbeit zu verbessern, Ursachen für Fehler zu ermitteln oder aktuelle Probleme gemeinsam zu lösen (Pfützenreuter 2009, S. 178).

In der Praxis wird zwischen dem System-, dem Produkt- und dem Prozessaudit unterschieden. Ein Systemaudit bezieht sich auf das gesamte, zu zertifizierende Qualitätsmanagement eines Unternehmens und wird von ausgebildeten Auditoren durchgeführt. Ein Produktaudit hat hingegen ein ganzes Produkt im Blickfeld und kommt im Prinzip einer Qualitätskontrolle nahe. Im Lieferantenmanagement werden vom Einkauf in erster Linie Prozess- bzw. Verfahrensaudits durchgeführt. Diese konzentrieren sich vor allem auf die vom Lieferanten durchgeführten Prozesse, die einen hohen Einfluss auf die Qualität der Beschaffungsobjekte ausüben, um Fehler zu vermeiden und Verbesserungen zu erzielen.

Im Kern geht es bei einem Audit darum, wie diese Maßnahme in der Praxis effizient durchgeführt und sichergestellt wird, dass dabei gehaltvolle Informationen gewonnen werden. Dies ist aus meiner Sicht leichter zu realisieren, wenn sich der Einkauf auf den inhaltlichen Kern des Begriffs Audit (lat. „audire“ = zuhören) konzentriert. Kurz gesagt: Vor allem durch intensives Zuhören findet der Einkäufer vor Ort heraus, wie der Lieferant seine Leistungsfähigkeit bewerkstelligt. Vorausgesetzt, er stellt die richtigen Fragen, so dass von den am Prozess beteiligten Mitarbeitern des Lieferanten bspw. Arbeitsanweisungen nachvollziehbar erklärt, Tätigkeiten vorgemacht und Informations- und Wissensstände gezielt abgefragt werden. Dabei sind kluge Auditfragen keine Selbstverständlichkeit. Anregungen geben hier neben einer gezielten Suche im Internet auch Veröffentlichungen von Industrieverbänden wie beispielsweise der Schriftenreihe des VDA zur Auditierung (www.vda-qmc.de). Diese Fragen gehen in Checklisten ein, die Unternehmen bei der Durchführung der Audits unterstützen. Hier sind auch die zu erbringenden Nachweise aufgeführt.

Die effiziente Durchführung eines Audits verläuft generell in vier Phasen. Im ersten Schritt wird der Lieferant über die Durchführung eines Audits informiert und ihm der Umfang des Audits, der Termin und die Auditoren mitgeteilt. Hierbei ist zu empfehlen, dass der Einkauf von einem Mitarbeiter des Qualitätsmanagements vor Ort unterstützt wird, da dieser schon von Berufswegen her mit solchen Prozedere häufig besser vertraut ist und sich mehrere Mitarbeiter ein objektiveres Bild vom Lieferanten machen können. In aller Regel umfasst ein solches Audit üblicherweise einen Tag und setzt voraus, dass der Lieferant vom Einkauf rechtzeitig darüber informiert und ihm genügend Zeit eingeräumt wird, das Audit vorzubereiten. Diese Vorbereitungszeit ist der Beginn der zweiten Phase und sollte meiner Meinung nach ca. 2-3 Wochen umfassen. So bietet es sich im Vorfeld eines Audits an, den Lieferanten dazu aufzufordern, dass auskunftsfähiges Personal während des Audits zur Verfügung steht und idealerweise auch die Herstellung der vom Lieferanten bezogenen Materialien an diesem Tag stattfindet. Nicht selten werden vom Einkauf entsprechende Zeichnungen, Prüfpläne oder Ähnliches verlangt, die ihm vor der Durchführung des Audits zur Verfügung gestellt werden, um den Ablauf eines Audits noch effizienter zu gestalten. Berechtigterweise mögen einige denken, dass der Lieferant die Vorbereitungszeit in erster Linie dazu nutzt, seine „Außendarstellung“ aufzufrischen. Ganz auszuschließen ist das natürlich nicht. Es zeigen sich aber erfahrungsgemäß bei jedem sorgfältig durchgeführten Audit immer wieder Schwachstellen, die selbst durch eine noch so gründliche Vorbereitung nicht verborgen bleiben. Da es in erster Linie darum geht, Fehler zu vermeiden statt Fehler zu entdecken, ist eine große Vertrauensbasis zum Lieferanten eine wichtige Grundvoraussetzung zur Durchführung eines Audits. Nicht selten werden Audits in der Praxis oft allein deswegen durchgeführt, um den Lieferanten dabei zu erwischen, dass er sich nicht an getroffene Vereinbarungen hält. Dem ist aus meiner Sicht zu entgegnen, dass die Tagesmomentaufnahme eines Audits so oder so keine grundsätzliche Sicherheit bietet, um Fehler oder Versäumnisse auszuschließen. Vielmehr beschädigt ein ohne Vorankündigung durchgeführtes Audit das Vertrauensverhältnis zum Lieferanten in hohem Maße und wirft daher die Frage auf, ob die langfristige Zusammenarbeit in einem spannungsgeladenen Umfeld mit einem wichtigen Lieferanten noch weiter im Interesse des Unternehmens sein kann.

Die Auditierung vor Ort wird in aller Regel durch ein cross-funktionales Team durchgeführt und stellt die dritte Phase dar. Diesem Team gehören neben dem Einkauf und einem Mitarbeiter aus dem Qualitätsmanagement weitere Mitarbeiter aus der Produktion oder der Entwicklung an. Idealerweise wird das Audit zu dritt durchgeführt, da sich bei der abschließenden Meinungsbildung dadurch eine ungünstige Pattsituation vermeiden lässt. Auch hier ist es sehr hilfreich, wenn die anzutreffenden Zustände in einer Checkliste vorab formuliert wurden, wie in Abbildung 6.16 bereits dargestellt, und so die Meinungsbildung spürbar erleichtert und objektiviert.

Die Nachbereitung des Audits stellt in der vierten Phase den Abschluss dar. So werden im Rahmen eines Auditsberichts die vor Ort erhaltenen Informationen und Ergebnisse zusammengefasst, notwendige Korrekturmaßnahmen und Terminvorgaben beschlossen und dieser Bericht dem Lieferanten zugestellt. Im ungünstigen Fall werden durch das Audit weitere Besuche zur Kontrolle der Korrekturen erforderlich.

Grundsätzlich sollten Lieferantenaudits und der damit verbundene Aufwand nur mit den Lieferanten praktiziert werden, die für eine längerfristige Zusammenarbeit infrage kommen. Daher ist eine Auditierung im Zuge der Lieferantenauswahl nur zu empfehlen, da sie hochwertige Erkenntnisse über die Leistungsfähigkeit eines Lieferanten liefert. Jedoch nicht immer ist der Lieferant von der Durchführung eines Audits angetan, auch wenn dies die Chance bietet, Prozesse systematisch zu hinterfragen und dadurch Qualität und Kosten zu optimieren. Zudem hilft diese Maßnahme dem Einkauf, interne Machtkämpfe besser beizulegen, die sich aufgrund der unterschiedlichen Vorstellung der Arbeitsweise des Lieferanten im Unternehmen zwangsläufig bilden. Darüber hinaus liefern Audits wichtige Erkenntnisse, welche die Basis für weitere Maßnahmen im Rahmen einer Lieferantenentwicklung sein können.

6.2.5 Lieferantenentwicklung

Im Rahmen der Lieferantenentwicklung – oft als Lieferantenförderung bezeichnet – verfolgt das Unternehmen die Strategie, die Leistung oder die Bedeutung des Lieferanten zu verbessern. Dies ist vor allem dann erforderlich, wenn die Lieferantenstruktur nicht ausreicht, um die angestrebten strategischen Ziele oder den erforderlichen Bedarf sicherzustellen. So dient die Lieferantenentwicklung mehr der langfristigen und nachhaltigen Verbesserung vorhandener Geschäftsbeziehungen bzw. der Schaffung von Wettbewerb durch Aufbau neuer Lieferanten und weniger der kurzfristigen Reaktion auf Fehllieferungen.

Ausgangspunkt der Entwicklung von Lieferanten sind insbesondere dessen jeweilige strategische Bedeutung sowie die Ergebnisse der Lieferantenbewertung, welche die Grundlage für alle Lieferantenaktivitäten im Unternehmen darstellen. Bleibt der Lieferant demnach hinter den Erwartungen zurück oder soll er künftig eine größere strategische Bedeutung einnehmen, ist die Entwicklung des Lieferanten eine naheliegende Option. Dabei können je nach Marktsituation und im Hinblick auf die zukünftige Positionierung unterschiedliche Formen der Lieferantenentwicklung praktiziert werden, die sich hinsichtlich ihres Ausmaßes voneinander unterscheiden. Diese Formen reichen von einem Wechsel auf einen neuen

Lieferanten über eine passive Entwicklung vorhandener Lieferanten bis hin zu einer aktiven Einflussnahme auf die beim Lieferanten stattfindenden Prozesse. Durch die Gegenüberstellung der Lieferantenleistung und der strategischen Bedeutung des Lieferanten lässt sich das grundsätzliche Ausmaß einer Lieferantenentwicklung mithilfe eines Portfolios in etwa ableiten (vgl. Abbildung 6.18).

Abbildung 6.18 Portfolio Lieferantenentwicklung

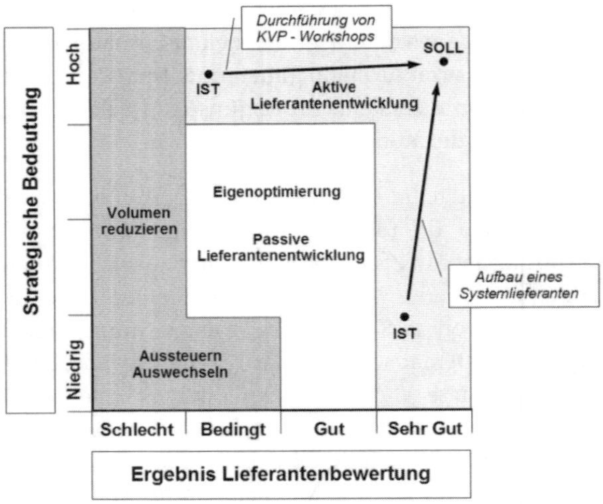

Demnach sollten für alle Lieferanten, deren Bewertungsergebnisse schlecht sind – unabhängig von ihrer strategischen Bedeutung – alternative Lieferanten aufgebaut oder das Volumen reduziert werden. Das Spektrum der infrage kommenden Maßnahmen umfasst dabei auch das sogenannte „Insourcing". Hierunter ist der gezielte Kauf eines Lieferanten oder die Übernahme von Leistungen des Lieferanten in Eigenregie zu verstehen. Für alle Lieferanten, die bezüglich ihrer strategischen Bedeutung und Bewertung eher in einer mittleren Position wahrgenommen werden, ist eine passive Lieferantenentwicklung zu befürworten. Dabei bringt das Unternehmen keine eigenen Ressourcen in die Entwicklung mit ein, sondern fokussiert sich auf passive Maßnahmen wie beispielsweise die Verstärkung des Wettbewerbs unter Lieferanten, die Forderung nach Preisnachlässen oder anderen vertragsrechtlichen Forderungen wie beispielsweise Pönalen sowie die Vorgabe von Zielwerten mit entsprechenden Konsequenzen. Die Form der aktiven Lieferantenentwicklung sollte daher nur für die Lieferanten praktiziert werden, die bereits eine hohe strategische Bedeutung besitzen oder deren Leistungsfähigkeit eine höhere strategische Bedeutung künftig zulässt. So können unter anderem KVP-Workshops mit Lieferanten dazu beitragen, Leistungslücken zu schließen oder eine aktive prozessorientierte Unterstützung dem Lieferanten dabei helfen, als Systemlieferant komplexere Leistungsumfänge zu liefern und dadurch eine höhere strategische Bedeutung einzunehmen.

Doch wie lassen sich Lieferanten fördern bzw. entwickeln? Welche Voraussetzungen müssen erfüllt sein, um den Erfolg solcher Maßnahmen sicherstellen? Welche Chancen und Risiken sind bei dieser Maßnahme zu beachten?

Eine grundlegende Voraussetzung für eine aktive Lieferantenentwicklung ist generell der Mangel an geeigneten, ausreichend qualifizierten Alternativlieferanten zum Zeitpunkt der Entscheidung. Dabei legt sich das Unternehmen im Rahmen der Durchführung aktiver Maßnahmen grundsätzlich auf eine langfristige Zusammenarbeit fest, die deshalb ein beiderseitiges Vertrauen voraussetzt. Diese Maßnahme sollte daher die volle und uneingeschränkte Unterstützung durch die Unternehmensleitung haben, vor allem da zur Entwicklung von Lieferanten fachübergreifende Ressourcen oftmals für längere Zeit beansprucht werden. Eine weitere wichtige Voraussetzung ist, dass das Unternehmen ein besseres Know-how über die zu erbringenden Leistungen besitzt als der Lieferant. Ist dies nicht gegeben, muss die finanzielle Bereitschaft vorhanden sein, dieses Know-how durch externe Unterstützung notfalls verfügbar zu machen. Dabei geht das Unternehmen sozusagen in Vorleistung, da anfangs nicht absehbar ist, ob die erforderlichen Entwicklungsmaßnahmen künftig zu einer besseren Lieferantenleistung führen. Außerdem sind bei dieser Maßnahme auch die Entwicklungsfähigkeit und -bereitschaft des Lieferanten von hoher Bedeutung, da dieser ebenfalls personelle und finanzielle Ressourcen bereitstellen muss. Dazu muss gewissermaßen auf beiden Seiten ein „Kulturwandel" stattfinden, damit sich zukünftige Strukturen und Prozesse ganzheitlich, einfach und robust gestalten lassen.

Die Förderung von Lieferanten findet auf sehr vielfältige Weise statt. Gerade im Zuge der Öffnung der osteuropäischen Märkte waren viele Lieferanten aufgrund gering qualifizierten Personals, nicht vorhandener moderner Fertigungseinrichtungen oder schlichtweg nicht ausreichender finanzieller Mittel weniger wettbewerbsfähig. Jedoch boten diese Lieferanten aufgrund ihrer geographischen Nähe, ihrer Branchenerfahrung und niedriger Lohnkosten hohes Potenzial, vorhandene Leistungslücken zu schließen. Einer empirischen Studie zufolge konzentrierten sich die Maßnahmen der Lieferantenförderung in Osteuropa häufig auf die Bereitstellung von Fertigungseinrichtungen, die Beschaffung von Vormaterial, die Entsendung von eigenem Personal, die Analyse von Schwachpunkten im Leistungsvermögen oder auf die Weiterbildung von Personal des Lieferanten (Large 2006, S. 262). Dabei ist der Übergang von der Lieferantenförderung zur Lieferantenentwicklung in der Praxis oft fließend, wobei letztere mehr einen beratungs- und schulungsintensiven Charakter aufweist. Vielfach bedeutet Lieferantenentwicklung heute vor allem die Schulung und das Training von Mitarbeitern in den operativen Bereichen sowie die Beratung bezüglich technischer Verfahren, leistungsfähiger Bezugsquellen oder der Auswahl und Finanzierung geeigneter Anlagen zur Umsetzung von Rationalisierungsvorschlägen. So wird dem Lieferanten auf unterschiedliche Weise – sehr häufig in Form von gemeinsamen Workshops oder Verbesserungs- und Beratungsprojekten – wertvolles Know-how zur Verfügung gestellt, die zwar seine Leistungsfähigkeit verbessern, aber auch einige kritische Fragen aufwerfen (Jung 2006, S. 359). Was passiert, wenn der Lieferant die neuen Anforderungen doch nicht erfüllt oder das Projekt wegen Erfolglosigkeit abgebrochen werden muss? Wie kann vermieden werden, dass das übertragene Know-how nicht unmittelbar an die Konkurrenz abfließt oder der Lieferant später zum Konkurrenten wird?

Wie wird die Ungleichbehandlung in der Lieferantenstruktur von anderen Lieferanten des Unternehmens wahrgenommen?

Lieferantenentwicklungsprojekte verlaufen in der Praxis recht uneinheitlich. Nicht selten sind es ad-hoc-Entscheidungen, die solche Projekte auslösen, wobei hier die Gefahr des Scheitern und des Verlusts von wertvollem Know-how natürlich sehr hoch ist. Daher sollten solche Projekte aufgrund der hohen Inanspruchnahme von Ressourcen in der Praxis optimal vorbereitet, kommuniziert und systematisch gemanagt werden. Die technische Umsetzung einer Lieferantenentwicklung verläuft dabei in mehreren Schritten. Zu Beginn eines derartigen Projekts sollte eine Grundsatzentscheidung der Unternehmensleitung voran gestellt werden, ob die Situation des Unternehmens die Durchführung von Lieferantenentwicklungsprojekten im Hinblick auf die Unternehmensziele rechtfertigt. Nachdem die kritischen Warengruppen bzw. die zu entwickelnden Lieferanten identifiziert sind, sollten Überlegungen hinsichtlich des zu erwartenden Aufwands und des erzielbaren Nutzens der Entwicklung durchgeführt und anschließend diejenigen Lieferanten mit diesem Vorhaben konfrontiert werden. Aus meiner Sicht sollte ein festes cross-funktionales, paritätisch besetztes Team aus Mitarbeitern beider Unternehmen unter Federführung des Einkaufs hierbei implementiert oder bei Bedarf durch externe Fachleute erweitert werden. Die Erweiterung des Teams durch externe Dritte, wie beispielsweise externe Berater, ist dann naheliegend, wenn hohe Projektwiderstände zu erwarten sind oder spezielles Fachwissen benötigt wird. Dieses Team bildet die Schnittstelle für alle Projektbeteiligte, koordiniert die durchzuführenden Aktivitäten und hält Kontakt zur Unternehmensleitung des Lieferanten. Derartige Vorhaben werden häufig durch ein sogenanntes „Kick-Off-Meeting“ gestartet, indem die einzelnen Schlüsselprojekte beim Lieferanten vor Ort identifiziert und anschließend im Hinblick auf deren Durchführbarkeit, Ressourcenbedarf, Zeitaufwand und erzielbarer Ergebnisse beurteilt werden. Abschließend werden geeignete Messkriterien bzw. Kennzahlen festgelegt, um die Umsetzung der Maßnahmen zu steuern.

Zur Umsetzung von Kostenreduzierungszielen bietet sich hier der Einsatz sogenannter „Supply Management-Vereinbarungen“ an. Sie stellen sicher, dass das geplante Vorhaben zügig umgesetzt wird. Die Kernelemente dieser Vereinbarung sind eine vertragliche fixierte Laufzeit des Projekts mit der Verpflichtung zur gemeinsamen Umsetzung der im Vorfeld identifizierten Verbesserungspotenziale. Anschließend erfolgt die Abschätzung der zu erwartenden Einsparpotenziale nach der Umsetzung der Maßnahmen durch das Lieferantenentwicklungsteam. Aus taktischen Gründen ist eine vorsichtige Schätzung des Einsparpotenzials zu befürworten. Um die Mitarbeit des Lieferanten bei diesem Vorhaben abzusichern, wird der Lieferant zum Projektstart vom Einkauf dazu verpflichtet, die Hälfte des anvisierten Einsparungspotenzials auf die aktuellen Bezugspreise zu verrechnen. Damit wird sichergestellt, dass der Lieferant einen hohen Anreiz erhält, an der Umsetzung des Einsparpotenzials aktiv mitzuwirken bzw. das Projekt aus eigenem Interesse voranzutreiben. Nach der Umsetzung der Verbesserungsmaßnahmen werden die erzielten Einsparungen im Team ausgewertet. Eine vorsichtige Einschätzung vorausgesetzt, sollte der Lieferant seine Vorleistung dabei zurückerhalten oder ein sehr erfolgreiches Projekt die Grundlage für eine weitere Preisanpassung bereitstellen. So wird nachvollziehbar, weshalb derartige Projekte die Bereitschaft und Unterstützung der Leitungsebene erfordern.

6.2.6 Beendigung der Lieferantenbeziehung

Der Abbruch bzw. die Beendigung der Geschäftsbeziehung zum Lieferanten wird dann notwendig, wenn im Unternehmen kein zukünftiger Bedarf mehr entsteht, ein anderer leistungsfähiger Lieferant mit der Belieferung beauftragt werden soll oder aufgrund eines schwerwiegenden Fehlverhaltens nicht mehr infrage kommt.

So ist die Beendigung einer Geschäftsbeziehung im Allgemeinen für alle Warengruppen naturgemäß unproblematisch, wenn der Bedarf dauerhaft wegfällt und man sozusagen „im Guten" auseinander gehen kann. Sind dem Lieferanten im Zuge der Zusammenarbeit Maschinen, Werkzeuge oder Vorrichtungen zur Verfügung gestellt worden, werden diese nach Beendigung der Geschäftsbeziehung zurückgegeben und der Lieferant wird – was die Stammdaten anbelangt – inaktiv.

Sind Geschäftsbeziehungen aufgrund eines intensiven Wettbewerbs so gelagert, dass sie zwischenzeitlich abgebrochen oder dauerhaft beendet werden, ist die Beendigung der Geschäftsbeziehung bei lieferanten- oder unspezifischen Warengruppen nicht weiter schwer. Anders ist dies, wenn der Lieferant neben der Belieferung noch weitere Tätigkeiten, wie beispielsweise eine Bewirtschaftung des Lagers übernommen hat oder auch künftig noch Ersatzteile liefern soll. Hier ist die Beendigung einer Geschäftsbeziehung nicht mehr ganz so einfach, da nicht absehbar ist, wie der Lieferant darauf reagieren wird. So ist hier in Abstimmung mit dem Vertrieb der zu erwartende Bedarf an Ersatzteilen abzuschätzen und dieser einzulagern, bevor die Geschäftsbeziehung offiziell beendet wird. Allgemein gesagt, ist die Auflösung einer Geschäftsbeziehung immer dann problematisch, wenn die Geschäftspartner zwischenzeitlich ein hohes Maß an Abhängigkeit oder Vertrauen erreicht haben und eine Lösung gefunden werden muss, wie nach dem Ende der Geschäftsbeziehung miteinander umgegangen werden soll (Dwyer 1987, S. 19). Daher stellt sich im Einkauf die Frage, was getan werden kann, um die Gefahr unliebsamer Gegenreaktionen des sogenannten Abbruchlieferanten zu vermeiden.

Der Prozess der Beendigung einer Geschäftsbeziehung kann in der Praxis generell durch eine schleichende oder eine aktive Herangehensweise wahrgenommen werden. Wird erwartet, dass der Lieferant Gegenmaßnahmen ergreifen wird, wie beispielsweise verspätete, schlechte oder nicht erbrachte Lieferungen, liegt die Tendenz nahe, den Wunsch zum Abbruch der Beziehung nicht offen auszusprechen. In diesem Fall sollte der Einkauf frühzeitig damit beginnen, für die anstehenden Bedarfe neue Lieferanten schrittweise aufzubauen und parallel mit Lieferungen zu beauftragen. Dies ist umso mehr der Fall, wenn der Lieferant nur bei bestimmten Beschaffungsobjekten nicht mehr in Frage kommt, aber andere Beschaffungsobjekte nach wie vor liefern soll. Sind dabei keine oder nur geringwertige Investitionen in Werkzeuge oder Vorrichtungen zu tätigen, wie beispielsweise einfache Stanzwerkzeuge, ist der Übergang auf einen neuen Lieferanten nicht so sehr dramatisch. Allerdings besteht bei einer schleichenden Herangehensweise immer die Gefahr, dass der Abbruchlieferant Informationen von Mitarbeitern des Unternehmens erhält oder Warenanlieferungen des neuen Lieferanten unbemerkt beobachtet werden, welche die Abbruchsabsichten des Einkaufs offenbaren. Daher ist hier vom Einkauf großen Wert auf eine abgestimmte Vorgehensweise zu legen und alle Mitarbeiter, die Kontakte zum Abbruchlieferanten unterhalten, schon im Vorfeld mit einzubinden.

Schwierig gestaltet sich die Beendigung einer Geschäftsbeziehung, wenn dem Abbruchlieferanten kostenintensive Werkzeuge oder andere Vorrichtungen zur Verfügung gestellt wurden, die der neue Lieferant übernehmen soll. Dies ist vielfach bei unternehmens- oder beziehungsspezifischen Warengruppen der Fall, bei denen eine aktive und abrupte Vorgehensweise zur Beendigung der Geschäftsbeziehung zu empfehlen ist. Daher sollte im Vorfeld einer solchen Entscheidung der neue Lieferant schon soweit qualifiziert sein, anstehende Bedarfe kurzfristig zu erfüllen. Viele Unternehmen haben schon allein aus versicherungstechnischen Gründen Zeichnungen und Fotografien für Werkzeuge und Vorrichtungen im Lieferantenbesitz angefertigt. Diese geben dem neuen Lieferanten im Vorfeld die Möglichkeit, sich damit vertraut zu machen und so die Übernahme der Lieferungen zu erleichtern. Hat der Abbruchlieferant bereits Vormaterialien geordert oder Halbfertigerzeugnisse produziert, sollten diese übernommen und zudem ein angemessener Schadensersatz geleistet werden. Hier sollte das Unternehmen auch daran denken, einen guten Ruf nicht zu verlieren, wenn publik wird, wie eine Geschäftsbeziehung beendet wurde.

Das gleiche abrupte Vorgehen empfiehlt sich ebenfalls, wenn die Geschäftsbeziehung aufgrund eines schwerwiegenden Fehlverhaltens wie beispielsweise eines Bestechungs- oder Betrugsversuchs oder dem Verrat von Geschäftsgeheimnissen nicht mehr weiter tragbar ist. Hier steht der Einkauf primär vor der Herausforderung ad-hoc geeignete Lieferanten zu finden. Dem Abbruchlieferanten sollte mit einer Klage vor Gericht gedroht werden oder damit, sein Fehlverhalten publik zu machen, falls er in einer zu vereinbarenden Überbrückungs- oder Restlaufzeit unliebsame Gegenmaßnahmen ergreift.

Fast unmöglich gestaltet sich die Beendigung einer Geschäftsbeziehung, wenn der Lieferant in eigene Maschinen und Anlagen investiert bzw. spezielle Werkzeuge und Vorrichtungen angefertigt hat oder über Schutzrechte verfügt. In diesem Fall sollte der Einkauf durch aktive Lieferantenentwicklung versuchen, die Leistungsfähigkeit des Lieferanten auf ein tragbares Niveau zu verbessern. Alternativ bzw. für den Fall des Scheiterns solcher Maßnahmen sollte versucht werden, eine Einigung zur Übernahme dieser Investitionen zu erzielen, was ungleich schwieriger ist. Daher mag es langfristig erfolgreicher sein, eine Neuspezifikation der bezogenen Materialien in Erwägung ziehen, falls andere Schutzrechte dem nicht entgegenstehen.

6.3 Kennzahlen zur Steuerung der Lieferantenstruktur

Nachdem nunmehr die wesentlichen Maßnahmen im Handlungsfeld „Kreditor“ zur Steuerung der Lieferantenstruktur erläutert wurden, sollen im Folgenden geeignete Kennzahlen vorgestellt werden, wie sich diese Maßnahmen im Einzelnen steuern lassen.

6.3.1 Kennzahlen zur Steuerung von Lieferantenstrategien

Zur Steuerung einer Lieferantenstruktur lassen sich hinsichtlich der Ausprägung von Lieferantenstrategien unterschiedliche Kennzahlen bilden. Unterstellt man, dass ein angestrebtes partnerschaftliches Beziehungsmuster zum Abschluss eines Liefer- oder Partnerschaftvertrags führt, lässt sich diesbezüglich eine Kennzahl bilden, welche den Grad der partnerschaftlichen Zusammenarbeit mithilfe einer Vertragsquote darstellt (vgl. Abbildung 6.19).

Abbildung 6.19 Kennzahl: Vertragsquote

$$\text{Vertragsquote} = \frac{\text{Anzahl Lieferanten mit Vertragsbindung (Liefervertrag)}}{\text{Anzahl aller Lieferanten}}$$

*) auf Gesamt- oder Warengruppenebene

Vor allem für Warengruppen wie beispielsweise für strategisches Material, die für den unternehmerischen Erfolg in besonderer Weise verantwortlich sind, sollte die Anzahl partnerschaftlicher Lieferantenbeziehungen tendenziell ausgebaut werden. In Relation zur Gesamtzahl aller Lieferanten in einer Warengruppe weist diese Kennzahl auf den künftigen Handlungsbedarf hin, strategische Lieferanten durch den Abschluss von Verträgen stärker an das Unternehmen zu binden.

Gleichfalls von hohem Interesse ist eine Kennzahl, die sich auf den Standort des Lieferanten bezieht, um beispielsweise Global Sourcing-Aktivitäten insgesamt oder konkret innerhalb einer Warengruppe auszubauen. Hier ist eine wertmäßige Darstellung von größerem Aussagewert als die Darstellung einer material- oder lieferantenspezifischen Mengengröße. Diese Kennzahl zeigt auf, wie stark Einkaufspotenziale hinsichtlich eines internationalen Einkaufs bereits ausgeschöpft sind oder noch ausgeschöpft werden können (vgl. Abbildung 6.20).

Abbildung 6.20 Kennzahl: Global Sourcing-Quote

$$\text{Global Sourcing-Quote} = \frac{\text{Einkaufsvolumen mit internationalen Lieferanten}}{\text{Einkaufsvolumen}}$$

*) auf Gesamt- oder Warengruppenebene

Diese Kennzahl ist vor allem für die Warengruppen sinnvoll, welche sich zur Verfolgung von Global Sourcing- Strategien eignen, wie beispielsweise für Hebelmaterialien.

Liegt der Fokus nicht nur allein auf einer Kostenreduzierung, sondern verstärkt auf dem Ausgleich von Währungsrisiken, ist der Einsatz einer Währungskomponente naheliegend, die den Anteil des Einkaufsvolumens in Fremdwährung aufzeigt (vgl. Abbildung 6.21).

Abbildung 6.21 Kennzahl: Fremdwährungsquote Einkauf

$$\text{Fremdwährungsquote Einkauf} = \frac{\text{Einkaufsvolumen in Fremdwährung}}{\text{Einkaufsvolumen}}$$

*) auf Gesamt- oder Warengruppenebene

Unter Risikoaspekten ist diese Kennzahl auf der Beschaffungsseite zwangsläufig mit einer Kennzahl auf der Absatzseite des Unternehmens in Beziehung zu setzen. Auf diesen Aspekt wird im Handlungsfeld „Krise“ näher eingegangen.

Ein weiterer Aspekt bei der Gestaltung von Lieferantenstrategien war die Ausdehnung des Leistungsumfangs im Rahmen eines „Modular Sourcing“-Ansatzes. Diese Strategie hat bezüglich der Anzahl der einzukaufenden Beschaffungsobjekte primär eine Reduzierung der Teilevielfalt zur Folge. Daher lässt sich im Rahmen der Verfolgung dieser Strategie hiermit eine Kennzahl verknüpfen, welche die Entwicklung der Anzahl der Beschaffungsobjekte aufzeigt (vgl. Abbildung 6.22).

Abbildung 6.22 Kennzahl: Kaufteilefluktuation

$$\text{Kaufteilefluktuation} = \frac{\text{Anzahl aktiver Kaufteile (Periode n)}}{\text{Anzahl aktiver Kaufteile (Periode n-1)}}$$

*) auf Warengruppenebene

Diese Kennzahl stellt die Veränderung der Anzahl der Beschaffungsobjekte im Vergleich zu einer Vorperiode dar. Durch das Attribut „aktiv“ wird eine Abgrenzung vorgenommen, ob ein Beschaffungsobjekt im Betrachtungszeitraum Teil einer Gesamtmenge ist oder nicht. So werden üblicherweise Kaufteile als aktiv bezeichnet, wenn sie mindestens einmal innerhalb eines Geschäftsjahres inhaltlicher Bestandteil einer Bestellung gewesen sind. Diese sollten in Folge einer Modular Sourcing-Strategie tendenziell zurückgehen.

Nachteilig an dieser Kennzahl ist, dass sie nicht immer eindeutig mit einer Modular Sourcing-Maßnahme in Zusammenhang gebracht werden kann. Kaufteile mit einer Mehrfachverwendung verfälschen diesen Kennzahlenwert, beispielsweise, wenn Kaufteile auf Modullieferanten verlagert wurden und auch weiterhin direkt von Lieferanten bezogen werden. Auf Warengruppenebene fällt dieser Ungenauigkeitsfaktor im Allgemeinen jedoch kleiner aus, als die Ermittlung auf einer Gesamtebene.

Dem gegenüber ist die Auswertung der Kaufteile mit nur einem Lieferanten im Rahmen einer Single Sourcing-Strategie eindeutiger darstellbar. Vielfach verwendete Kennzahlen sind in der Praxis zum einen die Ermittlung einer Single Sourcing-Quote bzw. zum anderen der Vorperiodenvergleich der aktuellen Single Source-Kaufteile (vgl. Abbildung 6.23).

Abbildung 6.23 Kennzahlen zum Single Sourcing

$$\text{Single Sourcing-Quote} = \frac{\text{Anzahl aktiver Kaufteile mit einem aktiven Lieferanten}}{\text{Anzahl aller Kaufteile}}$$

*) auf Gesamt- oder Warengruppenebene

$$\text{Single Sourcing-Entwicklung} = \frac{\text{Anzahl aktiver Kaufteile mit einem aktiven Lieferanten (Periode n)}}{\text{Anzahl aktiver Kaufteile mit einem aktiven Lieferanten (Periode n-1)}}$$

*) auf Gesamt- oder Warengruppenebene

Auch hier wird mit dem Attribut „aktiv“ gleichfalls eine Abgrenzung von Kaufteilen bzw. Lieferanten vorgenommen, die innerhalb eines Betrachtungszeitraums durch Bestellungen zum Zuge gekommen sind. Problematisch ist bei dieser Kennzahl, dass sie nur mit Blick auf die jeweilige Wettbewerbssituation richtig interpretiert werden kann. Herrscht in Warengruppen intensiver Wettbewerb, wie beispielsweise bei Büroartikeln, so drückt diese Kennzahl aus, wie stark der Wettbewerb vom Einkauf genutzt werden konnte. Im umgekehrten Fall geringen Wettbewerbs ist die Kennzahl ein Ausdruck der Abhängigkeit von Lieferanten und sollte daher mit dem anderslautenden Ziel verfolgt werden, diese Quote zu reduzieren.

Abschließend soll im Rahmen der Steuerung von Lieferantenstrategien noch eine weitere Kennzahl vorgestellt werden: die Händlerquote. Dies setzt voraus, dass Lieferanten in den Stammdaten als Handelsunternehmen gekennzeichnet werden können. Von Interesse ist diese Kennzahl vor allem für die Warengruppen, die sich aufgrund ihres geringen Wertvolumens in Relation zu anderen Warengruppen für einen indirekten Bezug über den Zwischenhandel anbieten. Daher sollte diese Kennzahl vorzugsweise auf Warengruppenebene analysiert werden (vgl. Abbildung 6.24).

Abbildung 6.24 Kennzahl: Händlerquote Einkauf

$$\text{Händlerquote} = \frac{\text{Einkaufsvolumen mit Handelsunternehmen}}{\text{Einkaufsvolumen}}$$

*) auf Gesamt- oder Warengruppenebene

Durch eine Erhöhung dieser Quote lässt sich die Versorgungssicherheit tendenziell verbessern und sich gegebenenfalls auch die Materialkosten reduzieren. Letzteres sollte sich dann in einer Reduzierung der durchschnittlichen Einstandspreise niederschlagen, die in einer weiteren Kennzahl dargestellt werden kann.

6.3.2 Kennzahlen zur Lieferantenauswahl

Was die Auswahl von Lieferanten anbelangt, ist es zur Steuerung der Lieferantenstruktur für den Einkauf im Allgemeinen von hoher Relevanz, wie sich die Lieferantenstruktur verändert. Dazu zählt beispielsweise, wie viele Lieferanten neu hinzugekommen sind oder nicht mehr berücksichtigt wurden (vgl. Abbildung 6.25).

Abbildung 6.25 Kennzahl: Entwicklung aktiver Lieferantenanzahl

$$\text{Entwicklung Anzahl aktiver Lieferanten} = \frac{\text{Anzahl aktiver Lieferanten (Periode n)}}{\text{Anzahl aktiver Lieferanten (Periode n-1)}}$$

*) auf Gesamt- oder Warengruppenebene

So zeigt der Anstieg der Kennzahl „Entwicklung der Anzahl aktiver Lieferanten“ in erster Linie den Erfolg des Auswahlprozesses auf, neue Lieferanten freizugeben. Die Kennzahl zeigt zudem, wie sich die Lieferantenstruktur in einer Warengruppe im Periodenvergleich verändert hat. Im Zusammenhang mit der genannten Single Sourcing-Quote (vgl. Abbildung 6.23) kann diese Kennzahl auf Warengruppenebene als Indikator für eine höhere Versorgungssicherheit bzw. eine höhere Wettbewerbsintensität interpretiert werden, wenn weitere Lieferanten neu zur Verfügung stehen. So signalisiert die Zunahme neuer Lieferanten bei einer gleichzeitig rückläufigen Single Sourcing-Quote demnach eine höhere Versorgungssicherheit bzw. eine höhere Wettbewerbsintensität innerhalb der Warengruppe, wenn die gleichen Beschaffungsobjekte von mehreren Lieferanten bezogen werden.

Wird die Auswahl neuer Lieferanten mithilfe einer Nutzwertanalyse durchgeführt, lässt sich darüber hinaus auch eine Aussage zur Leistungsfähigkeit der Lieferanten ableiten, wenn die dabei erzielte Punktzahl mit einem Maximalwert oder mit einem SOLL-Wert verglichen wird. Dennoch ist dies nur schwer als Kennzahl zu empfehlen, da innerhalb einer Warengruppe unterschiedliche Lieferanten für unterschiedliche Beschaffungsobjekte zum Einsatz kommen und daher ein Vergleich aktiver Lieferanten untereinander in vielen Fällen nicht zielführend ist.

Im Speziellen lassen sich zur Lieferantenauswahl weitere Kennzahlen bilden, welche bestimmte Merkmale der Lieferantenstruktur auf Gesamt- oder Warengruppenebene aufzeigen. Ein wichtiges Merkmal dabei ist, die Bereitschaft zur Offenlegung der Kalkulation wie beispielsweise deren Anteil und deren Entwicklung (vgl. Abbildung 6.26).

Abbildung 6.26 Kennzahlen zur Offenen Kalkulation

$$\text{Open Book-Quote} = \frac{\text{Anzahl Lieferanten mit Merkmal: Offenlegung der Kalkulation}}{\text{Anzahl aller Lieferanten}}$$

*) auf Gesamt- oder Warengruppenebene

$$\text{Open Book-Entwicklung} = \frac{\text{Anzahl Lieferanten mit Merkmal: Offenlegung der Kalkulation (Periode n)}}{\text{Anzahl Lieferanten mit Merkmal: Offenlegung der Kalkulation (Periode n-1)}}$$

*) auf Gesamt- oder Warengruppenebene

Diese Kennzahlen weisen auf die Verhandlungsstärke des Einkaufs hin, wenn es diesem gelingt, möglichst viele Lieferanten zur Offenlegung der Kalkulation zu bewegen.

Ein weiteres wichtiges Merkmal stellt die Zertifizierung der Lieferantenstruktur dar, deren Anteil und deren Entwicklung den Grad der Qualität der Lieferantenstruktur abbilden (vgl. Abbildung 6.27).

Abbildung 6.27 Kennzahlen zur Zertifizierung

$$\text{Zertifizierungsquote} = \frac{\text{Anzahl Lieferanten mit Merkmal: (DIN-ISO) - Zertifizierung}}{\text{Anzahl aller Lieferanten}}$$

*) auf Gesamt- oder Warengruppenebene

$$\text{Entwicklung der Zertifizierung} = \frac{\text{Anzahl Lieferanten mit Merkmal: (DIN-ISO) - Zertifizierung (Periode n)}}{\text{Anzahl Lieferanten mit Merkmal: (DIN-ISO) - Zertifizierung (Periode n-1)}}$$

*) auf Gesamt- oder Warengruppenebene

Nachteilig bei dieser Kennzahl ist, dass der Aussagewert einer Zertifizierung insbesondere im internationalen Bereich oftmals sehr fragwürdig ist. So sind diese beiden Kennzahlen letztlich durch eine Lieferantenbewertung zu verifizieren.

6.3.3 Kennzahlen zur Lieferantenbewertung

Da im Rahmen der Darstellung der Maßnahme einer Lieferantenbewertung die lieferantenspezifischen Kennzahlen bereits erläutert wurden, steht hier das gesamte Instrumentarium einer Lieferantenbewertung im Fokus einer Kennzahlenbildung. So lassen sich beispielsweise auf Warengruppenebene sowohl die Durchschnittswerte der Lieferantenleistung als auch die Entwicklung der Lieferantenleistung insgesamt mithilfe von Kennzahlen zum Lieferantenbewertungsergebnis aufzeigen (vgl. Abbildung 6.28).

Abbildung 6.28 Kennzahlen zum Lieferantenbewertungsergebnis

$$\text{Durchschnittliches Lieferantenbewertungsergebnis} = \frac{\text{Summe der Einzelbewertungen aller Lieferanten}}{\text{Anzahl aller bewerteten Lieferanten}}$$

*) auf Gesamt- oder Warengruppenebene

$$\text{Entwicklung der Lieferantenleistung} = \frac{\text{Durchschnittliches Lieferantenbewertungsergebnis (Periode n)}}{\text{Durchschnittliches Lieferantenbewertungsergebnis (Periode n-1)}}$$

*) auf Gesamt- oder Warengruppenebene

Diese Bildung von Durchschnittswerten lässt sich sowohl im Rahmen der operativen als auch strategischen Lieferantenbewertung durchführen. Mithilfe eines Periodenvergleichs lässt sich ihre grundsätzliche Entwicklung und die der Leistungsfähigkeit der Lieferantenstruktur im Unternehmen aufzeigen.

Dargestellt werden sollte auch, für wie viele Lieferanten eine strategische Bewertung durchgeführt wurde und wie sich die Anzahl der durchgeführten Bewertungen entwickelt hat. Dadurch lassen sich Impulse setzen, diese Form der Bewertung der Leistungsfähigkeit in den relevanten Warengruppen weiter zu intensivieren (vgl. Abbildung 6.29).

Abbildung 6.29 Kennzahlen zur Durchführung einer Lieferantenbewertung

$$\text{Lieferantenbewertung Durchführungsquote} = \frac{\text{Anzahl durchgeführter (strategischer) Lieferantenbewertungen}}{\text{Anzahl aller Lieferanten}}$$

*) auf Gesamt- oder Warengruppenebene

$$\text{Entwicklung der Durchführung der Lieferantenbewertung} = \frac{\text{Anzahl durchgeführter (strategischer) Lieferantenbewertungen (Periode n)}}{\text{Anzahl durchgeführter (strategischer) Lieferantenbewertungen (Periode n-1)}}$$

*) auf Gesamt- oder Warengruppenebene

Mit den Methoden der deskriptiven Statistik lassen sich die Daten der Lieferantenbewertung tiefergehend analysieren und zu Kennzahlen zusammenfassen, wie beispielsweise weitere Lage- und Streuungsmaße. Solche Auswertungen sind üblicherweise mit sogenannten „Data-Warehouse“-Lösungen durchführbar und sollen daher an dieser Stelle nur als weitere Option genannt werden.

6.3.4 Kennzahlen zur Lieferantenauditierung

In gleicher Weise wie die Lieferantenbewertung, stellt auch die Lieferantenauditierung eine Maßnahme dar, die sich in vielen Unternehmen mithilfe einer Kennzahl leicht steuern lässt. So zeigt die Auditierungsquote den Anteil an Lieferanten an, die insgesamt oder auf Warengruppenebene vom Unternehmen auditiert wurden (vgl. Abbildung 6.30).

Abbildung 6.30 Kennzahl: Auditierungsquote

$$\text{Auditierungsquote} = \frac{\text{Anzahl durchgeführter Lieferantenaudits}}{\text{Anzahl aller (aktiver) Lieferanten}}$$

*) auf Gesamt- oder Warengruppenebene

Durch Bezugnahme auf die aktiven Lieferanten erhält diese Kennzahl einen höheren Aussagegehalt, da sie dann den Anteil der Lieferanten widerspiegelt mit dem das Unternehmen direkt, also aktiv zusammenarbeitet. So lenkt diese Kennzahl die Aufmerksamkeit der Einkaufsorganisation auf die Erhöhung dieser Quote in den für das Unternehmen wichtigen, strategischen Warengruppen. Ebenso lässt sich mit Wissen um diese Kennzahl der Ressourcenbedarf zur Durchführung von Audits im Unternehmen leichter planen. Doch nicht nur zur Steuerung dieser Maßnahme ist diese Kennzahl geeignet, darüber hinaus ist sie ein wichtiger Indikator für die Krisenanfälligkeit der Lieferantenstruktur, wenn die ermittelten Auditergebnisse in die Bildung einer Kennzahl mit einfließen. Dies wird im Handlungsfeld „Krise" näher erläutert.

7 Handlungsfeld „Koordination“

Im Rahmen des Handlungsfelds „Koordination“ steht die Gestaltung der Geschäftsprozesse zwischen Lieferanten und dem einkaufenden Unternehmen im Mittelpunkt. Früher nahmen die operativen Aufgaben den Einkauf die meiste Zeit in Anspruch. Kurz gesagt: er stellte den Lieferanten Anfragen, erhielt Angebote und erteilte Bestellungen, die letztlich zu Warenlieferungen führten und Zahlungsvorgänge auslösten. Heute hat sich, nicht zuletzt seit der kommerziellen Nutzung des Internets, die Aufgabenteilung zwischen den Geschäftspartnern enorm gewandelt. So werden Lieferanten vielfach eng in die Produktentwicklungen ihrer Kunden mit eingebunden und übernehmen für diese mit steigender Tendenz auch Lager-, Transport- und Kommissionierungsaufgaben. Die Organisation der sogenannten Bestellprozesse – die Suche nach Lieferanten, das Einholen von Angeboten oder die Durchführung von Verhandlungen – wird heute vielfach elektronisch und mit erheblich geringerem zeitlichem Aufwand durchgeführt. Dies kommt im Unternehmen vor allem dem Einkauf zugute, da sich die Wahrnehmung operativer Aufgaben zugunsten strategischer Aufgaben verlagert und so mehr Zeit dafür bleibt, beispielsweise die Zusammenarbeit mit Lieferanten strategisch zu managen. Daher steht im Vordergrund des Handlungsfelds „Koordination“ die Prozessseite der Einkaufsfunktion, um die in Kapitel 2.3.2 herausgestellten, zeitlichen Potenziale strategisch zu nutzen („Economies of Time“). In erster Linie geht es in diesem Handlungsfeld um die Optimierung der Dauer sowie der Häufigkeit und Qualität von Prozessen durch den Einsatz geeigneter Maßnahmen. Diese tragen in aller Regel auf sehr unterschiedliche Weise zur Beschleunigung („Economies of Speed“), Flexibilisierung („Economies of Flexibility“) oder zur Verbesserung der Qualität von Prozessen bei. Letztgenanntes spiegelt sich unter anderem in den Daten des Unternehmens wider, d.h. welche, wann und wie diese aktualisiert und ausgewertet werden („Economies of Data“).

Sich mit der Prozessseite im Einkauf zu beschäftigen, führt in vielerlei Hinsicht letztendlich immer wieder zu einer Verlagerung operativer Aufgaben auf interne Fachbereiche und Lieferanten. Dies ist nicht immer leicht umsetzbar, da Bereichsegoismen oder Berührungsängste der Mitarbeiter den Einsatz neuer Koordinationsmaßnahmen häufig erschweren. Durch die fortschreitende Digitalisierung profitieren mittlerweile selbst klein- und mittelständische Unternehmen vom Einsatz internetbasierter Lösungen. Jedoch lässt eine veränderte Aufgabenteilung innerhalb von Prozessen auch zunehmend neue Abhängigkeiten zu Lieferanten entstehen. Daher muss der Einkauf im Hinblick auf die entsprechenden Warengruppen sorgsam entscheiden, welche Geschäftsbeziehungen sich prozessseitig wie am besten durchführen lassen. Hierbei kommt es selbstverständlich auf die jeweils verfolgten Lieferanten- und Kostenstrategien an. In diesem Rahmen findet dann die Auswahl der geeigneten Prozessabwicklung statt. So macht beispielsweise der Einsatz einer Single-Source-Strategie den Einsatz elektronischer Auktionen zur Verhandlung von Preisen nachvollziehbar unmöglich. Ebenso ist die Forderung zur Einrichtung eines Vertragslagers vor Ort ohne eine entsprechende Nachfragemacht gegenüber dem Lieferanten vermutlich kaum durchsetzbar. Daran wird noch einmal mehr der Zusammenhang der Maßnahmen in den einzelnen Handlungsfeldern deutlich, die je nach Branche auch sehr unterschiedlich gehandhabt werden.

Im Folgenden sollen daher die für den Einkauf wichtigen Prozesse – der Produktentwicklungs- und der Produktbereitstellungsprozess – näher erläutert werden. Dabei geht es auch hier wieder darum, welche Analysemethoden sich dazu verwenden lassen, welche Maßnahmen sich für welche Warengruppen anbieten, wie diese inhaltlich aussehen und wie sie mit Kennzahlen gesteuert werden. Aufgrund der Vielfalt möglicher Gestaltungsalternativen erhebt die folgende Aufstellung natürlich keinen Anspruch auf Vollständigkeit. Vielmehr sollen unterschiedliche Möglichkeiten aufgezeigt werden, wie sich die Zusammenarbeit mit Lieferanten oder im Unternehmen in der Praxis organisieren lässt.

7.1 Analyse der Prozesssituation

Um Prozessverbesserungen zu planen oder durchzuführen, ist zunächst einmal eine Analyse der Prozesssituation notwendig. Sie erlaubt es, entsprechende Maßnahmen zu definieren und gezielt dort einzusetzen, wo sie nötig sind. Ein grundsätzliches Ziel dabei ist es, die Prozesse so effektiv wie möglich zu gestalten, dass die Zeit der Einkaufsorganisation für die Durchführung rein administrativer Vorgänge so wenig wie nötig in Anspruch genommen wird. Da in vielen Unternehmen die Einkaufsorganisation im Vergleich zu anderen Unternehmensbereichen zumeist mit geringeren personellen Ressourcen ausgestattet ist, stellt die Optimierung der Abläufe für den Einkauf eine höhere Notwendigkeit dar. Aufgrund seines typischerweise hohen Anteils an der gesamten Arbeitszeit, bietet der operative Einkaufsprozess – als Teilprozess des Produktbereitstellungsprozess im Unternehmen – hohe Optimierungspotenziale. Diese sind in klein- und mittelständischen Unternehmen oftmals größer und schaffen im Einkauf den zeitlichen Freiraum zur Wahrnehmung strategischer Aufgaben und damit einen ersten zentralen Handlungsschwerpunkt.

Größere Schwierigkeiten bereitet in aller Regel die Analyse des strategischen Einkaufsprozesses. Dieser Prozess findet im Rahmen des Produktentwicklungsprozesses statt und ist in vielen Unternehmen häufig nur wenig strukturiert. Auch durch die vorhandenen ERP-Systeme, deren Einsatz primär der Unterstützung administrativer Geschäftsprozesse dient, wird dieser Prozess nur spärlich erfasst und ist daher elektronisch oft nur in Fragmenten auswertbar. Inzwischen haben einige Unternehmen zur Unterstützung von Entwicklungsprozessen bereits workflow-basierte, elektronische Abläufe eingerichtet, die zu größerer Transparenz und kürzeren Produkteinführungszeiten (Time-to-Market) führen.

Zur Analyse der Prozesssituation der operativen Einkaufsprozesse sind vor allem zwei Fragen von Interesse: Wie lange ist die durchschnittliche Dauer eines einzelnen Bestellvorgangs? Und wie häufig finden diese Vorgänge im Unternehmen statt? Bei der heutigen technischen Ausstattung der gängigen ERP-Systeme ist eine Analyse der Häufigkeit von Bestellvorgängen zumeist eine Selbstverständlichkeit. Anhand einer warengruppenbasierten Auswertung lässt sich so leicht erkennen, in welchen Warengruppen Handlungsbedarf besteht, um erste Prioritäten festzulegen. Vor allem bei wertintensiven Beschaffungsobjekten kann die Anzahl einzelner Bestellvorgänge aufgrund sich selbst steuernder Bestellprozesse reduziert werden, wie beispielsweise durch die Einführung produktionssynchroner Anlieferkonzepte. Für die weniger wertintensiven Warengruppen muss abgewogen werden, ob aufgrund der Häufigkeit von Bestellvorgängen wertschöpfende Tätigkeiten zu kurz kommen, die eine Veränderung bestehender Abläufe erforderlich machen. So lassen sich heute viele Bestellvorgänge für C-Artikel weitgehend in den Fachbereich auf den Bedarfsträger verlagern oder Maßnahmen initiieren, die eine permanente Partizipation des Einkaufs nicht mehr erfordern.

Eine höhere Hürde stellt die Analyse der Durchlaufzeit eines Bestellvorgangs dar. So lässt sich in den meisten ERP-Systemen zwar die Dauer eines Bestellvorgangs mithilfe sogenannter „Elektronischer Zeitstempel" systemseitig erfassen und auswerten, aber die wahren Gründe für die verstrichene Zeit bleiben häufig im Dunkeln. Ein Grund dafür ist, dass Prozesse sich mit der Zeit auf ihre Weise verselbständigen, wenn beispielsweise neue Mitarbeiter unzureichend geschult oder nicht bereit sind Prozessregeln einzuhalten. Jedoch kann die Auswertung der Bestelldauer auf Basis von elektronischen Zeitstempeln erste Anregungen zur Verbesserung der Prozessleistung ermöglichen. Diese Zeitstempel verkörpern Zeitpunkte, die im Rahmen eines Bestellvorgangs durch die Eingabe von Bestelldaten im ERP-System entstehen und so eine Auswertung der zeitlichen Dauer zwischen zwei Zeitpunkten ermöglichen (vgl. Abbildung 7.1).

Abbildung 7.1 Prozessdurchlaufzeit einer Bestellung

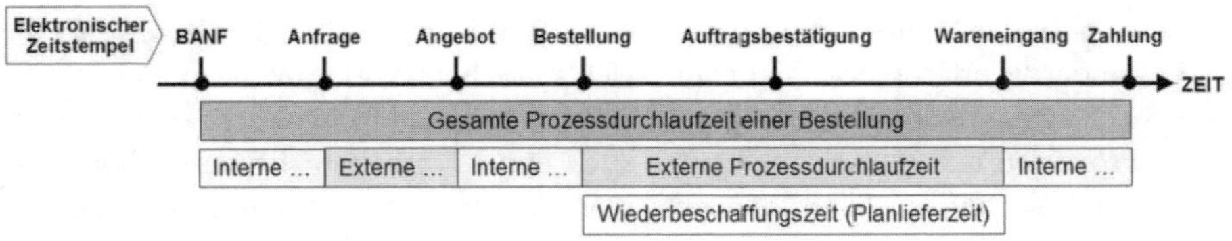

Der erste Zeitstempel eines Bestellvorgangs wird durch die Einstellung einer Bedarfsanforderung (BANF) im System erzeugt. Die BANF stellt die für den Einkauf notwendige Voraussetzung zur Durchführung von Anfragen, der Erteilung einer Bestellung oder der Erfassung einer Auftragsbestätigung dar und bewirkt somit weitere Zeitstempel. Darüber hinaus werden durch die Erzeugung einer Wareneingangsbuchung bzw. der Zahlungsfreigabe weitere Zeitstempel verursacht, die als zusätzliche Messpunkte einer Analyse hinzugezogen werden können. Nicht immer ist die Beeinflussbarkeit dieser Durchlaufzeit allein durch den Einkauf möglich. So wirkt sich bei der Abgabe eines Angebots oder der Übermittlung einer Auftragsbestätigung, die Reaktionsschnelligkeit des Lieferanten nicht unwesentlich auf die Dauer der internen Prozessdurchlaufzeit aus. Aber auch Bedarfsmeldungen oder Angebote, die zu Rückfragen führen, liegen häufig außerhalb des Einflussbereichs der Einkaufsorganisation.

Einen ersten, pragmatischen Überblick über die vorhandene Prozesssituation verschafft dabei eine Geschäftsprozessanalyse, die auf dem Prinzip der sogenannten „Brown-Paper“-Analyse aufbaut. Diese Analyse dient der Visualisierung von administrativen Prozessen, die nach REFA-Methodik anhand aller dazu verwendeten Informationen, Dokumenten und Eingabemasken anschaulich abgebildet werden. Brown Paper bedeutet ursprünglich braunes Packpapier, das dabei großflächig zur Skizzierung der Prozessfolgen und der Zuordnung von Unterlagen eingesetzt wird. Zur Darstellung des Istzustandes sind alle Tätigkeiten, die zum Prozessablauf dazu gehören sowie deren Zeitdauer und verantwortliche Personen genau zu dokumentieren und zu benennen. Dazu eignen sich vor allem Interviews oder die Beobachtung von Abläufen. Aber auch die Methode der Selbstaufschreibung bietet einen hilfreichen Einstieg. In der Praxis werden zur Vorbereitung einer Prozessanalyse dazu oftmals 3-4 Einkäufer gebeten, den täglichen Zeitaufwand für ihre operativen Bestelltätigkeiten und die Anzahl der erledigten Bestellungen einer Woche zu notieren, um in der anschließenden Analyserunde ihre persönliche Vorgehensweise anhand der dazu verwendeten Unterlagen nachzustellen. So lassen sich hier bereits erste Anhaltspunkte aufzeigen, die Ausgangspunkt zur Veränderung und Verbesserung von Abläufen sein können.

Nicht selten lassen sich allein durch den Vergleich gleichartiger Tätigkeiten Optimierungspotenziale erkennen, weil Mitarbeiter unterschiedlich qualifiziert sind oder unterschiedliche Erfahrung oder Zugangsberechtigungen in der Durchführung administrativer Prozesse haben. Aber auch die Einführung von Wertgrenzen oder der Aufbau zuverlässiger Vertreterregelungen tragen in hohem Maße zur Verbesserung von Abläufen bei. Leider ist der Suchaufwand innerhalb von Vorgängen und Dokumenten dabei häufig ein großes Manko. Hätten Sie gedacht, dass durchschnittlich ca. 35% der Arbeitszeit im Unternehmen darauf verwendet wird, Informationen zu finden (BMWi 2006, S. 2f)? Hier lassen sich mithilfe von standardisierten E-Mail-Verteilern, elektronischen Workflows oder einer zentralen Datenbank schon relativ kurzfristig gute Voraussetzungen für eine schnellere Abwicklung von Prozessen entwickeln und damit auch den Mitarbeitern besseren Zugriff auf Informationen verschaffen, die zum Aufbau von Wissen beitragen. Neben der dazu genutzten Systemtechnik und Abwicklungssoftware ist heute das dazu erforderliche Know-how ein grundlegend anderes. So erfordert die Einführung elektronischer Prozesse vielfach die Einbindung der IT-Abteilung oder das Management von Lieferanten eine enge Zusammenarbeit des Einkaufs mit den Fachbereichen und hat außerdem auch erheblichen Einfluss auf die im Unternehmen vorhandene Organisationsstruktur. So führen neue Abläufe zu neuen Organisationsstrukturen, um neue Einkaufsaufgaben optimal zu erfüllen. Auf diesen Aspekt wird später im Handlungsfeld „Know-how“ näher eingegangen.

7.2 Produktentwicklungsprozess

Der Produktentwicklungsprozess umfasst im Unternehmen üblicherweise den Zeitraum von der Identifizierung der Kundenanforderungen durch den Vertrieb bzw. des Produktmanagements bis zu deren Umsetzung in Form einer Spezifikation durch die technischen

Bereiche. In vielen klein- und mittelständischen Unternehmen ist dieser Prozess auch heute noch weniger gut organisiert. Oft erfährt der Einkauf in Form einer Bedarfsanforderung, dass Lieferanten zu suchen sind oder diese schon bereits feststehen, um eine im Unternehmen spezifizierte technische Lösung zu liefern. In fortschrittlicheren Unternehmen wird der Einkauf in diesem Prozess frühzeitig beteiligt, wenn seine Beschaffungsmarktkenntnisse gebraucht werden und er mit seinem Wissen über technische Neuerungen und Kostenstrukturen diese Entwicklungsaufgabe sinnvoll unterstützen kann. Da Produktentwicklungen in aller Regel jedoch selten konfliktfrei verlaufen, vor allem weil sich kaufmännische und technische Interessen häufig widersprechen, haben viele Unternehmen ein Projektmanagement implementiert, um diese Konflikte zu entschärfen und die Durchführung einer Produktentwicklung gezielt zu managen. Eine aus der Sicht des Einkaufs dabei grundlegende Frage ist hier, wie, wann und welche Lieferanten in diesen Prozess eingebunden werden. Da sich die meisten Unternehmen in den letzten Jahren mehr und mehr auf ihre eigentlichen Kernkompetenzen konzentriert haben, sind inzwischen viele Unternehmen dazu übergegangen, diesen Prozess so zu strukturieren, dass der Ablauf einer Produktentwicklung in zeitlicher und finanzieller Sicht nicht dem Zufall überlassen bleibt und eine transparente Steuerung ermöglicht. Wie ein solcher Produktentwicklungsprozess in der Praxis organisiert werden kann, wird in Abbildung 7.2 verdeutlicht.

Abbildung 7.2 Ablaufplanung Produktentwicklungsprozess (Praxisbeispiel)

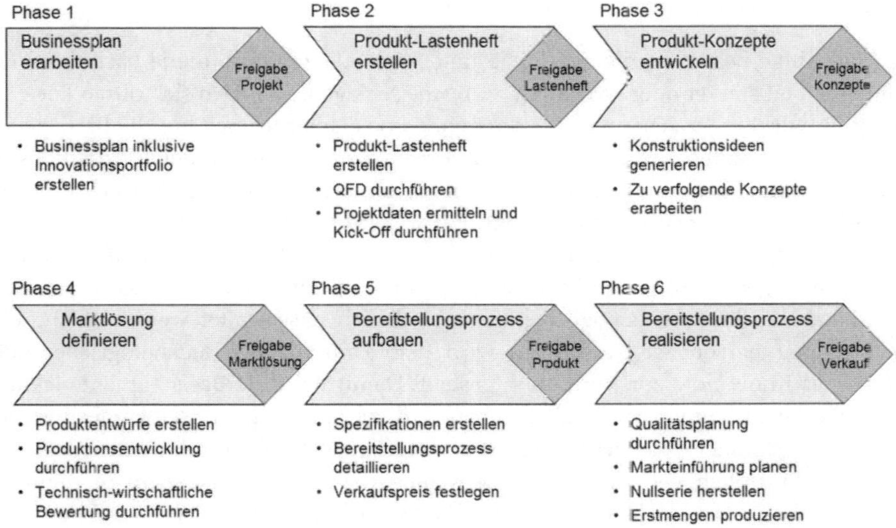

Häufig werden Produktentwicklungsprozesse dabei in mehreren Prozessphasen organisiert. Beginnend über die Erarbeitung eines Businessplans, der Erstellung von Produkt-Lastenheften und der Entwicklung erster Produkt-Konzepte erfolgen die Definition einer Marktlösung und daran anschließend der Aufbau und die Realisierung des Bereitstellungsprozesses. Für jede dieser Phasen sind einzelne Teilaufgaben in Teamstrukturen zu erfüllen, bevor durch eine entsprechende Freigabe aller am Projekt beteiligten Bereiche über die weitere Fortführung des Projekts gemeinsam entschieden wird. Diese Entscheidungsrauten werden zumeist als sogenannte „Q-Gates“ bezeichnet, die zu durchlaufen sind, um kritisch zu prüfen, ob die vorab definierten Ziele durch das Entwicklungsprojekt weiter bewerkstelligt werden. Dadurch wird leichter sichergestellt, dass die Interessen des Einkaufs nicht vernachlässigt werden, vor allem was die Festlegung von Spezifikation oder die Auswahl und Einbindung von Lieferanten anbelangt. Eine der zentralen Fragen im Produktentwicklungsprozess ist dabei generell, ob die gesamte Entwicklungsleistung selbst erstellt oder von Lieferanten Teile für diese oder die gesamte Entwicklungsleistung zugekauft wird. So haben sich in der Praxis unterschiedliche Maßnahmen entwickelt, den Produktentwicklungsprozess neu zu gestalten, die im Folgenden an einigen Methodenbeispielen vorgestellt werden.

7.2.1 Forward Sourcing

So entscheiden sich viele Unternehmen im Rahmen des sogenannten Forward Sourcing – vielfach auch als Advanced Sourcing, Lieferantenfrüheinbindung oder Co-Development bezeichnet – dazu, eigene Produktentwicklungsvorhaben von vornherein gemeinsam mit Lieferanten durchzuführen. Diese Maßnahme bietet sich vor allem mit Systemlieferanten an, die über ein hohes technisches Know-how verfügen und mit denen infolgedessen eine längerfristige Zusammenarbeit angestrebt wird.

Diese Maßnahme besitzt mehrere Vorteile und Nachteile zugleich, die je nach Grad der Zusammenarbeit stärker oder schwächer zu Buche schlagen. So lassen sich durch Forward Sourcing Entwicklungszeiten enorm verkürzen, da das Unternehmen auf die Branchenerfahrung des Lieferanten zurückgreift. Dadurch werden den Kunden neue Produktlösungen schneller zur Verfügung gestellt und die gesamte Zeitdauer der Markteinführung (Time-to-Market) wird enorm beschleunigt. Ein weiterer Vorteil liegt in der Reduzierung von Entwicklungs- und Herstellungskosten. Da der Lieferant zur Entwicklung von Produktlösungen eigene Ressourcen beisteuert, kann die Spezifikation mit Blick auf die bei ihm vorhandenen Fertigungsmöglichkeiten bestmöglich ausgestaltet werden. Ohne den Aufbau eigener personeller Ressourcen wird dem Unternehmen technologisches oder methodisches Know-how zur Verfügung gestellt. Damit wird die Basis zur Entwicklung sogenannter Alleinstellungsmerkmale geschaffen, da der Lieferant auf seinem technischen Gebiet über die höhere fachliche Kompetenz verfügt, solche Produkteigenschaften zu entwickeln. Doch auch die Nachteile diese Maßnahme sind offensichtlich: So nimmt je nach Grad der Zusammenarbeit die Abhängigkeit vom Lieferanten zu, während der Wettbewerb zwischen potenziellen Lieferanten oft von vorherein eingeschränkt ist oder gar nicht erst ermöglicht wird. Aber auch die Gefahr von Know-how-Verlusten ist nicht unerheblich, da der Lieferant wesentliche Entwicklungsaufgaben übernimmt. Bei der Auswahl geeigneter Lieferanten sind deshalb Kriterien, wie beispielsweise Branchenerfahrung, Entwicklungskompetenz, Innovationsstärke, Bonität und Kostenniveau von besonderer Bedeutung. Idealerweise wurden bereits gute Erfahrungen mit bestehenden Lieferanten gemacht, die diese dann in besonderer Weise für eine frühzeitige Einbindung in Entwicklungsprozesse qualifizieren.

Der Zeitpunkt einer solchen Integration des Lieferanten in den Produktentwicklungsprozess ist in Abhängigkeit des im Unternehmen vorhandenen Know-how zu entscheiden. So lassen sich unterschiedliche Arten der Zusammenarbeit charakterisieren. Diese reichen von einer Zusammenarbeit auf dem Gebiet der Produktentwicklung über die Entwicklung eines Konzepts bis hin zur Entwicklung völlig neuartiger Ideen. Je nachdem welche Form der Zusammenarbeit dabei gewählt wird, sind auch die damit verbundenen Aufgaben zwischen dem Lieferanten und dem Unternehmen abzustimmen. Eine Übersicht über die unterschiedliche Aufgabenverteilung im Rahmen des Forward Sourcing zeigt die folgende Abbildung 7.3 (vgl. Wildemann 2000, S. 329ff).

Abbildung 7.3 Formen der Zusammenarbeit im Forward Sourcing

Lieferantentyp / Merkmale und Aufgabenverteilung	Ideen- und Konzeptentwicklungs-Lieferant	Konzeptentwicklungs-Lieferant	Produktentwicklungs-Lieferant
Produktkomplexität	sehr hoch	hoch	mittel
Umfang der Spezifikation	Produktidee	Konzept	Grobspezifikation als Ausgangspunkt
Verantwortung der Produktgestaltung	Lieferant	Lieferant	Unternehmen und Lieferant
Verantwortung der Fertigungsprozessgestaltung	Lieferant	Lieferant	Unternehmen und Lieferant
Einfluss des Lieferanten auf die Spezifikation	enge Zusammenarbeit	innerhalb des Rahmenkonzepts	kaum
Zeitpunkt der Lieferantenintegration	projektunabhängige Vorentwicklungsphase	Konzeptphase	Produktentwicklung der Marktlösung
Verantwortung für Produkt-Tests	Lieferant	Lieferant	Unternehmen und Lieferant
Technologiepotenzial des Lieferanten	sehr hoch	hoch	mittel

Die Ungewissheit über den Verkaufserfolg einer Produktentwicklung ist dabei naturgemäß für alle an der Entwicklung beteiligten Unternehmen ein hohes Risiko. Dadurch bleibt es auch im Rahmen eines Forward Sourcing offen, ob die insgesamt entstandenen Entwicklungskosten durch den Verkauf des neuen Produkts kompensiert werden können. Der Einkauf muss daher mit den Lieferanten eine Lösung erzielen, wie sich die Zusammenarbeit angesichts dieser Tatsache sinnvoll gestalten lässt. So sind in der Praxis viele Unternehmen dazu übergegangen, die Entwicklungskosten des Lieferanten direkt zu vergüten, um – zumindest theoretisch – noch die Möglichkeit zu besitzen, die so entstandene Spezifikation auch bei anderen Lieferanten anzufragen. Theoretisch deswegen, da auch der Lieferant ein Interesse daran besitzt, seine eingebrachten Ideen und Konzepte nicht dem unmittelbaren Wettbewerber zur Verfügung zu stellen. Zudem besitzt diese Vergütung den Vorteil, dass die Entwicklungskosten die gesamten Produktkosten weniger anteilig belasten, wenn diese nicht mehr unmittelbar über den Verkauf der geplanten Produktmengen refinanziert werden müssen. In gleicher Weise wird aus demselben Grund mit der Vergütung der im Forward Sourcing entstandenen Werkzeuge und Vorrichtungen verfahren und hier beispielsweise Standzeiten und Wartungskosten fest vereinbart. So sind viele Unternehmen inzwischen dazu übergegangen, mit den Lieferanten sogenannte „Life Cycle-Verträge" abzuschließen, die auch die Belieferung mit Ersatzeilen umfasst. Daher ist diese Maßnahme in der Praxis oftmals eng an die Strategie eines Single Sourcing geknüpft und nicht selten mit der Forderung zur Offenlegung der Kalkulation verbunden.

7.2.2 Konzeptwettbewerb

Eine weitere Form der Zusammenarbeit mit Lieferanten im Entwicklungsprozess stellen aus Sicht des Einkaufs sogenannte Konzeptwettbewerbe dar. Auch hier ist das vordergründige Interesse die Nutzung des Lieferanten Know-how im Zuge der Produktentwicklung. Im Unterschied zum Forward Sourcing und der damit verbundenen festen Einbindung von Lieferanten sind hierbei die Vor- und Nachteile nicht ganz so gravierend, aber dennoch analog zu betrachten. So werden bei dieser Maßnahme im Idealfall mehrere Lieferanten auf Basis eines Lastenhefts um Erarbeitung entsprechender Lösungsvorschläge oder -konzepte im Rahmen eines Pflichtenhefts gebeten, die dann im Unternehmen nach technischen und kaufmännischen Kriterien ausgewertet werden.

Das Lastenheft ist nach VDI / VDE- Richtlinie 3694 eine Zusammenstellung aller Anforderungen des einkaufenden Unternehmens und spiegelt die Gesamtheit aller Forderungen hinsichtlich des Liefer- und Leistungsumfangs wider. So wird im Lastenheft – allgemein gesagt – beschrieben, „was" und „wofür" etwas zu lösen ist. Dies beinhaltet zumeist die technische Ausgangssituation, die zu erreichenden Ziele in Form von Leistungsdaten, etwaige Qualitätsanforderungen oder -risiken sowie mögliche Abnahmekriterien bezüglich des zu erbringenden Leistungsumfangs. Der Lieferant detailliert im Rahmen eines Pflichtenhefts diese Anwendervorgaben und beschreibt hierin die Realisierung aller Anforderungen des Lastenhefts. Damit wird innerhalb des Pflichtenhefts definiert, „wie" und „womit" die Anforderungen realisiert werden.

Durch diese Vorgehensweise können zumindest zum Anfang einer Entwicklung mehrere alternative Lösungsvorschläge vom Einkauf zusammengetragen werden. Nicht ausgeschlossen werden kann allerdings, dass sich Lieferanten zu detaillierten Lösungsvorschlägen tendenziell zurückhaltend äußern, da für sie nicht absehbar ist, ob sich ihre Konzeption technisch und kaufmännisch im Vergleich zu anderen durchsetzt. Um einen hohen Anreiz zur Erarbeitung von Lösungsvorschlägen zu schaffen, sollte das eigene Einkaufsvolumen eine entsprechende Größenordnung aufweisen und sich auch beim Lieferanten ein entsprechend hoher Umsatzanteil zukünftig erzielen lassen. Deshalb bietet sich diese Maßnahme in erster Linie zur Anfrage zukünftiger A-Volumina an. Doch ist der hohe Zeitaufwand für eine solche Maßnahme nicht zu unterschätzen, vor allem da auch hier die infrage kommenden Lieferanten sorgfältig und umfassend auszuwählen sind.

7.2.3 Target Costing

Im Gegensatz zu den bereits erläuterten Maßnahmen geht das Target Costing – auch Target Pricing genannt – einen Schritt weiter, indem die maximal zu erreichenden Kosten bzw. Preise vom einkaufenden Unternehmen fest vorgegeben werden. Das Konzept des Target Costing wurde in den 60er Jahren von Toyota entwickelt und ging im Unterschied zu den damals bekannten Vorgehensweisen im Produktentwicklungsprozess grundsätzlich der Frage nach: „Was darf ein Produkt kosten, das genau den Anforderungen der Kunden entspricht?" Dadurch soll sichergestellt werden, dass die Produktentwicklung zu Spezifikationen führt, welche die Kundenerwartungen sowohl aus technischer als auch kaufmännischer Sicht erfüllen. Diese Herangehensweise war insofern neu, dass sie sich vom traditionellen Kostenmanagement-Prinzip verabschiedete, bei dem sich der Verkaufspreis eines Produkts auf der Basis der vorhandenen Kostenstruktur zuzüglich eines Gewinnaufschlags ergibt. Diese Herangehensweise wird in vielen, weniger wettbewerbsintensiven Branchen nach wie vor praktiziert und läuft daher Gefahr, dass neu entwickelte Produkte oftmals zu teuer sind und sich als Ladenhüter erweisen.

Das Target Costing beinhaltet eine retrograde Vorgehensweise. Diese geht von einer aus Absatzmarktforschungsaktivitäten ermittelten maximalen Preisobergrenze aus, von der eine angestrebte Gewinnmarge abgezogen wird. Daraus ergeben sich die maximal erlaubten Kosten, die eine Obergrenze für das neu zu entwickelnde Produkt vorgeben. Ähnlich wie bei der Wertanalyse werden den Produktfunktionen je nach ihrer Bedeutung anteilige Kosten zugeordnet und damit ein verbindlicher Kostenrahmen geschaffen, indem sich die Produktentwicklung maximal bewegen darf.

Target Costing hat den Vorteil, dass der Einkauf zwangsläufig in die Produktentwicklung mit eingebunden werden muss, weil sein Wissen über Marktpreise und Kostenstrukturen nunmehr benötigt wird. So werden schon in frühen Phasen der Produktentwicklung das Entstehen zu hoher Kosten erkannt und vermieden. Dadurch lässt sich dem im ersten Kapitel beschriebenen Dilemma von Kosten und Ausgaben wirkungsvoll entgegen treten.

Diese Vorgehensweise stellt hohe Anforderungen an die Zusammenarbeit aller an der Produktentwicklung beteiligten Bereiche und fördert die cross-funktionale Teamarbeit. So eignet sich der Einsatz dieser Maßnahme vor allem bei Produktentwicklungen mit geringem Innovationsgrad, deren Kostenstrukturen dem Unternehmen aus ähnlichen Produktentwicklungen bereits bekannt sind. Für Produktentwicklungen mit hohem Innovationsgrad ist der Einsatz dieser Maßnahme problematisch, da sich Kostengrößen auf Basis bislang noch unbekannter Nutzenerwartungen nur schwer zuordnen lassen. Dadurch erhöht sich die Gefahr, wirklich neuartige Produktinnovationen allzu leicht zu blockieren.

7.2.4 Simultaneous Engineering

Mit der Einbindung von Lieferanten in den Produktentwicklungsprozess lassen sich Entwicklungszeiten durch Simultaneous Engineering erheblich verkürzen. Der Kerngedanke dieser Vorgehensweise ist folgender: Sobald in einem Entwicklungsschritt genügend Informationen erarbeitet wurden, die einen Beginn der nächsten Schritte rechtfertigen, werden diese Schritte nicht mehr sequenziell, sondern überlappend durchgeführt. So war es früher häufig der Fall, dass Lieferanten auf der Basis abgeschlossener und vielfach kostspieliger Spezifikationen prinzipiell überhöhe Angebote erstellten oder aber im Unternehmen Fertigungspläne entwickelt wurden, die zu Fertigungszeiten führten, die das neue Produkt erheblich verteuerten. Eine Änderung bestehender Spezifikationen bzw. ein Eingreifen in den laufenden Prozess war aufgrund des Voranschreitens der Entwicklung und der damit verbundenen oft immensen Kosten kaum mehr möglich.

Heute lassen sich Entwicklungszeiten schon allein aufgrund der rasant voranschreitenden technischen Entwicklung im Rahmen des sogenannten Rapid Prototyping enorm verkürzen. Einige Unternehmen haben inzwischen im Einkauf Maßnahmen ergriffen, kleine aber hochflexible Lieferantenstrukturen aufzubauen und kapazitativ auszulasten, die auf eine Prototypenherstellung spezialisiert sind und sich im Bedarfsfall auch zur Herstellung von Serienprodukten eignen. So ist ein süddeutscher Automobilzulieferer heutzutage in der Lage, innerhalb von 72 Stunden komplette Prototypen unter Serienbedingungen herzustellen und dadurch die Entwicklungsprozesse bei seinen Kunden – den Automobilherstellern – erheblich zu beschleunigen. Außerdem hat die fortschreitende Integration von CAD- und CAM-Systemen immens dazu beigetragen, dass die Planung der Produktion in einem weitaus früheren Entwicklungsstadium beginnen kann, bevor das neue Produkt fertig entwickelt und konstruiert ist.

So führt Simultaneous Engineering bisweilen zu einem kurzfristig höheren Arbeitsaufwand, da im Einkauf nicht mit dem endgültigen, technischen Informationsstand gearbeitet wird. Dafür lassen sich Fehler jedoch schneller erkennen und rechtzeitig beseitigen, bevor sie in einer späteren Phase der Entwicklung noch höhere Kosten verursachen, die das neue Produkt unnötig verteuern. Die Basis für diese Vorgehensweise ist ein ständiger Informationsaustausch aller am Entwicklungsprozess beteiligten Bereiche. Dadurch wird der Einkauf gefordert, seinerseits intensivere Beschaffungsmarktaktivitäten zu betreiben sowie relevante Informationen von den am Entwicklungsprozess beteiligten Fachabteilungen einzufordern. So wird die Entwicklung vom Einkauf mehr und mehr unter Zugzwang gesetzt, damit z.B. Lastenhefte frühzeitiger erstellt werden und dadurch verhindert wird, dass mit Lieferanten sogenannte Vorentwicklungsprojekte betrieben werden, die faktisch zu einer Festlegung von Lieferanten ohne Beteiligung des Einkaufs führen (Versteeg 1999, S. 73).

7.3 Produktbereitstellungsprozess

Der Produktbereitstellungsprozess stellt neben dem Produktentwicklungsprozess aus Unternehmenssicht einen weiteren wesentlichen Kernprozess dar. Damit wird sichergestellt, dass das Unternehmen seine operative Wertschöpfungsfunktion zur Belieferung der Kunden mit Verkaufsprodukten erfüllt. Ein Teilprozess dieses Bereitstellungsprozess ist der sogenannte Einkaufsprozess. Dadurch wird gewährleistet, dass der zur Wertschöpfung benötigte externe Bedarf an Waren und Dienstleistungen von den jeweiligen Lieferanten rechtzeitig zur Verfügung gestellt wird. Damit bildet dieser Prozess die operative Kernaufgabe des Einkaufs ab. Dies umfasst mehrere Prozessschritte, die zumeist in abteilungsübergreifender Prozessfolge durchlaufen werden. Wie ein solcher Einkaufsprozess im Unternehmen üblicherweise abläuft, wird schematisch in Abbildung 7.4 verdeutlicht.

Abbildung 7.4 Darstellung eines Einkaufsprozesses

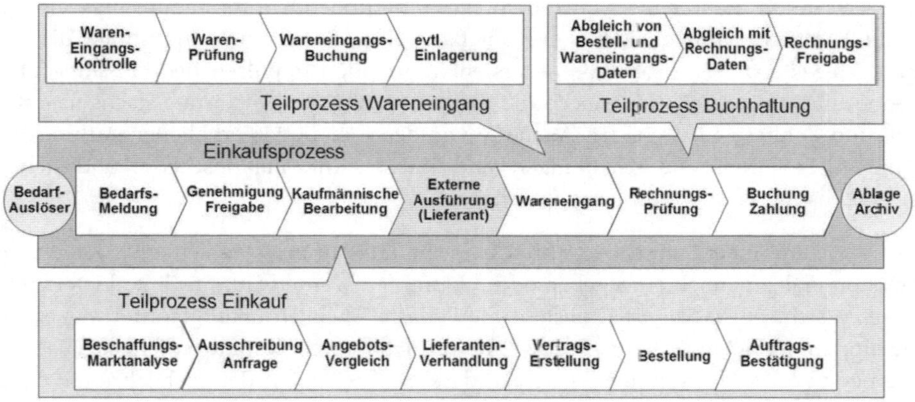

Demnach ist der Auslöser eines Einkaufsprozesses der im Unternehmen entstehende Bedarf, der bisweilen von den verantwortlichen Kostenstellen durch Genehmigung freigegeben wird. Auf Basis dieser Freigabe nimmt die Einkaufsorganisation die kaufmännische Bearbeitung wahr, deren einzelne Schritte im Teilprozess Einkauf zusammengefasst sind und im Wesentlichen mit der Auftragsbestätigung enden. Nachdem der Lieferant die bestellten Beschaffungsobjekte geliefert hat, erfolgt im Teilprozess Wareneingang die Vereinnahmung, Prüfung und Buchung sowie eventuelle Einlagerung der Ware. Dieser Prozessschritt stellt neben Anderen eine Voraussetzung für die anschließende Rechnungsprüfung im Teilprozess Buchhaltung dar, die in der Buchung und Zahlung mündet und den Einkaufsprozess damit beendet. Da es sich bei den genannten Prozessschritten fast ausnahmslos um administrative Tätigkeiten handelt, kommt die wertschöpfende und planerische Tätigkeit des Einkaufs hier eindeutig zu kurz und bietet daher auch außerhalb des Einkaufsbereichs hohes Optimierungspotenzial. Umso mehr, wenn man bedenkt, dass in vielen Unternehmen die durchschnittlichen Kosten eines Bestellvorgangs in Deutschland bei 108 Euro liegen (vgl. Kapitel 2.3.1) und dabei bisweilen weitaus geringere Bestellwerte gehandhabt werden. Hier kommt eine Prozessoptimierung mit Blick auf die Vielfalt der einzukaufenden Materialien vor allem bei den sogenannten C-Materialien sehr deutlich zum Tragen.

So werden durch den Einkaufsprozess gleichzeitig mehrere Prozessflüsse grundsätzlich veranlasst. Demnach führt ein Informationsfluss vom Unternehmen zum Lieferanten zur

Auslösung eines Informations- und Materialflusses vom Lieferanten zum Unternehmen, der wiederum einen Zahlungsfluss vom Unternehmen zum Lieferanten verursacht. Daher sollen anhand dieser Aufteilung einzelne Prozessmaßnahmen erläutert werden, wie sich Prozessflüsse verbessern lassen, um im Unternehmen mehr Zeit für wertschöpfende Tätigkeiten zu gewinnen.

7.3.1 Maßnahmen zur Optimierung des Informationsflusses

So lässt sich der im Rahmen des Einkaufsprozess stattfindende Informationsfluss anhand mehrerer Facetten charakterisieren. Auf der Basis einer Bedarfsmeldung erfolgt die Beschaffungsmarktanalyse, die bereits zu ersten Informationsimpulsen des Einkaufs führt und endet mit der Bestellung, welche die Voraussetzung zur Auslösung nachgelagerter Waren- und Zahlungsflüsse bildet. Auch die von den Lieferanten erhaltenen Auftragsbestätigungen, Lieferavis und Rechnungen sind Teil des Informationsflusses und stehen daher im Zentrum vieler Optimierungsvorhaben.

Stellen Sie sich für einen kurzen Augenblick vor, im Einkauf müssten keinerlei Daten oder Information mehr manuell eingegeben oder übermittelt werden, ausgewählte Lieferanten informieren sich selbständig über anstehende Bedarfe, erstellen unaufgefordert neue Angebote und unterbieten sich im Preiswettbewerb mit ihren Konkurrenten gegenseitig. Schöne neue Welt? Auch ich gebe gern zu, dass mir zu Beginn der 90er Jahre die dazu notwendige Fantasie noch fehlte. Doch durch die kommerzielle Nutzung des Internets ist diese Vorstellung inzwischen nur noch einen Mausklick weit entfernt. Heute kommunizieren Lieferanten auf vielfältige Weise mit ihren Kunden und übernehmen so einen großen Teil der operativen Tagesarbeit des Einkaufs.

7.3.1.1 Elektronischer Datenaustausch: EDI

Anstelle der manuellen Eingabe von Bestell-, Auftragsbestätigungs- oder Lieferavisdaten sind inzwischen viele Unternehmen dazu übergegangen, ihren Datenaustausch mit Lieferanten nahezu vollkommen auf elektronischem Wege zu organisieren. Noch vor einigen Jahren waren in vielen Unternehmen dazu EDI-Anwendungen über den klassischen X.400 Standard im Einsatz. Diese besaßen jedoch den Nachteil, dass zu ihrem Betrieb sowohl vom Sender als auch vom Empfänger der Daten Investitionen zu leisten waren, um ein vollständig aufeinander abgestimmtes EDI-System zur Konvertierung der unterschiedlichen Datenformate zu realisieren. Daher hat sich früher der Einsatz einer EDI-Anbindung für viele kleinere Unternehmen aus Kostengründen nur selten gerechnet.

Inzwischen setzen viele Unternehmen Web-EDI basierte Datenübertragungssysteme ein. Dabei werden unternehmensindividuell abgestimmte Formulare über einen EDI-Server im Internet zur Verfügung gestellt, die von den Lieferanten allein durch einen PC-basierten Internet-Browser aufgerufen werden. Mithilfe eines Passworts können sich die Lieferanten in den Web-EDI-Server des Unternehmens einloggen, um Nachrichten abzurufen, auszudrucken oder solche zu verfassen. Der Lieferant gibt dabei seine Daten in die Eingabemasken des betreibenden Unternehmens ein, die von dessen Web-EDI-Server entsprechend weiterverarbeitet und in sein ERP-System übertragen werden. Durch diese recht einfache Form der Datenübertragung ist es vielen Unternehmen möglich, auch kleinere Lieferanten ohne zusätzliche Investitionen in einen elektronischen Datenaustausch mit einzubinden und die Eingabe von Einkaufsprozessdaten auf diese zu übertragen. So entfällt auch der elektronische Versand von Bestellungen. Vielmehr muss der Lieferant auf dem Web-EDI-Server im Internet nachschauen, ob eine Bestellung für ihn vorliegt.

Diese Form der Zusammenarbeit mit Lieferanten lässt sich grundsätzlich für alle materiellen Warengruppen einsetzen und ist vor allem bei einem hohen Datenaufkommen bedingt durch eine hohe Anzahl einzelner Bestellungen sehr wirkungsvoll. Prozesskosten lassen sich so in erheblichem Maße senken, zumal Doppelerfassungen vermieden und Dateneingabefehler insofern nur auf Seiten des Lieferanten auftreten.

7.3.1.2 Elektronische Marktplätze

Inzwischen gibt es für den Einkauf im Internet eine Vielzahl elektronischer Marktplätze, um beispielsweise auf diesen virtuellen Orten Anfragen, Ausschreibungen oder komplette Bestellvorgänge durchzuführen. Das primäre Ziel elektronischer Marktplätze ist dabei die Unterstützung von geschäftlichen Austauschprozessen wie beispielsweise der Handel von Waren und Dienstleistungen.

Elektronische Marktplätze lassen sich in horizontale und vertikale Marktplätze unterscheiden, je nachdem welche Beschaffungsobjekte auf diesen gehandelt werden. Horizontale Marktplätze sind nicht spezifisch auf eine bestimmte Branche festgelegt und bieten oft ein breites Produkt- bzw. Dienstleistungsspektrum geringwertiger Beschaffungsgüter an, wie z.B. Büroausstattungen, Arbeitsschutz, Laborbedarf sowie IT- Hard- und Software. So wird in der Praxis der auf Gewerbekunden ausgerichtete horizontale Marktplatz der Mercateo AG (www.mercateo.com) für den dezentralen Einkauf von C-Artikeln bereits vielfach verwendet. Hingegen haben vertikale Marktplätze einen eindeutigen Branchenbezug wie beispielsweise solche für Metalle, Chemikalien, Kunststoffe oder Transportbedarfe, die sich zur Ausschreibung komplexer Bedarfe weitaus besser eignen. Zudem unterscheiden sich elektronische Marktplätze ebenfalls danach, ob die Marktteilnehmer ohne Eintrittsbarrieren am Marktgeschehen partizipieren können. Neben den sog. offenen Marktplätzen gibt es ebenso geschlossene, bei der die Teilnahme an bestimmte Zugangsvoraussetzungen geknüpft ist.

Zusätzlich lassen sich elektronische Marktplätze hinsichtlich ihrer Betreiberstruktur in buy-side, sell-side und neutrale Marktplätze unterscheiden, die einen wesentlichen Einfluss auf die damit verfolgte Geschäftsstrategie haben. So wird ein buy-side-betriebener Marktplatz oft von einem oder seltener auch von wenigen einkaufenden Unternehmen betrieben und entspricht dem Typus eines geschlossenen Marktplatzes. Das Gegenteil ist ein sell-side-betriebener Marktplatz, der vergleichsweise dem sogenannten Online-Shop eines Unternehmens auf der Verkaufsseite entspricht. Neutrale Marktplätze zeichnen sich durch ihre Unabhängigkeit gegenüber Ein- und Verkäufern aus. Doch benötigen diese Marktplätze einen hohen Bekanntheitsgrad, da sie sich finanziell selbst tragen müssen, wie bspw. der aus dem Privatkundenbereich sehr bekannte neutrale Marktplatz Ebay.

Die Finanzierung offener bzw. neutraler Marktplätze erfolgt zumeist über Gebühren, die sich an der Höhe des gehandelten Geschäftsvolumens orientieren. Für das einkaufende Unternehmen ist die Nutzung dabei vielfach kostenfrei. Diese Marktplätze erleichtern dem Einkauf den Vergleich von Konditionen, das unproblematische Auffinden preisgünstiger Lieferanten und ermöglichen so tendenziell den Aufbau dezentraler Strukturen zur Wahrnehmung von Einkaufsaufgaben. In vielen Unternehmen wickeln inzwischen die Fachbereiche weitgehend selbständig den Einkauf geringwertiger Warengruppen ohne operative Beteiligung der Einkaufsorganisation über Marktplätze ab.

Bei geschlossenen sowie buy- und sell-side betriebenen Marktplätzen wird die Finanzierung zumeist durch den Betreiber wahrgenommen. Hier ist das einkaufende Unternehmen als Betreiber eines buy-side-betriebenen Marktplatzes vorrangig daran interessiert, Lieferanten mittel- bis langfristig an sich zu binden, indem beispielsweise nur dieser Kreis zur Abgabe von Angeboten aufgefordert wird oder Bestellungen erhält. Daher eigenen sich geschlossene Marktplätze grundsätzlich für alle vom Unternehmen benötigten Beschaffungsobjekte. Vergleichsweise in Form elektronischer Lieferantenvorzugslisten wird dadurch festgelegt, mit welchen Lieferanten das Unternehmen zusammenarbeiten will und verhindert so ein unkontrolliertes Aufblähen der Lieferantenstruktur.

7.3.1.3 Elektronische Kataloge

Eine weitere Möglichkeit des Einkaufs geringwertiger Beschaffungsobjekte stellen elektronische Katalogsysteme dar. Diese Systeme sind im Prinzip buy-side-betriebene Marktplätze, auf denen die Lieferanten ihre elektronischen Produktkataloge dem Unternehmen zur Verfügung stellen. Im Unterschied zu offenen oder sell-side-betriebenen Marktplätzen entscheidet hier das betreibende Unternehmen selbst darüber, welche einzelnen Artikel des Produktkatalogs eines Lieferanten auf dem eigenen Marktplatz eingekauft werden können. Auf Basis einer eigenen Bestellsoftware können unter einheitlicher Benutzeroberfläche die einzelnen Bedarfsträger aus mehreren Katalogen Beschaffungsobjekte auswählen und ohne Einschaltung des Einkaufs direkt „vom Schreibtisch aus“ einkaufen. So hat sich inzwischen für derartige Abwicklungssysteme auch der Begriff Desktop Purchasing-Systeme (DPS) durchgesetzt. In aller Regel werden solche Systeme mit elektronischen Freigabeprozessen verknüpft oder mit einem Budget hinterlegt, das den Einkauf durch den Fachbereich wertmäßig limitiert. Durch eine Schnittstelle zum vorhandenen ERP-System wird sichergestellt, dass sich die so erzeugten Bestelldaten zur Bezahlung von Lieferantenrechnungen und zur Auswertung von Kostenstellenberichten verwenden lassen. Vom Einkauf werden mit den Lieferanten lediglich Rahmenverträge vereinbart, in denen die jeweiligen Konditionen und Laufzeiten fixiert werden.

Dieses Vorgehen bietet mehrere Vorteile. Durch den Einsatz elektronischer Kataloge lassen sich Warengruppen standortübergreifend leichter bündeln und dadurch oft erhebliche Prozesskostenreduzierungen erzielen, die den Einkauf operativ entlasten. Außerdem wird so das sogenannte Maverick Buying weitgehend vermieden, da der Bedarfsträger selbst entscheidet, welche Artikel er benötigt. Durch den Einsatz dieser Maßnahme verändert sich außerdem die oft konfliktträchtige Kontrollfunktion des Einkaufs von einer Fremdkontrolle in eine Selbstkontrolle des Fachbereichs. So übernimmt der Einkauf bei dieser Art der Bedarfserfüllung nicht mehr die unbehagliche Schiedsrichterfunktion, wenn er – wie im traditionellen Einkauf oftmals üblich – darüber entscheiden muss, welche Beschaffungsobjekte eingekauft werden dürfen und welche nicht. Nachteilig ist hier der hohe Investitionsaufwand, um solche Katalogsysteme zu betreiben, deren Einsatz sich erst ab einer größeren Anzahl von Beschaffungsobjekten bzw. mehreren Katalogen lohnt. Nicht zu unterschätzen ist ebenso der teilweise beträchtliche Pflegeaufwand zur Aktualisierung der vorhandenen Preis- und Artikeldaten solcher Kataloge, der jedoch in der Praxis mittlerweile mehr und mehr von Lieferanten übernommen wird.

7.3.1.4 Elektronische Auktionen

Mithilfe von elektronischen Auktionen werden vom Einkauf vorhandene Bedarfe an den Lieferanten vergeben, der im Rahmen eines elektronischen Bieterverfahrens den günstigsten Preis abgibt. Diese Maßnahme eignet sich vor allem zur Reduzierung von Einstandspreisen, weil innerhalb einer Auktion mehrere Lieferanten gleichzeitig zusammengeführt werden und dadurch gezielt ein direkter Wettbewerb zwischen diesen erzeugt wird. Gleichzeitig lassen sich damit im Einkauf auch die Prozesskosten verringern, da die Durchführung aufwändiger, personalintensiver Verhandlungsrunden mit Lieferanten weitgehend entfällt. Größtenteils werden diese Auktionen mithilfe eines Dienstleisters durchgeführt, der für die Dauer der Auktion die dazu benötigte Software zur Verfügung stellt und die teilnehmenden Lieferanten auf einem virtuellen Marktplatz – im Prinzip wie bei Ebay – elektronisch zusammenschließt. Jedoch finden in aller Regel diese Auktionen auf einem geschlossenen Marktplatz statt, bei dem der Einkauf die dafür zugelassenen Lieferanten selbst auswählt. Damit überhaupt ein echter Wettbewerb entstehen kann, sollten mindestens 4-5 Lieferanten an einer Auktion teilnehmen, die idealerweise nicht voneinander wissen, um etwaige Preisabsprachen im Vorfeld zu unterbinden. Problematisch ist der Einsatz von Auktionen deshalb bei Ausschreibungen, die typischerweise Lieferanten aus einem lokalen Umfeld zusammenführt, wie beispielsweise Reinigungsunternehmen. Je sorgfältiger diese Auswahl durchgeführt wird, desto geringer ist das Risiko, dass nach der Auktion ein Lieferant zum Zuge kommt, der die Anforderungen des Unternehmens nicht erfüllt. Da vor Beginn einer Auktion die zu ersteigernden Bedarfsvolumina eindeutig zu spezifizieren und den beteiligten Lieferanten die Abnahmemodalitäten des Auftrags mitzuteilen sind, ist der Vorbereitungsaufwand im Unterschied zur traditionellen Auftragsvergabe anfänglich natürlich recht hoch. Jedoch lassen sich so ungewollte Nachbesprechungen und aufwändige Nachverhandlungen im Anschluss an eine Auktion leichter vermeiden.

Zur Durchführung einer Auktion eignen sich in erster Linie jene Bedarfe, die aus Sicht des Unternehmens idealerweise keine Präferenz für einen bestimmten Lieferanten beinhalten und ein großes Einkaufsvolumen darstellen. Dadurch ist ein erhöhter Vorbereitungsaufwand leichter zu rechtfertigen. Mit Blick auf eine Preisreduzierung werden die besten Ergebnisse bei solchen Auktionen dann erzielt, wenn die Lieferanten ein großes Eigeninteresse an der Erteilung eines Auftrags besitzen. Daher weisen Hebelmaterialien grundsätzlich die besten Voraussetzungen zur Durchführung von Auktionen auf, umso mehr wenn diese für die Lieferanten einen hohen Umsatzanteil bedeuten. In der Praxis gibt es unterschiedliche Formen, wie solche Auktionen durchgeführt werden. Am meisten verbreitet sind die sogenannten „Reversen Auktionen", bei denen derjenige Lieferant den Zuschlag erhält, der nach Ablauf der Auktionsdauer den günstigsten Preis abgegeben hat. Dazu wird zu Beginn der Auktion vom Einkauf ein Preis genannt, der zu unterbieten ist. Vielfach werden diese Auktionen auch so durchgeführt, dass die teilnehmenden Lieferanten im Vergleich zu ihren Mitkonkurrenten während der Bieterphase nur über ihren jeweiligen Rang am Bildschirm informiert werden und daher lediglich wissen, ob ihr Angebot aktuell das günstigste ist. Aus pragmatischen Gründen sollte eine Auktion gesamte Pakete von Beschaffungsobjekten umfassen, als für einzelne erfolgen. In Anbetracht der Größe und Komplexität des Auktionsvolumens wird die zeitliche Dauer der Auktion durch den Einkauf vorab festgelegt. Üblicherweise haben Auktionen eine Dauer von ein bis zwei Stunden. Ist zu erwarten, dass die Teilnehmer aufgrund des Auktionsvolumens mehr Zeit benötigen, um weitere Angebote abzugeben, können Auktionen auch über mehrere Tage stattfinden. So werden manche Auktionen bewusst nicht auf einen Endzeitpunkt fixiert, sondern sogenannte Karenzphasen festgelegt, die nach Abgabe eines Angebots allen Teilnehmern eine gleiche Reaktionszeit zugesteht, um weitere Angebote abzugeben. Hierbei ist auch eine sogenannte Schrittweite festzulegen, um welchen Betrag ein abgegebenes Angebot mindestens zu unterbieten ist, um damit eine absichtliche Verzögerung der Auktion zu verhindern. Nicht selten lassen sich so Kosteneinsparungen von 10 – 25% bei gleichbleibender Qualität anfänglich realisieren (Boutellier 2003, S. 220).

Eine Auktion bietet dem Einkauf vor allen Dingen die Chance, einen niedrigen Preis zu erzielen, der jedoch unter langfristigen Gesamtkostenaspekten nicht immer der beste sein muss. Dadurch wird für den Einkauf ein objektiver Preisvergleich ermöglicht, der – zumindest temporär – eine Überprüfung seiner Lieferantenstruktur und Beschaffungssituation gestattet, während der Lieferant durch die Teilnahme an einer Auktion zwangsläufig einen Überblick über seine Wettbewerbsfähigkeit erhält. Dies wird in der Praxis vom Lieferanten allerdings nur selten geschätzt, ebenso wie die Vergabe eines Auftrags mithilfe einer Auktion, bei der ausschließlich der Faktor Preis im Mittelpunkt steht und weniger eine langjährige und gewachsene Geschäftsbeziehung. Außerdem lassen sich solche Einspareffekte kaum wiederholen und sind auch immer in Relation zu den anfallenden Gebühren zu bewerten, wenn Auktionen in vielen Fällen über einen Dienstleister abgewickelt werden. Unternehmen mit einem größeren Auktionsvolumen haben daher eigene Auktionsplattformen errichtet, die auch für jene Warengruppen genutzt werden, bei denen Auktionen ansonsten aufgrund der Gebühren unattraktiv sind. Dazu zählen beispielsweise Büroartikel, Hilfs- und Betriebsstoffe oder unspezifische Materialien.

Neben diesen geschlossenen Auktionen haben offene Auktionen in Deutschland im wirtschaftlichen Umfeld bisher noch untergeordnete Bedeutung. Ganz anders im asiatischen Wirtschaftsraum, wo viele geschäftliche Transaktionen mittlerweile über diesen Weg abgewickelt werden. So ist es dort in der Praxis recht häufig der Fall, dass Bedarfe auf sogenannten Tradeboards – wie beispielsweise der Internetplattform www.alibaba.com – veröffentlicht werden, um auf diesem Weg Angebote zu erhalten und Aufträge zu erteilen.

7.3.1.5 Elektronische Portale: Einkaufshomepage

Viele Unternehmen sind inzwischen dazu übergegangen, die Kommunikation mit Lieferanten größtenteils über eine eigene Einkaufshomepage zu organisieren, um so einen einheitlichen Auftritt gegenüber dem Beschaffungsmarkt zu erzielen (Melzer-Ridinger 2004, S. 155). Die Funktionalität solcher Portale reicht vom bloßen Informationsaustausch bis hin zur Abwicklung kompletter Einkaufsprozesse.

Auf diesen buy-side-organisierten Portalen können sich potenzielle Lieferanten über das Unternehmen und dessen grundsätzlichen Beschaffungsbedarf informieren. Dabei sollte geprüft werden, wie detailliert diese Informationen zur Verfügung gestellt werden. Denn nicht nur Lieferanten, auch Wettbewerber können diese Internetseiten besuchen und so wichtige Informationen über das Fertigungsprogramm oder die Fertigungsverfahren des Unternehmens erhalten. Deshalb bietet es sich hier an, neben einem offiziellen Bereich für Besucher unterschiedliche Informationsebenen einzurichten, zu denen nur zugelassene Lieferanten einen Zugriff haben (Kortus-Schultes 2005, S. 120). In diesem Bereich können beispielsweise Informationen über Adressen und Organisation des Einkaufs, benötigte Materialgruppen sowie Vertragsbedingungen und Entwicklungsmöglichkeiten für potenzielle Lieferanten dargestellt werden, die für den Einkauf einen überschaubaren Aktualisierungsaufwand bedeuten.

Dabei ist der Vorteil einer Einkaufshomepage vor allem für namhafte Unternehmen offensichtlich. Diese profitieren häufig davon, dass Lieferanten ihnen auf elektronischen Selbstauskunftsbögen wesentliche Firmendaten zur Verfügung stellen, da sie ein starkes Interesse daran besitzen, Geschäftsbeziehungen aufzubauen. Außerdem können dem Einkauf beispielsweise wichtige Daten wie Langzeitlieferantenerklärungen, Geheimhaltungsvereinbarungen, Qualitätsberichte oder Prüfbescheinigungen elektronisch übermittelt werden. Auf einer Homepage lassen sich zudem fiktive, sogenannte Master-Beschaffungsobjekte hinterlegen, die sich zur Abgabe unverbindlicher Richtangebote eignen und so eine erste Einschätzung über die kommerzielle Leistungsfähigkeit des Lieferanten erlauben.

So lässt sich aus der traditionellen Holschuld nunmehr eine vertragliche Bringschuld vereinbaren, wenn sich Lieferanten auf einer passwortgeschützten Informationsebene im Rahmen der Geschäftsbeziehung dazu verpflichten, die für sie relevanten Informationen auf dem Einkaufsportal abzurufen. Dies hat zur Folge, dass sich Änderungen von Zeichnungen oder anderen Unterlagen direkt von den Fachbereichen auf der Homepage einstellen lassen, die dann per Download den jeweiligen Lieferanten zur Verfügung stehen und den Einkauf operativ zusätzlich entlasten.

Dem Vorteil eines strukturierten, internetbasierten Informationsaustauschs sind jedoch die Kosten für die Aktualisierung und Pflege der Daten entgegen zu halten. So lohnt sich der Einsatz einer Einkaufshomepage nur dann, wenn sich der dadurch entstehende Aufwand in einer Reduzierung nicht wertschöpfender, operativer Prozesse niederschlägt. Hier haben namhafte Unternehmen naturgemäß größere Vorteile. Hier ergeben sich weitere Effizienzgewinne schon allein dadurch, dass die Daten neu registrierter Lieferanten online vielen Nutzern zur Verfügung stehen.

7.3.1.6 Collaborative Supply Chain Management

Noch einen Schritt weiter geht das sogenannte Collaborative Supply Chain Management. Dies sind integrative, internetbasierte Systeme, die in einem Lieferantennetzwerk alle zur strategischen Planung und operativen Steuerung der Geschäftsprozesse notwendigen Daten aller beteiligten Unternehmen permanent synchronisieren. Dadurch lassen sich die vom Unternehmen benötigten Bedarfe, Kapazitäten und Bestände mit Lieferanten im Netzwerk leicht visualisieren und untereinander abgleichen. Diese Zusammenarbeit setzt eine partnerschaftliche und vertrauensvolle Geschäftsbeziehung der beteiligten Unternehmen voraus und eignet sich beispielsweise vor allem im Einsatz sogenannter Betreibermodelle oder Tier-Strukturen (vgl. Kap. 6.2.1.3), die aufgrund einer engen Verzahnung von Unternehmensdaten weitgehend störungsfrei funktionieren. Dadurch lassen sich unnötige Bestands- und Lagerhaltungskosten in der Wertschöpfungskette vermeiden und so dem sogenannten Bull-Whip-Effekt wirkungsvoll entgegenwirken. Dieser Effekt entsteht, wenn Lieferketten nicht integriert betrachtet werden und jedes Unternehmen versucht, für sich ein eigenes Optimum zu erzielen. Da jedes Unternehmen bei einer Zunahme der Nachfrage eigene Sicherheitsbestände aufbaut und dazu größere Warenmengen ordert, steht die Zunahme aller Bestellmengen immer weniger im Zusammenhang mit der tatsächlichen Nachfrage der Endkunden. Wenn Lieferanten durch Staffelpreise oder andere Vergünstigungen wie z.B. Rabatte, Last-Call oder Mindestmengenabnahmen weitere Anreize zur Erhöhung von Bestellmengen schaffen, wird dieser nachteilige Effekt zusätzlich beschleunigt und verstärkt so die Nachfrageschwankungen entlang der Wertschöpfungskette einmal mehr (Groll 2004, S. 14). Durch die Vernetzung der Unternehmensdaten profitieren alle Unternehmen innerhalb einer Wertschöpfungskette von besseren Informationsflüssen und können so ihre Kosten senken. Dies führt letztlich zu einer Erhöhung der Anpassungs- und Entwicklungsfähigkeit der Supply Chain. Probleme ergeben sich jedoch häufig aufgrund nicht kompatibler Softwaresysteme, die zu regelmäßigen Anpassungen und Veränderungen von Abläufen führen. Daher werden unternehmensübergreifende Standards vereinbart, die den Teilnehmerkreis von Unternehmen enorm einschränken und so eine umfassende Kooperation zwangsläufig erschweren. Aufgrund der engen Abhängigkeit von Unternehmen eignen sich derartige CSCM-Systeme daher nur für strategische Lieferanten, die aufgrund des langfristig hohen Geschäftsvolumens den damit verbundenen Aufwand rechtfertigen.

7.3.1.7 Web-Cams

Vor allem in Unternehmen mit einer hohen Teilevielfalt wie beispielsweise im Maschinen- und Anlagenbau ist der operative Aufwand im Einkauf oft in erheblichem Maße dadurch geprägt, die Liefertermine der Lieferanten zu überwachen. So müssen viele Telefonate geführt oder interne Besprechungen abgehalten werden, um Terminverzögerungen zu verhindern oder Gegenmaßnahmen einzuleiten. Hier hilft der Einsatz von Web-Cams oftmals weiter, die eine visuelle Einsicht in ausgewählte Bereiche des Lieferanten ermöglichen. Damit erhalten die beteiligten Geschäftspartner einen direkten Einblick vor Ort und können zeitnah erforderliche Maßnahmen ableiten (Baumgarten 2002, S.12). Web-Cams besitzen den Vorteil einer einfachen Handhabung und liefern zeitnah visuelle Informationen bei geringen Anschaffungs- und Betriebskosten. So können diese universell in einem Lager- oder Fertigungsbereich eingesetzt werden und erlauben so eine einfache, „optomechanische" Überwachung von Beständen oder Produktionsfortschritten. Daher unterstützen Web-Cams insbesondere die Durchführung produktionssynchroner Belieferungen oder die Bewirtschaftung von Warenlägern durch den Lieferanten, die im Folgenden näher erläutert werden.

7.3.2 Maßnahmen zur Optimierung des Materialflusses

Würden alle Lieferanten – im Extremfall betrachtet – immer termingenau nur die Mengen liefern, die zur tagtäglichen Wertschöpfung als Bedarf benötigt werden, wäre der Fluss an Materialien bei flüchtiger Betrachtung gut, aber nicht optimal. Eine Lagerhaltung zur Bevorratung von Beschaffungsobjekten wäre somit überflüssig. Die Konsequenz dabei wäre allerdings, dass der innerbetriebliche Prozessaufwand aufgrund von Bestell- und Prüfvorgängen sowie Transportkosten unverhältnismäßig hoch wäre. Das andere Extrem würde bedeuten, den kompletten Bedarf in einem Lager zu bevorraten. Dies hätte zwar einen minimalen innerbetrieblichen Aufwand einschließlich des Transports zur Folge, würde jedoch übertrieben hohe Kosten für die Lagerung von Waren und den damit verbundenen Risiken aufgrund von Alterung, Schwund oder Verderb nach sich ziehen.

Was ist zu tun? Ein Ausweg aus diesem Dilemma ist die Suche nach einem Gleichgewicht, dass beiden Extremen im Sinne einer Kosten- und Durchlaufzeitoptimierung gleichermaßen gerecht wird. Mithilfe der folgenden Formel – auch als Andlersche Formel bekannt – ließe sich dieses Problem unter Vernachlässigung von Wiederbeschaffungszeiten, Verpackungsgrößen oder Haltbarkeitszeiten oder anderen Faktoren leicht auf mathematische Weise lösen (vgl. Abbildung 7.5).

Abbildung 7.5 Formel zur optimalen Bestellmenge

$$\text{Optimale Bestellmenge} = \sqrt{\frac{200 \times \text{Jahresbedarf} \times \text{Bestellkosten}}{\text{Einstandspreis} \times \text{Lagerhaltungskostensatz}}}$$

Dazu ist es notwendig, dass der Einkauf auf der Basis des benötigten Bedarfs, die einzelnen Kosten der Beschaffungsobjekte als auch die innerbetrieblichen Kosten für deren Bereitstellung bzw. Lagerung im Unternehmen kennt. Bei Anwendung dieser Formel lässt sich tendenziell feststellen, dass für wertintensive Beschaffungsbedarfe sehr häufige und für weniger wertintensive Beschaffungsbedarfe sehr wenige Anlieferungen optimal sind.

Unter der Voraussetzung, dass der Verbrauch dieser Materialien immer konstant verlaufen würde, kann dieser Sachverhalt auch recht einfach mit einer ABC-Analyse verdeutlicht werden. Da sich in der Praxis der materialspezifische Verbrauch jedoch sehr unterschiedlich verhält, ist eine zweite Betrachtungsebene notwendig, die sich durch die XYZ-Analyse darstellen lässt. Durch die Kombination beider Analysen entsteht eine Matrix mit neun Feldern, die für jedes Beschaffungsobjekt die Zuordnung zweier Merkmalsausprägungen erlaubt. Auch wenn mithilfe dieser Kombination nicht für jede einzelne Materialklassifizierung eine eigene Bevorratungsstrategie dezidiert zugeordnet werden kann, so zeichnet sich in den vorhandenen Extremausprägungen, jedoch eine deutlichere Tendenz zur Auswahl geeigneter Maßnahmen ab (vgl. Abbildung 7.6).

Abbildung 7.6 Kombination aus ABC- und XYZ-Analyse

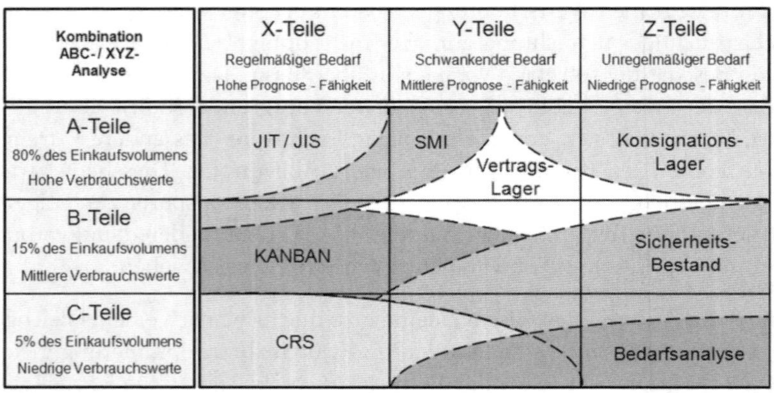

So ist für die sog. AX-Materialien als Bevorratungsstrategie primär eine „Just-in-Time“- oder eine „Just-In-Sequence“-Belieferung naheliegend. Aufgrund der hohen Wertigkeit der Beschaffungsobjekte ist es aus Sicht des Einkaufs erstrebenswert, hohe Bestände möglichst zu vermeiden. Dies ist bei einer hohen Prognose-Genauigkeit dieser Materialien leichter zu realisieren, ohne die Versorgungssicherheit des Unternehmens zu gefährden. In umgekehrter Weise verhält es sich mit den CZ-Materialien, die eine geringe Wertigkeit aufweisen und deren tatsächlicher Verbrauch nur schwer zu prognostizieren ist. Um das Verschrottungsrisiko zu reduzieren, empfiehlt es sich hier, eine genaue Analyse des Bedarfs im Sinne einer Sortimentsbereinigung vorzunehmen oder gezielt eine eigene Lagerhaltung durchzuführen, um die Versorgungssicherheit nicht zu gefährden. Aufgrund der geringen Wertigkeit dieser Beschaffungsobjekte ist hier insbesondere das sogenannte Fehlmengenrisiko zu berücksichtigen. Dies ist der zusätzliche finanzielle Aufwand, den das Unternehmen im Falle des Nichtvorhandenseins dieser Waren zu leisten hat. Im Unterschied dazu ist die Kapitalbindung bei AZ-Materialien gravierender und gegenüber einem Fehlmengenrisiko deutlich stärker abzuwägen. Deshalb bietet sich hier die Vereinbarung eines Konsignationslagers bzw. eines Vertragslagers an, bei dem die Bezahlung des Lieferanten erst bei Entnahme oder Anlieferung des Materials erfolgt. Im Falle von CX-Materialien sollte zur Vermeidung von Versorgungsengpässen auf die Lagerung geringer Sicherheitsbestände grundsätzlich nicht verzichtet werden. Vielmehr sollten diese Materialien tendenziell verbrauchsgesteuert oder auf Basis einer Kanban- oder Dauernachschub-gesteuerten Anlieferung (CRS) bezogen werden.

Neben der Kombination aus ABC- und XYZ-Analyse stellt die Einbeziehung der sog. GMK-Analyse eine zusätzliche Betrachtungsebene für eine weitere Detaillierung der erläuterten Bevorratungsstrategien dar. Aufgrund des räumlichen Volumens von Materialien unterscheidet diese Analyse zwischen großvolumigen G-Materialien, mittel-volumigen M-Materialien und kleinvolumigen K-Materialien und eignet sich vorzugsweise zur Optimierung von Transportkapazitäten sowie zur Dimensionierung des Lagervolumens. Für G-Materialien sind generell hohe Transportraumkapazitäten erforderlich und es entstehen nur geringe Leerkosten beim Transport, d.h. Kosten aufgrund nicht voll ausgelasteter Transportmittel. Daher bietet sich hier eine möglichst bestandslos geführte, produktionssynchrone Anlieferung an. Genau umgekehrt verhält es sich bei den K-Materialien, bei denen der Lieferant versucht, hohe Leerkosten aufgrund nicht ausgelasteter Transportmittel möglichst zu vermeiden. Durch die Bündelung von Transportlosen soll hier die Zahl der Lieferungen reduziert werden, um idealerweise voll ausgelastete Transportmittel einzusetzen. Daher ist die Forderung von Lieferanten zur Einhaltung von Mindestbestellmengen bei kleinvolumigen Materialien recht leicht nachzuvollziehen. So werden aufgrund der dabei entstehenden Leerkosten bei geringen Liefermengen anteilig relativ hohe Transportkosten verursacht.

Durch die gleichzeitige Verwendung der GMK-Analyse in Kombination mit der ABC- und der XYZ-Analyse lassen sich geeignete Einkaufs-, Lager- und Transportstrategien festlegen. So ergeben sich aus der Kombination dieser Methoden siebenundzwanzig verschiedene Konstellationen, die für jedes Material drei Attribute vorsehen, wie der „Methoden-Würfel" anschaulich verdeutlicht (vgl. Abbildung 7.7). Auch hier lassen sich in den Extremausprägungen gezielte Strategien für einzelne Materialien oder ganze Warengruppen fixieren.

Abbildung 7.7 Kombination aus ABC-, XYZ- und GMK-Analyse

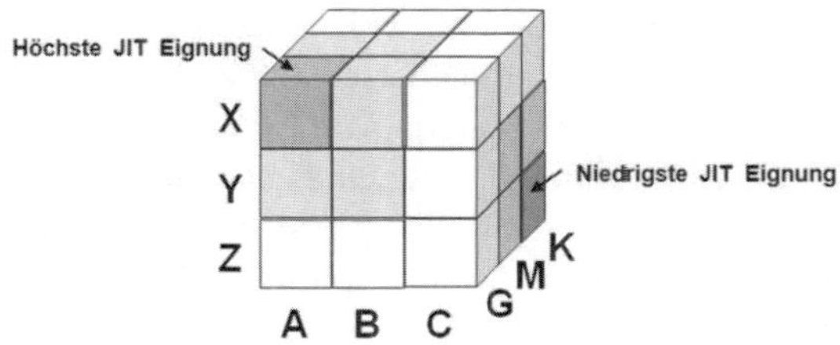

AXG-Materialien sind wertintensive, gut prognostizierbare und großvolumige Teile, bei denen die Just-in-Time-Eignung am stärksten ausgeprägt ist. Hier bietet sich in hohem Maße eine fertigungssynchrone Belieferung an, um die Kapitalbindung zu senken und gezielt eine unnötige Verschwendung von Lagerfläche und -volumen zu vermeiden. Das andere Extrem sind CZK-Güter. Hierbei handelt es sich um geringwertige, schwer prognostizierbare und kleinvolumige Teile. In diesem Fall ist eine Bevorratung bei geringen Kosten vor Ort oft naheliegend. Alternativ ist ebenfalls zu prüfen, ob auf diese Materialien im Wege einer Sortimentsbereinigung verzichtet werden kann. So stellen sich beispielsweise geringwertige, gut prognostizierbare, großvolumige CXG-Materialien, als Verpackungsmaterialien dar. Da hier insbesondere anteilige Transportkosten sehr stark zu Buche schlagen, wird bei der Auswahl von Lieferanten ganz gezielt nach Bezugsquellen im lokalen Umfeld Ausschau gehalten.

7.3.2.1 Produktionssynchrone Belieferung

Mit der sogenannten Just-in-Time- bzw. Just-in-Sequence-Belieferung verfolgt das Unternehmen im Rahmen einer Serienfertigung primär das Ziel, das Führen von Beständen bei einem konstantem Verbrauch zu vermeiden. Wie der Name schon sagt, soll die Belieferung unter Verzicht auf eine Warenannahme und -prüfung exakt zum richtigen Zeitpunkt oder noch präziser in der richtigen Sequenz – also Reihenfolge – erfolgen, zu dem das Material in der Produktion bzw. der Montage des Unternehmens benötigt wird. Dies setzt voraus, dass dem Lieferanten mithilfe eines detaillierten Planungssystems und entsprechendem zeitlichen Vorlauf die genauen Bedarfsmengen mitgeteilt werden. Unter Berücksichtigung der bereits genannten Möglichkeiten einer elektronischen Anbindung der Lieferanten per EDI stellt die Durchführung einer solchen Maßnahme – informationstechnisch gesehen – heute kein großes Problem mehr dar. Dennoch sind an die Leistungsfähigkeit der Lieferanten sehr hohe Anforderungen zu stellen. So kann dieses System nur dann funktionieren, wenn der Lieferant jederzeit sicherstellt, dass die von ihm gelieferten Materialien keine Mängel aufweisen, die zu Verzögerungen im Ablauf führen würden. Dies hat zur Folge, dass die Lieferanten im Einkauf einer fortlaufenden Bewertung bzw. Auditierung unterzogen werden, die aufgrund der hohen Lieferfrequenz auch sehr zeitnah durchgeführt werden kann.

Die Vorteile einer produktionssynchronen Belieferung sind dabei offensichtlich. So lassen sich Bestände im Unternehmen dadurch auf ein Minimum herabsenken und somit die Kosten für den Unterhalt eines Lagers und den damit verbundenen Kapitalbindungskosten vermeiden. Im Unternehmen hat dies zur Folge, dass sich diese Form der Belieferung in einer Verkürzung der Durchlaufzeiten niederschlägt, da Ein- und Auslagerungsvorgänge entfallen und die Verweildauer des Materials im Unternehmen extrem kurz ist. Außerdem wird diese Belieferung oft an den Einsatz eines Behälterkonzepts gekoppelt, so dass sich zusätzliche Handlingsvorgänge dadurch erübrigen, dass die angelieferte Ware nicht mehr umgepackt werden muss. In der Automobilindustrie werden im Extremfall einer Just-in-Sequence-Anlieferung großvolumige Teile wie beispielsweise Autositze üblicherweise per Lkw direkt an das Montageband geliefert. Dabei wird der Lkw sogar exakt in der Reihenfolge bestückt, wie dies der aktuelle Produktionsplan vorsieht. Damit kann er ohne weitere Handlingsvorgänge entladen werden.

Das Just-in-Time-Konzept wurde in den 50er Jahren im Rahmen des Toyota-Produktionssystems entwickelt und zielte in erster Linie darauf ab, Verschwendung aufgrund von Überproduktion oder Vorratshaltung zu vermeiden und dadurch Kosten zu reduzieren. Zum damaligen Zeitpunkt befanden sich die Automobilzulieferer in Japan in lokaler Nähe, so dass diese Form der Belieferung weitgehend störungsfrei praktiziert werden konnte. Daher erheben viele Unternehmen mit Blick auf diese Maßnahme die Forderung, dass sich Lieferanten mit einer Produktionsstätte in unmittelbarer Werksnähe ansiedeln oder zumindest dort ein Zwischenlager betreiben, um eine hochfrequente Belieferung zu gewährleisten. Dies trägt nicht unwesentlich zu einer höheren gegenseitigen Abhängigkeit bei und ist daher auch nur für strategische Beschaffungsobjekte bei einer überschaubaren Variantenvielfalt und konstantem Verbrauch – also AX-Materialien – zu empfehlen. In der Wertschöpfungskette stellen solche Lieferbeziehungen nicht selten sogenannte Sollbruchstellen dar, da sie gegenüber externen Störungen wie z.B. Streiks sehr anfällig sind.

7.3.2.2 Kanban

Genauso wie die produktionssynchrone Belieferung, geht das Kanban-Prinzip auf eine Entwicklung des Toyota–Produktionssystems zurück und heißt wörtlich übersetzt „Karte". Dabei wird auf der Grundlage eines Holprinzips – dem sogenannten Supermarktprinzip – der Materialfluss zwischen einer verbrauchenden und einer erzeugenden Stelle mithilfe von an Behältern angebrachten Kanban-Karten im Rahmen sich selbststeuernder Regelkreise organisiert. Was ist darunter zu verstehen? Entsteht durch den Materialverbrauch einer nachgelagerten Stelle ein leerer Behälter, so wird der dort angebrachte Kanban vom Behälter abgetrennt und durch einen vollen Behälter von der produzierenden Stelle ersetzt, an dem sich wiederum ein Kanban befindet Dieser Kanban enthält alle notwendigen Steuerungsinformationen, die zum Austausch von Waren zwischen der verbrauchenden und der erzeugenden Stelle benötigt werden, wie beispielsweise Teile- und Abnehmerdaten, Bestellmenge, Transportart oder Behälter. Dadurch wird sichergestellt, dass nur dann die Produktion einer vorgelagerten Stelle aufgenommen wird, wenn der dazu notwendige Impuls durch einen Kanban bei Erreichen eines Mindestbestands an Kanbans ausgelöst wird. Dieses Steuerungsprinzip kann ebenso leicht auf die Zusammenarbeit in einer Abnehmer-Lieferanten-Beziehung übertragen werden, wenn dabei bestimmte Regeln eingehalten werden. Diese sind:

- Eine Lieferung wird nur bei Anbruch eines Behälters oder wenn der Behälter geleert ist, durch Abgabe des Kanbans ausgelöst.
- Die Lieferung des Lieferanten darf nur bei Erreichen eines Mindestbestandes (Meldepunkt) an Kanbans erfolgen.
- Die zu liefernden Materialien werden nur in gleichen Behältern transportiert, gelagert und bereitgestellt.
- Die Anzahl der Kanbans darf nicht eigenmächtig verändert werden, um zu hohe Bestände oder Engpässe zu vermeiden.

Diese Form der Belieferung braucht keinen durch eine Bestellung ausgelösten Lieferimpuls, da der Lieferant nur dann Material liefern darf, wenn genügend Kanbans einen festgelegten Meldebestand erreicht haben. Dies setzt voraus, dass dem Lieferant der relevante

Jahresbedarf bekannt ist und der Verbrauch im Sinne einer XYZ-Analyse eine hohe Kontinuität aufweist. Die Bestandsführung erfolgt hier ausschließlich über die Zahl der sich im Umlauf befindlichen Kanbans und kann daher vom Einkauf leicht an sich verändernde Bedarfssituationen angepasst werden.

Heute wird dieses Prinzip der Belieferung fast ausschließlich auf elektronischem Wege mit sogenannten eKanbans durchgeführt und dem Lieferanten per EDI mitgeteilt, dass der Meldebestand für ein Material erreicht ist und damit eine neue Lieferung ausgelöst wird. Noch einfacher geht es, wenn bei Erreichen eines Meldebestands durch Auslesen eines Barcodes eine automatische Bestellung durch den Bedarfsträger direkt ausgelöst wird und vom Lieferanten eine vorher fest definierte behältergebundene Menge geliefert wird. So lässt sich der Materialfluss im Prinzip für alle kontinuierlich benötigten Beschaffungsobjekte auf sehr einfache Weise steuern.

Der Vorteil dieses Prinzips liegt in der hohen Versorgungssicherheit und der einfachen Form der Bestandssteuerung mithilfe der Kanbans. Da Bestellungen ausschließlich über Kanbans ausgelöst werden, reduziert sich im Einkauf der Prozessaufwand, Bestellungen oder Abrufe zu tätigen erheblich. Außerdem verschafft diese Belieferung eine stärkere Lieferantenbindung, ohne aufgrund der Einfachheit dieses Systems zu größeren Abhängigkeiten zu führen. Durch das sich ergebende hohe Maß an Flexibilität und Liefertreue sind JIT-Lieferungen in Kombination mit einem Kanban-System leichter zu bewältigen als mit herkömmlichen PPS-Systemen.

Schwieriger wird der Einsatz dieses Systems, wenn der Materialbedarf größeren Schwankungen unterliegt, die sich hiermit nicht so leicht kompensieren lassen, da der Datenaktualisierungsaufwand der Kanbans durch die Neuberechnung der Regelkreise unverhältnismäßig hoch wäre. Daher ist der Einsatz dieser Methode im projektgeschäftlichen Umfeld kaum geeignet.

7.3.2.3 Continuous Replenishment Systems

Hinter diesem Begriff verbirgt sich eine Belieferungsstrategie der kontinuierlichen Wiederauffüllung bzw. des sogenannten Dauernachschubs. Einen großen Bekanntheitsgrad hat dieses Modell im Rahmen der Belieferung von Verbindungselementen erlangt. Das Prinzip baut auf dem vorhin beschriebenen Kanban-Prinzip auf und eignet sich vor allem für Schüttgüter wie beispielsweise Schrauben, Dichtringe etc. So werden bei diesem System mit dem Lieferanten sogenannte „Bahnhöfe“ festgelegt, in denen sich Regalsysteme mit den jeweiligen Behältern und den dazu bestimmten Materialien befinden. Diese werden von dem Lieferanten in regelmäßigen, zeitlichen Abständen angefahren, um den in den Behältern befindlichen Materialbestand bis zu einer festgelegten Füllstandhöhe aufzufüllen. Nicht selten werden diese Regalsysteme vom Lieferanten sogar kostenlos zur Verfügung gestellt und jede Entnahme eines Behälters elektronisch gespeichert. Da es sich hierbei fast ausschließlich um sehr geringwertige Materialien handelt, erfolgt die Lieferung ohne eine Wareneingangskontrolle und wird in der Praxis anhand von Stichproben oder Plausibilitätsprüfungen durchgeführt.

Ein vergleichbares System wird beispielsweise im Bereich der Gaseversorgung durch das Unternehmen der Linde AG eingesetzt. So befinden sich in den für Kunden bereitgestellten Gastanks Messgeräte, die den jeweiligen Füllstand regelmäßig überprüfen und diese Daten elektronisch an den Gashersteller weiterleiten, der diese Tanks dann rechtzeitig auffüllt, so dass eine unterbrechungsfreie Gaseversorgung bewerkstelligt wird.

Auch hier ist der prozessbedingte Aufwand für den Einkauf äußerst gering und beschränkt sich im Wesentlichen auf die Vereinbarung eines Rahmenvertrags. Zudem lassen sich hier Verbrauchschwankungen wesentlich leichter kompensieren, in dem einfach je nach Bedarf mehr oder weniger Material nachgefüllt wird. Bestände lassen sich hierbei recht einfach durch die festgelegten Füllstandhöhen steuern. Eine große Abhängigkeit vom Lieferanten wird hiermit in aller Regel nicht verursacht, da in diesen Branchen für Schüttgüter dieses Procedere von vielen Lieferanten inzwischen flächendeckend praktiziert wird. Allerdings bleibt der Einsatz dieser Belieferung oft auf geringwertige Beschaffungsobjekte begrenzt, da Mengen- und Qualitätskontrollen absichtlich unterbleiben. Daher setzt dieses Verfahren auf Seiten des Unternehmens ein hohes Vertrauen in die Aufrichtigkeit und Fairness des Lieferanten voraus sowie den Verzicht auf Wareneingangs- und Lieferkontrollen nicht in unredlicher Absicht zu missbrauchen.

7.3.2.4 Supplier Managed Inventory

Weshalb Bestände überwachen, wenn es Lieferanten gibt, die diese Aufgabe übernehmen? So könnte eine simple Umschreibung dessen lauten, was sich hinter dem Begriff: „Supplier Managed Inventory" (SMI) verbirgt. Bei diesem Konzept ist der Lieferant verantwortlich für die Lagerdisposition und Bestandsführung des zu beliefernden Unternehmens. Dazu werden mit dem Lieferanten auf Artikelebene Bestandshöhen in Form von Minimal- und Maximalbeständen vereinbart und ihm die jeweiligen aktuellen Lagerbestände oder Verkaufszahlen in festen Zeitabständen über eine elektronische bzw. Portalanbindung übermittelt. Bei dieser Maßnahme entscheidet der Lieferant selbst darüber, welche einzelnen Mengen er im Unternehmen bereitstellt, um die festgelegten Bestandsgrenzwerte jederzeit einzuhalten. So werden dem Unternehmen die zur Lieferung vorgesehenen Mengen entweder durch ein vorab übermitteltes Lieferavis bekanntgegeben oder erst durch den Wareneingang im ERP-System erfasst. Im ersten Fall wird dazu ein Vertragslager vereinbart, welches der Lieferant nach Maßgabe seines Kunden organisiert. Im zweiten Fall erfolgt die Lieferung auf ein Konsignationslager oder direkt in das Lager des Kunden. Stimmen die im Wareneingang verbuchten Mengen mit den in Rechnung gestellten Mengen überein, kann daraufhin je nach Art des Lagers die Freigabe zur Zahlung bei Einlagerung oder Entnahme der Ware erfolgen. Daher eignet sich SMI vor allem für regelmäßig benötige Beschaffungsobjekte mit hohem Mengenvolumen und geringen Bedarfsschwankungen, wie dies für ein Großteil der Hebel- und strategischen Materialien zutrifft und stellt zudem hohe Anforderungen an die Leistungsfähigkeit und Zuverlässigkeit des Lieferanten.

Für den Einkauf führt diese Maßnahme in erster Linie zu einer Entlastung von operativen Steuerungstätigkeiten und lässt sich bei Hebelmaterialien auf dem Verhandlungsweg auch zwangsläufig leichter vom Lieferanten einfordern. Neben den geringeren Bestandskosten bewirkt der Einsatz des SMI-Konzepts in erster Linie eine Einsparung bei den Transportkosten. So können vorhandene Transportmittel durch den Lieferanten weitaus besser ausgelastet und kostspielige Sondertransporte vermieden werden, als bei einer im Unternehmen durchgeführten Bestandssteuerung. Mit SMI lässt sich im Unternehmen eine hohe Verfügbarkeit und Versorgungssicherheit sicherstellen und je nach Vereinbarung des Eigentumsübergangs außerdem eine geringere Kapitalbindung realisieren. Aber auch der Lieferant hat von dieser Maßnahme einige Vorteile. So trägt SMI für ihn zu einer verbesserten Planungssicherheit bei, da er sich auf die Bedarfsverläufe seines Kunden leichter einstellen kann. Allerdings erhöht sich hierbei der für ihn zu leistende Steuerungsaufwand, der sich jedoch mit Blick auf die geringeren Transportkosten auch für ihn rechtfertigt. Für das Unternehmen hat der Einsatz dieses Konzepts in aller Regel einen erhöhten Lagerplatzbedarf zur Folge. Daher ist es wichtig, dass diese Maßnahme nur bei den Materialien eingesetzt wird, die eine hohe Umschlagshäufigkeit aufweisen. In Verbindung mit dem Abschluss einer Qualitätssicherungsvereinbarung lässt sich auch hier der Materialfluss noch weiter optimieren, wenn dadurch auf Wareneingangskontrollen oder Qualitätsprüfungen verzichtet werden kann. Dazu später mehr.

7.3.2.5 Konsignations- oder Vertragslager

Auch die Einrichtung eines Zwischenlagers kann aus der Sicht des Einkaufs zu einer Verbesserung des Materialflusses und zu einem geringeren Steuerungsaufwand führen. Unter dem Aspekt einer kurzfristigen Verfügbarkeit sind dabei zwei vertragliche Gestaltungsvarianten von hoher Bedeutung. Beim Konsignationslager hält der Lieferant in einem räumlich separierten Bereich des Unternehmens eigene Bestände vor, die erst zum Zeitpunkt der Entnahme von ihm berechnet werden. Beim Vertragslager bevorratet der Lieferant im eigenen oder in einem Speditionslager vertraglich vereinbarte Bestände, die erst zum Zeitpunkt der Lieferung berechnet werden. Dabei ist es von Vorteil, wenn sich das Vertragslager in räumlicher Nähe des Unternehmens befindet, um auf kurzfristige Bedarfsschwankungen besser reagieren zu können.

Für diese Art der Materialflusssteuerung eignen sich prinzipiell sämtliche Materialien, jedoch sollte eine gewisse Umschlagshäufigkeit schon allein aus Gründen der Minimierung von Lagerrisiken – wie beispielsweise Alterung oder Schwund – dabei erreicht werden. Für lieferanten- oder unspezifische Materialien ist die Vereinbarung eines Lagers für den Einkauf sicherlich leichter zu verwirklichen, da der Lieferant über weitere Abnehmer verfügt und die bereits erwähnten Lagerrisiken deshalb – insgesamt gesehen – nicht so gravierend sind.

Das Konsignationslager bietet dem Unternehmen mehrere Vorteile. So erhöht sich dadurch die Verfügbarkeit und Versorgungssicherheit enorm, da sich das Lager im Unternehmen selbst befindet und die Lagerung vor Ort einen unmittelbaren Zugriff und eine visuelle Bestandskontrolle ermöglicht. Für das Unternehmen ist diese Bevorratung nur mit geringen Risiken verbunden, da sich das Eigentum der Ware in den Händen des Lieferanten befindet und hierbei – wie auch bei einem Vertragslager – keine Kapitalbindungskosten entstehen. Allerdings muss bei einem Konsignationslager dem Lieferanten ein geeigneter, abgetrennter Lagerbereich zur Verfügung gestellt werden, so dass die Kosten des Lagers und der Versicherung der eingelagerten Ware vom Unternehmen zu tragen sind. Im Unterschied dazu bietet das Vertragslager den Vorteil, dass der Lieferant die Lager- und Versicherungskosten zu tragen hat, allerdings um den Nachteil, dass der Zugriff nicht mehr uneingeschränkt möglich ist und Anliefer- oder etwaige Prüfzeiten zu berücksichtigen sind. Daher ist bei stärkeren Verbrauchschwankungen der Einsatz eines Konsignationslagers von höherem Nutzen, während bei konstant verlaufenden Bedarfen das Vertragslager dem Unternehmen größere Vorteile bietet.

Aber auch für den Lieferanten ergeben sich durch diese Formen der Lagerhaltung einige Vorteile. So erlaubt eine Lagerung eine höhere Kundenbindung und kontinuierlichere Produktion, da die Bestellungen des Unternehmens wesentlich niedrigeren Schwankungen unterworfen sind und zudem einen größeren Zeitraum abdecken. Demzufolge ist hier die Bindung an den Lieferanten durch die Einrichtung eines Lagers für das Unternehmen tendenziell eine größere, ohne dadurch eine allzu große Abhängigkeit hervorzurufen.

7.3.2.6 Automatische Bestellungen / Sicherheitsbestände

Auch ohne die Einrichtung eines Vertrags- oder Konsignationslagers lässt sich der Aufwand zur Steuerung des Materialflusses auf kurzem Wege durch die Erhöhung sogenannter Sicherheitsbestände im Unternehmen verbessern. Für viele nur sporadisch benötigte, geringwertige Materialien lässt sich so die Anzahl einzelner Bestellungen durch eine Bevorratung vor Ort tendenziell verringern. Erst recht, wenn das Erreichen eines Meldebestands im Einkauf an die Auslösung einer automatischen Bestellung gekoppelt ist und sich so die Prozesskosten im Hinblick auf das geringe Einkaufsvolumen sehr niedrig verhalten. Dabei ist allerdings zu beachten, dass in diesem Fall die Lager- und Kapitalbindungskosten vom Unternehmen getragen werden, einschließlich der damit verbundenen Risiken. Deshalb sollte für höherwertige Materialien primär eine Lagerhaltung durch den Lieferanten angestrebt werden, was aufgrund eines höheren Einkaufsvolumens auch leichter durchsetzbar ist.

7.3.2.7 Qualitätssicherungsvereinbarung

Die Qualitätssicherungsvereinbarung (QSV) stellt ein vertragliches Konstrukt dar, das der Einkauf mit dem Lieferanten vereinbart. Im Unterschied zu einem Liefer- bzw. Rahmenvertrag wird durch den Abschluss einer Qualitätssicherungsvereinbarung das Unternehmen von der Pflicht entbunden, die angelieferte Ware auf deren Fehlerfreiheit zu prüfen. Während in einem Rahmenvertrag lediglich die Soll-Beschaffenheit mittels einer Spezifikation festgelegt wird, werden in einer Qualitätssicherungsvereinbarung die dabei vom Lieferanten einzusetzenden Prüfverfahren, -methoden und -werkzeuge detailliert beschrieben, um das angestrebte Qualitätsziel „Null Fehler" bzw. die Konsequenzen mangelhafter Qualität zu regeln (Wildemann 2000, S. 334).

Zur Wirksamkeit einer QSV sollten dabei folgende Regelungen mit dem Lieferanten getroffen werden (Gabath 2010, S. 60):

- nach welchen Kriterien, zu welchem Zeitpunkt und mit welchen Prüfmitteln die Beschaffungsobjekte zu prüfen sind,
- in welchem Ausmaß der Produktionsprozess zu dokumentieren und Resultate der Prüfungen durch Protokolle oder Ähnliches vorzulegen sind,
- welche Maßnahmen umzusetzen sind, falls der Lieferant nicht in der vereinbarten Qualität liefern kann und welche Kontrollbefugnisse das Unternehmen besitzt.

Daher stellt diese Vereinbarung eine effiziente Maßnahme dar, um sowohl die Risiken aufgrund mangelnder Qualität zu vermindern als auch den Materialfluss im Unternehmen dadurch zu beschleunigen, weil Prüfvorgänge entfallen. Vor allem beim Einsatz produktionssynchroner Belieferungskonzepte ist der Einsatz einer QSV nahezu unumgänglich, damit der Fertigungsfluss nicht unterbrochen werden muss. Allerdings birgt diese Maßnahme auch erhebliche Risiken, wenn Qualitätsmängel im Unternehmen unentdeckt bleiben. So führen aufwändige Rückholaktionen immer wieder auch zu Imageschäden des Unternehmens, die teilweise weit über die versicherten Produkthaftungsverpflichtungen des Lieferanten hinausgehen. Darüber hinaus darf der Vorbereitungsaufwand im Einkauf dabei nicht unterschätzt werden, um eine QSV mit dem Lieferanten zu vereinbaren und die Voraussetzung dafür durch ein Audit zu schaffen.

7.3.3 Maßnahmen zur Optimierung des Zahlungsflusses

Neben der Bestellung und Lieferung von Waren steht auch die Zahlungsabwicklung der Rechnungen im Fokus von Prozessoptimierungsvorhaben. Auch wenn sich diese Vorhaben in den meisten Fällen nur bedingt auf den Prozessaufwand in der Einkaufsorganisation auswirken, weil sie hauptsächlich Veränderungen von Prozessen der Finanzbuchhaltung betreffen, sind die dadurch realisierten Kostenpotenziale auch für den Einkauf nachvollziehbar von Nutzen.

7.3.3.1 Sammelrechnung

Im Unterschied zur Rechnungsstellung für jede erfolgte Lieferung werden bei einer Sammelrechnung mehrere einzelne Lieferungen des Lieferanten in einer Rechnung gebündelt. Üblicherweise werden dazu in der Praxis mit dem Lieferanten Monats- oder Quartalszeiträume vereinbart, und dem Unternehmen die in diesem Zeitraum angefallenen Lieferungen in Rechnung gestellt. Dies ist vor allem bei vielen einzelnen Bestellvorgängen oder Lieferungen für geringwertige Beschaffungsobjekte von Vorteil, da sich dadurch der Rechnungsprüfungs- und Zahlungsfreigabeaufwand im Unternehmen wie beispielsweise bei Katalogbestellungen oder Lieferungen im Zuge eines Dauernachschubs, auf wenige Rechnungen konzentriert. Grundsätzlich lässt sich diese Maßnahme jedoch mit allen Lieferanten vereinbaren. So verringert sich dadurch die Gefahr von Skontoverlusten aufgrund verspäteter Zahlungseingänge und darüber hinaus entstehen dem Unternehmen zusätzliche Finanzierungsvorteile, da Zahlungsziele in die Zukunft verlagert werden. Dieser Vorteil bedeutet für den Lieferanten logischerweise einen Finanzierungsnachteil, der sich jedoch nicht selten für ihn in einer höheren Kundenbindung niederschlägt.

7.3.3.2 Gutschriftsverfahren

Eine andere Form des Zahlungsausgleichs stellt heute in vielen Unternehmen das Gutschriftsverfahren dar. Dabei verzichtet der Lieferant auf die Erstellung einer Ausgangsrechnung. Stattdessen wird auf Basis der vorhandenen Preisdaten und erfassten Wareneingangsmengen vom Unternehmen im Namen des Lieferanten eine Gutschrift erstellt und der Rechnungsbetrag überwiesen. Dies setzt voraus, dass die Preisdaten entsprechend der vertraglichen Vereinbarung im Einkauf zeitnah gepflegt werden, um Differenzen zu vermeiden. Dieses Verfahren bietet beiderseitig mehrere Rationalisierungsvorteile. So werden auf Seiten des Unternehmens Bestellvorgänge schneller abgeschlossen, Übermittlungsfehler und Skontoverluste vielfach vermieden sowie die Anzahl der Mahnungen merklich reduziert. Der Lieferant profitiert hierbei von einer termingerechten Zahlung auf der Basis von Wareneingängen und des Wegfalls der Rechnungserstellungs-, Mahnungs- und Versandkosten. Auch dieses Verfahren lässt sich prinzipiell für alle im Unternehmen bezogenen Waren sinnvoll einsetzen und setzt ein hohes Vertrauen des Lieferanten in die Fähigkeit der Einkaufsorganisation voraus, beispielsweise Änderungen von Preisdaten zeitnah zu bewerkstelligen.

7.3.3.3 Purchasing Card

Für viele indirekte Beschaffungsobjekte – dem sogenannten Kostenstellenbedarf – hat sich zur Reduzierung des innerbetrieblichen Prozessaufwands in der Praxis der Einsatz einer sogenannten Purchasing Card bewährt. Hinter diesem Begriff verbirgt sich nichts anderes als eine Kreditkarte für Unternehmen. So erhalten ausgewählte Mitarbeiter eine auf ihren Bedarf hin zugeschnittene Firmenkreditkarte, oftmals verbunden mit einem individuellen Monatsbudget, um Zahlungsvorgänge selbständig durchzuführen. Vor allem beim Einsatz von Katalogsystemen, der Buchung von Dienstreisen und Mietfahrzeugen oder Auslagen für Geschäftsessen etc. lässt sich diese Maßnahme sinnvoll einsetzen. Das Auszahlen von Reisekostenvorschüssen mit Bargeld oder das nachträgliche Einreichen von Rechnungen aufgrund firmenbedingter Ausgaben im Außeneinsatz von Mitarbeitern können so leicht abgeschafft werden. Da die Kreditinstitute in aller Regel monatliche Endabrechnungen an das Unternehmen senden, kann der Buchungsaufwand auf Seiten der Finanzbuchhaltung zudem erheblich gesenkt werden. So können auf der Basis der Kreditkartendaten die damit getätigten Ausgaben der Mitarbeiter auf der Endabrechnung leicht nachvollzogen und so ein missbräuchlicher Einsatz weitgehend verhindert werden.

7.4 Kennzahlen zur Steuerung der Prozessleistung

Im Gegensatz zum Produktbereitstellungsprozess lassen sich für den Produktentwicklungsprozess nur wenige Kennzahlen aufzeigen, da diese in erster Linie manuell ermittelt werden müssen und sich für eine kontinuierliche Auswertung daher nur bedingt eignen.

7.4.1 Kennzahlen im Produktentwicklungsprozess

Zur Steuerung von Forward-Sourcing Maßnahmen lässt sich sinnvollerweise eine Kennzahl einsetzen, welche sich auf die im Entwicklungsprozess eingebundenen Lieferanten konzentriert: die Forward Sourcing-Quote (vgl. Abbildung 7.8).

Abbildung 7.8 Kennzahl: Forward Sourcing-Quote

$$\text{Forward Sourcing-Quote} = \frac{\text{Anzahl an einer Produktentwicklung beteiligten Lieferanten}}{\text{Anzahl aller aktiven Lieferanten}}$$

*) auf Gesamt- oder Warengruppenebene

Da zum Entwicklungszeitpunkt das wertmäßige Volumen häufig noch nicht absehbar ist, kommt hier in einer quotenbasierten Kennzahl lediglich die Anzahl der involvierten Lieferanten in Betracht. So weist eine Steigerung dieser Kennzahl zum einen auf eine größere Einbindung des Lieferanten-Know-how hin, zum anderen lassen sich hier potenzielle Abhängigkeiten von Lieferanten schon frühzeitig erkennen.

In gleicher Weise lässt sich die Intensivierung von Konzeptwettbewerben über die Anzahl der eingebundenen Lieferanten und Bildung einer Kennzahl Konzeptwettbewerbsquote steuern (vgl. Abbildung 7.9).

Abbildung 7.9 Kennzahl: Konzeptwettbewerbsquote

$$\text{Konzeptwettbewerbsquote} = \frac{\text{Anzahl am Konzeptwettbewerb teilnehmenden Lieferanten}}{\text{Anzahl Entwicklungsprojekte mit Einsatz von Konzeptwettbewerben}}$$

*) auf Gesamtebene

Hier ist es von Interesse, möglichst so viele Lieferanten zur Teilnahme an solchen Wettbewerbern zu gewinnen, dass einerseits ein breites Ideenspektrum in die Produktentwicklung einfließen kann, aber andererseits keine Überbelastung des Entwicklungsvorhabens dadurch provoziert wird. Welche Anzahl an Lieferanten zur Teilnahme an solchen Wettbewerbern sinnvoll erscheint, ist dabei in Abhängigkeit des Innovationsgrads des Projekts zu entscheiden.

Auch für die Maßnahme eines Target-Costing eignet sich diese Art der Kennzahlenbildung. Hinzu kommt, dass dieser Ansatz die Voraussetzung schafft, auch die Effizienz dieser Maßnahme zu verdeutlichen. Daher sollen zur Steuerung dieser Maßnahme zwei Kennzahlen vorgeschlagen werden: Die Quote und die Effizienz des Target Costings (vgl. Abbildung 7.10).

Abbildung 7.10 Kennzahlen zum Target Costing

$$\text{Target Costing-Quote} = \frac{\text{Anzahl Lieferanten mit kostenbasierten Zielvorgaben}}{\text{Anzahl Entwicklungsprojekte mit Einsatz von kostenbasierten Zielvorgaben}}$$

*) auf Gesamtebene

$$\text{Target Costing-Effizienz} = \frac{\text{Erreichtes Kostenziel}}{\text{Vorgegebenes Kostenziel}}$$

*) auf Projektebene

So unterstützt die Target Costing -Quote das Einkaufsmanagement dabei, möglichst viele Lieferanten mit Kostenvorgaben zu konfrontieren, und damit ex ante allzu ausufernden Kostenentwicklungen vorzubeugen. Die Target Costing Effizienz zeigt ex post den Erfolg dieser Maßnahme an, wenn die vorgegebenen Kostenziele in Entwicklungsprojekten eingehalten wurden.

Allerdings stellt sich hierbei die Frage, wie qualifiziert bei dieser Maßnahme die Kostenvorgaben den tatsächlichen Kundenerwartungen entsprechen. Daher gilt es, zur Bewertung des unternehmerischen Erfolgs von Entwicklungsprojekten eine Kennzahl zu definieren, welche den marktseitigen Erfolg der durchgeführten Entwicklungsprojekte durch die sogenannte Innovationsquote zum Ausdruck bringt (vgl. Abbildung 7.11).

Abbildung 7.11 Kennzahl: Innovationsquote

$$\text{Innovationsquote} = \frac{\text{Umsatz mit Produkten nicht älter als x Jahre}}{\text{Gesamtumsatz des Unternehmens}}$$

*) auf Gesamtebene

Dabei ist im Hinblick auf die in der Branche üblichen Markteinführungszeiten ein Zeitraum festzulegen, der die Zeit eines Produktes über dessen Einführungsphase hinaus angemessen berücksichtigt. Üblicherweise werden dabei in vielen Unternehmen Zeiträume von 2-3 Jahren zugrunde gelegt.

7.4.2 Kennzahlen im Produktbereitstellungsprozess

Im Unterschied zur strategischen Dimension lässt sich die operative Prozessleistung von Einkaufsprozessen in mannigfaltiger Weise durch Kennzahlen nicht nur im Nachhinein bewerten, sondern aktiv steuern. So führt die Entwicklung von Kennzahlen, die mit der Umsetzung von Maßnahmen verbunden sind dazu, dass die jeweiligen Maßnahmen im Unternehmen größere Aufmerksamkeit erfahren und konsequenter umgesetzt werden. Auf den gleichen Effekt wurde schon im Zuge der operativen Lieferantenbewertung hingewiesen. So lassen sich für die erläuterten Maßnahmen zur Optimierung des Informationsflusses Kennzahlen bilden, die je nach Fokus der Strategie entweder den mengen- oder wertmäßigen Anteil sowie die Effizienz dieser Maßnahme beschreiben.

Für die Forcierung des Ausbaus der elektronischen Anbindung bietet sich dabei eine Kennzahl an, die den Anteil der angebundenen Lieferanten mithilfe einer EDI-Quote beschreibt (vgl. Abbildung 7.12).

Abbildung 7.12 Kennzahl: EDI-Quote

$$\text{EDI-Quote} = \frac{\text{Anzahl aller mit EDI eingebundenen Lieferanten}}{\text{Anzahl aller aktiven Lieferanten}}$$

*) auf Gesamt- oder Warengruppenebene

Für die Steuerung und Bewertung von elektronischen Ausschreibungen lassen sich indes drei Kennzahlen bilden (vgl. Abbildung 7.13).

Abbildung 7.13 Kennzahlen zu elektronischen Ausschreibungen

$$\text{Mengenanteil elektronischer Ausschreibungen} = \frac{\text{Anzahl Kaufteile mit elektronischer Ausschreibung}}{\text{Anzahl aller aktiven Kaufteile}}$$

*) auf Gesamt- oder Warengruppenebene

$$\text{Wertanteil elektronischer Ausschreibungen} = \frac{\text{Anfragevolumen mit elektronischer Ausschreibung}}{\text{Einkaufsvolumen insgesamt}}$$

*) auf Gesamt- oder Warengruppenebene

$$\text{Effizienz elektronischer Ausschreibungen} = \frac{\text{durch elektronische Ausschreibungen realisierte Einsparungen}}{\text{Kosten elektronische Ausschreibungen}}$$

*) auf Gesamt- oder Warengruppenebene

Durch die Kennzahl Mengenanteil elektronischer Ausschreibungen lässt sich der Einsatz dieser Maßnahme im Einkauf forcieren. Zudem kann durch die wertmäßige Gegenüberstellung eine Bewertung durchgeführt werden, inwieweit ein möglicherweise vorhandenes Kostenreduzierungspotenzial durch entsprechende Ausschreibungen ausreichend genutzt werden konnte. Außerdem lässt sich durch den Vergleich der dabei realisierten Einsparungen und entstandenen Kosten die Effizienz elektronischer Ausschreibungen bewerten.

In gleicher Weise lässt sich mit dieser Art der Kennzahlenbildung der Einsatz elektronischer Auktionen im Einkauf steuern und bewerten. Hier liegt jedoch der Fokus eindeutig auf der Reduzierung vorhandener Preise (vgl. Abbildung 7.14).

Abbildung 7.14 Kennzahlen zu elektronischen Auktionen

Mengenanteil elektronischer Auktionen	=	Anzahl Kaufteile mit elektronischer Auktion / Anzahl aller aktiven, auktionsfähigen Kaufteile (Hebelmaterial)
		*) auf Gesamt- oder Warengruppenebene
Wertanteil elektronischer Auktionen	=	Anfragevolumen mit elektronischer Auktion / Auktionsfähiges Einkaufsvolumen insgesamt (Hebelmaterial)
		*) auf Gesamt- oder Warengruppenebene
Effizienz elektronischer Auktionen	=	durch elektronische Auktionen realisierte Einsparungen / Kosten elektronischer Auktionen
		*) auf Gesamt- oder Warengruppenebene

Zur Steuerung dieser Maßnahmen ist eine mengenbasierte Größe im Einkauf von Vorteil, da sie die Kaufteile erfasst, für die diese Maßnahme angewendet wurde. Ohne die Einschränkung auf auktionsfähige Kaufteile, könnte diese Kennzahl darüber hinaus genutzt werden, um eine Entwicklung über einen mehrjährigen Zeitraum aufzuzeigen. Für einen gezielten Einsatz dieser Maßnahme ist es allerdings besser, wenn sich die Bezugsgröße dieser Kennzahl auf alle aktiven, auktionsfähigen Kaufteile bezieht. So wird vermieden, dass Auktionen für dazu ungeeignete Beschaffungsobjekte angewendet werden.

Ein anderer Blickwinkel wird durch die wertmäßige Betrachtung erzeugt. Diese Kennzahl zeigt auf, inwieweit ein im Einkauf identifiziertes Optimierungspotenzial durch den Einsatz dieser Maßnahme ausgeschöpft wurde oder nicht. Auch hier ist zur gezielten Steuerung eine Konzentration auf das auktionsfähige Einkaufsvolumen von Vorteil, jedoch weniger zum Mehrjahresvergleich, wenn Bedarfsstrukturen sich verändern.

Abschließend lässt sich durch die Gegenüberstellung der realisierten Einsparungen im Verhältnis zu den damit verbundenen Kosten, auch eine Bewertung der Effizienz dieser Maßnahme durchführen. Dies ist vor allem für kostengetriebene Strategien von hoher Bedeutung.

Dem gegenüber ist der Fokus von elektronischen Katalogen auf eine Aufwandsreduzierung gerichtet, so dass die Effizienz dieser Maßnahme weniger anhand der damit verbundenen Kosten als vielmehr an der Akzeptanz durch den Bedarfsträger zu messen ist. Daher bietet sich zur Bewertung des Einsatzes von elektronischen Katalogen eine Konzentration auf die Anzahl der Bestellpositionen an, wie dies am Beispiel der Kennzahl Mengenanteil Katalogbestellungen zum Ausdruck gebracht wird (vgl. Abbildung 7.15).

Abbildung 7.15 Kennzahl: Mengenanteil Katalogbestellungen

$$\text{Mengenanteil Katalogbestellungen} = \frac{\text{Anzahl Katalogbestellpositionen}}{\text{Anzahl aller Bestellpositionen}}$$

*) auf Gesamt- oder Warengruppenebene

Für die Bildung von Kennzahlen zur Optimierung des Materialflusses lassen sich Kennzahlen definieren, die sowohl die mengen- als auch wertmäßige Umsetzung der erläuterten Maßnahmen beschreiben, wie dies beispielhaft an den Kennzahlen zur Just-in-Time-Lieferung dargestellt wird (vgl. Abbildung 7.16).

Abbildung 7.16 Kennzahlen zur Just-in-Time Lieferung

$$\text{Mengenanteil Just-in-Time Materialien} = \frac{\text{Anzahl Just-in-Time gelieferter Kaufteile}}{\text{Anzahl aller aktiven Kaufteile}}$$

*) auf Gesamt-, Warengruppen- oder Lieferantenebene

$$\text{Wertanteil Just-in-Time Materialien} = \frac{\text{Einkaufsvolumen Just-in-Time gelieferter Kaufteile}}{\text{Einkaufsvolumen Just-in-Time fähiger (AX-Materialien) Kaufteile}}$$

*) auf Gesamtebene

So eignet sich zur Steuerung dieser Maßnahme eine mengenbasierte Kennzahl auf Basis der aktiven Kaufteile. Diese lässt sich noch konkreter mit Bezug auf die Just-in-Time-fähigen Kaufteile – hier: AX-Materialien – zum Ausdruck bringen, mit den bereits genannten Vor- und Nachteilen. Zur Bewertung des Erfolgs dieser Maßnahme lässt sich alternativ dazu auch das jeweilige Wertvolumen zur Bildung einer Kennzahl heranziehen, inwieweit ein Just-in-Time-fähiges Einkaufsvolumen noch weiteres Potenzial zum Einsatz dieser Maßnahme bereithält. Analog lassen sich die erörterten Maßnahmen Kanban, CRS, SMI, Konsignations- oder Vertragslager sowie automatische Bestellungen in gleicher Weise mit analog zu definierenden Kennzahlen erfassen und führen.

Hingegen eignen sich Kennzahlen, die im Rahmen von Lieferantenbewertungen zur Steuerung von Qualitätssicherungsvereinbarungen eingesetzt werden, genauso wie die Vereinbarung von Gutschrifts- oder Sammelrechnungsverfahren, die zur Steuerung des Zahlungsflusses gebildet werden. Dies ist hier beispielhaft anhand der Kennzahl Sammelrechnungsquote dargestellt (vgl. Abbildung 7.17).

Abbildung 7.17 Kennzahl: Sammelrechnungsquote

$$\text{Sammelrechnungsquote} = \frac{\text{Anzahl aller Lieferanten mit Vereinbarung zur Sammelrechnung}}{\text{Anzahl aller aktiven Lieferanten}}$$

*) auf Gesamt- oder Warengruppenebene

Neben dieser Kennzahl steht in vielen Unternehmen die Vereinbarung mit Lieferanten zur Abwicklung der Zahlungsvorgänge mithilfe von Gutschriften im Zentrum der Kennzahlenbildung. Diese ist vergleichbar zur Kennzahl: Sammelrechnungsquote und kann sowohl lieferanten- als auch volumenspezifisch gebildet werden (vgl. Abbildung 7.18).

Abbildung 7.18 Kennzahl: Gutschriftsverfahrensquote

$$\text{Gutschriftsverfahrensquote} = \frac{\text{Über Gutschriftsverfahren abgewickeltes Einkaufsvolumen}}{\text{Einkaufsvolumen insgesamt}}$$

*) auf Gesamt- oder Warengruppenebene

8 Handlungsfeld „Krise“

Auch jede im Einkauf noch so umsichtig durchgeführte Planung oder sorgfältig erarbeitete Strategie, leistet keine Gewähr dafür, dass diese aufgeht. Diese Erkenntnis ist nicht gerade neu, aber die Gefahr des Scheiterns ist heute tendenziell höher, als noch vor einigen Jahren. Aufgrund der engen Verzahnung von Unternehmen und Lieferanten, stark volatiler Rohstoffpreise, kürzer werdender Produktlebenszyklen und der wachsenden Globalisierung, hat sich die Störanfälligkeit von Wertschöpfungsketten enorm erhöht. Diese Entwicklung hat in den letzten Jahren dazu beigetragen, dass das Management von Risiken in Unternehmen an Bedeutung zugenommen hat, um existenzbedrohende Krisensituationen abzuwehren. Für dieses Handlungsfeld wird hier bewusst der Begriff „Krise“ gewählt, da sich Risiken aufgrund unternehmerischer Entscheidungen nie ganz vermeiden lassen, aber wirkliche Krisen im Eigeninteresse verhindert werden müssen.

Nicht zuletzt haben entsprechende gesetzliche Verordnungen Unternehmen dazu veranlasst, sich heute intensiver mit Risiken zu beschäftigen und Gegenmaßnahmen rechtzeitig zu ergreifen. Das im Jahr 1998 verabschiedete Gesetz zur Kontrolle und Transparenz im Unternehmensbereich (KonTraG) macht dem Vorstand einer Gesellschaft wortwörtlich zur Auflage, “geeignete Maßnahmen zu treffen, insbesondere ein Überwachungssystem einzurichten, damit den Fortbestand der Gesellschaft gefährdende Entwicklungen früh erkannt werden.“ Entgegen weit verbreiteter Meinung betrifft dieses Gesetz nicht ausschließlich Aktiengesellschaften, sondern auch viele Gesellschaften mit beschränkter Haftung. Als Reaktion auf die Bilanzskandale und Firmenpleiten von Unternehmen wie beispielsweise Enron oder Worldcom wurde 2002 in den Vereinigten Staaten der sogenannte Sarbanes-Oxley-Act (SOX) verabschiedet. Dieses Gesetz sollte die Verlässlichkeit der Berichterstattung von Unternehmen verbessern und verlangt, die Abschlüsse von Unternehmen bei der US-Wertpapier- und Börsenaufsichtsbehörde einzureichen.

Doch um welche Risiken muss sich ein Unternehmen kümmern? Welche Gefahren lauern in Anbetracht der Tatsache, dass laut einer Studie der European Business School circa 150 unterschiedliche Risiken in Wertschöpfungsketten identifiziert wurden (Jahns 2007, S. 22)? Grundsätzlich empfiehlt es sich, schon bei der Planung einer Strategie die damit verbundenen Risiken mit zu berücksichtigen und beispielsweise von einer Single-Sourcing-Strategie Abstand zu nehmen, wenn die Absicherung der damit verbundenen Risiken kostenintensiver ist, als der dadurch erzielbare Nutzen. Auch sind Risiken nicht immer von vornherein absehbar und entziehen sich daher entsprechenden Präventivmaßnahmen. Beispielsweise kann sich die Produktqualität eines Lieferanten im Laufe der Geschäftsbeziehung so sehr verschlechtern, dass Gegenmaßnahmen zur Bewältigung dieser Situation erforderlich werden. Daher darf Risikobewältigung nicht mit dem Ausschluss oder der Beseitigung sämtlicher Risiken gleichgesetzt werden, da dieser Zustand weder möglich noch sinnvoll ist. So führt das Schaffen von absoluter Sicherheit einerseits zu überproportional hohen Kosten und verhindert andererseits die Wahrnehmung vielversprechender Chancen (Meierbeck 2010, S. 26).

Aufgrund der Vielzahl unterschiedlicher Risiken ist eine einheitliche Vorgehensweise in der Praxis nicht anzutreffen, dennoch wird in den vielen Unternehmen das Risikomanagementsystem als ein fortlaufender Prozess durchgeführt, der im Prinzip vier Phasen durchläuft. Hier geht es in einem ersten Schritt um die Risikoanalyse und der darauf folgenden Phase der Risikobewertung. Dies stellt die Grundlage zur anschließenden Risikosteuerung mithilfe geeigneter Maßnahmen dar sowie der fortlaufenden Berichterstattung und Neubewertung im Rahmen des Risikocontrollings.

8.1 Risikoanalyse

Bei der Risikoanalyse geht es um die Erfassung von Risiken und der Identifikation der sie auslösenden Ursachen. Hierbei lassen sich unterschiedliche Methoden einsetzen, um Risiken zu identifizieren. Diese reichen von der Verwendung unterschiedlicher Kreativitätstechniken wie beispielsweise Brainstorming, dem Gebrauch von Checklisten, der Durchführung von Mitarbeiterbefragungen und Risikoworkshops oder dem Einsatz sogenannter FMEA-Analysen. So können Risiken aus der Sicht des Einkaufs vom Lieferanten, dem Beschaffungsmarkt oder vorgelagerten Bereichen im Unternehmen ausgehen und hinsichtlich ihrer Auswirkung zu sechs Kategorien zusammengefasst werden (vgl. Abbildung 8.1).

Abbildung 8.1 Übersicht Risiken

QUALITÄTSRISIKO
- Prozess-Risiko
- Produktivitätsrisiko
- Technologie-Risiko
- Personalfluktuationsrisiko
- Qualifikationsrisiko
- Offshoring-Risiko
- Personalrisiko

KOSTENRISIKO
- Marktpreisrisiko
- Allokationsrisiko
- Abhängigkeitsrisiko
- Interventionsrisiko
- Wechselkursrisiko

LOGISTISCHES RISIKO
- Gewalt-Risiko
- Streik-Risiko
- Lagerrisiko
- Transportrisiko
- Kapazitätsrisiko
- Naturkatastrophen-Risiko
- Ersatzteilerisiko
- Produktanlauf-Risiko
- Obsoleszenz-Risiko
- IT-Ausfall-Risiko

INSOLVENZRISIKO
- Liquiditätsrisiko

IMAGE-RISIKO
- Compliance-Risiko
- Gesellschaftliches Risiko

PLANUNGSRISIKO
- Informationsrisiko
- Prognose-Risiko

Dadurch wird die Festlegung geeigneter Gegenmaßnahmen erleichtert und eine bessere Risikosteuerung ermöglicht.

■ Insolvenzrisiko

Das Insolvenzrisiko enthält die Gefahr, dass die Beschaffungsobjekte durch den Ausfall des Lieferanten für den Produktbereitstellungsprozess – zumindest temporär – nicht mehr zur Verfügung stehen. Dieses Risiko entsteht dadurch, wenn der Lieferant infolge mangelnde Liquidität oder Überschuldung seinen Zahlungsverpflichtungen gegenüber seinen Gläubigern nicht mehr erfüllen kann und eine weitere Teilnahme am Wertschöpfungsprozess verhindert (Liquiditätsrisiko). Dieses Risiko ist besonders hoch, wenn dem Unternehmen keine geeigneten Alternativlieferanten zur Verfügung stehen.

■ Kostenrisiko

Unter Kostenrisiken werden alle Risiken zusammengefasst, die im Unternehmen aufgrund der Ungewissheit über die zukünftige Kostenentwicklung der Beschaffungsobjekte und der hierbei zum Einsatz kommenden Faktorkosten entstehen und zu einer Abweichung der Kostenziele führen.

Der spekulationsgetriebene Anstieg der Marktpreise (Marktpreisrisiko) oder die Ungleichverteilung und fehlende Substituierbarkeit von Materialien (Allokationsrisiko) beeinträchtigen die Wettbewerbsfähigkeit des Unternehmens genauso wie Lieferanten, die Abhängigkeitsverhältnisse zu Preiserhöhungen ausnutzen (Abhängigkeitsrisiko). Diese Gefahr ist beim Single Sourcing naturgemäß sehr hoch. Aber auch staatliche Interventionen und Handelshemmnisse, wie beispielsweise höhere Steuern, Exportzölle oder Local-Content-Bestimmungen, lassen die Kosten für Vormaterialien ansteigen (Interventionsrisiko). Nicht zuletzt führen auch signifikante, überplanmäßige Wechselkursänderungen bei einer langen Geldumschlagsdauer zu einer Schmälerung der Erlösstruktur (Wechselkursrisiko).

■ Logistisches Risiko

Das logistische Risiko beinhaltet die Gefahr, dass Materialien in der logistischen Wertschöpfungskette nicht oder nicht in vollem Umfang bzw. mit Verspätung geliefert werden. Häufig steht dieses Risiko dabei in engem Zusammenhang mit Qualitätsrisiken, wenn Waren aufgrund von Lager- und Transportvorgängen Qualitätseinbußen erleiden, die zu Umsatzverlusten führen.

So führt die mangelnde Kapazität bzw. Flexibilität eines Lieferanten dazu, Bedarfsmengen nicht vollständig oder rechtzeitig liefern zu können (Kapazitätsrisiko). Die Abhängigkeit von einem Lieferanten hat bisweilen zur Folge, Einschränkungen bei den Liefermengen hinnehmen zu müssen. Vor einigen Jahren hatte der Automobilzulieferer Kiekert AG die Produktion seiner Kunden lahmgelegt, da er sich infolge eines Preiskampfes weigerte, die Automobilhersteller weiter mit Türschlössern zu beliefern. Ausfälle des IT-Systems eines Lieferanten können temporär dazu führen, vorhandene Aufträge nicht mehr bedienen zu können (IT-Ausfall-Risiko). Oftmals sind Prozessveränderungen (Prozess-Risiko) oder nicht störungsfrei verlaufende Neuproduktanläufe (Produktanlauf-Risiko) die Ursache für verspätete Lieferungen. Das Fehlen dringend benötigter Ersatzteile (Ersatzteilerisiko) kann im Unternehmen den Ausfall von Produktionskapazitäten verursachen und zu Umsatzeinbußen führen, genauso wie Bauteile, die infolge von Abkündigungen nicht mehr lieferbar sind und konstruktionsbedingte Anpassungen verursachen (Obsoleszenz-Risiko). Dieses Risiko ist vor allem in Branchen mit relativ kurzen Produktlebenszyklen, wie beispielsweise der Mikroelektronik sehr häufig anzutreffen. Außerdem sind die zunehmenden Entfernungen in der Wertschöpfungskette vielfach der Grund für Verspätungen und Lieferausfälle (Lager- und Transportrisiko). Nicht zuletzt werden durch äußere Eingriffe wie beispielsweise Arbeitskämpfe, Naturkatastrophen oder kriegerische Auseinandersetzungen sowie terroristische Anschläge Wertschöpfungsketten in ihrer Leistungsbereitschaft beeinträchtigt.

■ Qualitätsrisiko

Qualitätsrisiken werden hervorgerufen, wenn fehlerhafte Beschaffungsobjekte geliefert werden, die zu Verzögerungen im Fertigungsprozess führen oder höhere Kosten verursachen. Dies können beispielsweise Garantie- und Kulanzleistungen sein, die von den Unternehmen zu erbringen sind. Vor allem dieses Risiko ist stets im Zusammenhang mit logistischen Risiken zu beobachten, da mangelhafte Qualität zu Störungen im Produktbereitstellungsprozess eines Unternehmens führt.

Eine plötzlich oder allmählich nachlassende Qualitätsleistung in einer Geschäftsbeziehung hat oftmals ihren Ursprung in der Fluktuation (Personalfluktuationsrisiko) oder einer nachlassenden Ausbildung der Mitarbeiter des Lieferanten (Qualifikationsrisiko). So ist ein schleichender Rückgang der Qualität des Lieferanten oft die Folge eines älter werdenden Maschinenparks aufgrund unterbliebener Investitionen (Technologie-Risiko) oder nicht ausreichend durchgeführter Instandsetzungsmaßnahmen (Produktivitätsrisiko). Darüber hinaus ist der menschliche Faktor stets ein Risiko, dass nie ganz ausgeschlossen werden kann, weil Menschen Fehler machen (Personalrisiko). Die enge Wechselwirkung zwischen Qualitäts- und logistischen Risiken wird deutlich, wenn neben Verzögerungen beispielsweise durch den Wechsel von Lieferanten, unsachgemäße Lagerung, Beschädigungen auf dem Transportweg oder Änderung von Prozessen gleichzeitig auch Qualitätseinbußen hervorgerufen werden. Abschließend soll noch auf das Risiko verwiesen werden, dass unterschiedliche, gesellschaftliche Kulturen zu Barrieren und Verständigungsschwierigkeiten führen, die einen negativen Einfluss auf Lieferzeiten und Qualität ausüben können (Offshoring-Risiko).

■ Imagerisiko

Unter Imagerisiken werden alle die Risiken zusammengefasst, die den Ruf des Unternehmens gefährden und zu Vertrauensverlusten bei Lieferanten oder Imageverlusten bei Kunden, Anteilseignern oder Mitarbeitern führen. Aufgrund der zunehmenden Fremdvergabe und höheren Informationstransparenz im Zeitalter des Internets vergrößert sich für ein Unternehmen generell die Gefahr, gesellschaftliche Erwartungen zu verletzen und infolgedessen Imageschäden zu erleiden. Im Unterschied zu einem reinen Kostenrisiko lassen sich die hiermit einhergehenden Gewinneinbußen weit weniger gut quantifizieren, da sie unter anderem entgangene Umsätze darstellen. Dennoch sind die monetären Folgen eines Imageproblems zur Wiederherstellung von Vertrauensverlusten ungleich höher, wenn der Ruf eines Unternehmens beschädigt ist und den Verlust von Marktanteilen nach sich zieht.

Die Nichteinhaltung moralischer, arbeitsethischer oder ökologischer Standards sowie der sorglose Umgang mit Lieferanten, die diese Einhaltung nicht gewährleisten, kann dieses Risiko verursachen (gesellschaftliches Risiko). So ist es für manche Unternehmen aufgrund ihrer direkten Nähe zum Kunden von enormer Bedeutung solchen Risiken gezielt entgegen zu treten. Die gleiche, imageschädigende Wirkung haben Untreue, Bestechung oder Betrug von Mitarbeitern in der Wertschöpfungskette, da sie das Vertrauen der Geschäftspartner untereinander gefährden (Compliance-Risiko).

- Planungsrisiko

Eine weitere Risikokategorie stellt das Planungsrisiko dar. Im Unterschied zu den bisher erläuterten Kategorien haben diese Risiken ihren Ursprung in den vorgelagerten Bereichen des Unternehmens und sind dem Informationsfluss in der Wertschöpfungskette zuzuordnen.

So führen Planungsfehler aufgrund falscher Annahmen bzw. Bedarfsänderungen (Prognose-Risiko) oder nicht rechtzeitiger Weitergabe von Informationen (Informationsrisiko) zu Prozessstörungen in der Zusammenarbeit mit Lieferanten, die Kosten-, Qualitäts- und Lieferprobleme nach sich ziehen.

Diese Risiken für alle Beschaffungsobjekte oder Lieferanten zu analysieren, dürfte vermutlich selbst in kleinen und überschaubaren Unternehmen an seine Grenzen stoßen. Deshalb ist eine Priorisierung unerlässlich. Eine erste sinnvolle Beschränkung des Analysefelds kann beispielsweise mithilfe einer ABC-Analyse vorgenommen oder durch eine Konzentration auf strategisches Material erreicht werden. So sind Risiken für ein Unternehmen im Allgemeinen gravierender, wenn die Abhängigkeit von Lieferanten ein kurzfristiges Ausweichen nicht zulässt. Das soll nicht heißen, dass auf eine Risikoanalyse für Hebelmaterialien grundsätzlich verzichtet werden kann. Jedoch kann hier ein stärkerer Fokus auf die beschaffungsmarktbedingten Kostenrisiken gesetzt werden. Ob eine Risikoanalyse auch für Engpassmaterialien zweckmäßig erscheint, bleibt dagegen abzuwägen. Da hier jedoch kostenseitige Risikofaktoren weniger von Bedeutung sind, sollten für diese Materialien allenfalls die lieferantenspezifischen Risiken genauer unter die Lupe genommen werden. Eine Risikoanalyse für unkritische Materialien verbietet sich aufwandsbedingt dahingehend ganz von selbst.

Aus pragmatischen Gründen empfiehlt es sich vor einer detaillierten Risikoanalyse die Risikorelevanz einzelner Warengruppen mithilfe eines Risikochecks festzustellen. Hier bietet sich der Einsatz eines Punktbewertungsverfahrens an, welches diejenigen Kriterien beinhaltet, die auf potenzielle Beschaffungsmarkt- oder Lieferantenrisiken hinweisen (in Anlehnung an: Hug 2002, S. 43f).

Aus der Sicht einer Warengruppe stellt die Risikobewertung des Beschaffungsmarktes ein erster Einstieg in eine Risikoanalyse dar (vgl. Abbildung 8.2).

Abbildung 8.2 Risikocheck Beschaffungsmarktrisiko-Beispiel

Marktbezogene Risikomerkmale	Gewichtung Teil-Risiko	Risikoausprägung										Werte Teil-Risiko
		niedrig		<	-------------------------				>		hoch	
		0	1	2	3	4	5	6	7	8	9	
Erforderliche Technologie- und Prozesskompetenz	3	gering			mittel		hoch			sehr hoch		21
		0	1	2	3	4	5	6	**7**	8	9	
Spezifität der techn. Anforderungen (Standort, Maschine, Personal usw.)	3	kein spezielles Know-How				Branchenerfahrung			Spezialanbieter			15
		0	1	2	3	4	**5**	6	7	8	9	
Technologische Entwicklung	3	statisch		moderat		dynamisch - strukturiert			dynamisch - unklar			21
		0	1	2	3	4	5	6	**7**	8	9	
Notwendiger finanzieller Background	2	gering			mittel		hoch			sehr hoch		12
		0	1	2	3	4	5	**6**	7	8	9	
Anzahl der Lieferanten im Markt	2	Intensiver Wettbewerb			Viele Lftn		Wenige Lieferanten			Ein Lieferant		10
		0	1	2	3	4	**5**	6	7	8	9	
Entwicklung der Anbieterstruktur	2	Stetig neue Anbieter			unverändert		Konzentration		Starke Konzentration			4
		0	1	**2**	3	4	5	6	7	8	9	
Langfristige Kapazitätsentwicklung	2	Überkapazität		A > N		Angebot = Nachfrage			Angebotsverknappung			8
		0	1	2	3	**4**	5	6	7	8	9	
Mitwettbewerbersituation (nachgefragte Technologie)	2	Standardtechnologie				Schlüsseltechnologie			Engpasstechnologie			8
		0	1	2	3	**4**	5	6	7	8	9	
Sozio-ökonomische Risikofaktoren (z.B. Streiks, Epidemien usw.)	1	gering			mittel		hoch			sehr hoch		3
		0	1	2	**3**	4	5	6	7	8	9	
Geo-ökologische Risikofaktoren (z.B. Wetterkatastrophen, Auflagen)	1	gering			mittel		hoch			sehr hoch		5
		0	1	2	3	4	**5**	6	7	8	9	
Marktbezogenes Risiko	21	5,1										107

Diese kann bei Erreichen eines entsprechenden Gesamtpunktwertes auf eine intensivere Auseinandersetzung mit einzelnen Lieferanten dieser Warengruppe ausgedehnt werden (vgl. Abbildung 8.3).

Abbildung 8.3 Risikocheck Lieferantenrisiko-Beispiel

Unternehmensbezogene Risikomerkmale	Gewichtung Teil-Risiko	Risikoausprägung										Werte Teil-Risiko
		niedrig		<	-------------------------				>		hoch	
		0	1	2	3	4	5	6	7	8	9	
Technische Anforderungen an Lieferanten	3	gering			mittel		hoch			sehr hoch		24
		0	1	2	3	4	5	6	7	**8**	9	
Komplexität des Beschaffungsobjektes	2	Normteil			Zeichnungsteil		Modul			System		12
		0	1	2	3	4	5	**6**	7	8	9	
Spezifitätsgrad des Beschaffungsobjekts	2	unspezifisch		<	-------------------------				>	hoch spezifisch		10
		0	1	2	3	4	**5**	6	7	8	9	
Sourcing - Situation	2	Multiple Sourcing			Dual Sourcing			Single Sourcing			Sole	14
		0	1	2	3	4	5	6	**7**	8	9	
Verfügungsrechte	2	Eigenes Patent		Stand der Technik			Gemeinsames Patent			Lft Patent		12
		0	1	2	3	4	5	**6**	7	8	9	
Kosten eines Lieferantenwechsels (in % des jährlichen EK-Volumens)	2	0	> 5%	> 10%	> 15%	> 20%	> 30%	> 40%	> 50%	> 75%	> 100%	12
		0	1	2	3	4	5	**6**	7	8	9	
Relative Nachfragemacht gegenüber Lieferanten	2	sehr hoch		gegenseitig abhängig			gering			sehr gering		6
		0	1	2	**3**	4	5	6	7	8	9	
Wirtschaftlicher Schaden (entgehende Deckungsbeiträge)	3	gering		mittel			hoch			sehr hoch		18
		0	1	2	3	4	5	**6**	7	8	9	
Verlust an technischem Know-How durch Zusammenarbeit	2	gering		mittel			hoch			sehr hoch		8
		0	1	2	3	**4**	5	6	7	8	9	
Image - Schaden	1	gering		mittel			hoch			sehr hoch		4
		0	1	2	3	**4**	5	6	7	8	9	
Unternehmensbezogenes Risiko	21	5,7										120

Diese Vorgehensweise ersetzt zwar keine vollständige Risikobetrachtung, aber ermöglicht eine Konzentration und Festlegen von Schwerpunkten zur Durchführung eines effizienten Risikomanagements.

8.2 Risikobewertung

Nachdem die möglichen Risiken in einer Warengruppe identifiziert wurden, sind diese in der zweiten Phase des Risikomanagements zu bewerten. Diese Bewertung muss dabei sowohl die Eintrittswahrscheinlichkeit als auch das damit verbundene Schadensausmaß berücksichtigen.

Auch wenn in der Risikoforschung inzwischen einige Simulationsmodelle oder sogenannte Risikodatenbanken zur Ermittlung von Schäden entwickelt wurden, dürfte dies für die meisten Unternehmen wenig zweckmäßig sein. So ist die grobe Quantifizierung des möglichen Schadens vielfach durch den Einkäufer selbst oder mithilfe eines fachübergreifenden Expertenteams vorzunehmen. Dazu sind einige Indikatoren sehr hilfreich, die auf ein hohes Schadensausmaß hindeuten (Ziegenbein 2007, S. 75), wie beispielsweise:

- das Fehlen von alternativen Lieferanten (Sole Sourcing)
- ein hoher zeitlicher bzw. kostenintensiver Aufwand zum Aufbau neuer Lieferanten
- das Beschaffungsobjekt hat einen hohen Anteil am Einkaufsvolumen (A-Material)
- der Produktionsprozess des Lieferanten stellt ein sogenannter „Bottleneck" dar und kurzfristige Ausweichmöglichkeiten stehen nicht zur Verfügung
- hohe technische Relevanz für die Mehrzahl der Verkaufsprodukte

Hierbei bietet sich zur Einordnung des Schadensausmaßes eine Einteilung von unbedeutend über spürbar und kritisch bis katastrophal an. Jedoch fällt die relative Bewertung des Schadenausmaßes mit Blick auf die Größe des Unternehmens recht unterschiedlich aus.

Dagegen lässt sich die Bewertung der Eintrittswahrscheinlichkeit leichter verwirklichen, wenn Risiken mit Indikatoren verknüpft werden, deren regelmäßige Erfassung und Analyse, die Dringlichkeit zum Einsatz entsprechender Gegenmaßnahmen erkennen lässt.

8.2.1 Indikatoren zur Analyse des Insolvenzrisikos

Die regelmäßige Auswertung von Kennzahlen zur Eigenkapitalquote sowie der Schuldentilgungsdauer eines Lieferanten geben erste Hinweise auf ein sich anbahnendes Insolvenzrisiko und werden folgendermaßen definiert (vgl. Abbildung 8.4):

Abbildung 8.4 Kennzahlen zur Liquidität von Unternehmen

$$\text{Eigenkapitalquote} = \frac{\text{Eigenkapital}}{\text{Gesamtkapital (Bilanzsumme)}}$$

$$\text{Schuldentilgungsdauer} = \frac{\text{Fremdkapital – flüssige Mittel}}{\text{Cash Flow}}$$

Die Eigenkapitalquote zeigt dabei den Anteil der Eigentümer am Gesamtvermögen – der sogenannten Bilanzsumme – des Lieferanten auf. Geht die Verringerung dieses Anteils mit einer Verlängerung der Schuldentilgungsdauer einher, kann dies schon als ein erstes Warnsignal für dieses Risiko und demzufolge eine Zunahme der Eintrittswahrscheinlichkeit einer Insolvenz gewertet werden. Die Schuldentilgungsdauer zeigt auf, wie viele Jahre ein Unternehmen zur Tilgung der Schulden aus dem Cash Flow benötigt. Dabei werden zum Fremdkapital die Verbindlichkeiten und Rückstellungen zusammengefasst, während sich die flüssigen Mittel aus Kassen- und Bankguthaben zusammensetzen. Leider können diese Informationen nur durch die Analyse von Geschäftsberichten oder durch die Einholung von Bonitätsinformationen ermittelt werden. Die fehlende Tagesaktualität ist dabei das größte Problem und macht daher das Einholen weiterer Informationen notwendig. Zu denen gehören vor allem die Beobachtung der Umsatzentwicklung oder Informationen über die Entwicklung des Auftragseingangs des Lieferanten. Weisen diese Größen einen kontinuierlichen oder signifikanten Rückgang auf, kann dies auf eine nachlassende Wettbewerbsfähigkeit bzw. auf das Wegbrechen von Folgeaufträgen hindeuten. Sehr deutliche Anzeichen einer drohenden Insolvenz sind der Wechsel der Rechtsform oder der Hausbank des Unternehmens, das Ausbleiben von Sonderzahlungen, hohe Fertigwarenbestände, die zunehmende Fluktuation leitender Angestellter aus Vertrieb, Entwicklung oder Produktion sowie ein intensives Nachfassen des Lieferanten zur Begleichung offener Rechnungen. Zum Erlangen dieser Informationen sind regelmäßige Lieferantenbesuche, die Durchführung von Audits, der Austausch mit Fachkollegen weitaus besser geeignet, als vom Schreibtisch durchgeführte Bilanz- und Kostenanalysen.

8.2.2 Indikatoren zur Analyse von Kostenrisiken

Im Rahmen der Analyse von Kostenrisiken ist die Ermittlung des Marktpreisrisikos ein wichtiger Schwerpunkt. Zur Analyse dieses Risikos ist eine regelmäßige Auswertung der Marktpreisentwicklung wichtiger Rohstoffpreise sowie der Lohnkosten erforderlich. Ergänzend dazu sollten Prognosen zur langfristigen Nachfrage- und Kapazitätsentwicklung von Wirtschaftsinstituten oder Branchenverbänden mit hinzugezogen werden, um fundierte Annahmen für ein sich abzeichnendes Marktpreisrisiko zu treffen. Langjährige Lieferanten sind im Zuge des Risikomanagements ebenfalls eine wichtige Informationsquelle. Da diese häufig über sogenannte Brancheninsiderinformationen verfügen, können sie vom Einkauf zu ihrer Meinung über sich abzeichnende Preis- und Kapazitätsentwicklungen befragt werden. Natürlich sind diese Informationen immer auch mit einer gesunden Skepsis zu bewerten, da die Eigeninteressen des Lieferanten aus nachvollziehbaren Gründen ebenfalls eine Rolle spielen.

Dagegen kann das Abhängigkeitsrisiko recht offensichtlich anhand der im Unternehmen verfolgten Single Sourcing-Strategien für A-Lieferanten festgemacht werden, umso mehr wenn es wie im Falle des Sole Sourcing bei Bestehen von Lieferantenpatenten tatsächlich nur einen Lieferanten gibt. Wie schon in Kapitel 3.1.1 erörtert, stellt die Analyse der relativen Nachfragemacht ein grundlegender Indikator dar, der um weitere Faktoren wie bspw. die technologische Relevanz der eingekauften Materialien, den Referenzwert des Unternehmens oder das praktizierte Zahlungsverhalten zu erweitern ist. Darüber hinaus ist das praktizierte Verhalten des Lieferanten in Verhandlungen oft ein verlässliches Risikoindiz. Neben einem hartnäckigen Verhandlungsgebaren lassen sich aus dem Vergleich von ersten Angebotspreisen und verhandelten Endpreisen weitere Erkenntnisse gewinnen. Außerdem sollte der Einkauf zur Analyse dieses Risikos immer wieder den Kontakt zu anderen Kunden des Unternehmens suchen, um seine Wahrnehmung zu objektivieren oder langfristig eine Basis zum Aufbau einer Kooperation zu entwickeln.

Prinzipiell lässt sich zur Analyse von Allokationsrisiken die mittel- bis langfristige Entwicklung der Lieferzeiten heranziehen. So ist die Verlängerung von Lieferzeiten oft ein untrügliches Zeichen einer schwieriger werdenden Materialversorgung. Vor allem, wenn erforderliche bzw. zugesagte Liefermengen nicht eingehalten werden, erhöht sich die Eintrittswahrscheinlichkeit für dieses Risiko enorm, verbunden mit der latenten Gefahr eines Preisanstiegs.

Dahingehend lässt sich die Verschärfung von Wechselkursrisiken im Einkauf durch ständige Beobachtung der Währungsentwicklung unschwer erfassen. Neben der Recherche im Internet oder der Auswertung von Wirtschaftsnachrichten, sind vor allem die Hausbanken zur Prognose einer langfristigen Wechselkursentwicklung eine wichtige Informationsquelle. Dieses Risiko ist umso größer, je länger die eigene Geldumschlagsdauer ist, deren Entwicklung im Unternehmen schon allein mit Blick auf die Veränderung der Fertigungs- und Lieferzeiten und der Zahlungsmoral der Kunden festgestellt werden kann. Auch der Vergleich der Zahlungsströme auf der Einnahmen- und Ausgabenseite des Unternehmens ist ein weiteres Indiz für das zunehmende Gefahrenpotenzial von Wechselkursrisiken.

Die Analyse des Interventionsrisikos ist in der Praxis ungleich schwieriger. So lassen sich aufgrund der vorhandenen Lieferantenstruktur die relevanten Märkte zwar recht schnell eingrenzen und – rückblickend betrachtet – die Entwicklung von Exportzöllen, Local-Content-Vorschriften oder anderen interventionsbedingten Kostenveränderungen leicht nachvollziehen. Die Prognose der zukünftigen Entwicklung erfordert vom Einkauf jedoch hellseherische Fähigkeiten. Im kurzfristigen Bereich kann die Analyse der Wirtschaftnachrichten der lokalen Märkte zu berechtigten Annahmen beitragen, hingegen lässt sich eine mittel- bis langfristige Prognose daher mit dem Blick in die Glaskugel vergleichen.

8.2.3 Indikatoren zur Analyse von logistischen Risiken

Die Zunahme logistischer Risiken lässt sich im Unternehmen recht leicht anhand der Zunahme der Lieferzeiten oder einer sich verschlechternden Lieferleistung der Lieferanten feststellen. Besonders betroffen von der Zunahme dieser Risiken sind dabei eng verzahnte, bestandsarme Lieferprozesse wie z.B. im Rahmen einer produktionssynchronen Anlieferung. Dadurch lassen sich die infrage kommenden Materialien für derartige Risiken recht gut lokalisieren.

Mit Blick auf die relevanten Transportentfernungen und -zeiten, die eingesetzten Transportmittel sowie das jeweilige Verkehrsaufkommen kann das Transportrisiko hierbei recht gut charakterisiert werden. So geht die Zunahme der Entfernungen grundsätzlich einher mit einem Anstieg der Transportkomplexität und der Zunahme der Eintrittswahrscheinlichkeit dieses Risikos, deren Auswirkungen auf vielfältige Weise im Unternehmen zu spüren sind. Transportrisiken äußern sich unter anderem durch erhöhte Transportausfälle aufgrund von Unfällen oder Diebstählen oder einer Zunahme von Transportmängeln. Mängel entstehen zum einen, wenn beim Transport einzelne Artikel beschädigt werden oder die Qualität der Ware beeinträchtigt wird. Zum anderen auch dadurch, dass die Kosten und die Länge des Transports höher sind als geplant (Rogler 2002, S. 89ff). Die Analyse dieser Merkmale gibt dem Einkäufer wichtige Hinweise, ob sich die Gefahr von Transportrisiken verändert hat. Für eine Prognose derartiger Risiken lassen sich außerdem Informationen zu Berichten über geplante, staatliche Investitionsprogramme in die bestehende Verkehrsinfrastruktur, der Neuzulassung von Fahrzeugen oder Absatzinformationen der relevanten Transportmittelhersteller zu Rate ziehen.

Die Eintrittswahrscheinlichkeit eines Lagerrisikos lässt sich in einem ersten Schritt mithilfe der Lagerumschlagshäufigkeit identifizieren. So bleibt eine Verlängerung der Lagerdauer häufig nicht ohne Folgen für die dort eingelagerten Waren. Diese können aufgrund von Haltbarkeitsfristen in ihrer Nutzung beeinträchtigt werden oder im Falle der Lagerung von börsennotierten Rohstoffen, wie beispielsweise von Nahrungsmitteln, sich außerdem in ihrem Wert verändern. Generell besteht bei der Lagerung von Materialien die Gefahr, dass diese obsolet werden, wenn sich deren Bedarf nachfrage- oder technisch bedingt verändert. Darüber hinaus stellen gebäuderelevante Eigenschaften und die Ausstattung eines Lagers einen wichtigen Indikator zur Analyse dieses Risikos dar. So ist der Standort oder die Sicherung des Lagergebäudes mit dafür verantwortlich, dass witterungsbedingte Einflüsse oder Diebstahl, Auswirkungen auf den gelagerten Warenbestand haben. Dazu sind vom Einkauf Informationen über die in der logistischen Kette beanspruchten Läger vom Lieferanten oder den sie betreibenden Dienstleistern einzuholen.

Ein drittes, wichtiges logistisches Risiko stellt das Kapazitätsrisiko dar, d.h. inwieweit die vom Lieferanten eingesetzten Fertigungseinrichtungen zur Herstellung der Beschaffungsobjekte in ausreichendem Maße vorhanden sind. Dieses Risiko ist umso größer, wenn vom Einkauf eine Single-Sourcing-Strategie verfolgt wird und weitere Lieferanten kurzfristig nicht zur Verfügung stehen. Auch ist die Belastung von Produktionseinrichtungen oder von Werkzeugen als Indikator mit zu berücksichtigen. So erhöht sich durch einen Mehrschichtbetrieb generell die Gefahr von Lieferausfällen aufgrund belastungsbedingter Maschinenschäden oder Werkzeugbrüche. Genauso wie die Tatsache neuer, noch nicht ausgereifter Produktions- und Qualitätsprozesse, die auch im Hinblick auf die gelieferte Materialqualität nicht ohne Folgen bleiben. Auch diese Informationen sind zur Bewertung der Risikogefahr vom Einkauf im direkten Kontakt zum jeweiligen Lieferanten zu ermitteln.

Das Risiko fehlender Ersatzteile oder der Obsoleszenz von Materialien nimmt mit dem produktlebenszyklusbedingten Alter der Materialien tendenziell zu. Dabei ist das Risiko von Abkündigungen für das Unternehmen aufgrund der dadurch bedingten Folgekosten oftmals gravierender, wenn vorhandene Spezifikationen infolgedessen neu zu erstellen sind. Ein stetiger Informationsaustausch zum Hersteller lässt für den Einkauf dieses Risiko leichter erkennen, welches ausschließlich für lieferantenspezifisches Material vorhanden ist. Nicht zuletzt lassen sich hier auf Erfahrungswerte innerhalb einer Branche zurückgreifen, für die kurze Produktinnovationszyklen recht typisch sind, wie beispielsweise der Elektronik- oder der IT-Branche. Dahingehend ist das Risiko fehlender Ersatzteile leichter vor Ort wahrnehmbar und folglich zu steuern. Vor dem Hintergrund, dass die Gewinnmargen bei Ersatzteilen erfahrungsgemäß recht hoch sind, ist davon auszugehen, dass die Hersteller ein großes Interesse daran besitzen, diese möglichst lange zu liefern. Außerdem verfügen Hersteller vielfach über Erfahrungswerte, die Annahmen zu Verschleiß oder üblichen Standzeiten ermöglichen, um die Gefahr dieses Risikos einzuschätzen.

Schwer ist in der Tat die Abschätzung eines potenziellen IT-Ausfallrisikos. Indizien dafür sind das Alter der beim Lieferanten eingesetzten Hard- und Software sowie die Möglichkeit des schnellen Zugriffs auf Spezialisten, um IT-Ausfälle zu beheben. Darüber hinaus lässt sich anhand der Zunahme von Störmeldungen auf eine höhere Ausfallwahrscheinlichkeit schließen, die demzufolge ein weiterer inhaltlicher Schwerpunkt regelmäßiger Lieferantengespräche bildet.

Das Gewalt- und Streikrisiko ist für den Einkauf in den relevanten Beschaffungsmärkten kurz- bis mittelfristig leicht identifizierbar, da sich die Vorboten dieser Gefahren im Rahmen politischer Nachrichten bzw. der Informationen von Tarifverbänden und Gewerkschaften äußern. Auch durch eine direkte Abfrage der Lieferanten, lässt sich dieses Risiko im Allgemeinen leicht feststellen, zumal hier nicht davon ausgegangen werden kann, dass Lieferanten Informationsvorsprünge für sich behalten wollen. Zur langfristigen Beurteilung dieser Gefahren lassen sich vom Einkauf konjunkturelle Entwicklungen beobachten oder auf Erfahrungswerte zurückgreifen. So ist davon auszugehen, dass die ökonomische Stabilität in rezessiven oder stagnierenden Volkswirtschaften wie beispielsweise Griechenland oder in Nahost auf Jahre hinaus angespannt sein wird und ein hohes Streik- und Gewaltpotenzial beinhalten kann.

Die frühzeitige Identifikation von Naturkatastrophen verkörpert nicht zuletzt einen uralten Menschheitstraum. Dennoch ist es heute aufgrund langfristiger Aufzeichnungen meteorologischer oder seismographischer Daten möglich, Aussagen zur Wahrscheinlichkeit solcher Risiken für bestimmte Regionen zu treffen. So beschäftigen sich beispielsweise das Seismologische Zentralobservatorium in Erlangen, das Klimaforschungsinstitut in Potsdam oder das Goddard Institute for Space Studies (GISS) in New York mit der Analyse und Auswertung solcher Daten, auf die beispielsweise Versicherungsgesellschaften zur Einschätzung von Naturkatastrophen-Risiken zurückgreifen.

8.2.4 Indikatoren zur Analyse von Qualitätsrisiken

Erste Anzeichen einer nachlassenden Qualitätsleistung von Lieferanten lassen sich schon allein im Zuge einer kontinuierlichen Lieferantenbewertung leicht feststellen. Die Ursachen dafür sind jedoch vielfältiger Natur und machen es notwendig, die Relevanz von Qualitätsrisiken bei regelmäßigen Lieferantenbesuchen vor Ort zu identifizieren.

Produktivitätsrisiken äußern sich darin, dass der Anteil wertschöpfender Tätigkeiten des Lieferanten im Rahmen seiner gesamten Fertigungskapazität im Vergleich zu anderen zu gering ist. Ursachen dafür sind beispielsweise eine unzureichende Wartung der Fertigungsanlagen, eine suboptimale Fertigungsplanung und -steuerung in Form häufiger Umrüstvorgänge, mäßige Werkzeuggestaltung mit langen Prozesszeiten oder umständliche, innerbetriebliche Transportwege.

Oftmals einhergehend mit diesem Risiko sind Technologie und Investitionsrisiken. Gründe dafür liegen vielfach in der mangelnden Investitionsbereitschaft des Lieferanten, die beispielsweise zu einem veralteten Maschinenpark führt. Oder es handelt sich um mangelnde Investitionsfähigkeit, die auf ein Kostenproblem hindeutet.

Auch können durch häufige Prozessanläufe und Prozessänderungen, Schwankungen in der Qualität eines Lieferanten hervorgerufen werden. Dieses Problem tritt vor allem bei den Lieferanten auf, die aufgrund ihrer geschäftlichen Tätigkeit eine Vielzahl unterschiedlicher Technologien einsetzen oder aufgrund einer stark schwankenden Auftragslage zu häufigen Wechseln oder Fertigungsverlagerungen gezwungen sind. Damit einhergehend ist auch das Personalrisiko zu nennen, wenn Menschen Fehler machen, die in einem wechselhaften Umfeld naturgemäß häufiger auftreten. Diesem „menschlichen Faktor" kann der Lieferant durch regelmäßige Schulungen und Einsatz arbeitsschutzrelevanter Maßnahmen zwar entgegenwirken, aber eine Vermeidung dieses Risikos generell nicht herbeiführen.

Demnach ist eine ausreichende und regelmäßig erfolgte Qualifikation der Mitarbeiter ein wesentlicher Faktor einer hohen Qualitäts- und Flexibilitätsleistung. Sie steht daher ebenfalls im Fokus zur Abschätzung eines Qualifikationsrisikos. Ein erster Indikator ist die Einsichtnahme in die Ausbildungs- und Qualifizierungspläne des Lieferanten. Zudem ist ein vom Lieferanten forcierter hoher Ausbildungsstand gleichzeitig mit verantwortlich dafür, dass sich eine hohe Mitarbeiterzufriedenheit einstellen kann, die das Personalfluktuationsrisiko herabsenkt. Zusätzlich ist dieses Risiko auch konjunkturbedingt feststellbar, wenn Entlassungen von Mitarbeitern die Qualitätsleistung des Lieferanten beeinträchtigt oder ein starkes standortbedingtes Lohngefälle dazu verleitet, dass Mitarbeiter das Unternehmen schneller wechseln.

Bleibt noch das Offshoring-Risiko zu nennen, dass sich in den über einen längeren Zeitraum gesammelten Erfahrungswerten im Umgang mit unterschiedlichen Geschäftskulturen widerspiegelt. Hierbei haben international aufgestellt Unternehmen einen deutlichen Wissensvorsprung gegenüber klein- und mittelständischen Unternehmen. So ist die Analyse der Vorlieferanten- und Kundenstruktur bzw. die Zeitdauer der geschäftlichen Tätigkeit mit weiteren Lieferanten ausschlaggebend zur Ermittlung dieses Risikos.

8.2.5 Indikatoren zur Analyse von Imagerisiken

Die Gefahr von Imagerisiken hat insbesondere für die Unternehmen eine große Bedeutung, die deutlich näher am sogenannten „Point-of-Sale" tätig sind und daher mit der Erwartungshaltung der Kunden stärker konfrontiert werden. Das soll nicht heißen, dass die Einhaltung arbeitsethischer oder ökologischer Standards nicht für alle Unternehmen gleichermaßen gilt, jedoch sind die imageschädigenden Konsequenzen einer Missachtung für manche Unternehmen ungleich höher. Grundsätzlich ist im Zuge der Globalisierung diese Risikogefahr in allen Wertschöpfungsketten vorhanden. Dennoch lassen sich standortbedingte Unterschiede erkennen, da gesetzliche Regelungen und deren Durchsetzbarkeit voneinander abweichen. Deshalb ist es für den Einkauf von Interesse, an welchen Standorten Lieferanten produzieren und nach welchen Kriterien sie ihre Vorlieferanten auswählen und diese managen.

In gleicher Weise schwierig ist die Bewertung des individuellen Risikopotenzials eines Lieferanten, wenn es um die Einhaltung von Compliance Richtlinien geht. So gibt es Beschaffungsmärkte und Branchen, in denen Bestechung, Untreue und Betrug zum beruflichen Alltag dazu gehören und Organisationen wie z.B. Transparency International, die darüber berichten und Auswertungen veröffentlichen. Dies kann für den Einkauf ein erster Hinweis sein, bei einigen Lieferanten nach Schulungsmaßnahmen zur Durchsetzung dieser Richtlinien genauer nachzufragen. Neben der Tatsache, dass derartige Fragen in aller Regel nur selten zufriedenstellende Antworten bereithalten, ist die Ansprache solcher Themen in manchen Regionen, wie beispielsweise in China leider ein absolutes Tabu.

8.2.6 Indikatoren zur Analyse von Planungsrisiken

Planungsrisiken entstehen in erster Linie dadurch, dass die Annahmen, die einem Plan zugrunde liegen, falsch sind oder die Planung selbst falsch durchgeführt wird. Beide Gründe sind jedoch für den Einkauf schwierig zu identifizieren, da die Bedarfsplanung im Unternehmen selbst außerhalb seines Wirkungsbereichs stattfindet. Daher ist die Wahrnehmung eines Planungsrisikos letztlich nur anhand rein äußerlicher Merkmale festzumachen. Solche sind beispielsweise, wie zeitnah der Einkauf Informationen an Lieferanten weiterleitet und wie hoch die Validität der dazu im System vorhandenen Daten wie beispielsweise Lagerbestände oder Wiederbeschaffungszeiten dies erlaubt. Eine enge EDI-basierte Anbindung unterstützt den Einkauf bei der Vermeidung von Datenübertagungsfehlern. Nicht zuletzt wird das Planungsrisiko deutlich durch die Bereitschaft jedes einzelnen beeinflusst, über den sogenannten Tellerrand hinauszudenken, um bestehende Planungslücken rechtzeitig zu erkennen und zu schließen. Je größer das Unternehmen ist, desto höher ist dabei tendenziell die Gefahr, dass wichtige Informationen verloren gehen, wenn nicht zeitnah genug kommuniziert wird oder sich die Verabschiedung von Plänen aufgrund unterschiedlicher Zuständigkeiten verzögert.

Die erläuterten Risikomerkmale sind im Rahmen der Risikoanalyse vom Einkauf zu hinterfragen, um anhand dessen das Gefahrenpotenzial mithilfe von Eintrittswahrscheinlichkeiten einzuordnen, die für eine geeignete Steuerung der Risiken notwendig sind. Auch hier sollte aus pragmatischen Gründen eine grobe Einteilung der Eintrittswahrscheinlichkeit von unwahrscheinlich über selten und möglich bis hin zu häufig erfolgen. Beispielsweise könnte die Klassifizierung „selten" einem erwarteten Auftreten des Risikos alle 2-3 Jahre entsprechen, „möglich" den Wert eines jährlichen Auftretens bedeuten und „häufig" ein monatliches Auftreten des Risikos beinhalten. Um die Identifikation von Risiken etwas zu vereinfachen, sei an dieser Stelle auf eine umfassende empirische Untersuchung aus dem Jahre 2006 hingewiesen, bei der die Relevanz von Einkaufsrisiken anhand von Eintrittshäufigkeiten analysiert wurde. Dabei wurde festgestellt, dass insbesondere Planungs- und Kostenrisiken überproportional häufig auftraten, als Risiken aufgrund von Compliance, Streik oder Verletzung geistigen Eigentums, die sich im Vergleich dazu als nahezu irrelevant herausstellten (Moder 2008, S. 211ff).

8.3 Risikosteuerung

Zur Steuerung von Risiken werden daran anschließend beide Bewertungen in einer sogenannten Risikomatrix bzw. einem Risikoportfolio festgehalten, um strategische Stoßrichtungen festzulegen, wie mit den erkannten Risiken grundsätzlich umzugehen ist. Ebenso wie das Risikomanagement bereits bei der Formulierung einer Einkaufsstrategie mit berücksichtigt sein sollte, ist die auch Risikosteuerung selbst Teil dieser Strategie (Hess 2010, S. 75). Beispielsweise sollten bei der Entscheidung für eine Single-Sourcing-Strategie gleichzeitig Maßnahmen zur Absicherung der damit verbundenen Risiken verabschiedet werden. Demnach lassen sich bei der Wahl einer Risikosteuerungsstrategie grundsätzlich vier unterschiedliche Ausrichtungen kennzeichnen (vgl. Abbildung 8.5).

Abbildung 8.5 Risikomatrix

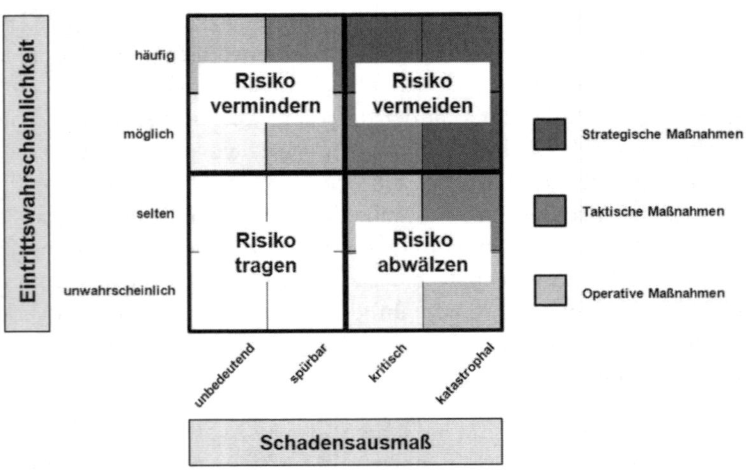

Für Risiken mit höherer Wahrscheinlichkeit und höherem Schadensausmaß gilt es, diese Risiken unbedingt zu vermeiden. Dabei kommen sowohl ursachen- als auch wirkungsbezogene Maßnahmen zur Anwendung. Ursachenbezogene Maßnahmen zielen darauf ab, die Eintrittswahrscheinlichkeit zu verringern, während wirkungsbezogene Maßnahmen auf die Verringerung des Schadensausmaßes hinauslaufen. Da von diesen Risiken die höchste Krisengefahr ausgeht, sollen langfristige, strategische Maßnahmen initiiert werden, die derartige Risiken konsequent ausschließen. So ist beispielsweise von einer Single-Sourcing-Strategie abzurücken, wenn bei einem bedeutenden Lieferant die Nachfragemacht deutlich zurückgeht und die Gefahr von Lieferausfällen zunimmt.

Risiken mit höherer Wahrscheinlichkeit und niedrigem Schadensausmaß lassen sich im täglichen Geschäftsbetrieb eines Unternehmens nie ganz vermeiden, doch kann mithilfe der richtigen Maßnahmen dieses Risiko vermindert werden. Die hier zum Zuge kommenden ursachenbezogenen, operativen und taktischen Maßnahmen sollen die Eintrittswahrscheinlichkeit reduzieren und kurz- bis mittelfristig dafür sorgen, dass diese Risiken weniger häufig auftreten. So lassen sich z.B. durch intensivere Mitarbeiterschulungen, Ausschussquoten reduzieren, Nachfrageschwankungen durch die Anhebung von Sicherheitsbeständen auffangen oder Notfallpläne zur Stabilisierung von Prozessen erarbeiten.

Liegt bei niedriger Eintrittswahrscheinlichkeit das Schadensausmaß im höheren Bereich, kommen wirkungsbezogene Maßnahmen zum Einsatz, die Risiken abwälzen. Dies bedeutet, die Teilung eines potenziellen Risikoschadens mit dem Lieferanten oder die Überwälzung auf einen Dritten, wie beispielsweise auf eine Versicherung. Diese Maßnahmen haben ebenfalls kurz- bis mittelfristigen Charakter wie beispielsweise vertragliche Haftungsregelungen mit Lieferanten oder Maßnahmen zur Lieferantenentwicklung. Vor allem durch die Novelle des Versicherungsaufsichtsgesetzes haben Unternehmen seit 2007 die Möglichkeit, eigene Gesellschaften – sogenannte Captives – zum Zwecke des Risikotransfers zu gründen. Dies sind firmeneigene, oder zusammen mit anderen Unternehmen gegründete Gesellschaften mit dem Zweck, hohe Risiken, wie ein Versicherungsunternehmen zu handhaben und potenzielle Schäden dadurch abzusichern.

Schließlich gibt es noch Risiken, deren Eintrittswahrscheinlichkeit und Schadenausmaß von geringer Dimension sind. Diese sollten vom Unternehmen selbst getragen werden, da die Kosten zu deren Steuerung nicht im Verhältnis zum erzielbaren Nutzen stehen und daher den Verzicht eines Risikomanagements rechtfertigen. Abgedeckt werden diese Risiken beispielsweise durch das vorhandene Eigenkapital.

Doch wie lassen sich nun die aufgeführten Risiken konkret steuern? Welche Maßnahmen können vom Einkauf ergriffen werden, um existenzbedrohende Krisen zu vermeiden oder was ist zu tun, wenn der Krisenfall tatsächlich eintritt? Eine grundsätzliche Frage für viele lieferantenspezifische Risiken ist, ob der Aufbau eines neuen Lieferanten einer Fortführung der bisherigen Zusammenarbeit vorzuziehen ist. Ebenso sind Änderungen vorhandener Spezifikationen und der damit verbundene Wechsel der Lieferantenbeziehung eine wirkungsvolle Maßnahme im Umgang mit potenziellen Abhängigkeits- oder Imagerisiken.

Aber auch unter Beibehaltung der Lieferantenbeziehung lassen sich viele Image-, Qualitäts- und logistische Risiken durch den Einsatz von Lieferantenaudits oder Lieferantenentwicklungsmaßnahmen aktiv beeinflussen. Vielfach hilft die Anhebung von Sicherheitsbeständen, das Einrichten von Konsignationslägern oder die Verlagerung von Lagerstandorten in Werksnähe darüber hinweg, logistische Leistungsschwächen der Lieferantenstruktur sowie Nachfrageschwankungen oder Planungsfehler zu kompensieren. Diese Vorkehrungen wurden schon im Rahmen der Handlungsfelder „Kreditor" und „Koordination" eingehend erläutert und verdeutlichen einmal mehr die mehrfache Wirkung dieser Maßnahmen. Darüber hinaus sind Änderungen von Transportwegen und -mitteln sowie die Überarbeitung von Verpackungen weitere effiziente Maßnahmen im Umgang mit lieferantenspezifischen Risiken (Rogler 2002, S. 88ff).

Dagegen gestaltet sich der Umgang mit Kosten- und Insolvenzrisiken weitaus komplexer und soll im Folgenden näher betrachtet werden.

8.3.1 Maßnahmen im Umgang mit Insolvenzrisiken

Im Umgang mit Insolvenzrisiken macht es aus Sicht des Unternehmens einen grundlegenden Unterschied aus, ob parallel dazu eine Abhängigkeit vom Lieferanten vorhanden ist.

Liegt keine Abhängigkeit vor, sollten Anzahlungen an Lieferanten vermieden werden und fortan benötigte Kapazitäten auf andere Lieferanten verlagert werden. Hier kommt es für den Einkauf auf ein rasches Handeln an, da davon auszugehen ist, dass auch andere von der Insolvenz des Lieferanten bedrohte Kunden die gleichen Absichten verfolgen. Da nicht absehbar ist, wie sich die finanzielle Lage entwickelt, ist der Lieferant für Neuanfragen und -aufträge vorläufig zu sperren.

Schwieriger sind Insolvenzrisiken, wenn eine Abhängigkeit vom Lieferanten vorhanden ist. Da der Ausfall nicht ohne Folgen für die Leistungserbringung des Unternehmens bleibt, kann es sinnvoll sein, mit diesem Lieferanten gemeinsame Lösungen zu erarbeiten, die eine Fortführung seines Geschäftsbetriebs ermöglichen. In aller Regel sind diese Lösungen aber mit höheren Kosten verbunden, dabei gilt als Grundsatz: Je größer die Abhängigkeit, desto höher der Solidarbeitrag (Freitag 2009, S. 32). Beispielsweise kann es zur Abwehr einer Insolvenz notwendig werden, Materialien beizustellen, Zahlungsziele zu verkürzen oder Abschlagszahlungen zu leisten, welche die Liquiditätslage des Lieferanten verbessern. Da infolge einer finanziellen Schieflage auch die Personalfluktuation zunimmt, sollte ebenfalls an eine personelle Unterstützung zur Durchführung der Leistungserbringung gedacht werden.

Vorab dieser Maßnahmen ist es wichtig, sich bestimmte Rechte vertraglich zusichern zu lassen. Bei Werkzeugverträgen ist eindeutig zu regeln, dass das Eigentum des Unternehmens als solches gekennzeichnet ist und im Falle der Insolvenz nicht zur Insolvenzmasse gehört. Hilfreich ist es, wenn vollständige, aktuelle und fotografische Übersichten existieren, welche Maschinen, Werkzeuge und Unterlagen sich beim Lieferanten befinden, die gegenüber dem Insolvenzverwalter den Nachweis des Eigentums und damit den Anspruch auf Herausgabe erleichtern.

Auch durch die Gewährung eines Darlehens kann der Geschäftsbetrieb des Lieferanten weiter ermöglicht werden. Diese Form der Kapitalbeteiligung bietet den Vorteil, dass dadurch eine engere Bindung zum Lieferanten erzielt wird, ohne das ein aktienrechtlicher

Konzern oder eine andere vergleichbare Unternehmensform mit den damit verbundenen rechtlichen Konsequenzen entsteht (Rogler 2002, S. 55). Hierbei ist stets zu bedenken, dass der Lieferant trotz dieser Maßnahmen dennoch zahlungsunfähig werden kann und Rückzahlungsansprüche verloren gehen können. Eine recht sichere, aber auch kostspielige Maßnahme zur Rettung vor einer Insolvenz stellt die Kapitalbeteiligung am Lieferanten dar, bei der sich zudem Rechte auf eine bevorzugte Lieferung vereinbaren lassen. Zuletzt kann eine Zahlungsunfähigkeit durch die Übernahme des Lieferanten abgewehrt werden. Allerdings ist dabei zu bedenken, dass in diesem Falle auch die Haftung für die bestehenden Verbindlichkeiten des Lieferanten auf das Unternehmen übergeht.

Im Falle der eingetretenen Insolvenz ist jedoch unverzügliches Handeln angesagt. Hierbei sollte unter Federführung des Einkaufs eine sogenannte Task-Force aus Mitgliedern der Vertriebs-, Entwicklungs-, Produktion und Finanzabteilung gebildet werden, um die notwendigen Aufgaben zu organisieren und die bereichsübergreifenden Maßnahmen zu koordinieren. Eine Checkliste zum Umgang mit einer Lieferanteninsolvenz soll dabei helfen das Krisenmanagement zu steuern (vgl. Abbildung 8.6).

Abbildung 8.6 Checkliste Krisenmanagement Lieferanteninsolvenz

Vorgehen Krisenmanagement	Aufgaben
1. Bildung einer Task-Force	• Einberufung der Mitglieder eines zentralen Krisenstabs • Ermittlung des Insolvenzverwalters • Prüfung einer Sofortpufferung der noch auf dem Markt verfügbaren Bestände • Prüfung Rechtsansprüche aus Gesetz und Verträgen • Marktanalyse hinsichtlich alternativer Bezugsquellen • Information der Produktion und des Vertriebs und Neuplanung der Auftragslage
2. Situationsbeurteilung	• Ermittlung des Ausmaßes des Ereignisses und Auswirkung auf das Unternehmen • Analyse der vorhandenen Lagerreichweite von Materialien und Fertigwaren • Analyse der betroffenen Produkte • Ermittlung des Mindestbedarfs zur Erfüllung der Lieferverpflichtungen
3. Notbetrieb	• Aufgabenverteilung an den Krisenstab und die Notfallstäbe • Produktionsprogramm unter Berücksichtigung des Lagerbestands anpassen • Einsatzmöglichkeiten von Ersatzstoffen prüfen
4. Rückführung Normalbetrieb	• Erarbeitung von Lösungsvorschlägen zur Rückführung in den Normalbetrieb • Umsetzung der neuen Lösung
5. Recht-, Haft- und Versicherungsfragen	• Klärung haftungsrechtlicher Fragen • Regelung des Umgangs mit Geschädigten und sonstigen Betroffenen • Information der Versicherung und Klärung der Versicherungsdeckung • Klärung möglicher Regressansprüche gegen weitere Verantwortliche
6. Nachbereitung	• Optimierung des Krisenmanagements

8.3.2 Maßnahmen im Umgang mit Kostenrisiken

Kostenrisiken sind für das Unternehmen gleichfalls von enormer Bedeutung, da bei produzierenden Unternehmen zumeist eine Vielzahl von Warengruppen mittelbar oder unmittelbar von der Preisentwicklung auf den Rohstoffmärkten betroffen ist. Neben diesem Risiko zählen Wechselkursrisiken zu den häufigsten Ursachen für die sich dadurch ergebenden Liquiditätsschwierigkeiten eines Unternehmens.

Viele Unternehmen versuchen deshalb, Kostensteigerungen durch Anheben der Verkaufspreise an ihre Kunden weiter zu leiten oder mit Lieferanten Festpreise zu vereinbaren. Allerdings ist die Weitergabe gestiegener Rohstoffkosten an den Kunden in vielen Fällen nicht so leicht möglich. Und auch die Lieferanten sind in Zeiten steigender Rohstoffpreise nur selten bereit, sich für einen längeren Zeitraum preislich zu binden. Daher sind andere Formen eines Risikoausgleichs in Betracht zu ziehen, wie beispielsweise die Änderung bestehender Spezifikationen oder Rezepturen, um den Rohstoffeinsatz zu verringern. Doch lassen sich diese Maßnahmen nur in begrenztem Umfang realisieren, zumal Spezifikationen häufig von Kunden vorgegeben sind und eine Veränderung entweder nicht akzeptiert wird oder an langwierigen Prüfungen mit ungewissem Ausgang gekoppelt ist. Daher ist es für den Einkauf im Zuge der Beschaffungsmarktforschung eine stetige Herausforderung, Trends zu erkennen und Prognosen zu entwickeln, die den Fortgang der wesentlichen Rohstoffpreise darlegen, um rechtzeitig geeignete Maßnahmen zur Kompensation ungünstig verlaufender Entwicklungen zu initiieren. Hierzu werden inzwischen in vielen Unternehmen z.B. Finanzierungsinstrumente eingesetzt, um die negativen Folgen einer Preisentwicklung abzufedern und damit eigene Wettbewerbsvorteile zu begründen.

So werden mit dem Oberbegriff Hedging (engl. absichern) Maßnahmen zur Absicherung steigender Rohstoffpreise oder ungünstig verlaufender Wechselkursentwicklungen bezeichnet. Diese Maßnahmen haben die Gemeinsamkeit, dass neben dem eigentlichen Basisgeschäft – dem Kauf oder Verkauf von Rohstoffen – ein weiteres, sogenanntes Absicherungsgeschäft getätigt wird, um die Risiken des Basisgeschäfts abzusichern.

Beispielsweise lassen sich Wechselkursrisiken unter Anderem im Wege des sogenannten „Natural Hedging“ auffangen. Hierbei werden Währungsrisiken bei bestehenden Zahlungsverpflichtungen gegenüber einem Lieferanten eines Währungsraumes durch Forderungen gegenüber Kunden desselben Währungsraumes ausgeglichen. In diesem Falle müssen die Forderungen aus dem Verkauf mit den Verbindlichkeiten aus dem Einkauf miteinander abgestimmt werden. Hierzu zählen auch Maßnahmen im Einkauf, gezielt neue Lieferanten in den relevanten Währungsräumen aufzubauen oder Zahlungsvereinbarungen in Fremdwährung zu vereinbaren.

Neben dieser Art des Ausgleichs von Wechselkursrisiken werden zur Absicherung von Preisrisiken vielfach abgeleitete Finanzierungsinstrumente – sogenannte Derivate oder Termingeschäfte – eingesetzt. Diese Geschäfte über den Kauf oder Verkauf von Waren werden nicht unmittelbar nach Abschluss, sondern an einem zukünftigen Termin erfüllt. Bei Termingeschäften lassen sich zwei grundsätzliche Arten – unbedingte oder bedingte – unterscheiden, die an sogenannten Terminbörsen oder außerbörslich gehandelt werden.

Bei unbedingten Termingeschäften verpflichtet sich der Käufer bzw. Verkäufer, zu einem festgelegten Zeitpunkt, eine festgelegte Menge zu einem festgelegten Preis zu kaufen bzw. zu verkaufen. Bei diesem Geschäft müssen die Vertragspartner bei Fälligkeit ihre eingegangene Vertragspflicht unbedingt, also zwangsweise, erfüllen. Werden solche Termingeschäfte außerbörslich gehandelt, nennt man sie Forwards, werden sie in standardisierter Form an Terminbörsen gehandelt, heißen sie Futures. Letztere können allerdings nur über börsennotierte Rohstoffe wie beispielsweise Kupfer, Chrom, Nickel oder Erdöl abgeschlossen werden. Entscheidet sich ein Unternehmen dazu, die Absicherung eines Rohstoffpreises mithilfe eines Futures vorzunehmen, wird neben dem eigentlichen Kauf des Rohstoffs zusätzlich ein Absicherungsgeschäft getätigt, bei dem sich der Wert dieses Futures variabel am Börsenwert des Rohstoffs orientiert. Der Kauf eines Futures gibt dem Käufer dabei das Recht auf die Lieferung der Ware zum heutigen Preis. Steigt während der Laufzeit der Preis des Rohstoffs und damit der Wert dieses Futures, hat der Inhaber beim Verkauf dieses Rechts bei Fälligkeit einen Gewinn erzielt, der die Verluste aus dem Basisgeschäft idealerweise zu Null ausgleicht. Sinkt jedoch während der Laufzeit der Preis des Rohstoffs, ist der Käufer des Futures dazu verpflichtet, den Verlust durch Nachschießen von Kapital auszugleichen. Demnach haben Futures den Vorteil, dass sie ein bestehendes Preisniveau sozusagen einfrieren, aber den Nachteil, dass ein Profitieren von Preisrückgängen nicht möglich ist. Dieser Nachteil wird jedoch durch die relativ geringen Kosten eines Futures wieder ausgeglichen.

Im Unterschied dazu wird bei bedingten Termingeschäften keine Verpflichtung, sondern nur das Recht zum Kauf bzw. Verkauf auf das zugrunde liegende Basisgeschäft gehandelt. So entscheidet ein Vertragspartner, ob er zu den fixierten Bedingungen per Kaufwahlrecht (Call-Option) oder Verkaufswahlrecht (Put-Option) das Tauschgeschäft durchführt oder die Option verfallen lässt. Um hierfür einen geregelten Börsenhandel zu ermöglichen, legen die Optionsbörsen diese Kontrakte in allen Einzelheiten einschließlich des Preises zudem das Optionsrecht ausgeübt werden kann genau fest.

Ein Beispiel? Werden vom Unternehmen steigende Marktpreise erwartet, so erwirbt das Unternehmen dazu eine Call-Option, um eine verbriefte Menge des gehandelten Basisgutes bei Fälligkeit zu dem festgelegten (Höchst-) Preis zu kaufen. Übersteigt der Börsenwert, den im Optionsschein zugrundegelegten Preis des Basisgutes, gewinnt das Optionsrecht an innerem Wert und kann durch den Verkauf des Call-Optionsscheins den entstandenen Verlust aus dem Basisgeschäft ausgleichen. In umgekehrter Weise verhält es sich bei einer Put-Option. In Erwartung sinkender Marktpreise erwirbt der Käufer einer Put-Option das Recht, die verbriefte Menge des Basisgutes zu dem festgelegten (Mindest-) Preis zu verkaufen. Sinkt der tatsächliche Wert des Handelsgutes unter diesen Preis, gewinnt die Option an Wert und kann den entstandenen Verlust folglich ausgleichen.

Optionen haben den Vorteil, dass sie einen Höchst- bzw. Mindestpreis absichern. Anders als Futures partizipiert der Besitzer auch von fallenden Marktpreisen. Dagegen ist der Prämienaufwand einer Option höher, als der eines Futures und bewegt sich zwischen 5-7% des zu sichernden Volumens. Diese Geschäfte haben einen hoch spekulativen Charakter, da sie von dem eigentlichen Basisgeschäft losgelöst sind und sich der Optionspreis nicht nach tatsächlichem Angebot und Nachfrage auf den Märkten richtet.

Darüber hinaus gibt es noch sogenannte Collars, die eine Kombination aus einer Call- und einer Put-Option darstellen und so die Preisentwicklung gleichzeitig nach oben und unten absichern. Dabei deckt im Idealfall der Gewinn aus dem einen Optionsgeschäft den Verlust des anderen Optionsgeschäfts ab, so dass hierbei auch von einem sogenannten Zero-Cost-Collar gesprochen wird.

Ein weiteres Derivat stellen sogenannte Swaps dar. Diese Verträge kommen in aller Regel durch bilaterale Vereinbarungen über den Tausch von Zahlungsströmen oder durch die Zwischenschaltung von Banken als Vertragspartner zustande. Swaps werden häufig zur Absicherung von Wechselkursrisiken eingesetzt. So kann beispielsweise ein deutscher Exporteur seine Forderung in US-Dollar mit einem amerikanischen Exporteur tauschen, der eine Forderung in Euro hat. Durch den Swapsatz kommen die vorhandenen Zinsunterschiede der Vertragspartner zum Ausgleich.

8.4 Risikocontrolling

Ein effizientes Risikomanagement soll das Unternehmen dabei unterstützen, Risikoursachen nicht nur frühzeitig zu erkennen, sondern mithilfe adäquater Maßnahmen die Risikogefahr abzubauen oder sogar auszuschalten. Dies macht eine fortlaufende Überwachung der Risikoindikatoren und Bewertung bzw. Reporting der eingeleiteten Maßnahmen notwendig. Hierbei sind eine Reihe von Frage zu beantworten, wie beispielsweise: Welche Indikatoren sind wie häufig und von wem zu analysieren? Wer ist für die Umsetzung von Maßnahmen verantwortlich und bis wann sollen diese umgesetzt werden? Welche Ressourcen stehen für ein effizientes Risikomanagement zur Verfügung und an wen werden diese Aktivitäten berichtet?

Hier eine allgemein verbindliche Regel für alle Indikatoren aufzustellen, wäre wenig zweckmäßig. So gibt es Risikoindikatoren, die eine hohe Volatilität aufweisen und in engem Zusammenhang mit der Risikoursache stehen, für die sich eine monatliche jedoch zumindest quartalweise durchzuführende Analyse empfiehlt. Beispielsweise ist die Analyse der Marktpreisentwicklung oder der Abgleich von Kapazitätsauslastungen mit Lieferanten in kurzen Zeitabständen durchführbar. Hingegen können Risikoindikatoren, die z.B. den Ausbildungsstand des Lieferantenpersonals dokumentieren allenfalls jährlich oder halbjährlich analysiert werden.

Die Analyse der Risikoindikatoren sollte dabei von dem Mitarbeiter durchgeführt werden, der im Hinblick auf die jeweilige Situation den Indikator am besten beurteilen kann. Demnach lassen sich Indikatoren für Qualitätsrisiken effizient durch das Qualitätsmanagement, hingegen die für logistische Risiken durch den operativen Einkäufer selbst, oder Insolvenzindikatoren durch die Finanzabteilung am beurteilen. Wichtig ist eine klare Zuordnung der Verantwortlichkeiten. Eine cross-funktionale Wahrnehmung der Risikoanalyse hat zudem den Vorteil, die Risikogefahr von mehreren Seiten zu beleuchten und so ein objektiveres Bild über die Risikolage zu gewinnen. Außerdem erhöht die soziale Kontrolle im Team den Druck, risikoanalytische Aufgaben nicht zu vernachlässigen.

Über die Planung und Terminierung von Maßnahmen sollte indes gemeinsam entschieden werden. Damit wird sichergestellt, dass die dazu benötigten Ressourcen ausreichend erkannt und unter Abwägen von Kosten-Nutzen-Aspekten eingesetzt werden. Stellen Sie sich vor, der Einkäufer müsste allein einen neuen Lieferanten aufbauen, um ein Abhängigkeitsrisiko zu lindern oder eine Insolvenzgefahr abzuwehren. So erhöht ein bereichsübergreifendes Team die Durchschlagskraft risikospezifischer Maßnahmen und schafft eine höhere Sensibilität im Umgang mit risikoanalytischen Fragen.

Noch verbindlicher lässt sich die Durchführung entsprechender Maßnahmen mithilfe von Kennzahlen steuern, so dass bei Erreichen definierter Grenzwerte im Unternehmen Ressourcen bereitgestellt und Aktivitäten gestartet werden. Hierzu lassen sich eine Reihe geeigneter Kennzahlen benennen, die bereits mehrheitlich im Rahmen des Handlungsfelds „Kreditor" erläutert wurden, wie beispielsweise die Reklamationsquote, die Mengen- und Termintreue, die Lieferzeit, die durchschnittliche Preisentwicklung, der relative Umsatzanteil oder die Auditierungsquote. In Kombination mit anderen Messgrößen lassen diese rasch erkennen, ob von einer Zunahme der Risikogefahr ausgegangen werden kann. Dies soll beispielhaft an den beiden Kennzahlen-Kombinationen der relativen Preisentwicklung und relativen Versorgungssicherheit dargestellt werden.

So kann durch die Gegenüberstellung der unternehmensspezifischen Lagerreichweite auf Warengruppen- oder Materialebene in Relation zu der am Markt vorhandenen Wiederbeschaffungszeit ein relatives Versorgungsrisiko aufgezeigt werden (vgl. Abbildung 8.7).

Abbildung 8.7 Kennzahl Relative Versorgungssicherheit

$$\text{Relative Versorgungssicherheit} = \frac{\text{durchschnittliche Lagerreichweite in Tagen}}{\text{Durchschnittliche Wiederbeschaffungszeit (Lieferzeit) in Tagen}}$$

*) auf Warengruppen- oder Materialebene

Ist der Wert dieser Kennzahl kleiner als „1" ist die Versorgungslage im Unternehmen akut gefährdet, da die Reichweite des Lagerbestands nicht ausreicht, um Versorgungslücken rechtzeitig zu schließen. Optimal ist ein Wert von „1", wenn die Reichweite des Lagerbestands identisch ist mit der Wiederbeschaffungszeit für dieses Material.

Zur Ermittlung der sogenannten Preiszuverlässigkeit lässt sich eine Kennzahl aus der Gegenüberstellung des durchschnittlichen (lieferantenspezifischen) Bezugspreises in Relation zu einem durchschnittlichen Marktpreis ableiten. Diese Kennzahl als Basiswert eines indexbasierten Zeitreihenvergleichs lässt erkennen, ob das Preisverhalten des Lieferanten marktkonform ist oder aber ein Abhängigkeitsrisiko vorliegt, welches der Lieferant zu einem nicht-marktkonformen Verhalten veranlasst. (vgl. Abbildung 8.8).

Abbildung 8.8 Kennzahl: Preiszuverlässigkeit

$$\text{Preiszuverlässigkeit} = \frac{\text{Durchschnittlicher Bezugspreis (Periode n)}}{\text{Durchschnittlicher Marktpreis (Periode n)}}$$

*) auf Materialebene

Da dieses Problem insbesondere dann auftritt, wenn das Unternehmen von einem monopolistischen Lieferanten abhängig ist, dürfte die Ermittlung eines durchschnittlichen Marktpreises in der Praxis erhebliche Schwierigkeiten verursachen. Näherungsweise lässt sich hier der Verlauf wichtiger Kostenfaktoren, wie beispielsweise der Rohstoffpreise dem Preisverhalten des Lieferanten entgegen setzen oder aber das Preisverhalten des Lieferanten durch Einholen vergleichbarer Richtpreis-Angebote für Referenzmaterialien zu unterschiedlichen Zeitpunkten bewerten.

9 Handlungsfeld „Know-how“

Um im Einkauf die notwendigen Prozesse und neuen Aufgaben zu bewerkstelligen, wird nicht nur von den Einkäufern einkaufsrelevantes Know-how verlangt. Auch die Fachbereiche müssen sich auf neue Abläufe im Unternehmen einstellen und diese verstehen. Dabei entstehen neue Informationsflüsse, die konsequenterweise von allen betroffenen Mitarbeitern mit beruflichen Kontakten zu Lieferanten im Sinne der jeweiligen Einkaufsstrategie wahrgenommen werden müssen. Gerade dieser Aspekt wird in vielen Unternehmen mehr schlecht als recht praktiziert. Der allgemeine Wissensstand der Fachbereiche in Einkaufsmethoden ist oft nur wenig vorhanden und die praktizierte Informationsdisziplin eines Unternehmens zu den Lieferanten ist im Vergleich zu der auf der Verkaufsseite noch weitgehend unterentwickelt. Beide Aspekte sind für den Erfolg einer Einkaufsstrategie jedoch maßgeblich und von grundlegender Bedeutung. Stellen Sie sich vor, ein Lieferant erhält aus einer Quelle im Unternehmen gewollt oder unabsichtlich exklusive Informationen, die ihm Vorteile im Angebots- oder Auswahlprozess verschaffen. Dadurch wird so mancher Erfolg einer Einkaufsstrategie verhindert. Doch häufig hat der leichtfertige Umgang der Mitarbeiter mit Informationen zu Lieferanten in vielen Unternehmen nur geringe persönliche Konsequenzen.

Aufgrund der Vielzahl unterschiedlicher Kontakte und Machtinteressen im Unternehmen lässt sich der gesamte Informationsfluss zu Lieferanten oft nur schwer kanalisieren. Damit Einkaufsstrategien gelingen, muss im gesamten Unternehmen jedoch ein grundlegendes Verständnis darüber bestehen, dass der Einkauf für die kommerziellen und strategischen Belange in der Kommunikation zu Lieferanten zuständig ist und dass falsches Verhalten gegenüber Lieferanten, hohen Schaden im Unternehmen verursacht. Dabei ist die Abgrenzung relevanter Informationen verständlicherweise immer auch eine Gratwanderung, wie weit der einzelne Mitarbeiter mit seinen Äußerungen an Lieferanten gehen darf. Je besser er dabei im Rahmen seines Verantwortungsbereichs die Gründe und Konsequenzen einer Einkaufsstrategie versteht, umso besser lassen sich klare Prozessrichtlinien von allen einhalten. Das heißt auch, dass die neuen Prozessverantwortlichen vom Einkauf rechtzeitig in die Strategieplanung mit eingebunden und gegebenenfalls in neue Abläufe eingearbeitet werden, damit einkaufsrelevantes Know-how wirkungsvoll eingesetzt werden kann.

Wie bringt man einen Monopolisten dazu, die Preise zu senken? Dies ist eine der meist gestellten Fragen in Verhandlungstrainings. Anscheinend geht es vielen Unternehmen so, dass die Marktmacht eines Monopolisten auf der Einkaufsseite in der Praxis ein großes Problem darstellt. An den Fragen der Teilnehmer nach möglichem Insiderwissen, Kniffen und Tricks wird schnell klar, dass hierzu wichtiges Know-how und professionelles Wissen erwartet wird. Dabei ist die Lösung im Prinzip ganz einfach. Das Beispiel der Stadtwerke München, die selbst Microsoft dazu brachte, die Preise für Microsoft-Lizenzen zu senken, hat in Einkaufskreisen bereits einen hohen Bekanntheitsgrad erreicht. Wesentlich für das Gelingen dieses Vorhabens war, dass die Einkaufsleitung im Falle eines Scheiterns der Verhandlung mit Microsoft die volle Rückendeckung des Vorstands hatte, zum Wettbewerber Linux zu wechseln. Ebenso wurde allen Mitarbeitern der Münchener Stadtwerke, die Kontakte zum Unternehmen Microsoft hatten, mitgeteilt, dass die Einführung von Linux geplant wird. Daher war es der Einkaufsleitung möglich, auf der Forderung nach einer massiven Preisreduzierung zu bestehen. Lange Zeit hatte die dt. Verkaufsleitung von Microsoft geglaubt, dass es sich bei den geäußerten Wechselabsichten nur um einen Bluff des Einkaufsleiters handeln würde. Um diesen wichtigen Kunden mit fast 30.000 Rechnern nicht an die Konkurrenz zu verlieren, kam sogar der Vorstandschef von Microsoft, Steve Ballmer, höchstpersönlich zu den Verhandlungen nach München, an dessen Ausgang günstigere Konditionen neu vereinbart wurden. (Pressemitteilung Microsoft vom 18.02.2004) Wie ist das gelungen? Alle betroffenen Mitarbeiter im Unternehmen waren in die Strategie eingeweiht und hielten sich mit Informationen nach draußen streng an die getroffenen Absprachen. So ließen sich Preise gegenüber einem Monopolisten wirkungsvoll verhandeln. Stellen Sie sich vor, ein Mitarbeiter hätte sich nicht an die Absprachen gehalten. So einfach und so schwer geht es im Prinzip, einen Monopolisten zu knacken. Da reicht allein vorhandenes Know-how im Einkauf bei weitem nicht aus. Dies ist neben der persönlichen Bereitschaft der Mitarbeiter in vielerlei Hinsicht letztlich immer auch eine Frage der Gewinnung und vor allem des Umgangs mit Informationen im Unternehmen.

Informationen zu finden ist heute Dank des Internets für jedermann zugegebenermaßen sehr leicht möglich. Viele große Unternehmen verfügen über eine Unmenge unterschiedlicher Daten und Informationen, die in den meisten Fällen in Datenbanken abgelegt werden. Jedoch verwandeln sich einige dieser Datenbanken mit der Zeit schnell zu Datenfriedhöfen, weil sie nicht genutzt werden und ihr Inhalt zunehmend veraltet. Erst deren Gewichtung und Bewertung macht aus einzelnen Informationen im Unternehmen Wissen und schafft so, auf die Zukunft gerichtet, wertvolles Know-how.

Hier hat der Einkauf im Unternehmen häufig einen hohen Nachholbedarf, da sein Wissen lange Zeit selten gefragt oder schlimmer noch, gar nicht vorhanden war. Gerade in vielen klein- und mittelständischen Unternehmen wird immer noch ein Großteil der Arbeitszeit im Einkauf damit verbracht, operative Tätigkeiten wahrzunehmen. Hätten Sie gedacht, dass vor Beginn der Finanzkrise die durchschnittlichen Weiterbildungskosten für einen Vertriebsmitarbeiter ungefähr neunmal so hoch waren, als für einen Einkaufsmitarbeiter? Für den Einkäufer wurden im Unternehmen pro Jahr durchschnittlich weniger als 1.000 Euro für berufliche Weiterbildung ausgegeben (Rast 2008, S. 176). An diesen Relationen hat sich bis heute im Wesentlichen wenig verändert. Schon daran ist relativ leicht zu erkennen, dass das Thema Wissensentwicklung im Einkauf in vielen Unternehmen ein noch weitgehend vernachlässigtes Handlungsfeld ist. Dabei ist es von fundamentalem Interesse eines Unternehmens im Einkauf bereits heute über das notwendige Wissen von morgen zu verfügen, um so die verfolgten Einkaufsstrategien wirkungsvoll zu verwirklichen.

Doch welche Informationen verschaffen Know-how? Was muss im Einkauf getan werden, um wertvolles Know-how dauerhaft zu erhalten? Und welche persönlichen Eigenschaften sind dazu erforderlich oder müssen gefördert werden?

Stellen Sie sich vor, Sie wären Einkaufsleiter in Ihrem Unternehmen und die neue kaufmännische Leitung entscheidet, in der Warengruppe Feingussbauteile eine Global Sourcing-Strategie durchzuführen. Das Ziel lautet, in einem Jahr erste verkaufsfähige Lieferungen bereitzustellen. Aus meiner Sicht ist diese Vorgehensweise in vielen Unternehmen häufig nichts Außergewöhnliches.

Was würden Sie tun? Vielleicht gehen Sie im Geiste als erstes Ihre vier Mitarbeiter einschließlich des Praktikanten durch und stellen schnell fest, dass Ihr dafür zuständiger und technisch erfahrener Mitarbeiter – Einkäufer für Metallbauteile – kein Englisch spricht. Da Sie aber um seine langjährige Erfahrung mit Gussteilen wissen, vertrauen Sie darauf, dass ein Übersetzungsbüro die Unterlagen korrekt übersetzt und Ihr Mitarbeiter sechs Wochen nach dem Gespräch mit der Versendung von Anfragen beginnen kann. Da Sie auch nach vier Wochen immer noch keine brauchbaren Informationen, geschweige denn Angebote erhalten haben, stellen auch Sie fest, dass selbst in China die englische Sprache auch nicht immer und überall gesprochen wird.

Um dieses Projekt schwungvoller zu betreiben, hat Ihr Praktikant drei Monate nach Projektstart von Ihnen die Aufgabe erhalten, das Projekt zu unterstützen. Da er während seines Studiums ein Praxissemester in Shanghai absolviert hat, bringt er wertvolles Wissen mit. Daher weiß er, dass mit internationalen Anfragen bisweilen ein schwunghafter Handel betrieben wird und Faxanfragen häufig von Händlern beantwortet werden. Anhand der aufgekommenen Rückfragen der nächsten vier Wochen wird Ihnen allmählich bewusst, dass die ersten Lieferanten, die Ihnen verlockende Angebote abgegeben haben, für spätere Lieferungen wahrscheinlich nicht infrage kommen. Was nun?

Natürlich lassen Sie sich nicht entmutigen. Sie bilden ein Team und bitten den IT-Experten um Unterstützung. Nach weiteren drei Wochen erhalten Sie ein fertiges IT-Konzept einschließlich der Zugriffberechtigungen, wie die entsprechenden Daten von und zum Lieferanten sicher im Unternehmen ausgetauscht werden können. Sie wissen nur allzu gut, dass auch im Einkauf softwarebasierte Office- und Internetlösungen bisher kaum benutzt werden – von einem Data Warehouse ganz zu schweigen, dass Ihnen Ihr IT-Experte empfiehlt. In der Zwischenzeit sind weitere Wochen vergangen und erst zwei Lieferanten haben geantwortet. Weil dieses Projekt noch zu kleine Fortschritte macht, bitten Sie Ihren ehrgeizigsten Mitarbeiter, der außerdem gut englisch spricht, sich um das Projekt zu kümmern. Weitere drei Wochen vergehen und wenig zufrieden stellen auch Sie fest, dass im Rahmen des Projekts außer vielen unverständlichen Angaben noch keine aussagefähigen Angebote zusammen gekommen sind. Daher befürchten Sie zu Recht, dass selbst ihr ehrgeizigster Mitarbeiter in China selbst noch nicht weiß, an wen er sich dort wenden kann, aber im Übereifer schon vor einer Woche nach Shanghai geflogen ist.

Überraschenderweise konnte er dort einige zuverlässige Kontakte herstellen und erste erfolgsversprechende Muster werden wenig später auch tatsächlich geliefert. Ein halbes Jahr ist inzwischen vergangen und nur noch Ihr neuer Junior-Einkäufer hat vor der Ferienzeit noch ungenutzte Reserven. Dieser ist jung, dynamisch und vor allem belastbar. Mit eProcurement kennt er sich ebenfalls gut aus. Aufgrund der Zeitverschiebung kommt er in den nächsten Wochen jeden Morgen schon um vier Uhr morgens ins Büro, um mit dem chinesischen Fertigungsleiter nach dessen Frühschicht die aktuellen Produktionsdaten der

Erstmusterserie auszutauschen. Nach weiteren vier Wochen hat Ihr belastbarer Einkäufer dann die Feinplanung soweit abgeschlossen. Zur Abnahme der ersten Musterlieferung besuchen Sie mit ihrem fachkundigsten, ehrgeizigsten und belastbarstem Mitarbeiter den Lieferanten vor Ort und werden zum Abschluss des Geschäftsauftrags zum großen Geschäftsessen eingeladen. Aus eigener Erfahrung empfehle ich hier, selbst zur Mittagszeit, solche Einladungen nicht auszuschlagen. Schlimmer noch, nach dem Ausgeben der Suppe, den umher gereichten Reis weder in diese zu füllen noch Reis ohne Suppe zu essen. Die Wahrscheinlichkeit, dass es zu einer Zusammenarbeit kommt, hängt dabei stärker von der Einhaltung der chinesischen Tischsitten ab, als Sie glauben. Wie sie sehen, braucht es einige Zeit um im Einkauf über belastbare und ehrgeizige Mitarbeiter mit einkaufsrelevantem Fachwissen zu verfügen. Idealerweise alle diese Eigenschaften zugleich in einer Person. Und dieses geht weit über Fachwissen hinaus. Wenn diese Mitarbeiter dann über ausgezeichnete Kontakte und ein ausgeprägtes interkulturelles Verständnis verfügen, ist eine wichtige Voraussetzung für das Gelingen der Einkaufsstrategien im Unternehmen geschaffen und dann auch kein Zufall, auf den Reis zum Abschluss des Geschäftsessens verzichtet zu haben.

Was bedeutet dies für Ihr Unternehmen? Zunächst muss intern geklärt sein, welche Einkaufsstrategien verfolgt werden, wie diese umzusetzen sind und welcher Gesamtumfang von Know-how dazu erforderlich ist. Dies ist von Warengruppe zu Warengruppe zwangsläufig sehr unterschiedlich und muss auf der Basis der jeweils verabschiedeten Kosten- und Lieferanten- sowie Prozess- und Risikostrategien definiert und im Unternehmen mitunter sehr schnell aufgebaut und kommuniziert werden. Dazu ist je nach Einkaufsvolumen der Einsatz von Einkaufsbüros vor Ort sinnvoll, erst recht mit Hinblick auf das vorgestellte Global Sourcing-Beispiel. So lassen sich neue Wissensgrundlagen gezielt generieren, um im Einkauf Informationsvorsprünge zu gewinnen und damit eine hohe Kompetenz zur Entwicklung von Know-how aufzubauen. („Economies of Competence“ – vgl. Kap. 2.3.2).

Wenn die Kostenstrategie beispielsweise lautet, bestimmte Hebelmaterialien preiswert in Land xy einzukaufen, wird Wissen über genau diesen Beschaffungsmarkt benötigt. Auch wenn sich hier der Einkäufer in erster Linie der Instrumente der Bedarfsplanung und Finanzierung aus dem Handlungsfeld „Kapital“ bedient, heißt diese Strategie im Klartext: Preise reduzieren! Dabei werden hier distanziertere Beziehungen zu Lieferanten gesucht, um einen funktionierenden Wettbewerb aufrecht zu erhalten und prozessseitig vor allem preisdrückende Maßnahmen wie beispielsweise Auktionen eingesetzt oder Lieferanten zur Übernahme der Bestandsführung verpflichtet. Für diese Aufgabe sind verständlicherweise andere fachliche und persönliche Eigenschaften eines Einkäufers gefragt, als bei dem Einkäufer, der mit Lieferanten innovative Produktentwicklungen langfristig steuert. Wenn es sich um Hebelbeschaffungsobjekte handelt, ist im Einkauf vor allem der Typ des Verhandlungsprofis gefragt, während strategische Produktentwicklungen ein hohes produktspezifisches Fachwissen und ausgezeichnete Kommunikationsfähigkeiten des Einkäufers voraussetzen. So lassen sich die späteren Produktkostenstrukturen gleich von Beginn einer Entwicklung an gering wie möglich halten und damit das Dilemma von Kosten und Ausgaben im Unternehmen abschwächen.

Was beide Einkäufer trotz ihrer unterschiedlichen Qualifikationen jedoch eint, ist die Tatsache, dass aufgrund ihrer beruflichen Tätigkeit, Informationen gewonnen und Daten im Unternehmen gespeichert werden. Idealerweise sollten diese allen Mitarbeitern im Rahmen ihres Verantwortungsbereichs jederzeit zugriffsbereit zur Verfügung stehen, damit dieses explizite Wissen von vielen genutzt werden kann, solange es noch nicht veraltet ist. Diese Aufgabe bildet den zentralen Kern eines einkaufsbasierten Wissensmanagement und bedeutet, dass im Prinzip alle Informationen allen Mitarbeitern zu jeder Zeit in passender Form zur Verfügung stehen (Rast 2008, S. 162). So lassen sich die notwendigen Wissensvorsprünge im Einkauf entwickeln, um die langfristige Wettbewerbsfähigkeit des Unternehmens zu stärken („Economies of Knowledge"). Dieses macht eine professionelle Ausbildung und Schulung von Mitarbeitern sowie einen benutzerfreundlichen Zugriff auf vorhandene Wissensdatenbanken im Einkauf sozusagen „alternativlos".

Doch allein mit der Bereitstellung von Daten oder der Aus- und Weiterbildung im Einkauf ist es allerdings nicht getan. Damit Wissen begriffen werden kann, müssen auch die sogenannten Insiderinformationen weitergegeben und verstanden werden. Dieses implizite Wissen hingegen ist fast ausschließlich in den Köpfen der Mitarbeiter vorhanden. Verständlicherweise gibt kein Mitarbeiter sein Wissensmonopol gerne freiwillig ab – und schon gar nicht an Menschen, die er nicht wertschätzt oder zu denen er keinen guten Kontakt hat. Dennoch ist die Weitergabe dieses Wissens, welches außerdem schwer kommunizierbar und kaum formalisierbar ist, für einen umfassenden Informationsaustausch unerlässlich und von außen kaum zu beeinflussen. Viele Wissensmonopole lassen sich jedoch leichter auflösen, wenn Menschen über eine Vielzahl von guten Kontakten verfügen und dabei auf deren Wissen zurückgreifen können.

Dabei spielen Kontakte für den Einkauf im Prinzip genauso eine große Rolle wie die Kontakte des Unternehmens auf der Verkaufsseite. Kontakte erleichtern es, sich in neue Aufgaben einzuarbeiten und neues Insiderwissen rasch aufzubauen. Damit wertvolles Wissen entstehen kann, sind heute zuverlässige Kontakte in vielen Beschaffungsmärkten unverzichtbar. Diese aufzubauen und zu pflegen, ist durch die sozialen Netzwerke im Web 2.0 heute wesentlich einfacher als noch vor einigen Jahren, auch wenn diese Netzwerkkontakte kaum durch die Qualität persönlicher Kontakte zu ersetzen sind.

Dies wird umso verständlicher, wenn man über die Folgen der Kündigung von Mitarbeitern im Unternehmen nachdenkt. Anhand von drei Fragen, die ich Teilnehmern in Führungstrainings häufig stelle, lässt sich das Ausmaß der Bedeutung und Wertschätzung von Kontakten im Unternehmen leicht feststellen. Wie würde sich die Kündigung eines wichtigen Verkäufers in Ihrem Unternehmen auf den Umsatz auswirken? Welcher Umsatzverlust wäre deswegen im Unternehmen im Laufe von drei Jahren entstanden? Welche Folgen hat es, wenn ein Einkäufer, der schon viele Jahre im Unternehmen der Experte für einen wichtigen Beschaffungsmarkt ist, das Unternehmen verlässt?

Gerade im internationalen Einkauf sind die guten persönlichen Kontakte des Einkaufs in vielen Geschäftskulturen erfolgskritisch. Sie tragen erfahrungsgemäß dazu bei, operative Prozesse zu stabilisieren, da sich manche Schwierigkeiten aufgrund der Kenntnisse vor Ort und der handelnden Personen viel leichter lösen lassen. So wird in den fernöstlichen Kulturen schon seit jeher die Bedeutung oder Wertigkeit einer Person daran gemessen, wie viele Kontakte diese besitzt. Mit Kontakten wird in individualistischen Gesellschaftsformen, wie in weiten Teilen Europas, Nordamerikas oder Australiens, kulturell bedingt grundsätzlich ganz anders umgegangen. Hier ist oft eine strikte Trennung von geschäftlichen und privaten Kontakten festzustellen, was anderswo auf der Welt eher unüblich ist. Gerade international agierende Unternehmen müssen die wachsende Bedeutung von Kontakten und Netzwerken im Rahmen ihrer Know-how-Entwicklung berücksichtigen. So stellt der Erhalt von Kontakten und Ausbau von Netzwerken einen weiteren wichtigen Teilaspekt eines wirkungsvollen Know-how im Einkauf des Unternehmens dar („Economies of Networking").

Gute Kontakte entstehen aber erst im Laufe der Zeit und auch der richtige Umgang mit internationalen Geschäftskulturen wird vielfach erst nach Jahren richtig verstanden. Neben dem heute fast schon selbstverständlichen Einkaufen in China oder Osteuropa, werden Beschaffungsmärkte in Lateinamerika, Südostasien oder Afrika für den Einkauf zunehmend attraktiver. In letzter Konsequenz muss sich der Einkäufer neben seinen Fach- und Methodenkenntnissen ebenso zum Marktexperten im Unternehmen weiterentwickeln, der sich nach einigen Jahren dann beispielsweise in Indonesien, Brasilien oder der Türkei besonders gut auskennt und dem Unternehmen „seinen" Beschaffungsmarkt für zukünftige Lieferantenbeziehungen dadurch offen hält.

Wenn ein Mitarbeiter, der schon viele Jahre in Indien mit Lieferanten arbeitet, innerhalb kurzer Zeit kündigt, wie lange wird es womöglich brauchen, bis ein Nachfolger das gleiche Leistungsniveau erreicht hat? Die Erfahrung, die der frühere Mitarbeiter quasi verkörperte und mitgenommen hat, ist für das Unternehmen dann nicht mehr nutzbar und wertvolles Wissen für immer verloren. Daher stellt der Erfahrungsschatz aller Mitarbeiter ebenso eine grundlegende Basis zur Nutzung von Know-how dar, die auch auf der Erfahrung im Umgang mit anderen Geschäftskulturen basiert und in hohem Maße von der eigenen Unternehmenskultur mit geprägt ist („Economies of Culture").

Zur Verwirklichung von Einkaufsstrategien ist daher mehr als bloßes Fachwissen gefordert. Vielmehr ist umfassendes Know-how notwendig, um die aufgezeigten Kompetenzvorteile („Economies") zu nutzen. Dazu müssen fachübergreifend im Unternehmen wesentliche Wissensinhalte definiert und bereitgestellt, Mitarbeiter im Einkauf stärker vernetzt sowie eine fördernde Lernkultur geschaffen werden. Dies bleibt auch für die bestehende Einkaufsorganisation eines Unternehmens nicht ohne Folgen. Dazu werden im Folgenden beispielhaft einige Analysemethoden und Maßnahmen zur zielgerichteten Gestaltung eines umfassenden Know-how im Unternehmen näher erläutert.

9.1 Analyse des Know-how-Potenzials

Damit im Einkauf umfassendes Know-how zielgerichtet entwickelt werden kann, müssen unter Federführung der Einkaufsleitung einkaufsrelevante bzw. fachübergreifende Maßnahmen zur Know-how-Entwicklung aufgezeigt und durchgeführt werden. Dabei handelt es sich vielfach um Schulungsmaßnahmen und Trainingskonzepte, die häufig in Zusammenarbeit mit dem Personalwesen entwickelt werden. Hierbei kommt es nicht zuletzt auf die Bereitschaft der Unternehmensleitung an, in die Ausbildung und Qualifikation des Personals zu investieren und den Aufbau von Know-how im Unternehmen zu forcieren. Doch dieser Aufbau ist in hohem Maße von den persönlichen Eigenschaften der im Einkauf tätigen Mitarbeiter und vom Einfluss der vorhandenen Organisationskultur im Unternehmen abhängig. Um diesen Zustand zu analysieren und geeignete Maßnahmen zu entwickeln, sind folgende Analysemethoden sehr hilfreich.

9.1.1 SWOT-Analyse

Ein erstes Analyseraster zur Einschätzung des vorhandenem Know-how stellt die SWOT-Analyse dar, mir der sich noch fehlendes Wissen aufzeigen lässt. Wie schon der Begriff SMART ist SWOT ein Akronym. Deren Anfangsbuchstaben stehen für Strengths, Weaknesses, Opportunities und Treats. Oder anders gesagt, handelt es sich um die sogenannte Stärken-Schwächen-Chancen-Risiken-Analyse. Bei dieser Analyse werden die unternehmensinternen Stärken und Schwächen den unternehmensexternen Chancen und Risiken gegenübergestellt, um Einsichten über aufzuholende Wissenslücken oder vorhandene Wettbewerbsnachteile zu gewinnen (vgl. Abbildung 9.1).

Abbildung 9.1 SWOT-Analyse

Konkret lässt sich die SWOT-Analyse in drei Schritten durchführen. Ohne spezielle Vorkenntnisse kann diese Analyse im Unternehmen angewendet werden, indem erfahrene Führungskräfte Stärken und Schwächen sowie Chancen und Risiken in Workshops im Prinzip eigenständig benennen und bewerten. Dazu lassen sich unter Verwendung von Kreativitätstechniken im ersten Schritt Leitfragen beantworten, um die Situation des Unternehmens hinsichtlich seiner Potenziale zutreffend zu beschreiben.

Geeignete Fragen zur Beantwortung der internen Potenziale sind beispielsweise:

- Wie werden Prozessabläufe beherrscht und welche Abläufe sind kritisch?
- Wie werden Verkaufsprodukte nachgefragt?
- Wie werden im Unternehmen Absatzpläne erstellt und wie zutreffend sind diese?
- Welche Beschaffungsobjekte kennt der Einkauf gut oder schlecht?
- Wie werden Reklamationen genutzt?
- Welche Erfahrungen besitzen die Mitarbeiter?
- Wie sind die Mitarbeiter motiviert und was führt zu Demotivation?

Dabei lassen sich zur besseren Einordnung eigener Stärken und Schwächen ebenfalls auf vorhandene Einkaufsdaten zurückgreifen, die aus den strategischen Analysen der Warengruppen (vgl. Kap. 3) oder beispielsweise aus Kostenstruktur- und Wertanalysen sowie aus Bestands- und Risikoanalysen den Teilnehmern bekannt sind.

Um im zweiten Schritt mögliche externe Potenziale der Beschaffungs- und Verkaufsmärkte zu erkennen, stellen für eine Analyse der Chancen und Risiken die folgenden Fragen einen Ausgangspunkt der Überlegungen dar:

- Wer sind die wichtigsten internen und externen Kunden?
- Wer sind die wichtigsten aktuellen und potenziellen Lieferanten?
- Wo sind die attraktivsten Beschaffungsmärkte der Zukunft?
- Welche zusätzlichen Potenziale bieten diese Märkte?
- Welche Wettbewerber konkurrieren um die nachgefragten Kapazitäten?
- Welche Technologien nehmen an Bedeutung zu oder ab?
- Welche Werkstoffentwicklungen sind für Beschaffungsobjekte von Bedeutung?
- Welche Absatzmärkte bringen neue Lieferantenbeziehungen mit ein?
- Welche IT-Lösungen nehmen an Bedeutung zu oder ab?
- Welche Finanzierungsformen nehmen an Bedeutung zu oder ab?
- Welche zusätzlichen Dienstleistungen werden wichtiger?
- Welche Qualifikationen werden zukünftig notwendig werden?

Dabei werden durch den Vergleich der heutigen Ist- und künftigen Soll-Zustände wichtige Erkenntnisse und Ideen für gemeinsame Entwicklungsmaßnahmen zur Verbesserung von Know-how gewonnen. Dies ist für das generelle Funktionieren von strategischen Maßnahmen im Unternehmen genauso notwendig wie bei der Umsetzung von Einkaufsstrategien. Hier wird die SWOT-Analyse mit Blick auf die Warengruppenstrategie am besten cross-funktional oder durch die Einkaufsleitung selbst bewerkstelligt. Methodisch kann hier auf die Nutzwertanalyse (vgl. Kap. 6.2.2) in Kombination mit einer sogenannten GAP-Analyse (Lückenanalyse) zurückgegriffen werden. Mit einer GAP-Analyse wird beispielsweise das warengruppenspezifische SOLL-Profil eines Einkäufers definiert und mit den aktuellen IST-Profilen im Einkauf verglichen und so leicht verständlich bestehende Wissenslücken aufgezeigt. Dadurch lassen sich Stärken oder Schwächen der Einkäufer charakterisieren und einordnen und Weiterbildungsmaßnahmen gezielter durchführen (vgl. Abbildung 9.2).

Abbildung 9.2 GAP-Analyse

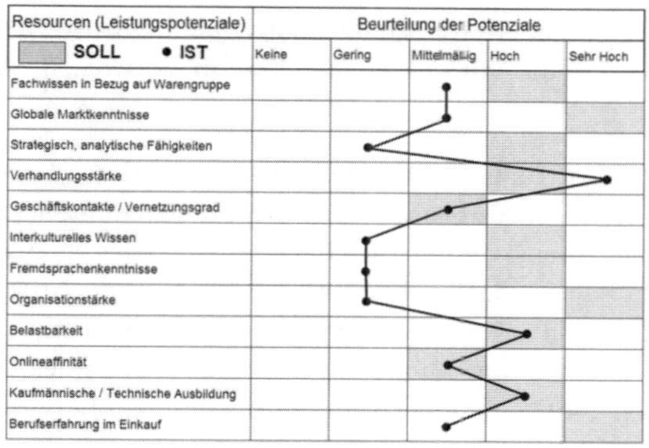

Im dritten Schritt der SWOT-Analyse werden die festgestellten Stärken und Schwächen den erkannten Chancen und Risiken gegenübergestellt, um gezielte Ansätze für den Aufbau von Know-how im Einkauf zu entwickeln. So lassen sich sogenannte S-O- (Strengths-Opportunities) Strategien formulieren, wie beispielsweise welche Stärken zu welchen Chancen passen oder zur Erhöhung von Chancen genutzt werden können. Ebenso können beispielsweise S-T- (Strengths-Threats) Strategien verabschiedet werden. Hier geht es beispielsweise darum, welche Stärken sich zur Abwehr von Bedrohungen einsetzen lassen. Durch insgesamt vier mögliche Strategie-Kombinationen kann eine Fülle von strategischen Notwendigkeiten aufgezeigt werden. Damit wird deutlich, welches Know-how heute und in Zukunft im Einkauf gefragt sein wird.

Generell kann der Einsatz dieser Analyse für viele Fragestellungen angewendet werden, in denen ein Individuum in einem Umfeld agiert und Entscheidungen treffen muss (Kerth 2009, S. 187). Da die SWOT-Analyse explizit auch die externen Rahmenbedingungen der Unternehmensumwelt mit berücksichtigt, wird diese Methode ebenfalls zur Beurteilung der Erfolgswahrscheinlichkeit von Einkaufsstrategien verwendet. So macht die Verabschiedung von Einkaufsstrategien nur dann Sinn, wenn im Unternehmen das dazu erforderliche Know-how ausreichend vorhanden ist. Oder wie hätten Sie in Ihrem Unternehmen in einem Jahr mit wenig Personal, geringen Sprachkenntnissen und einer schlecht funktionierenden IT-Infrastruktur ein Global Sourcing-Projekt umgesetzt? Dies macht außerdem einen Blick auf die vorhandene Unternehmenskultur erforderlich.

9.1.2 Kulturen-Portfolio

Neben dem erforderlichen Wissen hängt das Gelingen von Einkaufsstrategien in hohem Maße von den kulturellen Vor- und Nachteilen der vorherrschenden Unternehmenskultur ab. Dies ist in der vorherrschenden Organisationstheorie und -praxis nach heutigem Wissenstand unumstritten. So lässt sich in einigen Unternehmen – wie beispielsweise bei den

Münchner Stadtwerken – eine hohe Informationsdisziplin leichter einhalten und so auch einen Monopolisten zu Preiszugeständnissen zu bewegen. Dieser Erfolg wäre vermutlich nicht in allen Unternehmenskulturen so möglich gewesen. Ein anschaulicher Ansatz, um ein Verständnis über Unternehmenskulturen zu entwickeln, wird durch das sogenannte Kulturen-Portfolio aufgezeigt, das vor gut einem Jahrzehnt entwickelt wurde (Deal / Kennedy 2000, S. 108ff).

Hierbei wird zwischen Unternehmenskulturen unterschieden, die sich einerseits aufgrund der Schnelligkeit ihrer Planungsprozesse und Rückkopplungen auszeichnen. Andererseits unterscheiden sich Unternehmenskulturen durch das Ausmaß des einzugehenden, persönlichen Risikos eines Mitarbeiters, das im Extremfall bedeutet, den Arbeitsplatz zu verlieren. Während dieses Risiko in bürokratisch-geprägten Unternehmenskulturen selbst in Krisenzeiten nur selten hoch ist, sind Mitarbeiter in Unternehmen der Privatwirtschaft in viel höherem Ausmaß von der Gefahr einer Arbeitslosigkeit bedroht (vgl. Abbildung 9.3).

Abbildung 9.3 Kulturen-Portfolio

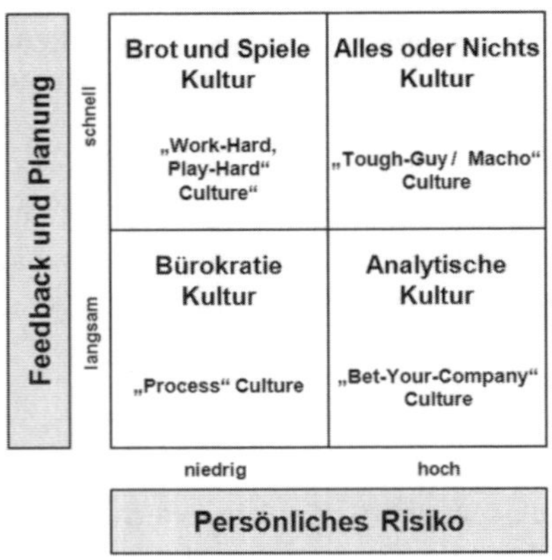

Auch wenn es in den meisten Fällen kaum möglich sein wird, Unternehmenskulturen zu verändern, so lässt sich durch die Führungsstärke der Leitungsebene ein Arbeitsklima entwickeln, dass zu einem besseren Austausch von Wissen und einer wirkungsvolleren Zusammenarbeit im Einkauf beiträgt.

Unsicherheit und Risiko sind etwas, dass manche Leute gar nicht mögen. Andere Menschen wachsen daran. Daher gibt es in vielen Unternehmen mehrheitlich sich ähnelnde, persönliche Charaktere wie beispielsweise auf Sicherheit bedachte Beamte in bürokratischen Organisationen oder vielfach risikobewusste Persönlichkeitstypen im Management von Kapitalunternehmen.

Ein charakteristisches Unterscheidungsmerkmal vieler Unternehmenskulturen ist der Umgang mit Belohnung und Feedback gegenüber den Mitarbeitern und deren persönliches Risiko. Zur Einordnung der vorhandenen Unternehmenskultur ist die folgende Frage ein hilfreicher Ansatz: Wie viel Risiko müssen Mitarbeiter in Kauf nehmen, um an Belohnungen heranzukommen? Sind persönliche Risiken im Unternehmen eher gering, nehmen Mitarbeiter diese Last billigend in Kauf und sind in Grenzen bereit, dieses Risiko zu akzeptieren. Hohe Risiken entstehen vor allem, wenn die Beständigkeit einer dauerhaften Organisation nicht gegeben ist und Mitarbeiter daher viel Zeit damit verbringen, sich für ihr Handeln abzusichern.

Genauso unterscheiden sich Organisationen auch dadurch, wie schnell Mitarbeiter ein Feedback für gut oder schlecht geleistete Arbeiten oder zusätzliche Tätigkeiten erhalten. Hier ist vor allem die Einkaufsleitung gefragt, wie der Umgang damit in der Einkaufsorganisation praktiziert und dosiert wird. Wird Feedback schnell und kurzfristig gegeben, kann ineffizientes Verhalten schnell korrigiert werden. So wird oft schneller eine einheitliche und widerspruchsfreie Kultur gelebt. In einigen Unternehmen bestimmt dagegen eine „Love It Or Leave It"-Mentalität infolge mangelnden Feedbacks das Handeln von Mitarbeitern. Wer hier nicht überleben kann, wird schon bald herausfinden, ob er geht oder entlassen wird. Wenn Feedback zu lange dauert bleiben Fehler länger nicht korrigiert. In vielen Unternehmen findet daher oft nur ein scheinbares Prozessmanagement statt, dass mehr damit beschäftigt ist, – sehenden Auges – die „Dinge so lange auf dem Gleis zu halten", bis neue Daten vorliegen.

Demnach gibt es aus der Sicht des Portfolios Unternehmen mit einer „Bürokratie"-Kultur, wie beispielsweise in Verwaltungen, Banken und Versicherungen, die sich durch ein niedriges persönliches Risiko und langsame Planungs- und Feedbackprozesse auszeichnet. Hier stehen Anspruchsdenken und Sicherheiten im Vordergrund. Minimaler Stress und umfangreiche Prozesse kennzeichnen diese Unternehmen und schaffen dem Mitarbeiter Komfort und Sicherheit. Stress kommt allenfalls auf aus Gründen der internen Politik und der Trägheit der Organisationsstruktur.

Dagegen ist in vielen klein- und mittelständischen Unternehmen das persönliche Risiko bei einer hohen sozialen Verantwortung des Inhabers für den Einzelnen ebenfalls gering, jedoch Planung und Feedback hingegen sehr zeitnah. Der Mitarbeiter weiß in einer sogenannten „Brot und Spiele"-Kultur recht schnell, was von ihm erwartet wird. Hier entsteht Arbeitsstress vor allem aufgrund der Zunahme der Arbeitsmenge und unvorhergesehenen Ereignissen.

In Großunternehmen und Konzernen herrscht oft eine Unternehmenskultur vor, die als analytische Unternehmenskultur bezeichnet wird. Hier ist das persönliche Risiko bei langsamen und verzögerten Planungs- und Feedbackabläufen sehr hoch, was beim Mitarbeiter zu Stress und Frustration führt, wenn Tätigkeiten und Aktionen nicht bemerkt werden. In dieser Unternehmenskultur wird die langfristige Perspektive und Karriereplanung betont, aber es wird auch viel Zeit darauf verbracht, dass alle Dinge so laufen wie geplant.

In einigen wenigen Unternehmen, wie beispielsweise in Handwerksbetrieben oder Verkaufsorganisationen, zeichnet sich die „Alles oder Nichts"-Unternehmenskultur durch häufige Vor- und Rückwärtsplanungen aus. Aufgrund hoher persönlicher Risiken einschließlich drohender Vermögensverluste kommt Stress hier schnell auf. Eine langfristige, strategische Planung hat nur geringen Stellenwert, da hier die Gegenwart im Vordergrund steht. Feedback zu erhalten ist hier aufgrund der hohen Überschaubarkeit solcher Organisationen für jeden Mitarbeiter leicht möglich, so wie dies beispielsweise auch in Vereinskulturen häufig anzutreffen ist.

Das Verständnis um die Unternehmenskultur erleichtert in vielerlei Hinsicht die Einschätzung der vom Einkauf geplanten Know-how-Strategien und die Wahrnehmung geeigneter Maßnahmenbündel mithilfe dieses Portfolios. So gelingt vor allem klein- und mittelständischen Unternehmen aufgrund ihrer Unternehmenskultur und Überschaubarkeit ein deutlich schnellerer Planungsprozess. Dadurch lassen sich einige Einkaufsstrategien besser bewerkstelligen. Schnelles und richtiges Feedback schafft gute Voraussetzungen für eine hohe Motivation der Mitarbeiter. Vorhandene Wissenslücken können dann durch eine geeignete Ausbildung der Mitarbeiter oder den Aufbau anwenderfreundlicher Datensysteme im Unternehmen leichter geschlossen werden.

9.2 Maßnahmen zur Generierung von Know-how

Neue Beschaffungsmärkte machen neue Qualifikationen der Einkäufer notwendig. Die Geschwindigkeit der Entstehung neuer Technologien lässt einmal erworbenes Fachwissen schneller veralten, so dass ständig neues Wissen nachgeholt oder neu erarbeitet werden muss. Wie dieses vom Einkauf professionell zu managen ist, steht im Mittelpunkt eines zielgerichteten Wissensmanagement.

Dazu sind wesentliche Wissensgebiete zu definieren und relevante Wissensinhalte müssen herausgefiltert und priorisiert werden. Auf den einzelnen Mitarbeiter müssen zugeschnittene Schulungs- und Weiterbildungspläne erstellt und Daten und Informationen jederzeit abrufbereit sein. Darüber hinaus ist im Einkauf auch die Vernetzung von Wissen und Wissensträgern voranzutreiben. Die Entwicklung, Pflege und Vermehrung von Wissen kann zudem durch die Zusammenarbeit mit Hochschulen, Beratungsunternehmen oder Einkäufernetzwerken zusätzlich gefördert werden. Dies fällt in einer positiven Lern- und Fehlerkultur naturgemäß leichter. In dieser Kultur ist das Unternehmen offen für den Aufbau von Wissen und für organisatorische Veränderungen. Lernen wird in diesem kulturellen Rahmen im Unternehmen ausgiebig gefördert, weil der Mitarbeiter als wertvolle Ressource angesehen wird und weniger als Produktionsfaktor, der lediglich seine Arbeitskraft zur Verfügung stellt.

9.2.1 Definition von Wissensinhalten

Für einen wertschöpfungsorientierten Einkauf reicht heute allein kaufmännisches Denken und ein technisches Produktverständnis bei weitem nicht aus. Dennoch ist in vielen Einkaufsorganisationen die Zahl akademisch qualifizierter Mitarbeiter im Vergleich zu vielen kaufmännisch ausgebildeten Einkäufern in der Praxis noch sehr gering. Außerdem ist die

Attraktivität einer beruflichen Laufbahn im Einkauf für viele Hochschulabgänger in vielen Unternehmen nur selten reizvoll. Dennoch ist die Vielfalt der künftigen Einkaufsaufgaben mit Blick auf ein professionelles Wertschöpfungsmanagement alles andere als langweilig, sondern wird in vielen Unternehmen zwangsläufig mehr Aufmerksamkeit erhalten müssen und daher leichter zum Karrieresprungbrett.

Ein umfassendes Einkaufswissen wird nicht nur allein im Rahmen der beruflichen Ausbildung gewonnen. Heute gilt es, lebenslang neues Wissen zu erlernen. Welche Qualifikationen den Einkäufer zukünftig auszeichnen, wurde schon zu Beginn dieses Buches beschrieben (vgl. Kap. 1.3). Schwerpunktmäßig ist dabei ein Wissens-Mix aus Fach- und Methoden- sowie Sozial- und personaler Kompetenz für den wertschöpfungsorientierten Einkäufer von grundlegender Bedeutung, welches je nach Warengruppe unterschiedlich dimensioniert ist. Eine Zusammenfassung der wesentlichen Kompetenzen im Einkauf enthält Abbildung 9.4. Sie verschafft als Ausgangspunkt einer Kompetenzanalyse und Erstellung umfassender Anforderungsprofile für den Einkäufer einen grundsätzlichen Überblick.

Abbildung 9.4 Kompetenzen im Einkauf

Fachkompetenz

- Technisches Know-how
- Betriebswirtschaftliches Know-how
- Einkaufserfahrung
- Branchen und Industriekenntnisse
- Juristisches Wissen / Vertragsrecht
- Währungsmanagement
- Fremdsprachen
- Interkulturelles Wissen

Sozialkompetenz

- Führungs- und Teamfähigkeit
- Überzeugungsfähigkeit
- Auftreten
- Vorbildfunktion
- Konfliktverhalten
- Kommunikationsstärke
- Coaching und Beratungsfähigkeit
- Gesprächsführung und Argumentation

Methodenkompetenz

- Beschaffungsmarktforschung
- Projektmanagement
- Warengruppenstrategien
- Lieferantenmanagement
- Führungstechniken
- Verhandlungsführung
- Präsentation und Moderation
- Controlling und Kennzahlen

Personale Kompetenz

- Begeisterungsfähigkeit
- Engagement und Initiative
- Lernbereitschaft
- Selbstsicherheit
- Identifikation und Loyalität
- Kreativität und Flexibilität
- Belastbarkeit
- Mobilität

Zu allen diesen Kompetenzen werden von den Mitarbeitern letztlich Informationen benötigt, die anwenderspezifisch aufbereitet und zur Entwicklung von Einkaufsstrategien verwendet werden. Das dabei anzuwendende Fach- und Methodenwissen muss im Unternehmen verstanden werden, um wertvolles Wissen zu schaffen. So werden einkaufsrelevante Informationen vom Einkäufer beispielsweise bei der Erstellung von Warengruppendossiers benötigt und die Zusammenstellung und Anwendung dieser im Rahmen der Übermittlung von Fach- und Methodenwissen in Modulbausteinen trainiert.

Um zu verstehen, was der zentrale Kern eines Wissenstransfer ist und was Informationen sind und „informiert sein" bedeutet, kann ein kurzer Ausflug in die Theorie weiterhelfen. Viele Wissenschaften definieren Information auf ihre Weise und vertreten demzufolge ihre eigene Auffassung des Informationsbegriffs. Von einem vereinheitlichten Begriff von Information ist man aber noch weit entfernt. Im Gegensatz dazu wird im allgemeinen Sprachgebrauch der Begriff der Information mit „Bedeutung" oder „übertragenem Wissen" gleichgesetzt. Ursprünglich stammt unser heutiges Verständnis von Information aus der Nachrichtentechnik und entspricht noch am besten dem Verständnis von Information, wenn einkaufsseitiges Wissen aufzubauen ist, um Know-how zu entwickeln.

Fragen, wie beispielsweise, wo auf der Welt gibt es Angebots- oder Nachfrageüberhänge, wie flexibel reagieren Lieferanten auf Kundenwünsche und bieten einzigartige Serviceleistungen an oder wo zeichnet sich ein Konkurs ab, können nur durch Wissen, d.h. Einholen von Informationen beantwortet werden. Angesichts der operativen Belastung in vielen Unternehmen wird die Zeit für das Zusammentragen von Informationen jedoch immer knapper und so der Aufbau von Wissen erheblich erschwert. Daher sind Informationen weitgehend zu standardisieren, wie dies durch Kennzahlen möglich ist, damit sie von den Mitarbeitern leichter verstanden werden und allen durch ein geeignetes Zugriffskonzept zu jeder Zeit bereitstehen. Mithilfe geeigneter Schulungskonzepte und dem Aufbau benutzerfreundlicher Wissensdatenbanken lässt sich im Unternehmen jenes Wissen entwickeln, das künftig im Einkauf zur Steuerung komplexer Wertschöpfungsketten benötigt wird.

9.2.1.1 Schulungskonzepte

Vor nahezu zwanzig Jahren war einkaufsrelevantes Fach- und Methodenwissen in der Praxis noch wenig entwickelt und wissenschaftlich kaum erforscht. Dies hat sich aufgrund der zunehmenden Bedeutung des Einkaufs grundlegend gewandelt. Neben den Hochschulen bieten private Weiterbildungsträger eine Vielzahl unterschiedlicher Trainingsmaßnahmen und Fachlehrgänge an, um einkaufsrelevantes Wissen zu vermitteln und einzuüben. Doch reicht allein die Teilnahme an solchen Maßnahmen nur selten aus, da das erlernte Wissen in vielen Fällen nur bedingt oder erst nach einiger Zeit zum Einsatz kommt. Leicht entstehen Wissensverluste, weil Wissen durch Seminare auf Vorrat angesammelt wird und schnell veraltet, ohne dass es genutzt wird. Daher wird eine Ausrichtung systematischer Qualifizierungsmaßnahmen an den im Unternehmen definierten Einkaufsstrategien unabdingbar. Viele Unternehmen sind inzwischen dazu übergegangen, unternehmensspezifische Schulungskonzepte im Rahmen ihrer beruflichen Aus- und Weiterbildung im Einkauf durchzuführen, um im Unternehmen eine praxisnahe Anwendung des erlernten Wissens schnell zu ermöglichen.

Aus diesen Praxiserfahrungen wurde in den letzten Jahren im Rahmen vieler Inhouse-Workshops mit der IS²M-Methode® ein modulares Schulungskonzept entwickelt, das sowohl grundsätzlich als auch auf laufende Einkaufsprojekte aufgesetzt werden kann. Die notwendigen Wissensbausteine werden – modular planbar – vermittelt, wenn deren Anwendung im Einkaufsprojektteam unmittelbar bevorsteht. So lassen sich durch eine zeitnahe praktische Umsetzung an konkreten täglichen Beispielen die besten Voraussetzungen für einen hohen Wissenstransfer und nachhaltige Lernerfolge erzielen. Einkaufsstrategische Vorhaben werden nicht umständlich, sondern gezielt in sogenannten Leuchtturmprojekten rasch vorangetrieben, die Multiplikator-Effekte im Unternehmen nach sich ziehen.

In einer grundsätzlich Vorgehensweise werden in einer ersten Bestandsaufnahme mithilfe einer warengruppenspezifischen Kompetenzanalyse die notwendigen Wissensschwerpunkte definiert und beschrieben sowie zu Anforderungsprofilen für unterschiedliche Einkaufsfunktionen zusammengefasst. Anschließend werden die Einkäufer hinsichtlich ihres vorhandenen Wissens mit diesen Profilen abgeglichen und darauf aufbauend der Personalentwicklungsbedarf und individuell zugeschnittene Trainingsmaßnahmen durchgeführt. Dabei kommt der Auswahl geeigneter Trainer eine entscheidende Bedeutung zu. So verlangt die Qualifikation des Trainers nicht nur ausgezeichnete didaktische Fähigkeiten, sondern vielmehr profunde, einkäuferische Fach- und Methodenkompetenz sowie idealerweise Branchenkenntnisse, um relevantes Wissen nachhaltig zu vermitteln. Mit steigender Tendenz werden diese Schulungsmaßnahmen inzwischen nicht nur für den Einkäufer, sondern mit Blick auf vorhandene Schnittstellen fachübergreifend durchgeführt und so im Unternehmen ein besseres Einkaufsverständnis und Zusammenwirken der Fachbereiche im Miteinander erzielt.

Dies umfasst mehr und mehr auch den Einsatz von Individualcoachings, um das erlernte Fach- und Methodenwissen praxisnah einzusetzen und die dabei gemachten Erfahrungen mit dem Coach zu reflektieren. Diese Art der Wissensvermittlung wird hauptsächlich bei der Schulung der Einkaufsleitung praktiziert und ist oft wirkungsvoller als die Teilnahme an allgemeinen Führungs- und Management-Trainings, vor allem wenn der Coach keine eigenen Ambitionen verfolgt (Rauen 2005, S. 212). In gleicher Weise haben sich in der Praxis auf Gruppenleiter- oder Sachbearbeiter-Ebene sogenannte Mentoren-Programme bewährt. Dabei geben berufserfahrene Mitarbeiter ihr Wissen in bilateralen Gesprächen oder in internen Trainings an junge Kollegen weiter. Der Mentor ist kompetenter Ansprechpartner und kann bei auftretenden Schwierigkeiten beraten, unterstützen oder eine Moderator-Funktion übernehmen. So lässt sich nicht nur umfassendes fachlich-methodisches Wissen als vielmehr auch Erfahrungswerte weitergeben. Durch die persönliche Nähe zum Mentor entsteht außerdem eine Basis, welche den Aufbau wichtiger Kontakte im Unternehmen fördert (Schumacher 2008, S. 169).

Wesentlich für die Planung von Schulungskonzepten ist eine möglichst realistische Zeitplanung für deren Umsetzung und die Formulierung bewertbarer Lernziele. Sinnvollerweise sollte dabei auch eine Nachhaltigkeitsphase Teil des Konzepts sein. In dieser Phase wird das erlernte Wissen vertieft oder aufgefrischt. Der Lernerfolg der Schulung kann mithilfe eines Bildungscontrollings überprüft und ihr Nutzen bewertet werden. Dabei sollte das Erreichen der Lernziele und dessen Umsetzung in der Praxis, als auch der Nutzen des Erlernten sowie dessen Beitrag zur Wertschöpfung, im Zentrum der Erfolgsmessung eines Schulungskonzepts stehen (Euler 2005, S 13). Dies ermöglicht, die Qualität und Wirtschaftlichkeit der Schulungsmaßnahme zu bewerten. Mithilfe zeitnaher Feedbacks der am Wissenstransfer Beteiligten lassen sich sowohl für die auszubildenden als auch die ausbildenden Personen Rückschlüsse auf die Effizienz der Qualifizierungsmaßnahmen ziehen und Schulungskonzepte veränderten Wissenserfordernissen besser anpassen.

9.2.1.2 Wissensdatenbank und Wissensmanagement

Hinter jedem Prozessablauf steckt Wissen, das verfügbar gemacht werden muss. Ohne ein funktionierendes Wissensmanagement wäre ein strategischer Einkauf entscheidungs- und handlungsunfähig. Daher werden zur Entwicklung von Strategien im Einkauf neben fachlichen Qualifikationen valide Daten und Informationen benötigt, die mithilfe geeigneter IT-Systeme idealerweise in Echtzeit zur Verfügung stehen. Doch ist es nicht nur damit getan, Wissen mit geeigneten Software Tools zu speichern. Vielmehr muss das Wissen nutzbringend derart verteilt werden, dass es allen Mitarbeitern im Rahmen ihres Verantwortungsbereichs zeitnah zur Verfügung steht. Dafür eignet sich beispielsweise auch sogenannte Groupware für die Online-Zusammenarbeit in Teams, Foren oder Chats im unternehmenseigenen Intranet, wenn Informationen kurzfristig von anderen Bereichen im Einkauf benötigt werden.

Viele Unternehmen nutzen darüber hinaus Daten und Informationen von Lieferanten, die im Rahmen web-basierter Datenlösungen ausgetauscht werden, wie beispielsweise allgemeine Firmendaten der Lieferanten oder erhaltene Angebote. Fortschrittliche Einkaufsorganisationen sind inzwischen sogar dazu übergegangen, intranet-basierte Einkaufsportale einzurichten. Auf ihnen sind alle zum Einkauf notwendigen Informationen wie beispielsweise der Download von Spezifikationen oder elektronischer Vorlagen zur Bedarfsermittlung und Ausschreibung (vgl. Kap. 7.3.1.5) abrufbar.

Stellen Sie sich vor, Sie würden als Einkäufer ihre Ausschreibungen direkt vom PC aus steuern. Online melden Sie sich auf dem Portal an, um eine Verhandlung zu starten. Daraufhin öffnet sich im Intranet eine Bedarfsmappe, in der alle Bedarfsträger im Unternehmen ihren Bedarf umgehend eintragen. Im Handumdrehen wären alle Spezifikationen und aktuellen Vertragsdaten zusammengetragen und Sie haben zwei bis drei Wochen Zeit, um die Verhandlung intensiv vorzubereiten.

Heute halten professionelle Portale für den Einkauf beispielsweise elektronische Methodenbaukästen bereit, welche die relevanten strategischen Analysemethoden, international einsetzbare Vertragsbausteine oder Kostenstrukturdaten der Beschaffungsobjekte enthalten. Informationen über Ist- und Planmengen, Produktstammdaten oder Börseninformationen gehören selbstverständlich mit dazu. Ein mehrsprachiges elektronisches Handbuch hilft dabei, die Analysetools zu verstehen, diese zu testen oder mithilfe abrufbereiter Podcasts eine Fachseminarsequenz mit dem relevanten Methodenwissen abzurufen. Das für mich eindrucksvollste Einkäufer-Portal enthielt sogar ein Verhandlungssparring-Tool. Hierbei können vom Einkäufer Verhandlungsargumente in einer Datenbank eingegeben und ausgewählt werden und im Unternehmen Vertriebskollegen zur Simulation und Training von Verhandlungen angefragt werden. Wie im Sparring eines Boxkampfs bereitet sich der Einkäufer damit argumentativ auf das anstehende Verhandlungsgespräch vor. Dass solche Wissenstransfersysteme nicht von der Stange einzukaufen sind, versteht sich von selbst. Doch ist die Einrichtung eines Dokumenten-Management-Systems oder einer sogenannten Data Warehouse-Lösung mit EXCEL® basierter Auswertemöglichkeit im Einkauf ein erster Meilenstein auf dem Weg, ein umfassendes Wissensmanagement aufzubauen. Wenn sie bereits die nächsten Meilensteine im Aufbau vom Wissen in Angriff nehmen, machen Sie nicht einen der häufigsten Fehler, die Verantwortung für das Informationssystems ausschließlich dem Fachbereich der IT zu übertragen. Hierzu sind viele zugekaufte Marktlösungen für Einkaufssoftware weitaus effizienter, da sie gezielt mit Blick auf die Anforderungen im Einkauf entwickelt wurden und heute Daten mit allen gängigen ERP-Systemen weitgehend redundanzfrei austauschen.

Jedes Wissensmanagement hat jedoch zwei Seiten: Einerseits kann Wissensmanagement nicht ohne ein anforderungsgerechtes Informationssystem gelingen, anderseits kann ohne die Bereitschaft der Mitarbeiter, ihr Insiderwissen weiterzugeben, Wissensmanagement nicht wirklich funktionieren. Offene Unternehmenskulturen und kurze Entscheidungswege machen dies in vielen Unternehmen leichter. Dabei haben in der Praxis gerade mittelständische Unternehmen enorme Umsetzungsvorteile, ihr Wissen professioneller zu managen, als große und häufig anonyme Konzernstrukturen. In vielen Unternehmen werden dazu vielfach sogenannte Change-Management-Maßnahmen durchgeführt, um vorhandene Ängste der Mitarbeiter bei der Weitergabe ihres Wissens abzubauen und Veränderungen auch innerlich zuzustimmen. Doch Offenheit der Mitarbeiter ist nur ein Aspekt. Der richtige Umgang der Führungsebene mit Feedback und das Lernen aus Fehlern ist eine weitere grundlegende Voraussetzung für ein funktionierendes Wissensmanagement.

9.2.2 Aufbau und Erhalt von Netzwerken

Damit sich implizites Wissen im Sinne von „informiert sein" auf den Einkauf übertragen lässt, sind Kontakte und Netzwerke eine notwendige Voraussetzung für eine hohe Einkaufskompetenz. Hier ist vor allem die Leitungsebene gefordert, im Unternehmen einen organisatorischen Rahmen zu schaffen, der den Aufbau von Kontakten zur Weitergabe von Wissen forciert. Durch die zunehmend projektbedingte cross-funktionale Zusammenarbeit des Einkaufs werden nicht zuletzt Kontakte zu anderen Wissensträgern im Unternehmen immens gefördert. Auch der gemeinsame Besuch von Lieferanten, Messen und Ausstellungen des Einkaufs mit Mitarbeitern aus den unterschiedlichen Fachbereichen trägt zu einem Zusammenwachsen von persönlichen Beziehungen bei und erleichtert so den Austausch wichtiger Insiderinformationen. Ebenso lässt sich der Aufbau von Netzwerken beispielsweise auch dadurch fördern, dass durch die Vorbereitung und Teilnahme an Veranstaltungen, wie beispielsweise Betriebsfeiern oder vom Unternehmen geförderte Freizeit- und Sportaktivitäten ein Zusammengehörigkeitsgefühl entsteht, dass einen späteren Austausch fachlichen Wissens erleichtert. Nicht zu unterschätzen ist die Teilnahme des Einkaufs an den eigenen Messeauftritten des Unternehmens. Dabei lassen sich persönliche Kontakte zu den Mitarbeitern der in- und ausländischen Vertriebsbüros herstellen und wertvolles Wissen über die Eigenheiten der Beschaffungsmärkte austauschen.

Auch über Unternehmensgrenzen hinweg lässt sich der Aufbau von Netzwerkkontakten weiter vorantreiben. So veranstalten beispielsweise der Bundesverband Materialwirtschaft, Einkauf und Logistik oder die Industrie- und Handelskammern regelmäßig Fachtagungen oder mehrtägige Konferenzen zu einkaufsrelevanten Themen, um den Austausch von Praxiserfahrungen und den Kontakt von Einkäufern untereinander zu fördern. Einkaufskooperationen oder die Zusammenarbeit mit Hochschulen, Beratungsunternehmen oder Einkäufernetzwerken tragen ebenfalls zu einer stärkeren Vernetzung und Übertragung von Wissen bei und lassen wertvolle Kontakte entstehen, insbesondere auch was den Wissenstransfer auf der Leitungsebene im Einkauf anbelangt.

Aktiv lässt sich der Austausch von Wissen durch eine professionelle Karriereplanung der zukünftigen Führungskräfte im Unternehmen steuern. Dadurch kann dem grassierenden Nachwuchskräftemangel im internationalen Kampf um die besten Köpfe wirkungsvoll entgegengetreten werden. So sind inzwischen viele Unternehmen im Zuge ihrer Personalentwicklungs- und Führungskräftenachwuchsarbeit dazu übergegangen, durch Job-Rotation oder Job-Enlargement das fachübergreifende Verständnis gezielt zu verbessern. Einkäufer, die im Unternehmen fachübergreifende Projektaufgaben geleitet oder im Rahmen ihrer beruflichen Karriere in anderen Fachbereichen gearbeitet haben, sind eher in der Lage, cross-funktionale Einkaufsaufgaben zu meistern, wenn sie dabei auf ihre guten Kontakte im Unternehmen oder zu anderen Wissensträgern zurückgreifen können.

Nicht zuletzt ist der aktive Aufbau von Kontakten jedoch immer auch von den persönlichen Eigenschaften eines Menschen abhängig, ob und wie weit dieser bereit ist, auf andere Menschen zuzugehen und dabei entstehende Beziehungen dauerhaft zu pflegen. Dies ist im Zuge des Aufkommens und weltweiten Verbreitung sozialer Netzwerke im Internet heute – technisch gesehen – zwar wesentlich leichter als noch vor einigen Jahren, aber nicht durch enge persönliche Kontakte zu ersetzen.

9.2.3 Schaffen einer Lernkultur

Auf der beruflichen Ebene wird der Aufbau von Kontakten zur Entwicklung von Know-how in hohem Maße von der vorhandenen Unternehmenskultur und der dadurch bedingten Lernkultur mit beeinflusst. Trotz aller unterschiedlichen wissenschaftlichen Ansätze besteht Einigkeit darin, dass nationale und regionale Kulturen einen erheblichen Einfluss auf die Organisationskultur haben und sich dadurch Auswirkungen auf das Erreichen der Unternehmensziele zwangsläufig ergeben.

Was bedeutet Unternehmenskultur? Wie kann diese beeinflusst werden? Und wie lässt sich im Unternehmen eine Lernkultur gestalten, die einen permanenten Aufbau von Wissen grundlegend fördert? Im Allgemeinen wird eine Organisationskultur langfristig als veränderlich angesehen. Sie entsteht durch die geteilten Erfahrungen der Belegschaften und wird außerdem stark durch soziale und wirtschaftliche Rahmenbedingungen beeinflusst. Die Wissenschaft definiert die Organisationskultur eines Unternehmens beispielsweise als „ein Muster gemeinsamer Grundprämissen, das die Gruppe bei der Bewältigung ihrer Probleme externer Anpassung und interner Integration erlernt hat, das sich bewährt hat und somit als bindend gilt, und das daher an neue Mitglieder als rational und emotional korrekter Ansatz für den Umgang mit Problemen weitergegeben wird." (Schein 1995, S. 25). Eine andere Definition stellt das Verhalten in Organisationen in den Vordergrund, das sich aus dem Zusammenspiel von Werten, Normen, Denkhaltungen und Paradigmen ergibt, welche die Mitarbeiter untereinander teilen und die sich durch das Interagieren in der Organisation sowie das Auftreten nach außen hin ausdrücken. Auch wenn der Unternehmenskulturbegriff sehr unterschiedlich definiert ist, halte ich diese beiden Definitionen jedoch für sehr zutreffend. Wie allerdings diese Kultur zu beeinflussen ist, ist wissenschaftlich umstritten und noch sehr vage erforscht. So spiegeln sich in der Unternehmenskultur insbesondere die Denkhaltungen und Erfahrungswerte der Mitarbeiter wider, welche auch die Wertschätzung von Aus- und Weiterbildung und die Förderung von lebenslangem Lernen im Unternehmen mit einschließen.

Was also macht Kultur aus, welche Lernkultur fördert die Umsetzung von Einkaufsstrategien am besten? Das bekannteste Modell definiert Kultur als das Verhalten von Mitarbeitern auf drei unterschiedlichen Ebenen (Schein 1995, S. 42). Auf der obersten Ebene steht das Kommunikationsverhalten mit Mitarbeitern, Kunden und Lieferanten. Dieses ist nach außen hin erfahrbar und äußert sich beispielsweise durch Logos, Parkplätze, Bürogestaltung oder Mietwagenklassen sowie durch ein Leitbild oder aber auch durch Rituale und Mythen der Organisation. Unter dieser Ebene liegt die Vorstellung wie die Dinge sein sollten. Hier geht es um kollektive Werte wie beispielsweise Ehrlichkeit, Freundlichkeit oder Hilfsbereitschaft also Einstellungen, die das Verhalten von Mitarbeitern bestimmen. Auf der untersten Ebene liegen die Dinge, die als selbstverständlich wahrgenommen werden, also darum, wie man beispielsweise auf die Umwelt reagiert oder Verhaltensregeln wie z.B. Fairness einhält. Diese sind so tief im Denken jedes Mitglieds einer Gesellschaft verwurzelt, dass sie nicht bewusst wahrgenommen werden.

Ausgehend von diesem Modell lässt sich die oberste Ebene einer Unternehmenskultur von der Leitungsebene des Unternehmens durchaus beeinflussen. Hierzu kann auch der Einkauf wertvolle Inputs liefern. So lassen sich Hierarchiedenken und Bereichsegoismen im Unternehmen abbauen, indem beispielsweise die Benutzung von Parkplätzen oder der Besuch des Kasinos allen Mitarbeitern gleichermaßen offensteht. Auch die gleiche Ausstattung des Arbeitsplatzes mit Schreibtischen, Stühlen, Notebooks oder Mobiltelefonen hebt äußerliche Unterschiede der Belegschaft auf und setzt Berührungsängste herab.

Viele Unternehmen legen nicht nur allein aus Imagegründen heute hohen Wert darauf, ein Unternehmensleitbild oder im Einkauf eine Handlungsleitlinie zu entwickeln (s. Kap. 2.1). Hierbei werden Führungsgrundsätze und das gewünschte Verhalten der Mitarbeiter mit Regelungen und Richtlinien zur unternehmensinternen und -externen Kommunikation in einem Kodex festgelegt. Starke Unternehmenskulturen zeichnen sich dabei durch eindeutige Anleitungen zum Handeln und eine klare Trennung von erwünschten und unerwünschten Verhalten aus. Idealerweise ist ihr Verbreitungsgrad im Unternehmen so groß, dass alle Mitarbeiter die Kultur teilen und unveränderliche Werte lange bedenken- und gedankenlos verwendet werden. Damit das Selbstverständnis der Organisation gezeigt, gelebt und kommuniziert werden kann, wird dieses durch Schulungsmaßnahmen und

Führungsanweisungen eingeübt und vermittelt. Werden diese Leitlinien und -bilder im Unternehmen von der Leitungsebene auch ebenso aktiv vorgelebt und von den Mitarbeitern verinnerlicht, kann umfassendes Know-how schneller entwickelt und Wissen leichter auf neue Mitarbeiter übertragen werden.

So zeichnet sich eine positive Lernkultur auch dadurch aus, dass der Aufbau und die Weitergabe von Wissen im Unternehmen anerkannt und gefördert, Stellenbesetzungen streng nach dem Leistungsprinzip durchgeführt und exzellente Rahmenbedingungen zum Erlernen neuer Qualifikationen geschaffen werden. So kann im Unternehmen eine positive Lern- und Fehlerkultur entstehen, die Know-how und Wissensvorsprünge schneller entwickeln lässt. Diese Kultur zeigt sich dadurch, dass im Unternehmen beispielsweise eine Mitarbeiterzeitschrift herausgegeben wird, die erlerntes Wissen und den Aufbau von beruflichen Qualifikationen als nachahmenswertes Beispiel würdigt. Daneben lässt sich eine Verbesserung der Lernkultur im Unternehmen auch mithilfe der Einrichtung eines Betriebskindergartens erreichen. So wird Lernwilligen ein besseres Umfeld bereitgestellt, um sich stärker auf den Aufbau von Wissen zu konzentrieren. Eine weitere, weit verbreitete Maßnahme zur Verbesserung der Lernkultur ist die Förderung des betrieblichen Vorschlagswesens. In dessen Rahmen werden von Mitarbeitern eingereichte Verbesserungsvorschläge auf ihre Machbarkeit hin überprüft bzw. umgesetzt und prämiert. So wird ein Arbeitsklima im Unternehmen geschaffen, um Ideen und gute Vorschläge von Mitarbeitern zu fördern. Durch Stellentausch und Arbeitsplatzwechsel werden in international tätigen Unternehmen zusätzliche Anreize für Mitarbeiter geschaffen, Auslandserfahrungen zu sammeln und so die Basis für ein besseres interkulturelles Verständnis in der Zusammenarbeit im Unternehmen oder mit Lieferanten zu entwickeln. Ein großer Automobilkonzern bildet beispielsweise in seiner Zentrale in Deutschland chinesische Mitarbeiter von Zulieferbetrieben zu Facharbeitern aus, was ihnen nach Rückkehr in die Heimat hohes Prestige und Einkommen sichert. Zudem treibt es die Annährung unterschiedlicher Geschäftskulturen und -standards voran (Rast 2008, S. 69).

Darüber hinaus ist die jeweilige Lern- und Unternehmenskultur in hohem Maße dafür mitverantwortlich, wie schnell es einem Unternehmen gelingt, die Organisationsstruktur der Einkaufsfunktion den geänderten Herausforderungen anzupassen. So kommt es nicht von ungefähr, dass sich Einkäufer im Unternehmen neben ihren Fach- und Methodenkenntnissen vermehrt zu Länderexperten entwickeln. Auf den einzelnen Beschaffungsmärkten gilt es, Expertenwissen zu erwerben, gute persönliche Kontakte aufzubauen und die kulturellen Eigenheiten der Märkte genau zu kennen. Die wachsende Globalisierung hat vielfach zur Folge, dass Funktionsbereiche im Unternehmen enger verzahnt und miteinander zusammenarbeiten. Dabei verschwinden zunehmend klare Trennlinien bei Aufgaben und Verantwortlichen. Die gestiegene Komplexität im Einkauf hat heute einen erhöhten Abstimmungsbedarf mit den in- und externen Schnittstellen des Unternehmens zur Folge und macht die Arbeit in cross funktionalen Projektstrukturen und -teams notwendig. Die klassische Abteilungsorganisation hat aus der Sicht eines strategischen Einkaufs mehr und mehr ausgedient. Organisationsformen wie Task-Forces oder vernetzte Beschaffungsteams treten im Unternehmen an diese Stelle, wie dies beispielsweise in sogenannten Materialgruppenmanagement-Systemen der Fall ist. Hier wird die Verantwortung zur Steuerung einer Warengruppe und Entwicklung von Einkaufsstrategien einem Team von mehreren Personen übertragen, die ihre jeweilige Fachkompetenz zur Klärung technischer, kommerzieller sowie logistischer Fragen mit einbringen oder bisweilen als Lead-Buyer standortübergreifend im Unternehmen agieren. Dies fördert umso mehr die Anwendung und den Austausch einkaufsrelevanten Wissens im Projekt-Team und hilft dem Einkäufer dabei, wichtige produkt- und marktrelevante Kenntnisse durch Austausch mit den anderen Teammitgliedern zu erlangen. So entsteht eine Lernkultur, die nicht nur mit Blick auf den Einkauf dazu beiträgt, den Aufbau umfangreichen Wissens zu beschleunigen.

9.3 Kennzahlen zur Know-how-Entwicklung

Wie lässt sich die Entwicklung von Know-how im Unternehmen aufzeigen? Welche Kennzahlen spiegeln die Maßnahmen wider, die zum Management und Ausbau von Wissen dienen? Im Unterschied zu den in den vorherigen Handlungsfeldern erläuterten Kennzahlen ist hier der Zusammenhang zwischen den ermittelten Kennzahlenwerten und der Entwicklung von Know-how nur mittelbar vorhanden. Dies wird sehr deutlich am Beispiel der Kennzahl Weiterbildungskosten (vgl. Abbildung 9.5).

Abbildung 9.5 Kennzahl: Weiterbildungskosten

$$\text{Weiterbildungskosten} = \frac{\text{Kosten für Weiterbildung insgesamt}}{\text{Anzahl Einkäufer}}$$

*) auf Gesamt- oder Warengruppenebene

Diese recht leicht zu ermittelnde Kennzahl sagt allein nur wenig darüber aus, ob durch die entstandenen Kosten eine Zunahme von Wissen im Einkauf verursacht wurde. Dennoch zeigt diese Kennzahl auf, dass das Unternehmen in die Weiterbildung des Einkaufs investiert und daher die Vermutung nahe liegt, dass diese Investition die Entwicklung von Know-how positiv beeinflusst. Außerdem wird durch diese Kennzahl im Zuge eines Benchmarking ein Vergleich mit anderen Unternehmen ermöglicht und so vorhandener Nachholbedarf auch sichtbar. Neben dieser Kennzahl ist eine der am häufigsten eingesetzten Kennzahlen die Weiterbildungsquote im Einkauf (vgl. Abbildung 9.6).

Abbildung 9.6 Kennzahl: Weiterbildungsquote

$$\text{Weiterbildungsquote} = \frac{\text{Anzahl Weiterbildungstage}}{\text{Anzahl Einkäufer}}$$

*) auf Gesamt- oder Warengruppenebene

Anders als die vorhin genannte Kennzahl umfasst diese Gegenüberstellung auch die

Wahrnehmung innerbetrieblicher Weiterbildung und bietet daher eine deutlich umfassendere Auswertung durchgeführter Maßnahmen. Diese Kennzahl ist zudem unabhängig von den durch die Maßnahmen in unterschiedlicher Weise entstandenen Kosten, deren Höhe nicht zwangsläufig Rückschlüsse auf deren Güte erlaubt.

Ebenso sind inzwischen viele Unternehmen dazu übergegangen, Zielvereinbarungen mit ihren Mitarbeitern abzuschließen. Dieses Führungsinstrument dient dazu, die Umsetzung der aus den Einkaufsstrategien abgeleiteten Maßnahmen termingetreu sicherzustellen. Das Erreichen vereinbarter Ziele ist dabei im Wesentlichen auf die Anwendung von Know-how zurückzuführen. Dies lässt sich mithilfe einer Kennzahl ausdrücken, die den Zielerreichungsgrad widerspiegelt (vgl. Abbildung 9.7).

Abbildung 9.7 Kennzahl: Zielerreichungsgrad Zielvereinbarung

$$\text{Zielerreichungsgrad Zielvereinbarung} = \frac{\text{Zielerreichungsgrad (erreichte Ziele in \%)}}{\text{Anzahl Einkäufer oder Anzahl Projekt-Teams}}$$

*) auf Gesamtebene

Nachteilig an dieser Kennzahl ist die Tatsache, dass eine ausreichende Objektivität der Leitungsebene bei der Beurteilung des Zielerreichungsgrads nur hypothetisch gewährleistet ist. Da sich einige Ziele schwer messen lassen oder nur bedingt vom Einkäufer beeinflusst werden können, ist der pragmatische Nutzen dieser Kennzahl im Hinblick auf den Einsatz von Know-how zweifelhaft. Dies gilt in gleicher Weise auch bei der Bildung von Kennzahlen, die den Erfolg bzw. den Zielerreichungsgrad von Weiterbildungsmaßnahmen mithilfe eines Feedbacks der Teilnehmer ermitteln. Trotz dieser Objektivitätsmängel sollte auf den Einsatz dieser Kennzahlen nicht verzichtet werden, da sie zur Steuerung eines Wissensmanagements im Einkauf wertvolle Hinweise liefern.

Was die Lernkultur im Unternehmen betrifft, so eignen sich hier zur Schaffung von Transparenz Kennzahlen, die sich auf die im Einkauf ergriffenen Maßnahmen beziehen, wie beispielsweise die Quote der eingereichten oder der prämierten Verbesserungsvorschläge im Rahmen des betrieblichen Vorschlagswesens (vgl. Abbildung 9.8).

Abbildung 9.8 Kennzahl: Quote Verbesserungsvorschläge

$$\text{Quote Verbesserungsvorschläge} = \frac{\text{Eingereichte oder prämierte Verbesserungsvorschläge}}{\text{Anzahl Einkäufer}}$$

*) auf Gesamtebene

So kann eine Steigerung dieser Quote einerseits mit der Entwicklung und dem Einsatz von Wissen in Zusammenhang gebracht werden. Andererseits wird diese Kennzahl auch von der persönlichen Motivation der Einkäufer mit beeinflusst, Vorschläge einzureichen, je nachdem welche Erfahrungen sie mit dieser Maßnahme bereits gemacht haben. Außerdem ist zu bedenken, dass auf längere Dauer das Verbesserungspotenzial im Unternehmen mehr und mehr ausgereizt wird und daher zwangsläufig zu einem Rückgang der eingereichten Verbesserungsvorschläge führt und der Wert dieser Kennzahl rückläufig ist.

Dieser Gesichtspunkt kommt ebenfalls bei der Bildung einer Kennzahl Quote Mentorentage zum Tragen, die sich auf die Durchführung von Mentoren-Programmen bezieht (vgl. Abbildung 9.9).

Abbildung 9.9 Kennzahl: Quote Mentorentage

$$\text{Quote Mentorentage} = \frac{\text{Durchgeführte Mentorentage (bzw. Mentorengespräche)}}{\text{Anzahl Einkäufer}}$$

*) auf Gesamtebene

Erschwerend ist, dass diese Kennzahl im Allgemeinen nur manuell auswertbar ist und keine Aussage über die Qualität des Informationsaustauschs liefert. Auch hier ist mit fortschreitendem Wissenstransfer davon auszugehen, dass sich der Wert dieser Kennzahl verringert, wenn Mentoren zunehmend weniger in Anspruch genommen werden.

Unterstellt man, dass eine akademische Ausbildung oder der Abschluss einkaufsspezifischer Fachlehrgänge zu einem höheren einkaufsrelevanten Wissen führt, ist die Bildung einer Kennzahl: Ausbildungsgrad der Einkaufsorganisation durchaus sinnvoll, um die Notwendigkeit beruflicher Weiterbildung aufzuzeigen (vgl. Abbildung 9.10).

Abbildung 9.10 Kennzahl: Ausbildungsgrad Einkaufsorganisation

$$\text{Ausbildungsgrad Einkaufsorganisation} = \frac{\text{Einkäufer mit akademischem Abschluss oder Fachprüfung insgesamt}}{\text{Anzahl Einkäufer}}$$

*) auf Gesamtebene

So leicht sich die aufgeführte Kennzahl auch bilden lässt, ist deren Aussagegehalt hinsichtlich der vorhandenen Qualifikation im Einkauf von eingeschränktem Nutzen. Da Wissen im Laufe der Zeit veraltet, ist eine Einschränkung vorzunehmen wie beispielsweise den Fokus auf die Personen zu legen, die in den letzten 3 Jahren eine fachspezifische Ausbildung durchlaufen oder an Weiterbildungsmaßnahmen teilgenommen haben.

Zum Abschluss soll noch eine in vielen Einkaufscontrolling-Systemen benutzte Kennzahl aufgeführt werden, die im Unternehmen auf die Einhaltung einkaufsrelevanter Richtlinien abzielt, als auch die Berücksichtigung einkaufsspezifischen Wissens im Rahmen operativer Bestellvorgänge ausdrückt. Durch die Gegenüberstellung des im Unternehmen vom Einkauf ausgelösten Bestellvolumens in Relation zum gesamten Kreditorenvolumen lässt sich mithilfe der Kennzahl der Einkaufsquote – in der Praxis vielfach auch als Cash Out-Quote oder Maverick Buying-Quote bezeichnet – eine Kenngröße bilden, die Rückschluss auf die Anwendung einkäuferischen Wissens ermöglicht (vgl. Abbildung 9.11).

Abbildung 9.11 Kennzahl: Einkaufsquote

$$\text{Einkaufsquote} = \frac{\text{(vom Einkauf durch Bestellung ausgelöstes) Bestellvolumen}}{\text{Kreditorenvolumen insgesamt}}$$

*) auf Gesamt- oder Warengruppenebene

Vielfach wird diese Kennzahl im Einkauf im Rahmen des Prozessmanagements im Handlungsfeld „Koordination“ eingesetzt, doch eignet sie sich ebenso um die Anwendung von einkaufsrelevantem Know-how darzustellen. Der Vorteil dieser Kennzahl ist, dass sie sich relativ leicht ermitteln lässt. Nachteilig ist die Tatsache, dass diese Kennzahl keine Aussage darüber zulässt, wie früh der Einkauf in den Bedarfsentstehungsprozess der Fachbereiche eingebunden ist, um einkaufsspezifisches Wissen rechtzeitig zur Geltung zu bringen. Vorausgesetzt eine materialspezifische Auswertung der Eingangs- und Wunschliefertermine einer Bedarfsmeldung ist informationstechnisch möglich, so lässt sich durch die Gegenüberstellung dieser zeitlichen Differenzen in Relation zur Wiederbeschaffungszeit der benötigten Waren mit der Kennzahl Wunschtermin Realisierbarkeit, eine Aussage über die rechtzeitige Einbindung des Einkaufs gewinnen und so die Planungsqualität der Bedarfsmeldungen beurteilen (vgl. Abbildung 9.12).

Abbildung 9.12 Kennzahl: Wunschtermin-Realisierbarkeit

$$\text{Wunschtermin Realisierbarkeit} = \frac{\text{Differenz zw. Eingangs- und Wunschliefertermin des Bedarfs in Tagen}}{\text{Durchschnittliche Wiederbeschaffungszeit (Lieferzeit) in Tagen}}$$

*) auf Materialebene

Alternativ dazu wird in vielen Unternehmen eine Kennzahl eingesetzt, die eine Fokussierung auf das Bestellvolumen vornimmt, das ohne Materialnummer bestellt wurde. Hierbei wird unterstellt, dass derartige Bestellungen zumeist ohne Wissen des Einkaufs bzw. ohne Rückgriff auf einkaufsspezifisches Know-how veranlasst wurden (vgl. Abbildung 9.13).

Abbildung 9.13 Kennzahl: Bestellvolumen ohne Materialnummer

$$\text{Bestellvolumen ohne Materialnummer} = \frac{\text{(im Unternehmen ausgelöstes) Bestellvolumen ohne Materialnummer}}{\text{Kreditorenvolumen insgesamt}}$$

*) auf Gesamt- oder Warengruppenebene

Literaturverzeichnis

Abend, J.M.: Strukturwandel in der Automobilindustrie, VVF Verlag, München 1992

Appelfeller, W.; Buchholz, W.: Supplier Relationship Management, Gabler Verlag, Wiesbaden 2005

Arnold, B.: Strategische Lieferantenintegration, Gabler Verlag, Wiesbaden 2004

Arnolds, H.; Heege, F.; Röh, C.; Tussing, W.: Materialwirtschaft und Einkauf, Gabler Verlag, 11. Auflage, Wiesbaden 2010

Arnold, U.: Strategisches Beschaffungsmanagement, in: Arnold, U.; Kasulke, G. (Hrsg.): Praxishandbuch innovative Beschaffung, Wiley VCH Verlag, Weinheim 2007

Batran, A.: Realoptionen in der Lieferantenentwicklung, Gabler Verlag, Wiesbaden 2008

Baumgarten, H.; Arnold, B.: Elektronische Lieferantenintegration, in: PPS Management 7 (2002), S. 9-13

Bea, F.X.; Haas, J.: Strategisches Management, UTB Verlag, Stuttgart 2004

Boutellier, R.; Wagner, S.M.; Wehrli, H.P. (Hrsg.): Handbuch Beschaffung, Hanser Verlag, München Wien 2003

Brown, R.J.: New Marketing Tool: Life-Cycle-Costing, in: Industrial Marketing Management 8 (1979), S. 109-113

Bruhn, M.: Wertschöpfungsprozesse bei Dienstleistungen, Gabler Verlag, Wiesbaden 2007

Büsch, M.: Praxishandbuch Strategischer Einkauf, Gabler Verlag, Wiesbaden 2007

BMWi: Bundeswirtschaftsministerium: e-f@cts – Informationen zum E-Business: Wissensmanagement", Ausgabe 10, Februar 2006

Deal, T.E.; Kennedy, A.A.: Corporate Cultures, Perseus Books, New York 2000

Destatis: Veröffentlichung des Statistischen Jahrbuchs 2010 (Zugriff: 13.07.2011) aus: www.destatis.de/Publikationen/Querschnitt/Stat.Jahrbuch/Downloads

Dwyer, R.F.; Schurr, P.H.; Oh, S.: Developing Buyer-Seller-Relationships, in: Journal of Marketing 51 (1987) 4, S. 11-27

Euler, D.: Qualitätsentwicklung in der Berufsausbildung, in: Heft 127 der Bund-Länder-Kommission für Bildungsplanung und Forschungsförderung 2005, www.blk-bonn.de/papers/heft127.pdf

Freitag, M.; Student, D.: Der große Crash, in: Manager Magazin 3 (2009); S. 30-35

Gabath, C.: Gewinngarant Einkauf, Gabler Verlag, Wiesbaden 2008

Gabath, C.: Risiko- und Krisenmanagement im Einkauf, Gabler Verlag, Wiesbaden 2010

Glantschnig, E.: Merkmalsgestützte Lieferantenbewertung, Produktmarketing Verlag, Köln 1994

Gleich, R.; Klein, A.: Der Controlling Berater, Band 6 Beschaffungscontrolling, Haufe Verlag, Freiburg 2010

Groll, M.: Koordination im Supply Chain Management, Gabler Verlag, Wiesbaden 2004

Hab, G.; Wagner, R.: Projektmanagement in der Automobilindustrie, Gabler Verlag, 3. Auflage, Wiesbaden 2010

Heigl, A.: Controlling – Interne Revision, Poeschel Verlag, Stuttgart 1989

Heß, G.: Supply-Strategien in Einkauf und Beschaffung, Gabler Verlag, 2. Auflage, Wiesbaden 2010

Hintze, M.: Betreibermodelle bei bautechnischen und maschinellen Anlageprojekten, Ferber Verlag, Mannheim 1998

Hofbauer G.; Mashhour, T.; Fischer M.: Lieferantenmanagement, Oldenbourg Verlag, München 2009

Hug, W.: Risk Management und Risk-Tracking im Einkauf, in: Skript der FH Südwestfalen, Hagen 2002

Jahns, C.: Implementierung eines Frühwarnsystems, in: Beschaffung Aktuell 1 (2007), S. 20-23

Janker, C.G.: Multivariate Lieferantenbewertung, Gabler Verlag, 2. Auflage, Wiesbaden 2008

Jung, H.: Allgemeine Betriebswirtschaftslehre, Oldenbourg Verlag, 10. Auflage, München 2006

Kaplan, R.S.; Norton, D.P.: Converting Intangible Assets into tangible outcomes, Harvard Business School, Cambridge 2004

Koppelmann, U.: Beschaffungsmarketing, Springer Verlag, 4. Auflage, Berlin Heidelberg 2004

Kortus-Schultes, D.: Logistik und Marketing in der Supply Chain, Gabler Verlag, Wiesbaden 2005

Large, R.: Strategisches Beschaffungsmanagement, Gabler-Verlag, 3. Auflage, Wiesbaden 2006

Lemme, M.: Erfolgsfaktor Einkauf, Cornelsen Verlag, Berlin 2005

Lührs, S.: Kostentransparenz in der Supply Chain, Gabler Verlag, Wiesbaden 2010

Männel, B.: Netzwerke in der Zulieferindustrie, Deutscher Universitätsverlag, Wiesbaden 1996

Marbacher, A.: Demand & Supply Chain Management, Haupt Verlag, Bern 2001

Meierbeck, R.: Strategisches Risikomanagement der Beschaffung, Eul Verlag, München 2010

Melzer-Ridinger, R.: Materialwirtschaft und Einkauf, Oldenbourg Verlag, 4. Auflage, München 2004

Microsoft Deutschland GmbH: Pressemitteilung vom 18.02.2004, (Zugriff: 13.07.2011) aus: www.mircrsoft.com/germany/presseservice/news/Pressemitteilung, München 2004

Moder, M.: Supply Frühwarnsysteme, Gabler Verlag, Wiesbaden 2008

Mohr, G.: Supply Chain Sourcing, Gabler Verlag, Wiesbaden 2010

Pflieger, H.; Reichle, W.: Das Rechnen mit Maschinenstundensätzen, Maschinenbau Verlag, 7. Auflage, Frankfurt 1993

Pfützenreuter, J.: Einkaufen wie die Profis, Business Village Verlag, Göttingen 2009

Piontek, J.: Beschaffungscontrolling, Oldenbourg Verlag, 3. Auflage, München 2004

Porter, M.E.: Wettbewerbsstrategie, Campus Verlag, 11. Auflage, Frankfurt am Main 2008

Preißler, P.R.: Betriebswirtschaftliche Kennzahlen, Oldenbourg Verlag, München 2008

Rauen C. (Hrsg.): Handbuch Coaching, Hogrefe Verlag, 3. Auflage, Göttingen 2005

Ragona, S.: Cost of Ownership (COO) for optoelectronic manufacturing equipment, in: Industrial Marketing Management 4 (2002), S. 21-27

Rast, C.A.: Chefsache Einkauf, Campus Verlag, Frankfurt am Main 2008

Riedl, R.: Application Service Providing, DUV Verlag, Wiesbaden 2005

Riffner, B.; Weidelich, R.: Professionelles Lieferantenmanagement, Fachverlag Deutscher Wirtschaftsdienst, Köln 2001

Rogler, S.: Risikomanagement im Industriebetrieb, Gabler Verlag, Wiesbaden 2002

Schein, E.H.: Organisationskultur - The Ed Schein Corporate Culture Survival Guide, EHP Verlag, Bergisch Gladbach 2003

Schuh, C.; Bremicker M.: Der Einkauf als Margenmotor, Gabler Verlag, Wiesbaden 2008

Schuh, C.; Kromoser, R.; Strohmer, M.F.; Romero Perez, R.; Triplat, A.: Das Einkaufsschachbrett, Gabler Verlag, Wiesbaden 2008

Schumacher, S.C.; Schiele, H.; Contzen, M.; Zachau, T.: Die drei Faktoren des Einkaufs, Wiley VCH Verlag, Weinheim 2008

Sievers, K.: Beschaffungscontrolling, Epubli.de, Berlin 2009

Stewart, G.: Supply chain performance benchmarking study reveals to supply chain excellence, in: Logistics Information Management 8 (1995) 2, S. 38-44

VDMA (Hrsg.): Kennzahlenkompass Ausgabe 2011, VDMA Verlag, Frankfurt am Main 2011

Versteeg, A.: Revolution im Einkauf, Campus Verlag, Frankfurt am Main 1999

Wannenwetsch, H.: E-Logistik und E-Business, Kohlhammer Verlag, Stuttgart 2002

Wannenwetsch,. H.: Integrierte Materialwirtschaft und Logistik, Springer Verlag, 3. Auflage 2007

Wannenwetsch, H.: Erfolgreiche Verhandlungsführung in Einkauf und Logistik, Springer Verlag, 3. Auflage, Berlin Heidelberg 2009

Weber, J.; Schäffer, U.: Balanced Scorcard & Controlling, Gabler Verlag, 3. Auflage, Wiesbaden 2000

Weißmann, F.: Unternehmen steuern mit Controlling, Springer Verlag, Berlin Heidelberg 2005

Werner, H.: Supply Chain Management, Gabler Verlag, 3. Auflage, Wiesbaden 2008

Wildemann, H.: Einkaufspotenzialanalyse, TCW Verlag, München 2000

Ziegenbein, A.: Supply Chain Risiken, vdf ETH Verlag, Zürich 2007

Stichwortverzeichnis

Der Autor

Andreas Stollenwerk

ist Geschäftsführer und Partner des Instituts für Strategie & Supply Management, eines Beratungs- und Weiterbildungsunternehmens, das sich auf die Entwicklung von Trainingskonzepten und Personalqualifizierungsmaßnahmen sowie die Beratung von Unternehmen im Einkauf spezialisiert hat.

Nach dem Studium der Betriebswirtschaftslehre an der Universität zu Köln absolvierte er im Rahmen eines Fernstudiums der APICS-Gesellschaft das CPIM–Examen für Produktions- und Bestandsmanagement und arbeitete anschließend viele Jahre im Management des Einkaufs bzw. der Materialwirtschaft in mittelständischen Unternehmen und internationalen Konzernen.

Schwerpunkte seiner Tätigkeit sind die Entwicklung von Einkaufs- und Warengruppenstrategien, die Organisation eines internationalen Lieferantenmanagements sowie die Steuerung der Einkaufsperformance mithilfe von Kennzahlen. Er ist ein gefragter Referent und Top-Trainer für Einkauf und Verhandlungsführung.

Haben Sie Fragen oder Anregungen, so können Sie den Autor unter der E-Mail-Adresse info@andreas-stollenwerk.com erreichen.